石油高职高专规划教材

天然气开采技术

王 岚 唐 磊 主编

石 油 工 业 出 版 社

内 容 提 要

全书共九章，主要包括气田开发基础、天然气的基本性质、气井完井、天然气开采工艺、天然气矿场集输工艺、天然气矿场集输设备、天然气计量、天然气生产设备的腐蚀与防护，以及 HSE 管理等内容。

本书可作为高职院校油气开采、石油工程、井下作业等专业的教材，也可作为职工培训及现场技术人员的参考用书。

图书在版编目（CIP）数据

天然气开采技术 / 王岚，唐磊主编.
— 北京：石油工业出版社，2014.3（2024.2重印）
（石油高职高专规划教材）
ISBN 978-7-5183-0021-1

Ⅰ.①天⋯
Ⅱ.①王⋯ ②唐⋯
Ⅲ.①采气—高等职业教育—教材
Ⅳ.①TE37

中国版本图书馆 CIP 数据核字（2014）第 029732 号

出版发行：石油工业出版社
（北京市朝阳区安华里二区 1 号 100011）
网　　址：www.petropub.com
编辑部：（010）64251362　图书营销中心：（010）64523633

经　　销：全国新华书店
排　　版：北京创意弘图文化发展有限公司
印　　刷：北京中石油彩色印刷有限责任公司

2014 年 3 月第 1 版　2024 年 2 月第 3 次印刷
787 毫米×1092 毫米　开本：1/16　印张：19.5
字数：495 千字

定价：45.00 元
（如出现印装质量问题，我社图书营销中心负责调换）
版权所有，翻印必究

前　言

本书是按照 2008 年在大庆职业学院召开的高职高专教材会议上制订的编写大纲编写的。在编写过程中，根据国家示范性高职院校建设要求，借鉴"工学结合"理念，融入了采气工职业岗位标准，以提高天然气开采操作、管理、维护等综合技能为目标，满足高职油气开采技术专业人才的培养要求。同时该书适用于采气生产一线从事相关岗位操作人员，以提高他们的理论和技能水平。

全书共九章，主要包括气田开发基础、天然气的基本性质、气井完井、天然气开采工艺、天然气矿场集输工艺、天然气矿场集输设备、天然气计量、天然气生产设备的腐蚀与防护，以及 HSE 管理等内容。

本书由王岚（大庆职业学院）、唐磊（长庆油田培训中心）任主编，郑爱军（渤海石油职业学院）、秦旭文（辽河石油职业技术学院）任副主编，王志恒（大庆职业学院）、赵忠诚（大庆油田采气分公司）任主审。编写分工如下：郑爱军编写第一章，张彬（渤海石油职业学院）编写第二章，王岚、田建峰（长庆油田气田开发处）编写第三章，秦旭文编写第四章，唐磊编写第五章，廖作才（克拉玛依职业技术学院）、王岚编写第六章，张志宝（辽河石油职业技术学院）、秦旭文编写第七章，吕秀凤（大庆职业学院）编写第八章，吕秀凤、贺喜春、徐永军（大庆油田采油二厂）编写第九章。附录一、附录二由王岚编写。

在编写过程中，得到了许多领导和同事的帮助，同时借鉴了多位学者的专著内容，在此向他们表示衷心的感谢。

由于笔者的学识及认知水平有限，如有错误和不妥之处，敬请业内专家及读者批评指正。

编　者

2013 年 11 月

目 录

第一章 气田开发基础 ... 1
- 第一节 油气藏的形成 ... 1
- 第二节 气田开发方案 ... 5
- 第三节 气藏储量的计算 ... 13
- 思考题 ... 17

第二章 天然气的基本性质 ... 19
- 第一节 天然气的组成和分类 ... 19
- 第二节 天然气的相对分子质量、相对密度、密度与比容 ... 25
- 第三节 天然气的偏差因子 ... 29
- 第四节 天然气的压缩系数 ... 32
- 第五节 天然气的体积系数和膨胀系数 ... 34
- 第六节 天然气的黏度 ... 36
- 第七节 天然气的含水量和溶解度 ... 37
- 思考题 ... 40

第三章 气井完井 ... 42
- 第一节 气井完井方式 ... 42
- 第二节 气井井身结构 ... 47
- 第三节 气井的井口装置 ... 51
- 思考题 ... 57

第四章 天然气开采工艺 ... 60
- 第一节 无水气藏气井的开采 ... 60
- 第二节 产水气藏气井的开采 ... 65
- 第三节 凝析气藏气井的开采 ... 96
- 第四节 含硫气藏气井的开采 ... 98
- 第五节 低压气藏气井的开采 ... 102
- 第六节 气井生产系统分析 ... 105
- 思考题 ... 120

第五章 天然气矿场集输工艺 ... 122
- 第一节 天然气水化物 ... 122
- 第二节 天然气矿场集输管网 ... 125
- 第三节 采气矿场集输流程 ... 133
- 第四节 天然气脱水工艺流程 ... 141

第五节　集气站的增压与清管 …………………………………………… 147
　　第六节　矿场集输流程图的绘制与识图 ………………………………… 157
　　思考题 ………………………………………………………………………… 162
第六章　天然气矿场集输设备 ………………………………………………… 164
　　第一节　分离设备 …………………………………………………………… 164
　　第二节　加热和热交换设备 ………………………………………………… 170
　　第三节　塔器设备 …………………………………………………………… 177
　　第四节　泵 …………………………………………………………………… 180
　　第五节　压缩机 ……………………………………………………………… 186
　　第六节　阀门 ………………………………………………………………… 191
　　思考题 ………………………………………………………………………… 202
第七章　天然气计量 …………………………………………………………… 204
　　第一节　压力测量仪表 ……………………………………………………… 204
　　第二节　流量测量仪表 ……………………………………………………… 211
　　第三节　温度测量仪表 ……………………………………………………… 228
　　思考题 ………………………………………………………………………… 233
第八章　天然气生产设备的腐蚀与防护 ……………………………………… 235
　　第一节　腐蚀机理及其影响因素 …………………………………………… 235
　　第二节　腐蚀防护 …………………………………………………………… 244
　　思考题 ………………………………………………………………………… 259
第九章　HSE 管理 ……………………………………………………………… 261
　　第一节　HSE 体系介绍 …………………………………………………… 261
　　第二节　安全基础知识 ……………………………………………………… 263
　　第三节　消防知识 …………………………………………………………… 274
　　第四节　应急知识 …………………………………………………………… 280
　　第五节　采气现场操作安全 ………………………………………………… 284
　　思考题 ………………………………………………………………………… 290
附录一　专业词汇英汉对照 …………………………………………………… 292
附录二　采气工艺流程图图例符号 …………………………………………… 298
参考文献 ………………………………………………………………………… 304

第一章　气田开发基础

【学习提示】

本章主要介绍油气藏的形成、气藏驱动类型、气田开发方案编制内容和工作流程、气藏储量的计算，以及与它们相关的气田开发基础概念。

技能点是掌握相关的气田开发基础概念。

重点是油气藏的形成、气藏驱动类型以及气藏储量的计算。

难点是气田开发方案编制内容和工作流程以及气藏储量的计算。

第一节　油气藏的形成

要形成一个油气藏，首先要有油气的来源，即油气的生成；其次是需要保存油气的储集空间，即储层；第三是存在阻止油气从储层向上和向周围逸散的盖层与遮挡条件；第四是油气生成之后存在的运移过程。

一、圈闭和油气藏的概念

烃源岩生成的油气经过运移后，在适宜的地方会停下来，油气随后会不断地汇集而来，发生聚集。这种适合于油气聚集的场所称为圈闭。

一个圈闭必须具备3个条件（或三要素）：（1）容纳流体的储层；（2）阻止油气向上逸散的盖层；（3）在侧向上阻止油气继续运移的遮挡物。它可以是盖层本身的弯曲变形，如背斜，也可以是断层、岩性变化等。圈闭只是一个具备了捕获分散状烃类而使其发生聚集的有效地质体，它可以有油气，也可以无油气，即与油气无关。

运移着的油气遇到了圈闭，在盖层和遮挡物的作用下，阻止了它们的继续运移，就会在其中的储层内聚集起来，形成了油气藏。油气藏是指油气在单一圈闭中的聚集，它是地壳上油气聚集的基本单元。如果圈闭中只聚集了油或只聚集了气，就分别称为油藏或气藏，二者同时聚集就称为油气藏。

若油气聚集的数量足够大，达到了工业开采价值，则称为商业性油气藏；否则，聚集的数量少，不具备工业开采价值，则称为非商业性油气藏。二者是一个相对的概念，取决于政治、经济和技术条件。

油气藏的重要特点是在单一圈闭内的油气聚集。所谓单一，主要是指受单一要素所控制，在单一储层内具有统一的压力系统，统一的油、气、水边界，同一面积内的油气藏(图1-1)。

(1) 含气高度（或气藏高度）：气水接触面与气藏顶部最高点间的海拔高度差。

(2) 含气内边界（含水边界）：气水界面与储层底面的交线。

(3) 含气外边界（含气边界）：气水界面与储层顶面的交线。

(4) 含气面积：气水界面与气藏顶面的交线所圈闭的面积，也就是含气外边界圈闭的构造面积。

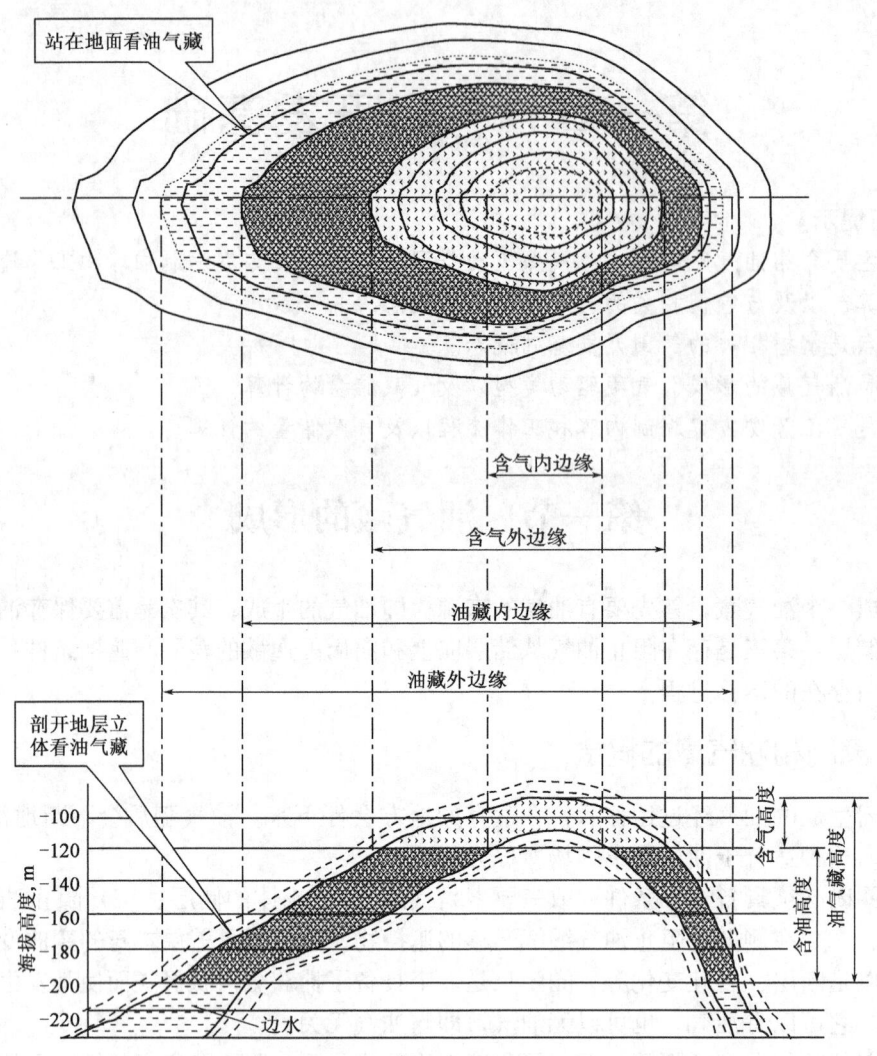

图 1-1 背斜油气藏示意图

(5) 边水：气水界面同时与储层顶、底面相交时，处于气藏外圈的水称为边水。

(6) 底水：当气层平缓时，水位于其下，气水界面与气藏底面没有交线的水称为底水。

二、油气藏的形成要素

生油气源岩是油气藏形成的物质基础。烃源岩的好坏取决于其体积、有机质丰度、类型、成熟度及排烃效率。这要结合盆地沉积史以及沉降埋藏史、地热史以及古气候综合分析评价。

储层的好坏决定了油气藏容纳油气的能力及开采的难易程度。

盖层的好坏直接影响了油气的聚集与保存。

油气的运移是油气由分散状态到聚集状态的唯一途径；也正是由于油气运移，在一定条件下可造成油气藏的破坏。它是分析油气聚集规律与分布规律的主要证据。

圈闭是油气发生聚集的场所，没有圈闭就不能形成油气藏；圈闭的大小、规模决定了油气的富集程度；它的分布规律及形成控制着油气藏的分布规律。

保存条件是油气藏从形成到能否完好无损地保存至今的关键因素。

以上任何一个要素不优越，都不能形成油气藏。

(一) 充足的油气来源

生油条件是油气藏形成的物质基础。因此，只有充足的油气供给才能形成储量大、分布广的油气藏。油气源的供烃丰富程度取决于盆地内烃源岩系的发育程度及有机质丰度、类型和热演化程度。生油凹陷面积大、沉降持续时间长，可形成巨厚的多旋回性烃源岩系及多生油气期，具备丰富的油气源，是形成丰富油气藏的物质基础。从国内外大型及特大型油气田分布看，它们大都分布在面积大、沉积岩系厚度大、沉积岩分布广泛的盆地中，如波斯湾、西伯利亚、墨西哥、马拉开波、伏尔加—乌拉尔、松辽、渤海湾。这些盆地的面积多在 $10 \times 10^4 km^2$ 以上，烃源岩系的总厚度均为 200~300m，沉积岩体积多在 $50 \times 10^4 km^3$ 以上。

(二) 有利的生、储、盖组合

(1) 生、储、盖组合是指紧密相邻（剖面上）的生油层、储层和盖层的一个有规律组合。根据三者之间的时空配置关系，可划分为 4 种类型（图 1-2）：

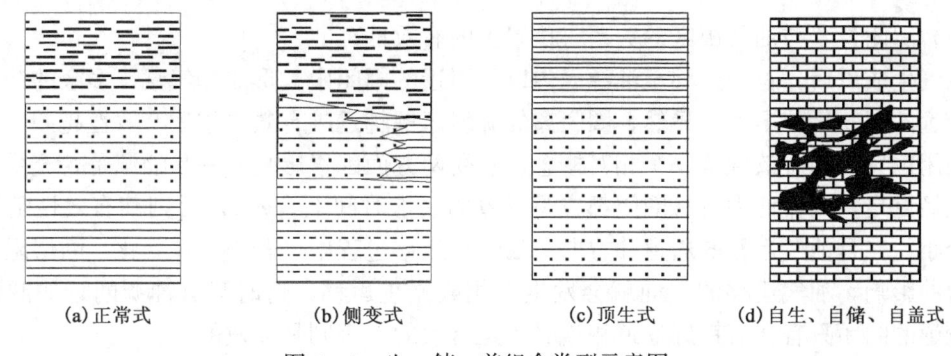

(a) 正常式　　　(b) 侧变式　　　(c) 顶生式　　　(d) 自生、自储、自盖式

图 1-2　生、储、盖组合类型示意图

①正常式组合——生下、储中、盖上。

②侧变式组合——指由于岩性、岩相在空间上的变化导致生、储、盖在横向上渐变而构成。

③顶生顶盖式（顶生式）——生油层与盖层同属一层，储层位于下方。

④自生、自储、自盖式——本身具有生、储、盖 3 种功能于一身，如石灰岩、泥岩中的局部裂缝，泥岩中的砂岩透镜体。

(2) 根据生油层与储层的时代关系划分为新生古储式、古生新储式和自生自储式 3 种形式。

(3) 根据生、储、盖组合之间的连续性可分为连续性沉积的生、储、盖组合与不连续性沉积的生、储、盖组合。

所谓有利的生、储、盖组合，是指生油层生成的油气能及时地运移到良好的储层中，同时盖层的质量和厚度又能保证运移至储层中的油气不会逸散。

(三) 有效的圈闭

在有油气来源的前提下，并非所有的圈闭都能聚集油气，有的有油气聚集，有的只含水，属于空圈闭，说明它们对油气聚集而言是无效的。圈闭的有效性就是指在具有油气来源的前提下圈闭聚集油气的实际能力，可理解为聚集油气的把握性大小，其影响因素有 2 个方面：

(1) 圈闭形成时间与油气区域性运移时间的关系（时间上的有效性）。

圈闭形成早于或同时于油气区域性运移的时间是有效的，否则，在油气区域性运移之后形成的圈闭因油气已经运移而无效。

油气初次运移时，在生油层内部的岩性、地层圈闭中聚集起来的油气藏形成最早的油气藏。在烃源岩生烃并大量排烃以后，所发生的第一次地壳运动，是油气大规模区域性运移的主要时期，在此时及以前形成的圈闭是最有效的。如果盆地在此后又发生过一次或多次构造运动，可能会产生两种结果：一种情况仅使原有多数圈闭进一步发育定型，对油气聚集最为有利，而新形成的圈闭则因无油气可捕获而常常是无效的；另一种情况是地壳运动比较强烈，改变了盆地原来的构造面貌，破坏了已有油气藏，打破了原来的油气聚集平衡状态，油气可再次发生区域性运移，油气重新分布，这时及其以前形成的圈闭可能是有效的。

如果一个盆地含有多套烃源岩层，会有多个油气生成和油气运移期，那么后期生成的圈闭对于早期的油气运移期是无效的，而对于后期的油气运聚则可能是有效的，所以应作全面分析研究。

(2) 圈闭位置与油气源区的关系（位置上的有效性）。

油气生成以后，首先运移至油源区内以及附近的圈闭中，形成油气藏，多余的油气则依次向较远的圈闭运移聚集。显然，圈闭离烃源岩区域越近越有效，越远有效性越差。

圈闭位置上的有效性是一个相对概念。它受两方面因素影响：一是油源是否充足，若烃源岩供烃充足，则盆地内所有圈闭都应是有效的（指时间上有效），否则其有效性随距离增大而变小；二是油气运移的通道和方向，油气在运移过程中，若因岩性变化、断层阻挡或其他阻力的影响，油气运移的方向就会发生变化或停止运移，这时只有油源附近的圈闭才有效，较远的圈闭只有在有良好通道相连时才是有效的，否则是无效的。

(四) 必要的保存条件

在地质历史时期形成的油气藏能否存在，取决于在油气藏形成以后是否遭受破坏改造。必要的保存条件是油气藏存在的重要前提，主要受以下条件影响。

1. 地壳运动对油气藏保存条件的影响

(1) 地壳抬升，盖层遭受风化剥蚀，盖层封盖油气的有效性部分受到破坏，或全部被剥蚀掉，油气大部分散失或氧化、菌解，产生大规模油气苗，如西北地区许多地方的沥青砂脉。

(2) 地壳运动产生一系列断层，也会破坏圈闭的完整性。油气沿断层流失，油气藏被破坏。如果断层早期开启，后期封闭，则早期断层起通道作用，油气散失；而后期形成遮挡，重新聚集油气，形成次生油气藏或残余油气藏。如渤海湾盆地的华北运动以块断活动为主，产生大量的断层，这些断层破坏了原圈闭及油气藏的完整性，使油气重新分布，同时也导致次生油气藏的形成。

(3) 地壳运动也可以使原有油气藏的圈闭溢出点抬高，甚至使地层的倾斜方向发生改变，造成油气藏的破坏。

2. 岩浆活动对油气藏保存条件的影响

岩浆活动时，高温岩浆会侵入油气藏，烧掉油气，破坏油气藏。而当岩浆冷凝后，就失去了破坏能力，会在其他因素的共同配合下成为良好的储集体或遮挡条件。

3. 水动力对油气藏保存条件的影响

活跃的水动力条件不仅能把油气从圈闭中冲走，而且可对油气产生氧化作用，因此，在地壳运动弱、火山作用弱、水动力条件弱的环境下才有利于油气藏的保存。

油气在圈闭中不断汇聚，形成油气藏的过程称为油气聚集。

由于油、气、水密度的不同，在圈闭中会发生重力分异。当油气生成以后，运移至储层的油气便沿上倾方向向周围高处的圈闭中运移。由于天然气的密度、黏度最小，分子小，最易流动，流动最快，运移的结果是天然气必然占据盆地中心周围最高位置的构造环，而石油则占据其下倾方向位置较低的构造，比较接近盆地的中心。这是油气聚集的基本规律。

油气藏的形成可归结为7个字：生（生油层）、储（储层）、盖（盖层）、运（运移）、圈（圈闭）、聚（聚集）和保（保存），或四句话：充足的油气来源，有利的生、储、盖组合，有效的圈闭，必要的保存条件，油气藏的形成和分布是它们的综合作用结果。

第二节　气田开发方案

气田开发方案是气田开发建设和指导生产的重要文件，是整个气田高效开发的保证，贯穿于气田开发的各个阶段。气田开发方案编制是气田开发过程中不可或缺的环节。为了又好又快地开发天然气田，就必须编制科学合理的气田开发方案。

一、气田开发概述

我国气田主要分布在上古生界—中三叠统、上三叠统—古近系、新近系—第四系和下古生界及其以下层位中。我国大中型气田的探明储量占总数的84%，分布也相对集中，以古近—新近系、奥陶系、石炭系、第四系和三叠系为主。

气田开发必须确定气藏类型、驱动方式（类型）、层系划分、井网部署、气井生产制度、采气速度、开采规模、储量和采收率等内容。

（一）气藏类型

1. 气藏的概念

气藏类型是指聚集着天然气的单个圈闭，同一气藏具有相同的水动力学条件。气藏是气田的基本单元，不同类型的气藏只有采用不同的开发方案，才能获得较好的开发效果和经济效益。因此，研究气藏类型对气田开发具有重要的指导意义。

一个气藏可能包括一个气层或几个气层，同时一个气层可由断层分割为一个或多个气藏。一个气藏可以包含一个或多个裂缝系统（孔隙系统、洞穴系统）。

气藏产状和气体性质与油藏相比变化更大，因此，气藏类型更加多样化。

2. 气藏的分类

从开发角度出发，气藏分类常按圈闭、储层、天然气成因、气体组分组成、驱动方式（类型）、地层压力、储量、气井产能、埋深以及集输等10个因素来确定，主要依据圈闭、储层、驱动方式、地层压力、相态和组分组成，其中又以储层和驱动方式更为重要。

根据本区气藏地质的特点，以一个或两个主要因素来划分气藏类型，其他因素可做特征描述。

（1）按圈闭成因可分为构造气藏、岩性气藏和地层气藏和裂缝气藏四大类，并可细分为若干亚类。

(2) 按地质构造和压力系统的不同，可分为多系统背斜（或断块等）气藏和单系统背斜气藏。如图 1-3 所示。

(3) 根据气藏外部几何形态的不同，可分为层状气藏、凸镜体气藏、生物礁块体气藏、白云岩块气藏、缝洞型不规则块体气藏等。

(4) 根据气水在气藏中分布的不同，可分为无水气藏、边水气藏与底水气藏，如图 1-3 所示。

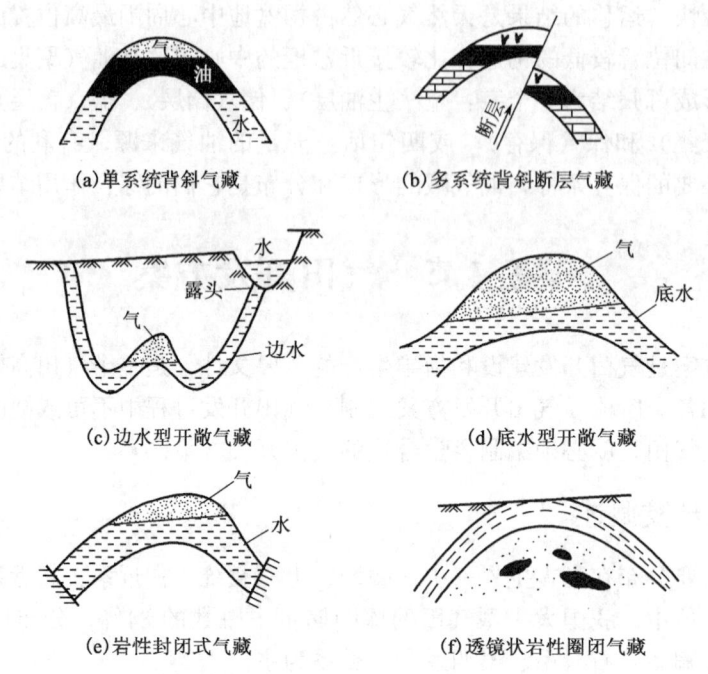

图 1-3 典型气藏类型示意图

(5) 按驱动能量不同，可分为弹性气驱气藏、弹性水驱气藏和刚性水驱气藏。

(6) 按地层压力系数的不同，可分为低压气藏、常压气藏、高压气藏、超高压气藏以及特高压气藏。

(7) 按气藏烃类相态的不同，可分为气藏、凝析气藏与带油环的气藏。

（二）气藏驱动方式

油气在储层中的渗流过程是一个动力克服阻力的过程。气藏的驱动类型（方式）反映了促使油气从地层中向井底流动的主要地层能量形式。气藏的驱动方式可分为弹性气驱、弹性水驱和刚性水驱 3 种。

1. 弹性气驱

在气藏开采过程中没有边水、底水或边水、底水不运动，又或水的运动速度远远落后于气体运动速度，驱气的主要动力为被压缩气体自身的弹性膨胀能量，气藏的储气体积保持不变，这种驱动方式称为弹性气驱。这种气驱方式由于是单相流动，而且作为能量来源的气体又是开采对象，因而开采效率比较高。

2. 弹性水驱

对于存在有封闭的边水或底水的气藏，在开采过程中，由于含水层的岩石和流体的弹性膨胀，使储气孔隙体积缩小，地层压力下降缓慢，这种驱动方式称为弹性水驱。由于气水物性差别较大，气藏储层非均质性使得水在气藏中难以均匀推进，往往沿裂缝或高渗透区突进，将大量的天然气封存在水中。同时尚有气体溶于水中以及毛细管力的作用等，造成有水气藏的开采效率大大低于气驱气藏。

3. 刚性水驱

侵入气藏的边水、底水能量完全补偿了从气藏中采出的气产量，此时气藏压力保持在原始水平上，这种驱动方式称为刚性水驱，它可看做是弹性水驱的一个特例。在自然界中具有这种驱动方式的气田很少，如前苏联，在统计的700个气田中只有10余个。

目前我国气藏中，以构造气藏为主；以不活跃水驱气藏和定容气驱气藏为主；干气气藏的储量明显多于湿气气藏和凝析气藏；气藏压力以正常压力为主，大型和特大型气藏的储量具有一定规模；中渗中产级别以上气藏储量占相当大的比例。

(三) 气井生产制度与气藏采气速度

1. 确定采气量的因素

气井开采与油井开采不同，一般产量大，且多为自喷，但产量也会受到限制，在下列情况下，气井的产量就不能过大：

(1) 有底水；

(2) 储层胶结性差；

(3) 有夹层水；

(4) 井口、井下设备不能承受过大的强度和振动；

(5) 要求能最大限度地采出凝析油等。

一般要根据地层和气井的情况，结合经济分析，才能定出气井的合理产量，并在采气过程中不断加以分析和调整，使其能更好地符合气井的实际生产能力和开采的经济效益。我国目前最常用的气井生产制度是定产量生产和定压（定井底压力或井口压力）生产两种。

2. 确定采气速度的因素

气藏的采气速度一般不高，除要考虑地质因素、流体特征和水推进速度外，确定气藏采气速度还应考虑：

(1) 要使气井和地面设备利用效率高；

(2) 满足用户对天然气的需求量并能保证长期稳定供气；

(3) 气田附近或纵向剖面上有无后备储量作产能接替；

(4) 国家的能源政策；

(5) 天然气的价格。

(四) 气田开发的层系划分

在多层气田中，把地质特征相近的若干层组合在一起，单独用一套井网进行开发，这套气层称为开发层系。

我国的大多数气田都是非均质的多层气田，而且各气层的特性往往彼此相差很大。在研究多层气田开发时，要考虑如何划分层系，合理组合层系，需要认识到划分开发层系的意义，掌握气层的组成及特点，明确划分层系的原则与方法。

1. 划分开发层系的意义

(1) 能充分发挥各类气层的作用；

(2) 体现部署井网和生产设施的基础；

(3) 体现采气工艺技术的发展水平;
(4) 满足气藏开发的高速度要求。

2. 划分开发层系的原则

(1) 确保有一定储量,气井有一定的生产能力和稳产时间,采气工艺简单,较好的经济效果;
(2) 确保有良好的隔层;
(3) 沉积条件相近,渗透率、气层分布面积和层内非均质程度相近;
(4) 构造形态,油、气、水分布情况,压力系统和天然气性质应接近。

3. 划分与组合开发层系的基本方法

(1) 气层的构造形态有显著差异;
(2) 含气面积差异很大,油、气、水分布规律有显著差异;
(3) 驱动类型或压力系统明显不同;
(4) 各气层的天然气性质不同。

(五) 气藏开发井网部署

布井方案是编制气田开发方案最重要的组成部分。合理的井网部署应以提高气藏采收率为目标,力争有较高的采气速度和较长的稳产年限。合理的井网主要取决于气层地质特征和气藏驱动方式,同时也取决于所要求的采气速度。合理的布井方式选择要通过数值模拟计算、经济论证最后确定。

气驱气藏,其井距取决于给定的采气速度,通常以储层参数 K、单井控制储量、储层均质程度和边界性质等以及各井的实际产能为依据。

1. 气藏开发井网部署总原则

科学、合理、经济、有效的井网部署应以提高气藏动用储量、采收率、采气速度、稳产年限和经济效益为目标,其总原则是:

(1) 井网能有效地提高气藏动用储量;
(2) 能获得尽可能高的采收率;
(3) 能以最少的井数达到预定的开发规模;
(4) 在多层系气藏中,应根据储层流体性质、压力纵向分布、气水关系和隔层条带合理划分开发层系,尽可能做到用最少井网开发最多层系。

2. 气藏开发井网部署具体原则

(1) 因地制宜的原则。
①不同类型气藏应有不同的井网部署特点;
②不同构造形态有不同的井网系统;
③不同构造部位有不同的井网密度;
④努力寻找高产富集区。

(2) 均衡开采的原则。

所有类型气藏都要保持均衡开采,只有这样才能实现储量动用充分、稳产期长、采收率高的目标。但从开发效果和经济效益考虑,选取适当非均衡开采程度是有利的,而非均衡系数(高产区采气速度与低产区采气速度比)以小于 3 为宜。

(3) 高低渗透率、高低产区协调发展的原则。

对裂缝—孔隙型非均质气藏，采气井大部分集中在高渗透区，通过高渗透区开采低渗透区气，这样可避免或少打无效井和低效井。对于中低产区分布面积大，高产区面积相对较小的长庆下古生界大气田，提高高产区的采气速度也只能部分采出低产区的气，所以靠高产区气井的开采远远不够。

(4) 对于裂缝性碳酸盐岩气藏，要努力寻找裂缝发育带并采用"三占三沿"（占高点沿长轴、占鞍部沿扭曲、占鼻凸沿裂缝）的布井原则。

(5) 立体开发、层系与井网有效组合的原则。

(6) 井网部署分步实施原则。

(7) 因地制宜发展丛式井、水平井和复杂结构井的原则。

(8) 留余地、经济效益的原则。

(六) 采收率估计

1. 采收率研究方法

气藏的天然气采收率指在一定经济极限内，在现有工程技术条件下，从气藏原始地质储量中可采出的气体百分数。气藏采收率不但与储层物性、气藏类型、驱动方式等有关，还与层系划分、井网部署、气井生产制度、采气工艺和地面建设阵有关，往往需要用不同的方法进行综合分析加以确定。这方面的工作主要从以下两个方面进行：

(1) 开展对水驱气剩余气饱和度的实验和理论研究。

(2) 运用数理统计方法对已开发完的或接近开发完的气田进行采收率分析研究。

1952年加芬（Geffen）等人对水驱气问题做了较全面的实验研究，至今仍有很大的影响。驱气时剩余气饱和度在15%～50%范围变化，胶结砂岩平均为34.6%，石灰岩变化幅度为34%～50%。前苏联也有许多学者和专家从事了大量水驱气实验研究，所得结果类同。

2. 我国天然气储量计算规范确定

弹性气驱采收率为80%～95%；弹性水驱采收率为45%～60%；致密气藏采收率小于60%；凝析气藏的凝析气采收率为65%～85%，其中凝析油的采收率小于40%。

计算气藏采收率的关键问题还要确定气藏的废弃压力，比较准确的还是要在编制开发方案时通过数值模拟计算和技术经济分析得出。

二、气田开发阶段和系列开发方案

气田是指受局部构造（包括岩性因素、地层因素等）所控制的同一面积范围的气藏总合。单一构造面积控制下只有一个气藏，称为单一型气田；若有多个气藏，则称为复合型气田。

气田一般是一个地质单元（较多的是背斜）的一部分，大都分布在沉积盆地中。若在盆地中发现了具有工业价值的油气田，这种沉积盆地就称为含油气盆地。含油气盆地是一定地质时期发育起来的油气生成区和油气藏形成区，是油气生成、运移和聚集的基本地质单位。

我国含气盆地分布广泛，而且海相及陆相生储油气层都很发育，西部的准噶尔盆地、塔里木盆地、藏北盆地、喜马拉雅盆地，以中、新生代陆相沉积为主；中、东部的松辽盆地、南黄海盆地、东海盆地、珠江口盆地、华北盆地、江汉盆地、鄂尔多斯盆地、四川盆地等，除有中、新生界陆相沉积外，下面还伏有古生界及震旦系海相沉积，形成多时代生储油气层系的多层结构，经勘探发现，从震旦系至新近系几乎都拥有丰富的油气资源，甚至在第四系也发现浅层天然气。

根据气田开发的特点和实践，我国气田开发可按表1-1列出的阶段划分。

表1-1 气田开发阶段划分

阶段	气田开发准备阶段			气田开发实施阶段		
	早期	中期	晚期	产能建设	稳产	低压小产量递减
储量级别	控制储量	落实探明储量	探明储量	开发已探明储量		
方案设计	气田开发概念设计	气田开发评价方案	气田开发方案设计	气田开发方案实施		气田开发调整方案
备注	气藏储量小于$100\times10^8 m^3$两者可合并		—	动态监测贯彻于始终		

在各个开发阶段分别编制天然气开发的系列方案，它们包括开发概念设计、开发评价方案、试采方案、开发方案和开发调整方案等。

（一）气田开发准备阶段

一个构造或地区在发现工业气流和获得控制储量之后，气田开发人员就要早期介入，与勘探工作者一起制定资料录取要求，布置和利用地震、地质、测井、钻井、试气、试井、岩心和流体分析等资料进行早期气藏描述。

对于大型气田、新区要编制气田开发概念设计。

1. 气田开发概念设计

气田开发概念设计是气田开发的最初设计，要对气田类型、单井产能和开发规模进行预测，提出钻井、采气工程和地面建设工程的框架性设计，它是地面、地下以及经济一体化的设计，为投资决策提供最新依据。

2. 气田开发评价方案

在气田储量部分探明或基本探明时，应编制气田开发评价方案。对于多数储量小于$100\times10^8 m^3$的气田，评价方案可与概念设计合并。批准后的开发评价方案是气田开发投资的依据。

要开展各项准备工作，为编制开发方案做准备，主要准备工作包括：

(1) 部署开发地震工作，为储量升级、储层横向预测和开发井位优选做准备。

(2) 进行气藏试采，获取动态资料。

(3) 进行室内开发试验。

(4) 进行钻采工艺现场先导试验。

(5) 开辟开发试验区。

(6) 进行地面系统的前期准备。

3. 试采方案

(1) 主要任务。

①通过探井、评价井试生产，了解生产动态，评价气井产能与气藏规模。

②研究分析气藏连通性、流体分布与能量、渗流特征并确定气藏驱动方式。

③进行典型井流物 PVT 分析及相态研究。
④评价储量可动用性。
⑤评价采气工艺适应性。
⑥选择经济有效的地面集输、净化、加工流程和设施。
（2）主要内容。
①气藏地质特征。
②试采任务。
③试采区和试采井选择。
④试采期采气井生产制度。
⑤动态资料录取要求。
⑥钻采气工艺要求。
⑦试采所需净化处理和采输工程建设要求。
⑧安全、环保、健康要求。

（二）开发方案

在获得国家批准的探明储量和试采动态资料后，应编制气田开发方案。对于多裂缝系统、复杂断块和岩性气藏，可用部分控制储量编制开发方案。它是气田开发建设和指导生产的重要文件，气田投入开发必须有正式批准的开发方案。

（三）气田开发实施阶段

气田开发建设项目实施以批准的气田开发方案为依据。气田开发实施阶段包括产能建设、稳产、低压小产量递减3个阶段，如图1-4所示。产能建设阶段是方案实施的关键阶段。一般在开发实施两年后进行后评估，还要不断进行动态监测和分析。

1. 气田开发动态监测和分析

气田开发动态监测与分析应贯穿于气田开发的全过程，要根据气藏类型、地质特征、驱动方式、流体、开发方式、气井生产制度和地面设备等，建立监测系统，并进行经常性的动态分析。

2. 开发调整方案

编制开发调整方案的前提是：

（1）储量和产能有明显的增加或减少；
（2）边水、底水活动发生明显的变化；
（3）衰竭式开发凝析气藏时，凝析油含量发生快速变化；
（4）井下、地面设备严重腐蚀；
（5）开发中后期采输管网与生产能力不相匹配；
（6）其他特殊情况。

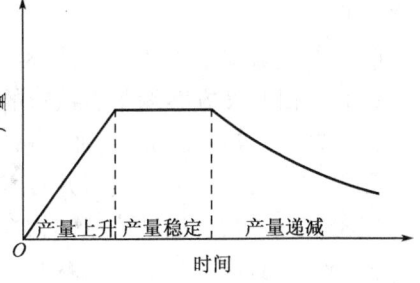

图1-4 气田开发一般模式示意图

3. 气田开发方案后评估

气田投入开发后，为了检查方案实施情况，及时发现气田开发过程中存在的问题，总结气田开发建设经验教训，明确参与方案设计各方的责任和水平，并指导其他新气田的开发建设工作，对已开发建设的气田要进行后评估，一般在正常投入开发后两年进行。

三、气田开发方案编制

(一) 气田开发方案编制的内容、原则及规范

气田开发方案是指气田在获得国家批准的探明储量和试采动态资料后需要编制的气田开发方案。它是气田开发建设和指导生产的重要文件,气田投入开发必须有正式批准的开发方案。

1. 气田开发方案的主要内容

(1) 气藏描述,修正和完善气藏地质模型。
(2) 计算气藏可采储量,估算水储量和水侵量。
(3) 研究流体性质和相态,油、气、水分布,并计算气水界面的位置。
(4) 研究气藏动态,确定井间连通关系和层系划分,分析气井产能,确定气井合理产量和井网部署。
(5) 用数值模拟或其他水动力学方法计算多种方案的开发技术指标。
(6) 按各方案优选出的推荐方案进行钻井、完井、气层保护的钻井工程设计;确定采气工艺参数、增产工艺措施、井下作业和动态监测的采气工程设计。
(7) 根据方案要求进行气田内部集输、净化、处理、站场等地面建设工程设计。
(8) 计算出开发方案技术经济指标,进行综合对比,推荐最优开发方案。
(9) 对最优开发方案提出实施、跟踪分析和动态监测要求。

2. 气田开发方案编制的原则与规范

(1) 气藏开发方案的编制原则。
①严格遵循国家有关法律、法规和政策,合理利用国有天然气资源。
②以经济效益为中心,结合气藏地质特征、资源状况、市场需求,优化开发设计,实现气藏合理开发。
③确保气藏安全生产,保护环境。

(2) 气田开发方案编制需执行的主要行业标准。
①DZT 0217—2005　石油天然气储量计算规范;
②SY/T 5440　天然气试井技术规范;
③SY/T 5542　油气藏流体物性分析方法;
④SY/T 6176—2012　气藏开发井资料录取技术规范;
⑤SY/T 5615　石油天然气地质编图规范及图式;
⑥SY/T 6098　天然气可采储量计算方法;
⑦SY/T 6101　凝析气藏相态特征确定技术要求;
⑧SY/T 5579.3—2008　油藏描述方法　第3部分:碳酸盐岩潜山油藏;
⑨GB/T 21446—2008　用标准孔板流量计测量天然气流量;
⑩SY/T 5579.2—2008　油藏描述方法　第2部分:碎屑岩油藏;
⑪SY/T 6177　气田开发方案及调整方案经济评价技术要求。

(二) 气田开发方案编制工作流程

结合我国气田、凝析气田的开发实践,按照 SY/T 6106—2008《气田开发方案编制技术要求》以及气田开发条例、规程,参照文献和编制开发方案的经验,气田、凝析气田开发

方案编制参考内容与工作流程如图1-5所示。

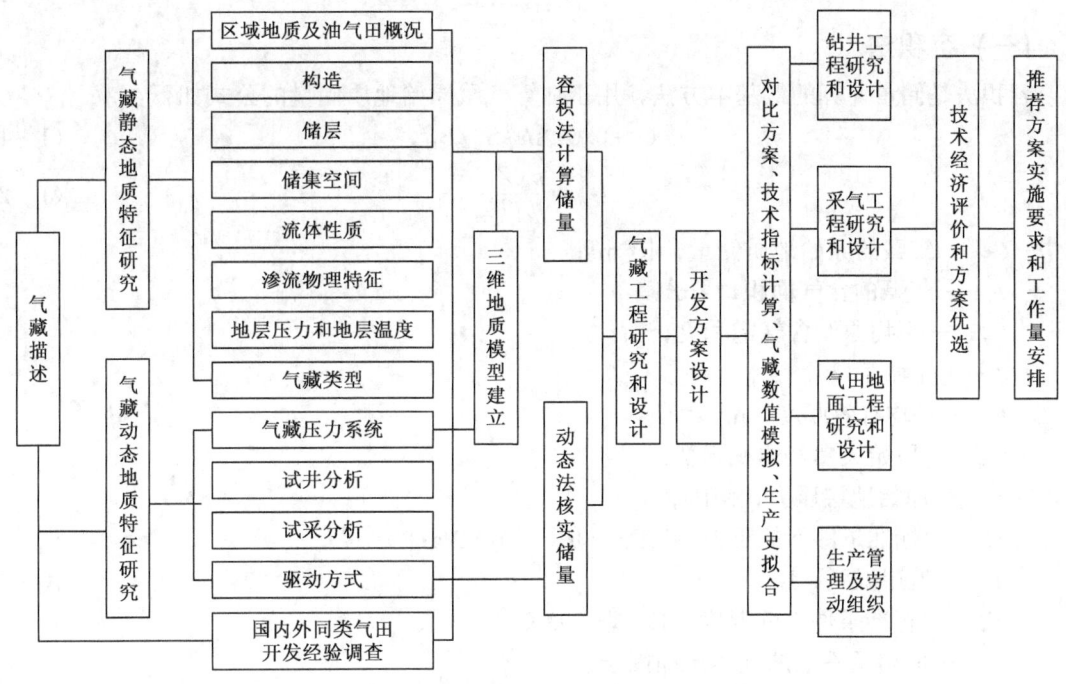

图1-5 气田、凝析气田开发方案编制参考内容和工作流程

第三节 气藏储量的计算

油气田的储量是指储藏在油气田的油气层孔隙中的油气数量。储存在油气层中的油气由于地质的、技术的、经济的因素不能全部采出，因而把储量分为地质储量和可采储量两类。地质储量是地下油气层中油气的总储量；可采储量是在现有技术、经济条件下可以采出的油气总量。

随着勘探、开发工作的进展，在不同阶段所认识的油气田储量被划分为不同级别，国内一般将地质储量分为3级：

（1）三级储量，是指预探阶段已获工业油气流的构造上，初步明确产油气层段的层位、岩性、含油气性的好坏，根据地质情况和油气分布规律及油气藏类型推测的储量，它只能作为进一步勘探的根据。

（2）二级储量，是指经过详探，分层测试油气，并有部分井投产，未进行正规试采；已基本搞清了构造形态、断裂特征、裂缝分布、气水分布、流体组成、储集性质、地层压力、地层温度、产能情况等条件下所求得的储量。此储量可作为编制开发方案的依据。

（3）一级储量，是指在钻完详探井、资料井和第一批生产井，并已投入开发后计算的储量。该储量是油气藏生产计划编制和开发调整方案编制的依据。

储量计算是气田综合评价的重要内容，针对不同储集类型、不同气藏类型以及不同勘探开发阶段所取得的资料，采用的储量计算方法不同。在开发阶段，主要应用容积法计算原始地质储量，用物质平衡法、压降法和不稳定试井法进一步计算可采储量。

一、有限封闭气藏储量计算

(一) 容积法

容积法是储量计算的最基本方法，用于估算气藏原始地质储量的公式如下：

$$G = 0.01 A h \phi S_{gi}/B_{gi} \tag{1-1}$$

$$B_{gi} = \frac{p_{sc} Z_i T}{p_i T_{sc}} \tag{1-2}$$

式中　G——气藏的原始地质储量，$10^8 m^3$；

　　　A——气藏的含气面积，km^2；

　　　S_{gi}——平均原始含气饱和度，%；

　　　ϕ——孔隙度，%；

　　　h——平均有效厚度，m；

　　　B_{gi}——原始天然气体积系数；

　　　p_i——原始地层压力，MPa；

　　　p_{sc}——标准条件下的压力，MPa，取0.101MPa；

　　　T——地层温度，K；

　　　T_{sc}——标准条件下的温度，K，取293K；

　　　Z_i——原始条件下的气体压缩因子。

将式 (1-2) 代入式 (1-1)，得：

$$G = 0.01 A h \phi S_{gi} \frac{T_{sc}}{T} \cdot \frac{p_i}{p_{sc} Z_i} \tag{1-3}$$

式中　p_i/Z_i——原始视地层压力，MPa。

(1) 如果已知气藏的衰竭压力 p_a，则可由式 (1-4) 计算有限封闭气藏的可采储量：

$$G_R = 0.01 A h \phi S_{gi} \frac{T_{sc}}{T p_{sc}} \left(\frac{p_i}{Z_i} - \frac{p_a}{Z_a} \right) \tag{1-4}$$

式中　G_R——定容气藏的可采储量，$10^8 m^3$；

　　　p_a——气藏废弃压力，MPa；

　　　Z_a——气藏废弃压力下的压缩因子；

　　　p_a/Z_a——气藏废弃视地层压力，MPa。

(2) 气藏的地质储量丰度 Ω_g 为：

$$\Omega_g = \frac{G}{A} = 0.01 h \phi S_{gi} \frac{T_{sc}}{T} \cdot \frac{p_i}{p_{sc} Z_i} \tag{1-5}$$

式中　Ω_g——储量丰度，$10^8 m^3/km^2$。

(3) 气藏的单储系数 SGF 为：

$$SGF = \frac{G}{Ah} = 0.01 \phi S_{gi} \frac{T_{sc}}{T} \cdot \frac{p_i}{p_{sc} Z_i} \tag{1-6}$$

容积法适用于孔隙性储层各种圈闭类型和驱动类型的气藏，在气藏勘探开发的不同阶段均可应用，只是对裂缝性气藏适用性较差。容积法计算储量的精度随勘探开发进程和资料的增加而提高，一般需要用动态计算方法进行储量核实与验证。

(二) 物质平衡法

对于有限封闭气藏，物质平衡法计算储量的公式为：

$$G = \frac{G_p B_g}{B_g - B_{gi}} \quad (1-7)$$

$$B_g = \frac{p_{sc} Z T}{p T_{sc}} \quad (1-8)$$

式中　G——气藏地质储量，$10^8 m^3$；
　　　G_p——累积产气量，$10^8 m^3$；
　　　B_g——目前气体体积系数；
　　　Z——气体压缩因子；
　　　p——气层压力，MPa。

物质平衡法要求天然气的采出程度大于10%，地层压力有明显下降（在1MPa以上），对于复杂的断块、岩性圈闭以及裂缝性及边水、底水活跃的气藏均可适用。物质平衡法计算储量的可靠性取决于压力、流体与生产资料的准确性以及对气藏的认识程度；对于连通性差的气藏，计算的地质储量偏小。

（三）压降法

压降法又称外推法，实质是有限封闭气藏物质平衡方程式的一种变化形式，它是根据气藏中采出一定的天然气而引起地层压力下降关系来推算气藏的地质储量。

将气体体积系数 B_{gi} 和 B_g 代入式（1-7），整理得：

$$\frac{p}{Z} = \frac{p_i}{Z_i}(1 - \frac{G_p}{G}) \quad (1-9)$$

由式（1-9）可以看出，对于有限封闭气藏，视地层压力 p/Z 与累积产气量 G_p 呈直线关系，将该直线外推至 $p/Z = 0$ 即在横轴上的截距，可以得到气藏的地质储量 G，如图1-6中所示的实线。

令 $a = p_i/Z_i$，$b = p_i/(Z_i G)$，则式（1-9）可改写为：

$$\frac{p}{Z} = a - b G_p \quad (1-10)$$

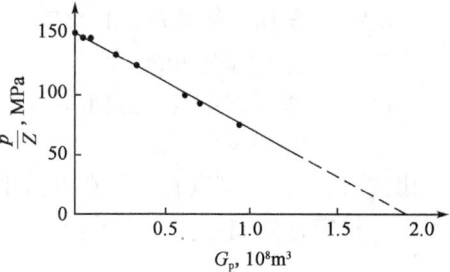

图1-6　气藏压降法示意图

式（1-10）表明，将实际压降直线进行回归，得到斜率 b 和截距 a，可由式（1-11）计算气藏地质储量：

$$G = G_p = a/b \quad (1-11)$$

压降法是气藏特别是裂缝性气藏广泛使用的储量计算方法，其优点是可以不通过有关参数计算直接根据压降和采气量计算储量。此方法一般适用于采出程度大于10%的封闭性气藏，对于边水、底水不活跃的断块、裂缝性圈闭等复杂气藏也适用。

（四）不稳定试井法

对于面积有限的气藏，压降达到拟稳态后，在压降曲线上井底拟压降与生产时间呈线性关系，如图1-7所示。气井井底压力表达式为：

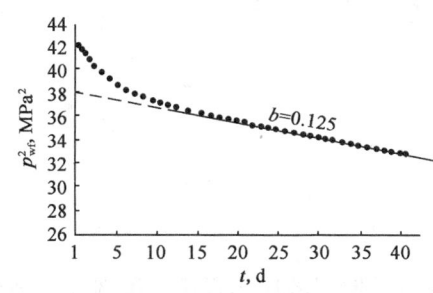

图1-7　拟压降与时间关系变化曲线

$$p_{wf}^2 = a - bt \tag{1-12}$$

其中

$$\left.\begin{aligned}a &= p_i^2 - 4.24 \times 10^{-4} \frac{Q\mu ZTp_{sc}}{KhT_{sc}}\left(\lg\frac{r_e}{r_w} + 0.351 + 0.8686S\right) \\ b &= 8.334 \times 10^{-2} \frac{Qp_i}{GC_t} \\ C_t &= C_g + (C_w S_{wi} + C_f)/(1 - S_{wi}) \approx C_g\end{aligned}\right\} \tag{1-13}$$

式中　p_{wf}——井底压力，MPa；

μ——气体地下黏度，mPa·s；

t——流动时间，h；

K——地层渗透率，μm^2；

r_e——气井控制半径，m；

h——气层厚度，m；

r_w——井底半径，m；

Q——气井稳定产量，m^3/d；

C_t——综合压缩系数，1/MPa；

C_f——岩石压缩系数，1/MPa；

C_g——气体压缩系数，1/MPa；

S_{wi}——束缚水饱和度，%；

C_w——水压缩系数，1/MPa；

S——表皮系数。

由式（1-12）可以看出，在直角坐标系上，p_{wf}^2 与 t 呈直线关系，如图 1-8 所示，由直线斜率可计算地质储量，公式为：

$$G = 8.334 \times 10^{-2} \frac{Qp_i}{bC_t} \tag{1-14}$$

不稳定试井法是计算单井控制储量的有效方法，特别适用于气藏，因为气井试井较油井更容易达到拟稳态。某些小气藏，只需一口井或很少几口井即可控制全部储量，因此不稳定试井法也可计算全气藏的储量。

二、水驱气藏储量计算

对于水驱气藏，容积法仍可计算地质储量。

物质平衡法用于边水、底水驱的气藏储量计算公式为：

$$G = \frac{G_p B_g - (W_e - W_p B_w)}{B_g - B_{gi}} \tag{1-15}$$

式中　W_e——累积天然水侵量，$10^4 m^3$；

W_p——累积采水量，$10^4 m^3$；

B_w——地层水体积系数。

三、异常高压气藏储量计算

异常高压气藏具有压力高、温度高和储层封闭的特点；储层的压实程度一般较差，地层岩石的有效压缩系数可高达 4.0×10^{-3} 1/MPa 以上；在开采过程中，随着气藏压力的下降，表现出明显的储层压实特征。利用视地层压力 p/Z 与累积产气量 G_p 绘制压降曲线，如图 1-8 (a) 所示。图中可以清楚地看到两个斜率不同的直线段，并且第一直线段的斜率要比第二直线段的斜率小。第一直线段反映了地层压力下降到正常压力系统阶段的天然气膨胀、储层的再压实和岩石颗粒的弹性膨胀以及束缚水的弹性膨胀等作用，第二直线段则反映有限封闭正常压力系统弹性驱动的动态特征。

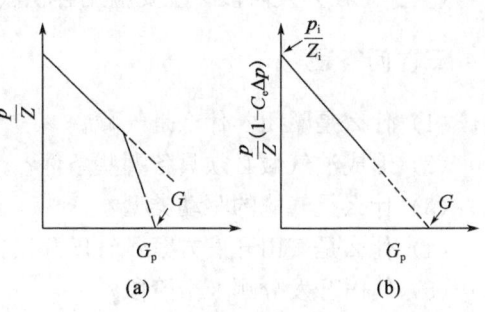

图 1-8 异常高压气藏双斜率压降曲线

忽略周围泥岩可能的再压实和有限封闭边水的弹性水侵，异常高压气藏物质平衡方程式为：

$$\frac{p}{Z}(1-C_e\Delta p) = \frac{p_i}{Z_i}\left(1-\frac{G_p}{G}\right) \tag{1-16}$$

$$C_e = (C_w S_{wi} + C_f)/(1-S_{wi}) \tag{1-17}$$

式中　Δp——压差，$\Delta p = p_i - p$，MPa；
　　　C_e——综合压缩系数，1/MPa。

从式 (1-16) 可以看出，绘制 $\frac{p}{Z}(1-C_e\Delta p)$ 与 G_p 的关系曲线 [图 1-8 (b)]，可得到斜率 $b = p_i/(Z_i G)$，截距 $a = p_i/Z_i$ 的直线，将该直线外推至与横轴的交点，即为气藏的地质储量 G，如图 1-8 (b) 所示。也可由 $G = a/b$ 直接求得气藏地质储量 G。

对于异常高压气藏，仍可用容积法计算地质储量。

思 考 题

一、填空题

(1) 形成油气藏必须具备生油层、储油层、盖层、油气运移、_____ 等条件。
(2) 根据圈闭的成因，油气藏可分为_____油气藏、_____油气藏。
(3) 气藏的驱动方式可分_____气驱、_____驱和_____驱 3 种。
(4) 按地质构造特征和压力系统的不同，将气藏分为_____和_____。
(5) 我国将天然气储量划分为_____储量、_____储量、_____储量 3 级。
(6) 压降法计算气田储量的公式是_____。

二、判断题

(　) 气藏就是圈闭。
(　) 重力是油、气、水三者相对密度的不同所产生的一种力。
(　) 气藏开发阶段的任务是探明气田、搞清气田地下的基本情况。
(　) 油气田的储量随着勘探开发工作的进展，在不同阶段所认识的储量，被划分为不同级别，国内一般将地质储量分为 3 级。
(　) 压降法计算储量是利用物质平衡。

（　　）在开发阶段，主要应用容积法计算原始地质储量。

三、问答题

(1) 什么是圈闭？什么是气藏？
(2) 形成油气藏必须具备哪些条件？
(3) 什么是气藏的驱动类型？
(4) 什么是气田开发方案？气田开发方案的主要内容是什么？
(5) 气田开发分哪3个阶段？

四、计算题

(1) 已知一个气驱气藏的参数：原始地层压力为17.24MPa，面积为1000km²，地层温度为90℃，孔隙度为20%，气体偏差系数为0.86，气层厚度为3.48m，地层原始含水饱和度为25%。不考虑地层水的压缩和岩石变形，试计算原始地面储量。

(2) 已知气井 p_i=5.843MPa，C_t=0.915，Q=12.91×10⁴m³/d，利用 p_{wf}^2-t 作图，所得斜率 b=0.125，求该井控制范围内的天然气储量。

第二章 天然气的基本性质

【学习提示】

天然气是从油气田开采的可燃性气体。它在各种温度和压力下的物性参数（如密度、压缩系数等）是气藏工程和采气工艺所必需的基本数据，必须清楚天然气的性质，而天然气的组成是决定其物性的主要因素。本章主要讲述天然气的组成、分类和天然气的主要性质，在性质中介绍了天然气体积系数、天然气膨胀系数、天然气压缩系数、天然气的密度、天然气的黏度、天然气在水中的溶解度等相关含义与计算，通过认真学习，可以对天然气的基本性质有一个较完整的认识。

技能点是掌握相关的天然气组成及基本性质。

重点是天然气组成的表示方法、天然气状态方程应用及压缩因子的概念与计算。

难点是天然气状态方程应用与压缩因子计算。

第一节 天然气的组成和分类

天然气是以烃类气体为主与少量非烃类气体组成的混合气体，以碳氢化合物为主要组分，具有可燃性。天然气中常见的烃类组分是甲烷、乙烷、丙烷、丁烷、戊烷等，非烃类气体有 H_2S、CO_2、N_2、H_2O 以及惰性气体 He、Ar。一般外输出售的天然气主要是甲烷和乙烷的混合物，含少量丙烷。

一、天然气的组成和表示方法

(一) 天然气的组成

对于一个油气田来说，其所产天然气含有哪些组分，每一组分又各占多少，这些对天然气的物性和品质影响极大。

天然气的化学组分中甲烷（CH_4）占绝大部分。如气田气的甲烷含量可达 95%～98%；乙烷（C_2H_6）以上的烃类较少，同时还含有少量非烃类组分；油田伴生气的甲烷含量为 75%～87%，此外，C_2H_6 以上的烃类含量约为 10%，CO_2 为 5%～10%；凝析气田气除含有大量 CH_4 外，C_5H_{12} 以上烃类含量较高并含有汽油和煤油成分。天然气中各种组分在天然气中所占数量的比例，称为天然气的组成。每种产出天然气都有其自己的组分。同一气藏的两口井产出的天然气可以有不同的组分，而且随着气藏逐步衰竭，从气藏产出的气流组分也在发生变化。因此应从井口气流中定期取样分析，以便调整生产设备以适应新的气体组分。

表 2-1 列出了一些典型的天然气。1 号井是典型溶解气，产出的气体是伴随着原油产出的；2 号井、3 号井是典型的伴生气，分别为低压气和高压气。

在各类油气田中，天然气的组成差异很大（表 2-2）；不同的气田或裂缝系统，天然气的组成也不同（表 2-3）。

表 2-1 典型的天然气组成实例

组分	1号,%（摩尔分数）	2号,%（摩尔分数）	3号,%（摩尔分数）
甲烷	27.52	71.01	91.25
乙烷	16.34	13.09	3.61
丙烷	29.18	7.91	1.37
异丁烷	5.37	1.68	0.31
正丁烷	17.18	2.09	0.44
异戊烷	2.18	1.17	0.16
正戊烷	1.72	1.22	0.17
己烷	0.47	1.02	0.27
庚烷及重烃	0.04	0.81	2.42
二氧化碳	0	0	0
硫化氢	0	0	0
氮	0	0	0
合计	100.00	100.00	100.00

天然气的组成不仅可作为气田分类的依据之一，也是地面天然气处理的重要依据。

表 2-2 有代表性的油气田天然气组成

组 分	干气体积,%	凝析气体积,%	油田伴生气体积,%
C_1	96.00	75.00	27.52
C_2	2.00	7.00	16.34
C_3	0.60	4.50	29.18
C_4	0.30	3.00	22.55
C_5	0.20	2.00	3.9
C_6	0.10	2.50	0.47
C_{7+}	0.80	6.00	0.04
合计	100.00	100.00	100.00

表 2-3 四川部分气田天然气组成

气田	甲烷	乙烷	丙烷	丁烷	二氧化碳+硫化氢	不饱和烃	一氧化碳	氢	氮
自流井	95.94	0.66	0.24	—	0.67	0.07	0.05	0.02	0.67
邓井关	97.55	0.90	0.22	0.07	0.23	0.13	0.10	0.09	0.52
圣灯山	95.43	0.99	0.40	—	1.53	0.13	0.18	0.02	1.53
黄家场	96.71	0.78	0.17	—	1.04	0.03	0.02	0.18	0.95
阳高寺	95.54	1.41	0.37	—	0.40	0.12	0.18	0.15	1.76
纳溪	96.62	1.34	0.47	—	0.42	0.11	0.05	0.04	1.14
长垣坝	97.61	1.15	0.39	—	0.24	0.11	0.14	0.06	0.41
黄瓜山	94.85	1.17	0.21	0.13	2.26	—	0.10	0.73	0.25

续表

气田	甲烷	乙烷	丙烷	丁烷	二氧化碳+硫化氢	不饱和烃	一氧化碳	氢	氮
龙洞坪	92.57	1.16	0.55	0.37	0.06	0.05	0.25	0.12	4.38
石油沟	94.74	2.59	1.01		0.31	0.03	0.02	—	0.89
东溪	95.59	1.71	—		1.91	0.23			0.51
卧龙河	90.29	0.48	0.15	0.15	3.76	—		0.06	0.48

天然气中常见组分的主要物理化学性质见表2-4。

表2-4 天然气中常见组分主要物理化学性质

组 分	分子式	相对分子质量	临界压力, MPa	临界温度, K	偏差系数
甲烷	CH_4	16.04	4.6408	190.55	0.0126
乙烷	C_2H_6	30.07	4.8853	305.43	0.0978
丙烷	C_3H_8	44.10	4.2568	370.00	0.1541
异丁烷	C_4H_{10}	58.12	3.6480	408.13	0.1840
正丁烷	C_4H_{10}	58.12	3.7972	425.16	0.2015
异戊烷	C_5H_{12}	72.15	3.381	460.39	0.2286
正戊烷	C_5H_{12}	72.15	3.3770	470.11	0.2524
己烷	C_6H_{14}	86.178	3.012	507.4	0.2998
庚烷	C_7H_{16}	100.25	2.736	540.2	0.3494
氦	He	4.003	0.277	5.2	0
氮气	N_2	28.01	3.3986	126.11	0.0372
氧气	O_2	31.99	5.081	154.7	0.0200
氢气	H_2	2.016	1.3031	33.22	-0.219
二氧化碳	CO_2	44.01	7.3787	304.17	0.2667
一氧化碳	CO	28.010	3.499	132.92	0.0442
硫化氢	H_2S	34.08	9.0080	373.56	0.0920

(二) 天然气组成的表示方法

天然气的组成有质量组成、体积组成和摩尔组成3种表示方法。每种组成的数值可用分数或小数表示，也可用百分数表示。

1. 质量组成

如果天然气由 k 种气体组成，那么总质量 m 等于各组分的质量 m_1, m_2, …, m_k 的总和，即

$$m = m_1 + m_2 + \cdots + m_k = \sum_{i=1}^{k} m_i \tag{2-1}$$

其中，i 组分的质量 m_i 与总质量 m 的比值即为该组分的质量分数，用 W_i 表示，即

$$W_i = \frac{m_i}{m} = \frac{m_i}{\sum_{i=1}^{k} m_i} \tag{2-2}$$

显然，$\sum_{i=1}^{k} W_i = 1$。

用质量分数表示为：

$$\text{质量分数} = \frac{m_i}{m} = \frac{m_i}{\sum_{i=1}^{k} m_i} \times 100\% \tag{2-3}$$

2. 体积组成

如果天然气由 k 种气体组成，在标准状态下，总容积 V 等于各组分的容积 $V_1, V_2, V_3, \cdots, V_k$ 的总和，即

$$V = V_1 + V_2 + \cdots + V_k = \sum_{i=1}^{k} V_i \tag{2-4}$$

其中，某一组分 i 的分容积为 V_i，则其体积分数为：

$$y_i = \frac{V_i}{V} = \frac{V_i}{\sum_{i=1}^{k} V_i} \tag{2-5}$$

显然，$\sum_{i=1}^{k} y_i = 1$。

用体积分数表示为：

$$\text{体积分数} = \frac{V_i}{V} = \frac{V_i}{\sum_{i=1}^{k} V_i} \times 100\% \tag{2-6}$$

3. 摩尔组成

如果天然气中有 k 种气体组成，那么总摩尔数 n 等于各组分的摩尔数 $n_1, n_2, \cdots, n_k$ 的总和，即

$$n = n_1 + n_2 + \cdots + n_k = \sum_{i=1}^{k} n_i \tag{2-7}$$

其中，某一组分 i 的分摩尔数为 n_i，则其摩尔分数为：

$$y_i = \frac{n_i}{n} = \frac{n_i}{\sum_{i=1}^{k} n_i} \tag{2-8}$$

显然，$\sum_{i=1}^{k} y_i = 1$。

对于理想气体，容积分数等于摩尔分数，所以式（2-5）和式（2-8）都用同一符号 y_i 表示。但在高压条件下，容积分数与摩尔分数不是同一数值。

质量组成与体积组成（或摩尔组成）之间可以换算，换算时所用的基本公式为：

$$m_i = n_i M_i \tag{2-9}$$

或

$$n_i = \frac{m_i}{M_i} \tag{2-10}$$

式中 M_i——i 组分的质量。

[例1] 已知天然气的组成、摩尔分数、相对分子质量为表 2-5 前 3 列所示，试换算成质量分数与体积分数。

解：（1）由所给的摩尔分数换算为质量分数的计算步骤和结果见表2-5。

表2-5　[例1]数据

天然气组分	摩尔分数 y_i	相对分子质量 M_i	每摩尔气体中 i 组分的质量（y_iM_i）	质量分数 W_i $\left(W_i = \dfrac{m_i}{\sum\limits_{i=1}^{3} m_i}\right)$
甲烷	0.95	16.042	15.240	0.895
乙烷	0.03	30.07	0.902	0.053
丙烷	0.02	44.10	0.882	0.052
总混合气体	1.00	—	17.024	1.000

（2）由所得质量分数换算为体积分数见表2-6。

表2-6　质量分数与体积分数换算

天然气组分	摩尔分数 y_i	相对分子质量 M_i	每千克气体中 i 组分的摩尔数 $n_i=V_i/M_i$ $n_i=W_i/M_i$	体积分数 $\left(\dfrac{n_i}{\sum\limits_{i=1}^{3} n_i} \times 100\%\right)$
甲烷	0.95	16.042	0.0558	95
乙烷	0.03	30.07	0.0018	3
丙烷	0.02	44.10	0.0012	2
总混合气体	1.00	—	0.0588	100

二、天然气的分类

天然气的概念广义上可以理解为自然界一切天然生成的气体，包括不同成分组成、不同成因、不同产出状态的气体，天然气可以依据不同特点分为不同的类别。

（一）根据产状划分

天然气在地下由于所处的物理条件及成因的不同，它的存在状态是不同的，即天然气的产状是不同。按天然气的产状及其分布特点不同可分为3大类——游离气（气田气、气顶气、凝析气）、溶解气（油溶气及水溶气）以及固态气水合物与致密岩石中的气（系指渗透率小于 $0.001\mu m^2$ 的致密砂岩、致密灰岩及页岩及煤层中的气），见表2-7。

表2-7　根据产状划分天然气

产　状	类　型	特　点
游离气	气田气	甲烷为主，重烃含量很小
	气顶气	甲烷为主，重烃含量较高
	凝析气	当温度、压力超过临界条件后，液态烃逆蒸发形成了凝析气
溶解气	水溶气	溶解于水中的天然气，主要成分是甲烷
	油溶气	溶解于油中的天然气，重烃含量较高
固态气水合物及致密岩石中的气	煤层气	甲烷为主，同时含有氮气（N_2）和二氧化碳（CO_2），重烃含量很少，有时还可见到极少量的氨（NH_3）和硫化氢（H_2S）气体
	气水合物	甲烷等气态分子被天然地封闭在水分子的扩大晶格中，形成固态气水合物

(二) 根据成因机理划分

天然气按成因可分为3大类,即有机成因气、无机成因气和混合成因气,见表2-8。

表2-8 根据天然气成因机理划分

分 类	类 型	次一级类型
有机成因气	煤成气	煤成热解气
		煤成裂解气
	油型气	原油伴生气
无机成因气	幔源气	—
	岩浆成因气	—
	放射成因气	—
	变质成因气	—
	宇宙气	—
	无机盐分解气	—
混合成因气	同一烃源岩不同热演化阶段生成天然气的混合	
	不同烃源岩生成天然气的混合	
	有机成因气和无机成因气的混合	

(三) 根据矿藏特点划分

按照天然气与油藏分布的关系可分为伴生气和非伴生气。凡是在油田范围内与油藏无明显关系的气藏气均称为非伴生气,与油藏分布有密切关系的天然气均称为伴生气,见表2-9。

表2-9 根据矿藏特点划分

分 类	类 型	成 分
非伴生气	纯气田气	主要成分为甲烷,还有少量的乙烷、丙烷、丁烷和非烃类气体
	凝析气田气	除含有甲烷、乙烷外,还含有一定数量的丙烷、丁烷与戊烷以上的烃类气体,以及芳香烃、柴油
伴生气	—	—

(四) 根据组分划分

1. 按硫化氢含量分类

天然气中硫化氢的组分含量小于0.01%称为无硫气,0.01%~0.09%称为低含硫气;0.1%~0.9%称为含硫气,大于1%称为高硫气。美国得克萨斯气田含硫化氢高达98%;我国冀中凹陷赵兰庄气田含硫化氢达92%。

2. 按二氧化碳含量分类

天然气中二氧化碳的组分含量小于2%称为低含量二氧化碳气,2%~5%称为含二氧化碳气,5%~20%称为高含二氧化碳气,大于20%称为二氧化碳异常气。在我国已知气田中,在含二氧化碳组分最高的是广东三水盆地的沙头圩气田坯二段气藏,二氧化碳组分高达 99.6%。

3. 按戊烷含量分类

(1) 干气：在标准状态下，每标准立方米的井口流出物中 C_5 以上的重烃液体含量低于 13.5cm³ 的天然气。

(2) 湿气：在标准状态下，每标准立方米的井口流出物中 C_5 以上的重烃液体含量高于 13.5cm³ 的天然气。

4. 按丙烷含量分类

(1) 富气：在标准状态下，井口流出物中 C_3 以上的重烃液体含量高于 94cm³/m³ 的天然气。

(2) 贫气：在标准状态下，井口流出物中 C_3 以上的重烃液体含量低于 94cm³/m³ 的天然气。

5. 按天然气中 H_2S 和 CO_2 含量分类

(1) 酸性天然气：含有显著的 H_2S 和 CO_2 等酸性气体，需要进行净化处理才能达到管输标准的天然气，称为酸性气体。

(2) 洁气：或称甜气，H_2S 和 CO_2 等气体含量极少，不需要进行净化处理的天然气。

(五) 按天然气的经济效益分类

按天然气的经济效益可分为常规天然气及非常规天然气两大类。常规天然气是指以现阶段的开采工艺技术可获得经济效益的天然气藏。就单井的产气量而言，具有工业价值（$2×10^4$m³/d 以上）；非常规天然气是指以现阶段的开采工艺技术尚不能获得经济效益的天然气藏。

(六) 按油气藏内流体组成和相对密度划分

(1) 气藏：以干气甲烷为主，还含有少量乙烷、丙烷和丁烷。

(2) 凝析气藏：含有甲烷到辛烷的烃类，它们在地下原始条件下为气态；开采过程中，随着地层压力的降低，或到地面后会凝析成液态烃；液态烃的相对密度一般为 0.6~0.7，颜色浅，称为凝析油。

(3) 临界油气藏：也称为挥发油气藏。特点是天然气中重组分含量高，原油中轻组分含量高，构造上部接近于气，而下部接近于油，油气之间无明显分界面，相对密度在 0.7~0.8 之间，这类油气藏并不多见，其原油具有挥发性，也属于特殊油气藏之列。

(4) 油藏：分为饱和油藏（带气顶）与未饱和油藏（不带气顶），油藏中也以液相烃类为主，其中溶有大量的天然气；相对密度一般为 0.8~0.94。

第二节　天然气的相对分子质量、相对密度、密度与比容

天然气是多组分的混合气体，不像纯物质那样可由分子式计算相对分子质量，也就不能像纯物质那样由分子式计算出其恒定相对分子质量。工程上，把标准状况（20℃，0.1MPa）下 22.4m³ 的天然气所具有的质量（kg）称为天然气的视相对分子质量。显然，天然气的相对分子质量是一种人们假想的相对分子质量，故称为视相对分子质量。

一、天然气的视相对分子质量

天然气的视相对分子质量在数值上等于在标准状态下 1mol 天然气的质量（g），天然气相对分子质量可以由式（2-11）求得：

$$M_g = \sum_{i=1}^{k}(y_i M_i) \tag{2-11}$$

式中，M_g 为天然气的视相对分子质量，g/mol；M_i 为天然气 i 组分的摩尔质量，g/mol；k 为天然气的组分数；y_i 为 i 气体组分的摩尔分数。

天然气的视相对分子质量取决于天然气的组成。各气田的天然气组成不同，视相对分子质量也就不同。一般干气田的天然气视相对分子质量为 16.82～17.98。

本书后面提到的天然气和空气的视相对分子质量不再冠以"视"字，简称相对分子质量。

二、天然气的密度

天然气密度定义为单位体积天然气的质量，用符号 ρ_g 来表示：

$$\rho_g = \frac{m_g}{V} = \frac{pM_g}{ZRT} \tag{2-12}$$

式中，ρ_g 为天然气的密度，kg/m³；m_g 为天然气的质量，kg；p 为天然气的绝对压力，MPa；V 为天然气所占的体积，m³；T 为天然气热力学温度，K；M 为天然气分子质量，kg/kmol；Z 为天然气偏差因子，无量纲；R 为气体常数，$R=0.008314510$ MPa·m³/(kmol·K)。

已知天然气各组分的密度及摩尔分数，即可以计算天然气的密度：

$$\rho_g = \sum_{i=1}^{k} y_i \rho_{gi} \tag{2-13}$$

式中 ρ_{gi}——天然气中组分 i 的密度，kg/m³ 或 g/cm³；

y_i——i 气体组分的摩尔分数。

如果不指明压力、温度状态，通常就指标准状况下的参数。天然气的密度随重烃含量尤其是高碳数的重烃含量增加而增大，亦随 CO_2 和 H_2S 的含量增加而增大。在地表 1m³ 天然气的质量通常相当于 1L 汽油的质量。天然气液化后，体积缩小 1000 倍。

在地层条件下，地下天然气的密度远大于地表温度与压力条件下的密度，一般可达 150～250kg/m³；凝析气的密度最大可达 225～450kg/m³。天然气在地下的密度随温度的升高而减小，随压力的增大而增大。

三、天然气的相对密度

天然气的相对密度一般是指相同温度、压力条件下天然气密度与干燥空气密度的比值，或者说在相同温度、压力下同体积天然气与空气质量之比。相对密度是一个无因次量，常用符号 d_g 表示，即

$$d_g = \frac{\rho_g}{\rho_a} \tag{2-14}$$

式中，ρ_a 为空气的密度，kg/m³；d_g 为天然气的相对密度，无量纲；ρ_g 为天然气密度，kg/m³。

因为空气的分子质量为 28.96,故有

$$d_g = \frac{M}{28.96}$$

一般天然气的相对密度在 0.5~0.7 之间,个别重烃含量多的油田或其他非烃类组分多的气田其天然气相对密度可能大于 1。

天然气中常见组分的密度和相对密度值见表 2-10。

表 2-10　天然气中常见组分的密度和相对密度 (101325Pa, 15.55℃)

化合物	密度,kg/m³	相对密度
甲烷	0.6773	0.5539
乙烷	1.2693	1.0382
丙烷	1.8614	1.5225
丁烷	2.4535	2.0068
异丁烷	2.4535	2.0068
戊烷	3.0454	2.4911
异戊烷	3.0454	2.4911
新戊烷	3.0454	2.4911
己烷	3.6374	2.9753
庚烷	4.2299	3.4596
环戊烷	2.9604	2.4215
环己烷	3.5526	2.9057
苯	3.2974	2.6969
甲苯	3.8891	3.1812
二氧化碳	1.8577	1.5195
硫化氢	1.4380	1.7165
氮	1.1822	1.9672

天然气相对密度的数值一般会随着重烃、二氧化碳、硫化氢、氮气含量的增大而增大,天然气混合物相对密度一般在 0.56~1.0 之间,随着重烃及 CO_2 和 H_2S 的含量增加而增大,当天然气中重烃含量高或者非烃类组分含量高时,其相对密度可能大于 1。

四、天然气比容

天然气比容的定义为天然气单位质量所占据的体积,在理想条件下可写成:

$$v = \frac{V}{m} = \frac{ZR_M T}{pM} = \frac{1}{\rho_g} \tag{2-15}$$

式中　v——比容,m³/kg。

由此,在已知天然气比容的条件下,可以求出天然气的密度:

$$\rho_g = \frac{1}{v} \tag{2-16}$$

[例2] 某气体组分见表2-11，理想气体性质也见表2-11。求在6.89MPa和311.1K条件下：（1）气体的视相对分子质量；（2）气体的相对密度；（3）气体的密度；（4）气体的比容。

表2-11 某气体组分与性质

组分	摩尔分数, y_i	相对分子质量, Mr_i	$y_i Mr_i$
C_1	0.75	16.04	12.030
C_2	0.07	30.07	2.105
C_3	0.05	44.10	2.205
C_4	0.04	58.12	2.325
C_5	0.04	72.15	2.886
C_6	0.03	86.18	2.585
C_7	0.02	100.21	2.004

解：（1）$Mr = \sum_{i=1}^{7}(y_i Mr_i) = 12.030 + 2.105 + 2.205 + 2.325 + 2.886 + 2.585 + 2.004 = 26.140$

（2）求 d_g：$d_g = \dfrac{M_g}{M_a} = \dfrac{26.14}{28.96} = 0.903$

（3）求气体密度：$\rho_g = \dfrac{m_g}{V} = \dfrac{pM_g}{ZRT} = \dfrac{6.89 \times 26.14}{1 \times 0.008315 \times 311.1} = 69.62 (\text{kg/m}^3)$

（4）求比容：$v = \dfrac{1}{\rho_g} = \dfrac{1}{69.62} = 0.0144 (\text{m}^3/\text{kg})$

[例3] 已知天然气的摩尔分数、各组分的相对分子质量见表2-12。（1）将摩尔分数换算为质量分数；（2）由质量分数换算为体积分数；（3）求天然气的相对分子质量；（4）求天然气的相对密度。

解：（1）由所给出的摩尔分数、相对分子质量换算为质量分数的计算步骤和结果列入表2-12中。

表2-12 天然气组分及其相对分子质量、质量分数计算结果

组分	摩尔分数 y_i	相对分子质量 M_i	每摩尔气体中组分 i 的质量 $m_i = y_i M_i$	质量分数 $W_i = m_i / \sum m_i$
C_1	0.95	16.042	15.240	0.895
C_2	0.03	30.07	0.902	0.053
C_3	0.02	44.10	0.882	0.052
混合气	1.00	17.02	17.02	1.000

（2）由所得质量分数换算为体积分数见表2-13。

表2-13 [例3]由质量分数换算为体积分数的计算结果

组分	质量分数 W_i	相对分子质量 M_i	每千克气体中组分 i 的摩尔数 $n_i = W_i / M_i$	体积分数 $(n_i / \sum n_i) \times 100\%$
C_1	0.895	16.042	0.0558	95
C_2	0.053	30.07	0.0018	3
C_3	0.052	44.10	0.0012	2
混合气	1.000	17.02	0.0588	100

(3) 气体相对分子质量：$M_g = \sum_{i=1}^{3} y_i M_i = 15.240 + 0.902 + 0.882 = 17.02 (\text{kg/kmol})$

(4) 气体的相对密度：$d_g = \dfrac{M_g}{M_a} = \dfrac{17.02}{28.97} = 0.588$

第三节　天然气的偏差因子

天然气为真实气体，与理想气体存在偏差，偏差程度用偏差系数来表示。为了求得偏差因子，要了解理想气体状态方程、实际气体状态方程以及偏差因子的确定方法。

一、理想气体状态方程

在开始研究真实气体的性质时，一般考虑一种假想的气体，即忽略气体分子的体积、质量，气体分子之间相互没有作用力的一种气体。

低压状态下，多数气体呈现理想气体的性质，而且在正常的配气压力下，天然气十分符合理想气体定律，因此通常没有必要考虑与真实气体定律计算出现的偏差。然而在高压状态下，气体的真实体积与理想体积之间就可能出现很大的差别。

根据波义耳—查理定律，理想气体状态方程为：

$$pV_{理} = nRT \tag{2-17}$$

式中　p——气体的绝对压力，MPa；

　　　V——气体所占体积，m³；

　　　T——热力学温度，K；

　　　n——气体的摩尔数，kmol；

　　　R——通用气体常数，$R = 0.008314510 \text{MPa} \cdot \text{m}^3/(\text{kmol} \cdot \text{K})$。

二、实际气体状态方程

由于天然气并非理想流体，而是实际流体，真实气体与理想气体定律都有偏差，因此，在天然气处于油气藏这样的高温高压条件下时，就需要对理想气体状态方程进行修正：

$$pV_{实} = ZnRT \tag{2-18}$$

式中　Z——偏差因子，或称为压缩因子。

三、天然气的偏差因子 Z

实际气体对理想气体的偏差既考虑了实际气体分子间作用力的存在，同时也考虑了实际气体分子本身体积的不可忽略。

$$Z = \dfrac{V_{实}}{V_{理}} \tag{2-19}$$

式中　$V_{实}$——在某一温度、压力条件下实际气体所占体积，m³；

　　　$V_{理}$——在同温、同压下同数量理想气体所占体积，m³。

偏差因子是绝对压力和温度的函数，本书主要讨论在恒定温度条件下的偏差因子，适用于等温气藏衰竭开采或等温输气情况。

天然气求偏差因子，应用对应状态原理来求。对应状态原理：两种不同烃类气体，如果它们的对应温度和对应压力相同，那么它们的许多性质函数，如压缩因子、弹性压缩系数、黏度等也近似相同。根据这一原理，求出天然气某一温度和压力条件下的视对比压力（p_r）和视对比温度（T_r），找出某种烃类气体该温度、压力条件下的偏差因子，即为天然气的偏差因子。

$$Z = f(p_{pr}, T_{pr}) \tag{2-20}$$

天然气的视对比参数分别为：

$$p_{pr} = \frac{p}{p_{pc}} \tag{2-21}$$

$$T_{pr} = \frac{T}{T_{pc}} \tag{2-22}$$

式中　p_{pr}——天然气的视对比压力；
　　　T_{pr}——天然气的视对比温度；
　　　p_{pc}——天然气的视临界压力，MPa；
　　　T_{pc}——天然气的视临界温度，K。

由于天然气是混合气体，其临界参数值的求取需要引入一个"视"或"拟"的一个概念。天然气的视临界参数可以用各组分的临界参数值求得，确定它们最简单的方法是使用凯（Kay）法则，即

$$p_{pc} = \left(\sum_{i=1}^{k} y_i\right) p_{ci} \tag{2-23}$$

$$T_{pc} = \left(\sum_{i=1}^{k} y_i\right) T_{ci} \tag{2-24}$$

式中　p_{ci}——天然气各组分的临界压力，MPa；
　　　T_{ci}——天然气各组分的临界温度，K；
　　　y_i——天然气的摩尔分数。

四、偏差因子的确定

根据对应状态原理，1941年Standing和Katz根据二元体系混合气和饱和烃类的蒸气压资料做出了压缩因子图，如图2-1所示。

当天然气中的非烃含量不太高（$N_2 < 5\%$），缺乏气体组分分析数据时，也可根据气体相对密度，按下列经验关系式估算出视临界参数（但此方法只是经验公式，应用时应慎重）：

$$T_{pc} = 171(d_g - 0.5) + 182 \text{ (K)} \tag{2-25}$$

$$p_{pc} = [46.7 - 32.1(d_g - 0.5)] \times 0.09869 \text{ (MPa)} \tag{2-26}$$

式中　d_g——天然气的相对密度。

求偏差因子的步骤如下：

（1）根据天然气的组成或相对密度，求天然气的视临界参数（视临界温度、视临界压力）；

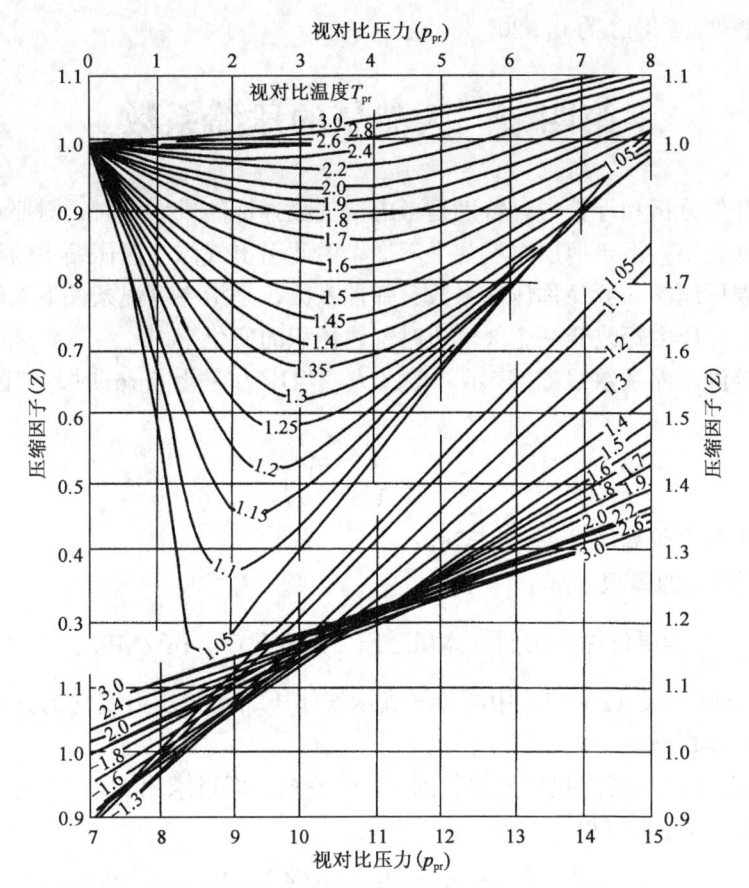

图 2-1 天然气的双参数压缩因子图版（Standing 等，1941）

(2) 如含有非烃（硫化氢、二氧化碳），应对视临界参数进行校正；
(3) 根据给定的温度、压力计算视对应参数（视对比温度、视对比压力）；
(4) 查 SK 图版图 2-1，求得 Z。

[例 4] 已知天然气的数据见表 2-14，求 $p=4.827$MPa，$T=47℃$时的偏差因子。

表 2-14　[例 4] 天然气数据

组　分	摩尔分数 y_i	临界温度 T_{ci}	临界压力 p_{ci}
C_1	0.94	190.6	4.604
C_2	0.03	305.4	4.880
C_3	0.02	369.8	4.294
nC_4	0.01	425.2	3.796

解：(1) $T_{pc} = \sum_{i=1}^{4} y_i T_{ci} = 0.94 \times 190.6 + 0.03 \times 305.4 + 0.02 \times 369.8 + 0.01 \times 425.2$
$= 200.1$ (K)

$p_{pc} = \sum_{i=1}^{4} y_i p_{ci} = 0.94 \times 4.604 + 0.03 \times 4.880 + 0.02 \times 4.294 + 0.01 \times 3.796$
$= 4.598$ (MPa)

(2) $T_{pr} = T/T_{pc} = (47+273)/200.1 = 1.6$
$p_{pr} = p/p_{pc} = 4.827/4.598 = 1.05$

(3) 查图版 2-1 得 Z 为 0.920。

第四节　天然气的压缩系数

在油气田开发分析和计算中，特别是考虑油气藏弹性储量大小时，需要计算随压力的改变气体体积的变化率。由于地层温度几乎不变，由此引出气体等温压缩率的概念。

天然气等温压缩率一般简称压缩系数、弹性系数，是指在等温条件下天然气随压力变化的体积变化率，即压力每改变一个大气压时气体体积的变化率。

天然气的等温压缩系数以 C_g 表示，定义为：当压力变化 1atm 时，气体单位体积的变化值：

$$C_g = -\frac{1}{V} \left(\frac{\partial V}{\partial p} \right)_T \tag{2-27}$$

式中　C_g——天然气等温压缩率，1/MPa；

　　　V——天然气的体积，m³；

　　　$\left(\frac{\partial V}{\partial p} \right)_T$——等温条件下天然气体积随压力的变化率，m³/MPa。

C_g 始终为正值，式 (2-27) 中的负号表示气体压缩率与压力变化的方向相反，即随着压力增大，气体体积减小。

根据 C_g 的定义，只要能找出天然气的 $p-V$ 关系，即可求出 C_g。对实际气体状态方程 $pV = nRTZ$ 进行微分求解得：

$$C_g = \frac{1}{p} - \frac{1}{Z} \left(\frac{\partial Z}{\partial p} \right)_T \tag{2-28}$$

偏差系数 Z 值的大小与真实气体的组成、温度、压力有关。

对于理想气体，$Z=1$，$\left(\frac{\partial Z}{\partial p} \right)_T = 0$，因此，$C_g = \frac{1}{p}$，$C_g$ 仅与压力成反比。对于实际气体，$Z \neq 1$，$\frac{1}{Z} \left(\frac{\partial Z}{\partial p} \right)_T$ 具有一定的数值。

在实际应用中，一般不直接用方程 (2-28) 计算 C_g，而是表示为拟对比压力和拟对比温度的函数，引入对应参数，用 $p_{pr} \cdot p_{pc}$ 代替 p，即 $p = p_{pr} p_{pc}$，代入式 (2-28)，则 C_g 可按式 (2-29) 计算：

$$C_g = \frac{1}{p_{pc} p_{pr}} - \frac{1}{Z p_{pc}} \left(\frac{\partial Z}{\partial p_{pr}} \right)_{T_{pr}} \tag{2-29}$$

式中　p_{pr}——视对比压力；

　　　p_{pc}——天然气的视临界压力，MPa。

此式为计算天然气等温压缩率的常用公式。

当已知天然气的组成，计算出天然气视临界参数和视对比参数，利用天然气 Z 值图版图 2-1 即可查出 Z 和 $\left(\frac{\partial Z}{\partial p_{pr}} \right)_{T_{pr}}$。

$$C_{pr} = C_g p_{pc} = \frac{1}{p_{pr}} - \frac{1}{Z} \left(\frac{\partial Z}{\partial p_{pr}} \right)_{T_{pr}} \tag{2-30}$$

式中　C_{pr}——等温视对比压缩系数。

除了利用式（2-30）计算 C_{pr} 外，也可通过已知的视对比参数 p_{pr}、T_{pr} 从图2-2中查得。

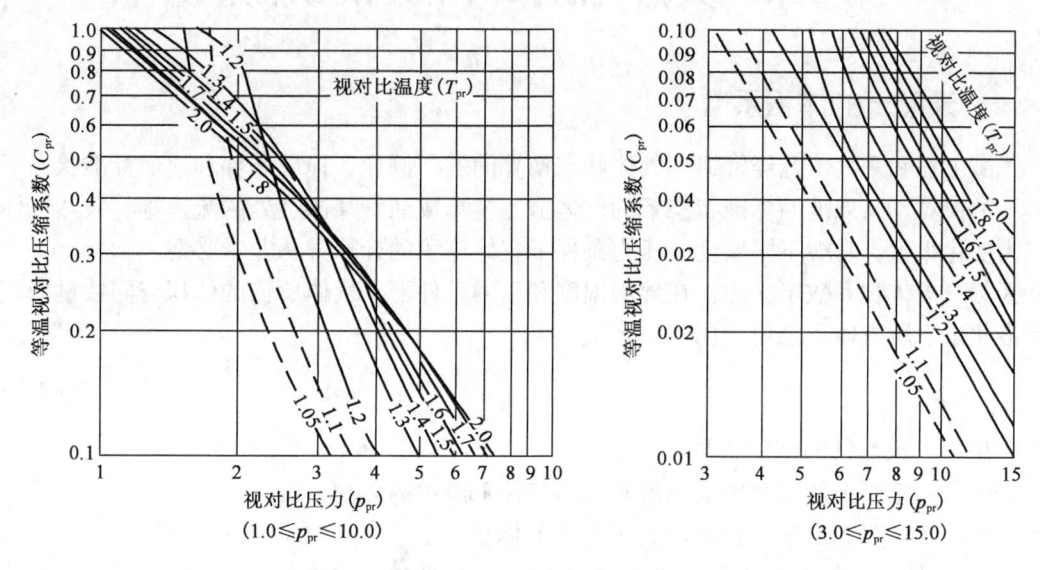

图2-2 天然气 C_{pr} 图版

[**例5**] 已知表2-15给出天然气的组成，求天然气在49℃和10.2MPa（102atm）条件下的等温压缩系数。

表2-15 [例15] 天然气组成

天然气组分	摩尔分数（y_i）	临界温度（T_{ci}）K	$y_i T_{ci}$ K	临界压力（p_{ci}）MPa	$y_i p_{ci}$ MPa
CH_4	0.85	190.5	162.0	4.6408	3.9447
C_2H_6	0.09	306.0	27.5	4.8835	0.4395
C_3H_8	0.04	369.6	14.8	4.2568	0.1703
nC_4H_{10}	0.02	425.0	8.5	3.7928	0.0759
天然气混合物	$\sum_{i=1}^{4} y_i = 1.00$	$T_{pc} = \sum_{i=1}^{4}(y_i T_{ci}) = 212.8$ (K)		$p_{pc} = \sum_{i=1}^{4}(y_i p_{ci}) = 4.630$ (MPa)	

解：根据表2-15给出的天然气组分摩尔分数、临界温度、临界压力，可求出天然气混合物的临界温度及临界压力，见表2-15。

计算视对比参数：

$$p_{pr} = \frac{p}{p_{pc}} = \frac{10.2}{4.630} = 2.203$$

$$T_{pr} = \frac{T}{T_{pc}} = \frac{322}{212.8} = 1.513$$

再根据 Z 值图版图2-1查出 $Z=0.849$，根据图2-2等温线上的切线斜率，从而得出 $(\partial Z/\partial p_{pr})_{T_{pr}} = -0.050$。

$$C_g = \frac{1}{p_{pc} p_{pr}} - \frac{1}{Z p_{pc}} \left(\frac{\partial Z}{\partial p_{pr}}\right)_{T_{pr}} = \frac{1}{4.63} \times \frac{1}{2.203} - \frac{1}{0.849} \times \frac{1}{4.63} \times (-0.050)$$
$$= 0.1 (MPa^{-1})$$

第五节 天然气的体积系数和膨胀系数

一、天然气的体积系数

气藏工程和采气工艺经常遇到气体状态换算问题。例如，地层条件和地面标准状态下气体体积的换算，又如地面标准状态下的气体流速换算成油管某深度处的流速等。天然气体积随压力变化很大，掌握不同温度、压力条件下气体体积的计算方法非常必要。

天然气的体积系数定义为：在地层温度和压力条件下，气体所占的体积与同数量的气体在标准状态下所占体积之比，用 B_g 表示。

$$B_g = \frac{V_f}{V_s} \tag{2-31}$$

式中 B_g——天然气的体积系数；

V_f——定量天然气在地层温度和压力条件下所占的体积，m^3；

V_s——定量天然气在标准状态下所占的体积，m^3。

式（2-31）中的标准状态一般是指 293K，0.101MPa。

$$B_g = \frac{V_f}{V_s} = Z\frac{p_s T_f}{p_f T_s} = Z \times \frac{273+t}{293} \times \frac{p_s}{p_f} (m^3/m^3) \tag{2-32}$$

式中 t——油气层温度，℃。

天然气的体积系数 B_g 实质上描述了一定量气体由油气层状态变化到地面压力、温度条件时所引起的体积变化的换算系数。对实际油气藏，地层压力远远高于地面压力，相差几十倍或几百倍，而地面与地面温度一般也相差几百倍，因此天然气由地下采到地面后体积会发生几十倍变化，甚至几百倍的体积膨胀，B_g 值远小于1。

在油气藏开发过程中，随着气体不断采出，油气藏压力不断降低，而油气藏温度可以认为是常数，此时，B_g 可视为油气藏压力 p_f 的函数：

$$B_g = CZ/p_f \tag{2-33}$$

$$C = p_s \frac{273+t}{293} \tag{2-34}$$

式中 C——系数。

根据不同的压力值可以做出某天然气气样 p-B_g 关系曲线。在进行有关气藏储量计算时，可按照实际油藏压力变化值的大小，在图2-3中曲线上即可查到相应的 B_g 值。此曲线在储量计算时使用起来很方便，可以直接从曲线上查出 B_g 的值。

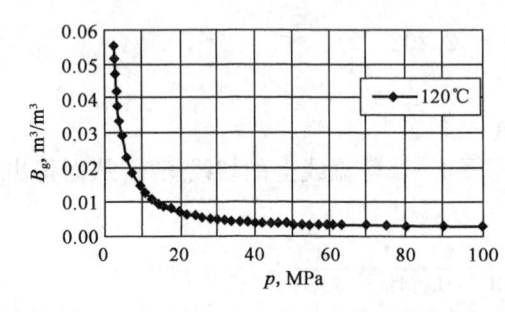

图2-3 某天然气气样 p-B_g 关系曲线

在地面为标准条件下，即 $p_s = 0.101325$Pa，$Z_s = 1, T_s = 293$K 时，有：

$$B_g = 3.458 \times 10^{-4} \frac{ZT_f}{p_f} \tag{2-35}$$

[例6] 地层压力 $p = 16.548$MPa，地层温度 $T = 138.9$℃，干气相对密度 $d_g = 0.64$，烃孔隙体积 $V_{HC} = 1 \times 10^8 m^3$，求干气储量 Q。

解：(1) $T_{pc} = 171 \times (d_g - 0.5) + 182$

$$= 171 \times (0.64-0.5) + 182 = 205.94 \text{ (K)}$$
$$p_{pc} = [46.7 - 32.1 \times (d_g - 0.5)] \times 0.09869$$
$$= [46.7 - 32.1 \times (0.64 - 0.5)] \times 0.09869 = 4.1653 \text{ (MPa)}$$
$$p_{pr} = \frac{p}{p_{pc}} = \frac{16.548}{4.1653} = 3.97$$
$$T_{pr} = \frac{T}{T_{pc}} = \frac{411.9}{205.94} = 2.00$$

经查图表得：$Z = 0.923$。
$$B_g = 3.458 \times 10^{-4} \frac{ZT_f}{p_f} = 3.458 \times 10^{-4} \times \frac{0.923 \times 411.9}{16.548} = 0.007945 (\text{m}^3/\text{m}^3)$$

(2) 干气储量 Q：$Q = \frac{V_{HC}}{B_g} = \frac{1 \times 10^8}{0.007945} = 125.87 \times 10^8 (\text{m}^3)$

二、天然气的膨胀系数

天然气在不同温度和压力条件下的密度、相对密度是不同的。天然气分子间的内聚力不大，分子的不规则运动使得有多大的容器天然气分子就能占据多大的体积，因此，天然气具有膨胀性。

对于实际油气藏，天然气从地层开采到地面上，其体积会发生很大膨胀，使得 B_g 值远小于1。为了计算方便，引入体积膨胀系数这一概念，定义 B_g 的倒数为天然气的膨胀系数：

$$E_g = 1/B_g \tag{2-36}$$

式中 E_g——天然气膨胀系数。

天然气膨胀系数反映了天然气从地层状态变化到地面状态时所引起的体积膨胀倍数。根据式 (2-31)，推导出天然气膨胀系数的表达式为：

$$E_g = \frac{V_s}{V_f} \tag{2-37}$$

根据气体状态方程得出：

$$E_g = \frac{V_s}{V_f} = \frac{p_f T_s}{Z p_s T_f} = \frac{293 p_f}{Z(273+t) p_s} \text{ (m}^3/\text{m}^3) \tag{2-38}$$

在标准条件下，即 $p_s = 0.101325\text{Pa}, Z_s = 1, T_s = 293\text{K}$ 时，得出：

$$E_g = 2891.7 \frac{p_f}{ZT_f} \text{ (m}^3/\text{m}^3) \tag{2-39}$$

天然气膨胀系数 E_g 是状态函数。地面状态一定时，膨胀系数取决于所处的状态，如地层或油管，因此，提到天然气的膨胀系数时，必须指明所处的状态才有意义。式 (2-39) 仅适用于干气。

在采气工艺中，天然气膨胀系数是很有用的气体状态参数，例如，气体在油管、输气管中流动时，沿管线的膨胀系数、体积系数是变化的，从而可以描述管内气体相对密度的变化。

[例7] 利用 [例6] 中的已知条件，求气体的膨胀系数。

解： 标准条件下，利用式 (2-39) 得：

$$E_g = 2891.7 \times \frac{p_f}{ZT_f} = 2891.7 \times \frac{16.548}{0.923 \times 411.9} = 125.865 (\text{m}^3/\text{m}^3)$$

第六节 天然气的黏度

黏度使天然气在地层、井筒和地面管道中流动时产生阻力，压力降低。气体黏度越大，阻力越大，气体的流动就越困难。黏度是气体流动难易程度的量度。

一、天然气黏滞性形成原因及黏度的物理意义

(一) 天然气黏滞性形成原因

当两层气体存在相对运动时，气体的分子间不仅具有与运动方向一致的相对移动产生的内摩擦，而且由于气体分子无秩序的热运动，两层气体分子间可以相互扩散和交换，当流动速度较快的气层分子跑到流速较慢的一层里面时，由于存在相互作用力，这些具有较大动能的气体分子将使流速较慢的气层产生加速作用；反之，流动速度较慢的气层分子跑进流动速度较快的气层里，对气层产生一种阻滞气层运动的作用，结果两层气体之间就产生了内摩擦。

温度升高，天然气的无秩序热运动增强，气层之间的加速和阻滞作用随之增强，内摩擦也就增强。因此，天然气的黏度随温度升高而加大，与液体的黏度随温度升高而降低不同。随着压力的升高，天然气的性质逐渐接近液体，温度对黏度的影响也越来越接近液体。

(二) 黏度的物理意义

牛顿内摩擦定律中提出：流体两流层之间的摩擦力与垂直于流体流动方向的速度梯度、接触面积成正比，而与压力无关。

内摩擦力的计算公式为：

$$T = -\mu A \frac{\mathrm{d}u_x}{\mathrm{d}y} \tag{2-40}$$

式中　T——相邻两流层接触面上的内摩擦力，N；

　　　A——两流层间的接触面积，m²；

　　　$\dfrac{\mathrm{d}u_x}{\mathrm{d}y}$——在 x 方向（施加剪应力的方向）上流体的速度在 y 方向（与 x 方向垂直）上的梯度，1/s；

　　　μ——动力黏滞系数，简称动力黏度，Pa·s。

设 τ 代表单位面积上的内摩擦力，即黏性切应力，根据定义，则有：

$$\tau = \frac{T}{A} = \pm \mu \frac{\mathrm{d}u_x}{\mathrm{d}y} \tag{2-41}$$

黏度的物理意义为：在速度梯度 $\dfrac{\mathrm{d}u_x}{\mathrm{d}y}$ 一定时，μ 的大小反映了切应力 τ 的大小，也就是流体黏滞性的大小。当 $\dfrac{\mathrm{d}u_x}{\mathrm{d}y} = 1$ 时，在数值上 $\mu = \tau$，因而可以用 μ 来度量流体黏滞性的大小。

二、黏度单位

除了动力黏度 μ 外，常出现动力黏度 μ 和流体密度 ρ 的比值，称为运动黏度，用 ν 表示，二者的关系为：

$$\nu = \frac{\mu}{\rho} \tag{2-42}$$

动力黏度与运动黏度的单位见表 2-16。

表 2-16 黏度的单位

黏度	国际单位制	物理单位制	国际、物理单位换算关系
μ（动力黏度）	N·s/m², Pa·s	P（泊），cP（厘泊）	1P=100cP=0.1Pa·s
ν（运动黏度）	m²/s	St（斯），cSt（厘斯）	1St=100cSt=1cm²/s=10⁻⁴m²/s

三、黏度的影响因素

天然气黏度是研究天然气运移、开发和集输依据的一个重要参数。天然气的黏度与温度、压力和气体组成有关。

温度升高，运动速度随之增大，黏度增大。由于同样原因，相对分子质量增大时，运动速度减慢，黏度减小。

（一）低压（<0.98MPa）条件下的黏度

天然气黏度很小，比油或水的黏度低得多。天然气黏度与气体组成、温度、压力等因素有关。在接近大气压的低压条件下，压力对黏度的影响很小，可忽略。黏度随温度升高而变大，随相对分子质量增大而减小。

（二）高压（>76.865MPa）条件下的黏度

在较高压力下，气体分子密度增大，分子与分子间距离变得很近，其内摩擦力类似于液体间的摩擦阻力。此时，天然气的黏度随压力升高而增大，随温度升高而减小，随相对分子质量增大而增大。此外，天然气黏度还随非烃气体增加而增大。

第七节 天然气的含水量和溶解度

大多数气田属于气—水两相系统。天然气在地下长期与水接触过程中，一部分天然气溶解在水中，同时一部分水蒸气进入天然气中，因此，从井内采出的天然气中或多或少都含有水蒸气。

一、天然气的水露点和烃露点

天然气的水露点是指在一定压力条件下与天然气的饱和水蒸气量对应的温度。天然气的烃露点是指在一定压力条件下气相中析出第一滴"微小"烃类液体的平衡温度。天然气的水露点可以用试验测定，也可由天然气的水含量数据查表得到。天然气的烃露点可由仪器测量得到，也可由天然气烃组成的延伸分析数据计算得到。与一般气体不同的是天然气的烃露点还取决于压力与组成，组成中尤以天然气中较高碳数组分的含量对烃露点影响最大。

二、天然气中的含水量

气藏形成过程中始终伴随地层水与其共存，即使没有边水、底水，至少也存在束缚水，因此，气藏的气态流体中也总是含有水蒸气，而且由于有共存水存在，所以水蒸气总是处于饱和状态。水蒸气含量高低主要与储层温度、压力、气体组成、液态水的含盐量等有关。

(一) 影响天然气中水蒸气含量的因素

(1) 水蒸气含量随压力增大而减小；
(2) 水蒸气含量随温度升高而增大；
(3) 在气藏中，含水量与天然气相平衡的自由水中盐溶解度有关，随含盐量的增大，天然气中含水量降低；
(4) 高相对密度的天然气组分中含水量少；
(5) 气中 N_2 含量高，会使水蒸气含量降低；
(6) 气中含 CO_2 和 H_2S 高，会使水蒸气含量上升。

随着天然气从地层条件下采出并输送到集气站时温度、压力的变化，水蒸气可能会从天然气中析出，形成凝析水，并可能在气井井底、管线中形成积液，从而导致气井产能、管线输气能力降低。此外，析出的游离态水在一定的温度和压力条件下还可能与天然气生成固态水合物，引起阀门、管线的堵塞。水与 H_2S、CO_2 一起，还会使管线、设备和仪表加剧腐蚀，直接影响天然气计量的准确度，给天然气的安全生产、输送和加工造成很大的危害。因此，天然气中含水量的准确确定，对于天然气的开采、输送和加工都有着极其重要的意义。

(二) 天然气含水量的表示方法

描述天然气中含水量的多少，统一用绝对湿度和相对湿度（水蒸气的饱和度）表示，$1m^3$ 的湿天然气所含水蒸气的质量称为绝对湿度，其关系式如下：

$$X = \frac{W}{V} = \frac{p_{vw}}{R_w T} \quad (2-43)$$

式中 X——绝对湿度，kg/m^3；
W——水蒸气的质量，kg；
V——湿天然气的体积，m^3；
p_{vw}——水蒸气的分压，kg/m^2；
T——湿天然气的绝对温度，K；
R_w——水蒸气的体积常数，$R_w = 47.1 kg \cdot m^3/(kg \cdot K)$。

若湿天然气中水蒸气的分压达到饱和蒸气压，则饱和绝对湿度可写成：

$$X_s = \frac{p_{sw}}{R_w T} \quad (2-44)$$

式中 X_s——饱和绝对湿度，kg/m^3；
p_{sw}——水蒸气的饱和蒸汽压，kg/m^2。

饱和绝对湿度是指在某一温度下天然气中含有最大的水蒸气量。在同样温度下，绝对湿度与饱和绝对湿度之比，称为相对湿度 ϕ，它们的关系可写成：

$$\phi = \frac{X}{X_s} = \frac{p_{vw}}{p_{sw}} \quad (2-45)$$

绝对干燥的天然气，$p_{vw} = 0$，则 $\phi = 0$；当湿天然气达到饱和时，$p_{vw} = p_{sw}$，则 $\phi = 1$；一般湿天然气，$0 < \phi < 1$。

三、天然气的溶解度

(一) 亨利定律

在地层压力下，地层水中溶解有部分天然气。把 1m³ 地层水中含有天然气的体积（m³，标准状态），称为天然气的溶解度。天然气能不同程度地溶于水和石油两类溶剂中，具体数量取决于天然气和溶剂的成分以及天然气的压力、温度。由于天然气在地层中的扩散主要以溶解在水中的方式为主，因此可以用其在地层水中的溶解度来代替其浓度，溶解度是随着地层的温度、压力和地层水的矿化度而变化的。

天然气和水是属于不易互溶的气—液系统，溶解度和气体分压的关系一般常用亨利定律表示。这个定律说明在常温下且在密闭容器中，溶于某溶剂的某气体的体积浓度会正好与此溶液达成平衡的气体分压成正比。亨利常数会随着溶剂和温度变化。

亨利公式可以表示为：

$$R_g = Cp \tag{2-46}$$

式中 R_g——溶解度，即单位体积水中溶解的气体体积，m³/m³；

C——溶解系数或亨利系数，即一定温度条件下，压力每增加 1 个单位值，单位体积石油或水中溶解的气量，m³/(m³×atm)；

p——气体压力（对混合气体计算各组分的溶解度时为该组分的分压），atm。

亨利定律公式为一个线性方程，即温度一定，气体与液体之间不发生化学反应，则溶解度与压力成正比。

天然气成分中硫化氢和二氧化碳易溶于水，比烃类气体的溶解度大数十倍，它们随温度升高，溶解度减小；随压力增大，溶解度增大；随水的矿化度升高，溶解度减小。天然气中烃类气体在水中的溶解度随压力增大而迅速增大，但随着水中含气饱和度升高，温度对增加气体溶解度的作用会减小。

(二) 溶解系数的影响因素

溶解度与溶解系数及压力乘积成正比，然而不同成分的天然气其溶解系数有相当大的差别，天然气中常见组分在纯水中，20℃、10⁵Pa 条件下的溶解系数见表 2-17。

表 2-17 常见天然气组分在纯水中的溶解系数（20℃，0.1MPa）（据 B. A. 1956）

天然气成分	甲烷	乙烷	丙烷	丁烷	异丁烷	二氧化碳	硫化氢	氮气
溶解系数	0.033	0.047	0.037	0.036	0.025	0.87	2.58	0.016

天然气在水中的溶解度随压力增大而增大，在低压（<10MPa）时，溶解度随压力呈线性增大，而压力较高时，溶解度的增大呈一条上升的曲线。

实际上温度对天然气的溶解度的影响也与压力相关，而且关系较为复杂：在较低压力（<10MPa）条件下，温度在 75℃以下，溶解度随温度升高而降低；温度高于 75℃时，溶解度随温度上升而增大。这就是在高温高压下地层水中溶解气增加的原因。

天然气在水中的溶解系数很大程度上还取决于气体组分和水互溶能力，另外与温度和含盐量也有关系，而对于天然气的同一组分，则取决于温度和含盐量。

天然气在纯水中的溶解度由图 2-4 所示。地层水中含盐会降低溶解度，天然气在地层水中的溶解度按式（2-47）计算：

$$s_2 = s_1(1 - xy/10000) \quad (2-47)$$

式中 s_1 ——天然气在纯水中的溶解度，m^3/m^3；
s_2 ——天然气在地层水中的溶解度，m^3/m^3；
x ——校正系数，由表 2-18 查出；
y ——地层水的含盐量，mg/L。

在气藏压力降低时，溶解在地层水中的天然气会释放出来而增加天然气的储量，在某些条件下还会形成水溶性气藏。

天然气的这种溶解于水和石油的性质，使得天然气在自然界中往往形成溶解气藏。天然气在生成、运移、聚集以及气藏的形成与保存和开采过程中都与地下水组成了一个统一的液体系统。

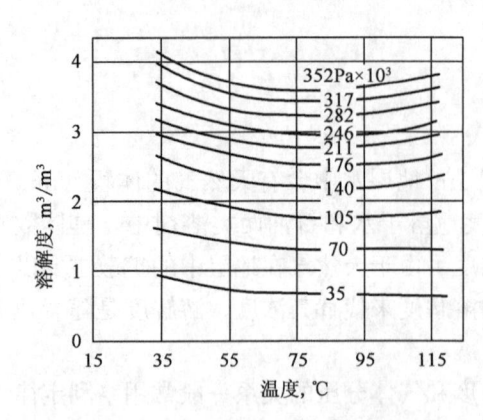

图 2-4 天然气在纯水中的溶解度

表 2-18 部分校正系数 x 的值

温度℃	38	40	60	66	90	83	121
x 值	0.074	0.072	0.055	0.050	0.045	0.044	0.033

无论是溶于地层水还是原油中的天然气，在条件发生改变时，其中的溶解气都有可能脱离地层水或原油成为游离气，并在适当条件下聚集成为气藏。特别是在油气藏中，当压力降低时，天然气会自石油中析出，且各组分的析出与其溶解度相对应，甲烷最先开始析出，然后是乙烷、丙烷、丁烷等同系物依次析出。

思 考 题

一、填空题

(1) 天然气是以_____为主和少量非烃类气体组成的混合气体，以碳氢化合物为主要组分，具有可燃性。天然气中常见的烃类组分是_____等，非烃类气体有_____以及惰性气体 He、Ar。

(2) 天然气中各种组分在天然气中所占数量的比例，称为_____。天然气组成有_____、_____和_____ 3 种表示方法。

(3) 按天然气的产状及其分布特点不同可分为 3 大类：_____、_____与_____。

(4) 按天然气与油藏分布关系可分为_____和_____。

(5) 按天然气中 H_2S 和 CO_2 分类，分为_____和_____。

(6) 按天然气的经济效益可分为_____及_____两大类。

(7) 按油气藏内流体组成和相对密度划分为：_____、_____、_____以及油藏。

(8) 天然气为真实气体，与理想气体存在偏差，偏差的程度用_____来表示。

(9) 在等温条件下，天然气随压力变化的体积变化率称为_____。

(10) 在地层温度和压力条件下，气体所占的体积与同数量的气体在标准状态下所占体积之比称为_____。

二、判断题

（　　）亨利定律公式反映的是气体与液体之间不发生化学反应，且温度一定时，溶解度与压力成反比。

（　　）在较高压力下，天然气的黏度随压力增大而增大，随温度升高而减小，随相对分子质量增大而增大。

（　　）天然气的膨胀系数 B_g 通常大于1。

（　　）对于理想气体，C_g 与压力成正比。

（　　）天然气的黏度是测量天然气抵抗流动能力即天然气分子间内摩擦力的一种量度。

三、名词解释

(1) 天然气；(2) 天然气相对密度；(3) 天然气相对分子质量；(4) 天然气偏差系数；(5) 天然气体积系数；(6) 天然气膨胀系数；(7) 天然气等温压缩系数；(8) 天然气黏度；(9) 天然气溶解度；(10) 天然气水露点；(11) 天然气烃露点；(12) 天然气绝对湿度。

四、计算题

(1) 已知某天然气的摩尔分数见表2-19，求：(1) 天然气的质量分数；(2) 天然气的体积分数；(3) 气体相对分子质量；(4) 气体相对密度。

表2-19　某天然气组成

天然气组分	摩尔分数 y_i
甲烷	0.85
乙烷	0.09
丙烷	0.04
丁烷	0.02
总混合气体	1.00

(2) 已知天然气 $p_{pr}=3$，$T_{pr}=1.5$，$p_{pc}=4.462$MPa，求 C_g。

第三章 气井完井

【学习提示】
本章主要介绍气井的各种完井方法及适用条件，井身结构，井口装置的名称、作用以及井口操作等内容。

技能点是绘制井身结构图，井口操作。

重点是井口操作。

难点是看井身结构图，井口操作。

气井是气层通到地面的人工通道，在采气中起着输送天然气由气层到地面并控制气层的作用。对气层进行各种研究，压井、增产、堵水等井下作业都要通过气井来完成。

油气田上根据钻井目的和开发要求，把井分为不同类别的井，称为井别，如探井、资料井、生产井等。

为了编制油气田开发方案，获得某地区的地层情况、沉积特点、构造形态所钻的井称为资料井。这种井要进行全部取心或部分取心。

在经过地球物理勘探证明有希望的地质构造上，为进一步探明气田构造、储气层性质、含气水边界等综合资料所钻的井称为探井。

在已探明的气田上为开采天然气而钻的井称为生产井（或开发井）。

第一节 气井完井方式

根据油气藏的特性和储层特点，为更好地使油气层和井筒连通，要确保钻井的最后一道工序即完井的质量。气井的完井方式是指钻开目的层部位的工艺方法以及该部位的井身结构。为了满足高效开发各类不同性质气藏的需要，目前已有各种类型的气层完井方式，但都有其各自的适用条件和局限性。只有根据气藏类型、储层特性以及采气工艺技术的需要去选择最合适的完井方式，才能高效地开发气藏，延长气井的寿命。

一、直井完井方法

（一）裸眼完井

如图3-1所示，当钻到气层顶部后停钻时，下气层套管固井，再用小钻头钻开气层。

裸眼完井法的优点是：气层完全裸露，气流动的阻力小，在相同地层条件下气井的无阻流量高；由于单井产量高，在同样开发规模条件下，气田需要的总井数减少，降低了开发费用和采气成本。对裂缝性气层，裸眼完井可以使裂缝完全暴露，而使用其他完井（射管完井、尾管完井）方法时，要射到裂缝上相当困难。

裸眼完井法的缺点是：当气层中有夹层水时不能被封闭，采气时气水互相干扰，裸眼井段地层易垮塌；不能进行选择性上增产措施。

裸眼完井法主要适用于坚硬不易垮塌无夹层水的裂缝性石灰岩气层。

(二) 衬管完井

如图3-2所示，衬管完井是改进了的裸眼完井，当钻到气层顶部时，下油层套管固井，然后钻开油气层，再下带缝或孔的衬管，并用悬挂器将衬管挂在油层套管底部。衬管完井除具有裸眼完井的优点外，同时可防止地层垮塌。

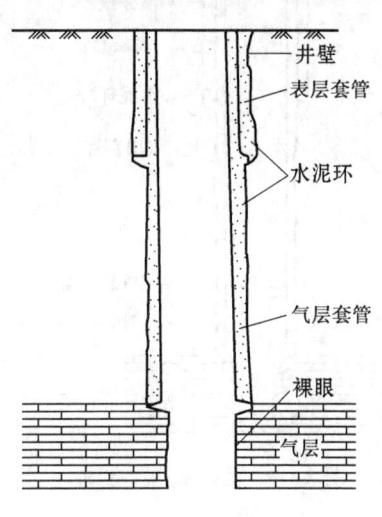

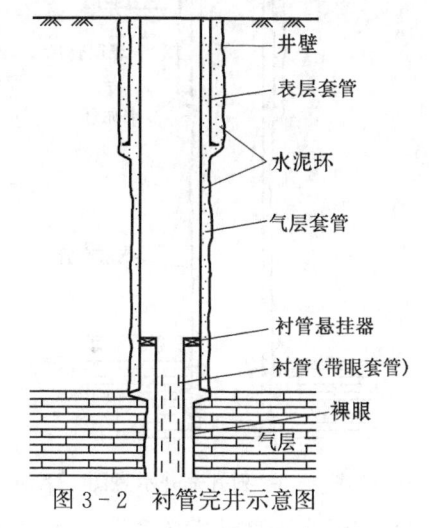

图3-1 裸眼完井示意图

图3-2 衬管完井示意图

(三) 射孔完井

如图3-3所示，射孔完井是钻井时一直钻完气层，下气层套管固井，然后用射孔枪在气层射孔，射孔弹穿过套管和水泥环射入气层，形成若干条人工通道，使油气进入井筒。

射孔完井和裸眼完井的优缺点刚好相反。该完井方式主要用于易垮塌的砂岩气层，要进行选择性上增产措施的气层，多产层的气藏，有底水的油气藏和油、气、水关系复杂的油气层，为防止水对开采的干扰，多采用射孔完井。

(四) 尾管完井

如图3-4所示，尾管完井是钻完气层后下尾管固井。尾管用悬挂器挂在上层套管的底部，用射孔枪射开气层。尾管完井具有射孔完井的优点，同时又节省了大量套管。尾管顶部装有回接接头，必要时还可回接套管一直到井口。尾管完井特别适用于探井，因为探井对气层有无工业价值情况不明，下套管有时会造成浪费。

二、气井水平井的完井方式

气井水平井可以增加产气面积，降低生产压差，提高单井产量，以及增加气藏的可采储量，从而降低成本、提高效益，并且在控制气层垮塌、出砂和底水锥进方面优于其他类型井，对低渗透、裂缝性气藏也都有明显的增产效果。

气井水平井完井可分为裸眼、衬管、尾管固井射孔、管外封隔器等类型的完井方式。不同气田应根据其储层特点选择最佳完井方式，满足生产开发需要。

(一) 水平井完井的基本原则

由于气藏构造形态和层位分布不同，采用哪种完井方式应视气藏总体开发方案和经济分析评价来确定。水平井段的长短，穿越层位的岩性差异程度，穿越单一厚度与穿越多组气层或气水复杂带进行开采，相应的生产完井技术不相同。水平井生产完井方案要与钻井方案紧密结合，完井时要充分考虑气藏生产特点，结合开发方案要求，预先做好生产完井设计。水平井完井基本原则为：

图 3-3 射孔完井示意图　　　　图 3-4 尾管完井示意图

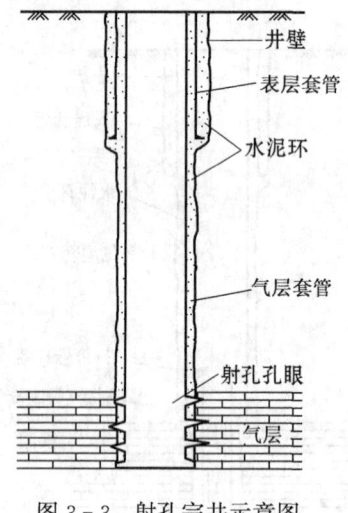

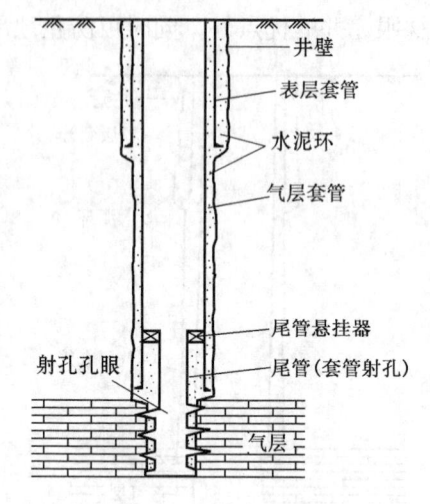

（1）应最大限度地发挥产能，达到高效开采的目的。
（2）应有效防止井壁垮塌，对胶结疏松的砂岩气层需进行有效防砂。
（3）应有利于分层开采，对穿越复杂带层段的气井，完井时应实施有效分隔，这有利于今后控制分采或封堵。
（4）应便于试井、修井作业时管柱或连续油管重新进入施工。
（5）永久性完井工具应能满足长期生产的要求。

（二）水平井完井类型

1. 裸眼完井

水平井裸眼完井适用于石灰岩裂缝性气层，胶结良好的砂岩层，致密低产气层。该方式一般采用生产套管下至水平拐点上部水泥固井后再钻裸眼水平段。生产管柱尾管只下在套管内生产，裸眼完井结构（图 3-5）气井完善程度高，能发挥生产潜力，提高单井产能。

2. 衬管完井

对生产过程中可能垮塌的储层，采用衬管完井较多（图 3-6），衬管为钻眼或割缝衬管，钻眼直径和缝隙大小依据储层岩性选择。衬管下井后，由液压或机械悬挂器坐封在上部套管内。衬管完井适合厚度大、生产稳定、无需进行后期封堵的水平井段；完井工艺简单，成本低，效果好。

3. 预制防砂管完井

对于储层岩性胶结差，预测可能会出砂的水平井段，采用金属丝筛管砾石充填防砂施工难度大，充填效果不稳定。近年来，发展和采用了预制砾石填充防砂管、不锈钢金属纤维棉纱防砂管，其防砂效果好。

（1）预制砾石填充防砂管。

预制砾石填充防砂管由带眼基管、不锈钢梯形绕丝、砾石填充层及外保护管组成。不锈钢梯形绕丝缠绕时点焊固定，缝隙和填充的砾石直径根据地层砂直径筛选确定，要求填充层厚度不小于12mm，环氧树脂胶结后不影响渗透率。

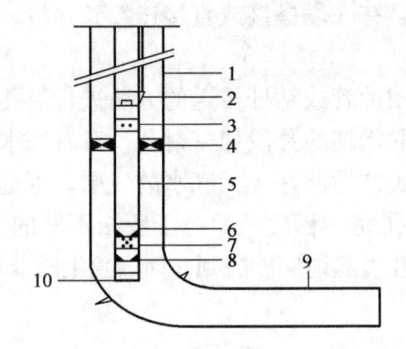

图3-5 裸眼水平井完井示意图
1—套管；2—安全阀；3—滑套器；4—封隔器；
5—油管；6—工作筒；7—带眼管；8—终端工作筒；
9—裸眼井段；10—油管鞋

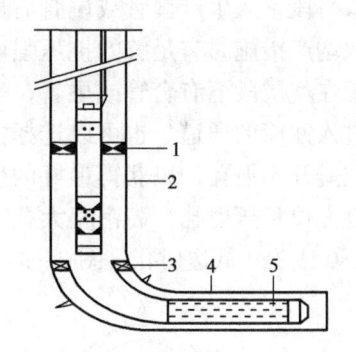

图3-6 衬管水平井完井示意图
1—封隔点；2—上层套管；3—衬管悬挂器；
4—裸眼井段；5—割缝衬管

（2）金属纤维棉纱防砂管。

预填砾石防砂管重量大，不便于在水平井段推进，近年发展形成了金属纤维棉纱防砂管，有筛孔型、单层包裹或多层包裹型。

4. 复杂地带水平井完井

导向钻井、生产测井技术的发展使水平井开发多层组气层、复杂地带气层已逐渐变为现实。穿越复杂气层水平井段利用管外封隔器、套管、滑套和防砂管等工具组合进行完井。管外封隔器用完井液或水泥浆加压膨胀坐封。衬管完井在长井段中设置满贯、管外封隔器及滑套将不同层位隔开，进行合采或分采。

图3-7是利用裸眼封隔器完井的结构示意图。

5. 水平井套管射孔或尾管固井射孔完井

对于一些在投产前或生产过程中需要采取增产措施，或由于井壁不稳定在生产过程中随着地层压力的降低井壁有可能垮塌的井，采用下入生产套管或尾管（图3-8），然后用水泥封固整个水平段及气层顶部。

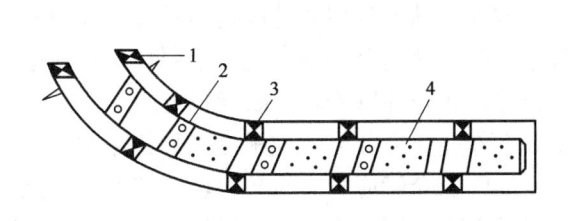

图3-7 裸眼封隔器完井结构示意图
1—尾管悬挂器；2—滑套；
3—管外裸眼封隔器；4—带眼管

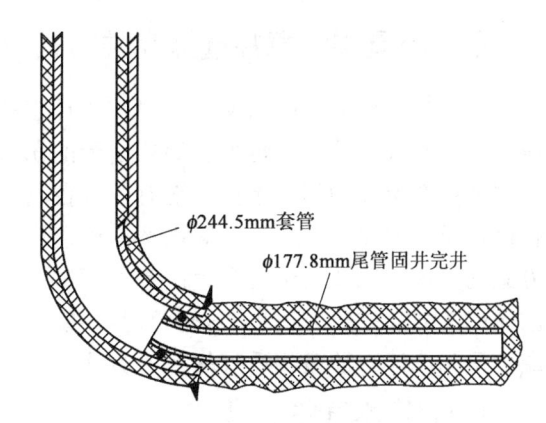

图3-8 尾管固井示意图
$\phi 244.5mm$套管
$\phi 177.8mm$尾管固井完井

在水平井钻井设计时，技术套管一般要下到生产层顶部并注水泥固井，封隔生产层及以上部位的邻近层段。对于将来要采取强化增产措施的井段，在技术套管下到气层顶部固井以后，在水平段下入生产套管或尾管后还必须与技术套管有一段搭接或直接连接到井口，以保证在采取增产措施时有足够的抗压强度。

由于在气层段下有套管或尾管，气井投产前必须用油管或钻杆传送的方法进行射孔，以形成气进入井筒的通道。也可以选择性地对某些要采取措施的井段加密射孔，对有底水或气顶的部位避开不射孔，以获得最好的生产效果。对于胶结性能好，无底水的气层，可选择大孔径的全方位负压射孔，高密度大孔径能有效提高射孔完善程度。而对于胶结不好的气层，则采用180°或120°低边射孔（图3-9），以避免上面射孔引起地层砂脱到井筒内发生砂卡现象。

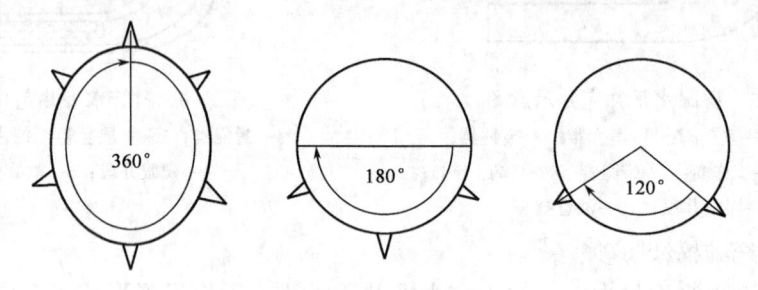

图3-9 射孔相位图

6. 水平井尾管悬挂法完井

这种完井方式使用的尾管悬挂器，根据悬挂方式分为3种：

（1）机械式悬挂器，通过机械旋转或上下活动进行坐封。

（2）液压式悬挂器。当尾管悬挂器及下部连接的尾管由送入钻具下至井中设计位置后，从井口投入一个钢球至球座，井口加泵压将液缸销钉剪断，环形活塞推动推杆带动卡瓦沿锥体的锥面上行使卡瓦卡住上层套管内壁，下放钻具，就可以将尾管坐挂在上层套管内壁，然后找中和点卸扣并提出钻具。

（3）机械液压式双作用悬挂器。这种悬挂器具有机械式和液压式悬挂器的双重功能。采用液压悬挂时，其操作方法与液压式悬挂器相同；采用机械悬挂时，其操作方法与机械式悬挂器相同。

三、不同类型气井选择完井方式应考虑的因素

从采气工程的角度出发，一口井最理想的完井方式应满足气层和井底之间具有最大的渗流面积，使气流的渗流阻力和储层所受的伤害最小；能有效地分隔油、气、水层，防止气层出水和各产层间的相互干扰；能有效地控制气层出砂，防止井壁垮塌，长期稳定生产；能具备进行压裂酸化、人工举升等增产措施以及便于井下作业。完井方式应根据气藏特点和开发方案的要求，以及出于安全生产等方面进行优选。油管、套管应具有抗硫化氢、抗外挤、抗内压的能力，并要有适当的安全系数，螺纹要密封可靠。不同类型的气井要慎重地选择与储层性质和流体特征最相适宜的完井方式完井。

（一）产水气井

不论是砂岩还是碳酸盐岩的产水气井，若采用裸眼完井，技术套管应将水层封隔住，再钻开气层，而不钻开底水层。需要进行酸化或压裂的，应采用套管射孔方式完井。在下入油

管完井时，必须考虑采气时的带水生产和排水采气功能。

(二) 含酸气高压气井

含酸气高压气井应采用套管射孔完井。对含酸气高压气井而言，既要考虑采用封隔器来保护油层套管的问题，避免油层套管受酸气腐蚀和直接承受关井压力；同时还必须同步考虑油层套管自身的强度，能承受关井最高井口压力。对完井时的入井油管柱，要求抗酸性气体腐蚀，具有足够的抗外挤力和抗内压力强度，螺纹要密封可靠，应满足施工环节的需要。入井工具必须是抗酸性气体腐蚀的材质，凡密封件使用的非金属材料均应具有在酸气环境中能长期使用而不失效的性能。管柱最小内径应满足生产测井、油管射孔（补孔）、连续油管作业、绳索作业等作业工具的顺利入井。在完井方式上多采用油管传输射孔，操作安全，也有利于诱喷，缓解了射孔时压井液对储层的伤害。采气井口必须采用抗酸性气体腐蚀的采气井口装置，并按气井最高关井压力选用符合规定型号的采气井口装置。

(三) 凝析气井

凝析气井中所含的烃类以自由气相存在，但当压力降到某一程度时会凝析出凝析油。对此类井宜用套管射孔完井方式，以满足在采气过程中对生产压力、压差的控制。

(四) 疏松砂岩气井

此类气井气层疏松，易坍塌或出砂，完井时就需要防砂。在选择完井方式时，一般选择割缝衬管、套管射孔或金属绕丝筛管砾石填充以及金属纤维筛管完井，以便控制合理的生产压差，防止气层出砂和气层坍塌。

(五) 异常高压气井

气井产层压力系数大于 1.3MPa/100m 以上的为异常高压气井。此时入井油管、套管要承受很高的内压差和外挤压差，不但要求管体强度高，还要求螺纹密封性能好。因此，异常高压气井完井必须要求套管和采气井口装置均能承受高压，以满足安全生产的需要。

(六) 低压气井

气井产层压力系数小于 0.9MPa/100m 的气井属于低压气井。此类气井完井时应考虑完井液、压井液的性质；采用屏蔽暂堵技术防止气层伤害；完井时宜采用欠平衡钻井方式打开产层；采用负压套管射孔完井及不压井作业。

第二节 气井井身结构

如图 3-10 所示，气井井身结构是指气井井身下入套管的层次，各层套管的尺寸及下入深度，各层套管相应的钻头直径，各层套管外水泥浆的返高，井底深度或射孔完成的水泥塞深度，以及采用何种完井方法等。气井井身结构通常用气井井身结构图来表示，它是气井地下部分结构的示意图。

一、气井井身结构图

气井井身结构图应显示如下信息：
(1) 地面海拔和补心海拔（钻井时转盘中方补心的海拔），单位为 m。
(2) 日期，包括开钻日期和完钻日期。

(3) 产气层段，单位为 m。

(4) 钻头程序。从井身结构图上可以看到，由上到下的井身是一个由大变小的台阶形状，这是因为每下入一层套管后，就要一个小于套管内径的钻头往下钻，钻到一定深度，又要下入一层比这个钻头直径小的套管，这样就形成了台阶状。这种依次变更钻头的顺序称为钻头程序。

(5) 套管程序。

××井井身结构图

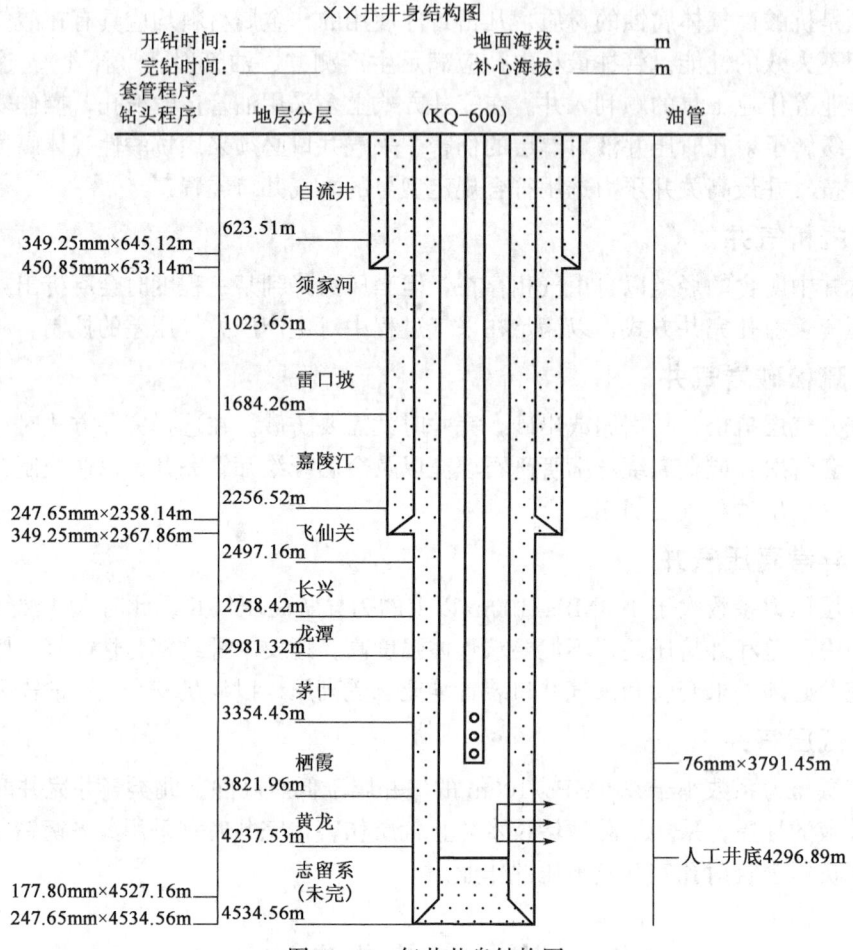

开钻时间：_____   地面海拔：_____m
完钻时间：_____   补心海拔：_____m

套管程序
钻头程序　　地层分层　　(KQ-600)　　油管

349.25mm×645.12m
450.85mm×653.14m
　自流井
　623.51m
　须家河
　1023.65m
　雷口坡
　1684.26m
　嘉陵江
　2256.52m
247.65mm×2358.14m
349.25mm×2367.86m
　飞仙关
　2497.16m
　长兴
　2758.42m
　龙潭
　2981.32m
　茅口
　3354.45m
　栖霞
　3821.96m
　　　　　　　　　　　　　　　　76mm×3791.45m
　黄龙
　4237.53m
　　　　　　　　　　　　　　　　人工井底4296.89m
　志留系
　（未完）
177.80mm×4527.16m
247.65mm×4534.56m　4534.56m

图 3-10　气井井身结构图

(6) 完钻井深及射孔完井的水泥塞深度。
(7) 水泥返高及试压情况。
(8) 油管规格及下入深度。
(9) 油气层完井方法。
(10) 其他情况（井下落物情况等）。

二、油管柱

(一) 油管柱的结构

油管柱的结构是由油管、油管挂、油管接箍、筛管以及油管鞋组成，如图 3-11 所示。

1. 油管挂

油管挂又称锥管挂，是由金属制成的带有外密封圈的空心锥体，坐在大四通内，并将油管、套管的环形空间密闭起来。

2. 油管

油管是垂直悬挂在井里的钢制空心管柱，每根长 8～10m，由螺纹连接。油管一般下到气层中部，但对裸眼完井只能下到套管鞋，以防止在裸眼中被地层垮塌物卡住。

3. 筛管

筛管由油管钻孔制成，每根长为 3～10m，钻孔孔径为 10～12mm，钻孔孔眼的总面积要求大于油管的横截面积，以增加气流通道，减少油管鞋入口处过小对产量的影响。

4. 油管鞋

油管鞋接在油管的最下部，是一个内径小于井底压力计直径的短节，防止测压时压力计落到井底。目前用过油管射孔完井的井，其油管鞋是一个外径为 100～110mm，内径为 62mm 的喇叭口，如图 3-12 所示，这样会使射孔弹通过油管鞋后容易起出。

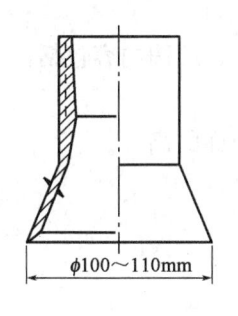

图 3-11 油管柱结构示意图
1—油管挂；2—油管接箍；3—油管；4—筛管；5—油管鞋

（二）油管柱的作用

（1）使地层产出的油、气、水从井底输送到井口。由于油管的横断面积比套管的横断面积小得多，在相同的产气量下，油管中的气流速度比套管中的速度高，携带井内的积液和砂粒的能力强，能保持井底在较清洁的状况下采气。

（2）压井、洗井、酸化压裂都要通过油管进行。对高压气井和高硫化氢气井，需要下封隔器保护套管时，也要把封隔器连接在油管下部放入井里，并在油套环形空间注入保护液。

图 3-12 油管鞋结构示意图

（3）采气过程中，油管腐蚀、磨损后可以更换。为了增强携带井底积液能力，也可把大直径油管换成小直径油管。而套管采气则无法根据需要去更换套管。

三、套管

为防止井壁垮塌，根据地层情况和钻井、采气工艺要求，钻井过程中沿井壁下入井内的空心管串称为套管。根据井的深度和穿过地层的岩性情况，一口井有多层套管。

（一）导管

导管引导钻头入井开钻并作为钻井液的出口。导管是在开钻前由人工挖成的深 2m 左右的圆井中下入壁厚为 3～5mm 的钢管，外面浇注水泥制成。

（二）表层套管

表层套管是下入井内的第一层套管，用于封隔地表附近不稳定的地层或水层，安装井口防喷器和支撑技术套管的重量。表层套管一般下入几十米至几百米。

（三）技术套管

技术套管是下入井内的第二层套管，用来封隔表层套管以下至钻开油气层以前的易垮塌松散地层、水层、漏层，或非钻探目的的中间气层，以保证顺利钻至目的层。技术套管外面的水泥要求上返至需要封隔的最上部地层100m左右，而对高压气井，为防止窜气，水泥要返至地面。

(四) 气层套管

气层套管是下入井内的最后一层套管，用来把气层和其他层隔开，同时建立起一条从气层到地面的油气通道，其上安装采气树，以控制气井。

四、井身结构图的绘制

(一) 准备工作

(1) 绘图仪器、工具用具1套。
(2) 确定图纸大小规格（规格有0号、1号、2号、3号、4号、5号）。
(3) 根据钻井工程和地质资料数据按要求绘制。

(二) 操作步骤

(1) 用透明黏胶带将已确定规格大小的图纸牢固地粘贴于绘图板上。
(2) 根据收集整理的钻井工程和地质资料相关数据绘成草图。
(3) 将修改准确的草图按套管大小顺序层次画出正规的井身结构图，绘图内容包括：
①钻井所用各种规格的钻头以及钻至井深。
②下入井内各层套管规格尺寸与深度以及各层套管间的水泥返至地面的高度。
③标注井内的油管管串规格尺寸、长度及下入井内的深度。
④油管鞋结构、规格大小及长度。
⑤井下的衬管位置、结构、规格大小及长度等。
⑥该井口的海拔高度及补心海拔高度、完钻方式和完钻井深及层位名称。
⑦各个产层的井深与名称以及主力产层井深与名称。
(4) 在图纸的顶部写出某气田、构造、井号；在图纸的右下角标注绘图日期；在剖面图的两侧标注各种规格尺寸，油气显示的符号及层位和油管规格尺寸与长度、下入深度等各种数据。
(5) 在图纸的扉页上叙述该井主要的钻井、试油、测试等井史情况。

(三) 技术要求

(1) 绘制井身结构图必须以钻井工程、地质资料的真实数据为依据，分别标注于结构图的两侧，用横线（或箭头）标注准确。
(2) 各层套管和油管用粗实线画出；固井水泥用密点，各种产层符号用地质惯用符号表示。
(3) 绘图应整洁、清晰、准确，不得有误。
(4) 绘图字迹要求端正。

例题：某井完井数据见表3-1，采用尾管悬挂油层套管完井方法，绘制井身结构图如图3-13所示。

表 3-1 某井完井数据

序号	套管类型	直径,mm	下入深度,m	水泥返高,m	钻头尺寸,mm
1	表层套管	339.7	123.79	地面	444.5
2	技术套管	244.5	地面~2840.18	地面	311.2
3	气层套管	139.7	1572.38~4034.1	2641.5	215.9

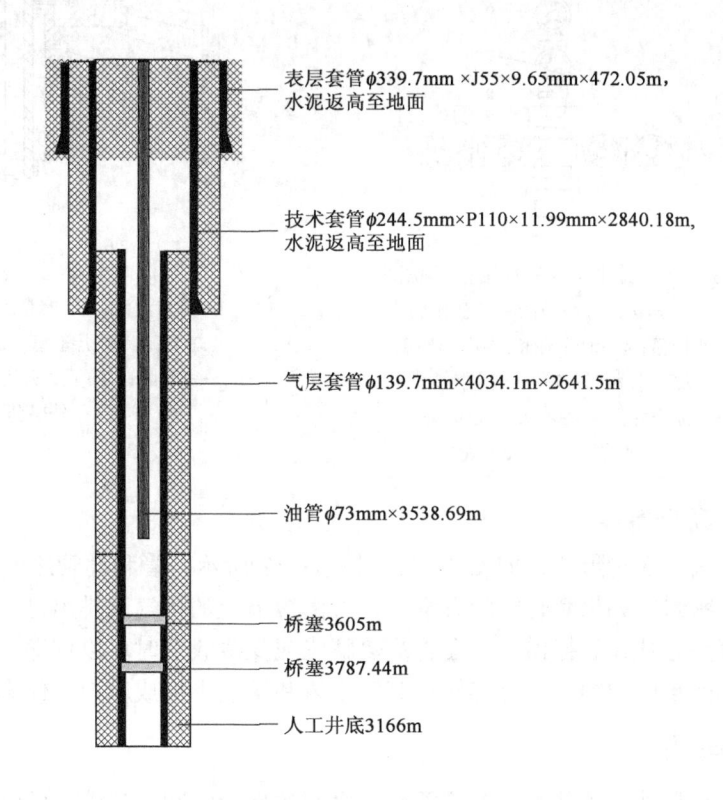

图 3-13 某井井身结构图

第三节 气井的井口装置

气井井口装置由套管头、油管头和采气树组成。其主要作用是：悬挂油管；密封油管和套管之间的环形空间；通过油管或套管环形空间进行采气、压井、洗井、酸化、加注防腐剂等作业；控制气井的开关，调节压力、流量。气井井口装置如图 3-14 所示。

一、套管头

套管下到井里，下部用水泥固定，上部支撑采气井口，并将几层套管互相隔开部分称为套管头。套管头一般可分为正规套管头与简易套管头两种。

（一）正规套管头

如图 3-15 所示，正规套管头外层套管用螺纹和本体连接，内层套管悬挂在套管悬挂器上，两层套管之间由悬挂器上面的密封填料密封。套管之间如果因固井质量不好窜气时，可以由阀门排放，或由压力表观察压力大小。

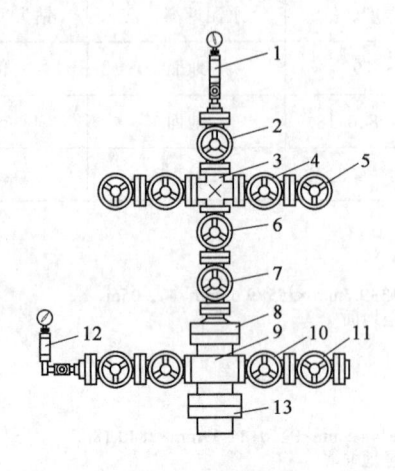

图 3-14 气井井口装置结构示意图
1，12—压力表缓冲器；2—测压闸阀；
3—小四通；4—油管闸阀；5—节流阀；
6—二道主控阀门；7—一道主控阀门；
8—上法兰；9—油管头（大四通）；
10，11—套管闸阀；13—底法兰

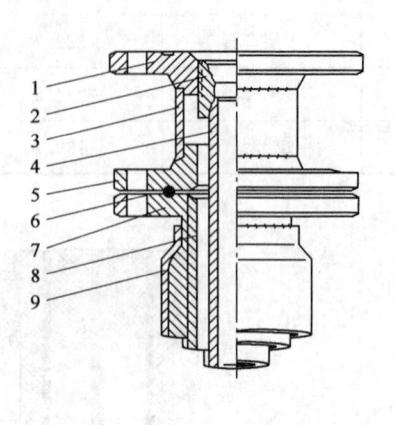

图 3-15 正规套管头
1—井口法兰；2—套管悬挂器；3—加固短节；4—内层套管；5—上底法兰；
6—密封圈；7—下底法兰；8—中间套管；
9—外层套管

(二) 简易套管头

简易套管头有多种形式，如图 3-16、图 3-17 所示，管和套管之间环形空间用钢板密封，或用卡瓦密封。如果套管之间有窜气，可由短节上的排气阀排出。

正规套管头悬挂在悬挂器上，套管受热膨胀或受冷收缩时可以伸缩；而简易套管头两端用螺纹连接不能自由伸缩，因此容易在套管本体和螺纹上形成应力，使套管破裂造成窜气。

二、油管头

油管头用来悬挂油管并密封油管并套管之间的环形空间。油管头的结构有锥座式和直座式两种。

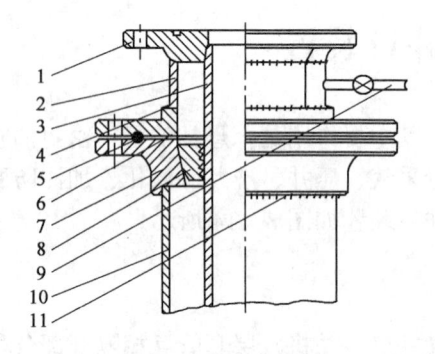

图 3-16 悬挂卡瓦式简易套管头结构示意图
1—井口法兰；2—加固短节；3—内套管；4—焊接处；
5—密封圈；6—上底法兰；7—下底法兰；8—内卡瓦；
9—放气口；10—外套管；11—焊接处

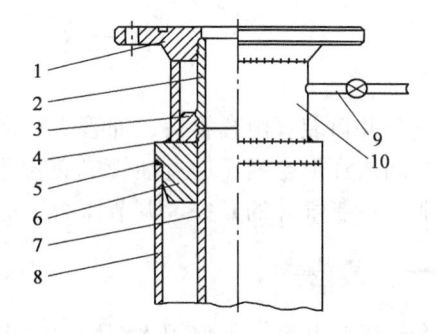

图 3-17 悬挂两瓣卡瓦式简易套管头结构示意图
1—井口法兰；2—哈夫套管短节；3—套管接箍；
4，5—电焊处；6—哈夫法兰；7—内套管；
8—外套管；9—放气口；10—加固短节

（一）锥座式油管头

如图 3-18 所示，它是由 10 部分组成，油管挂是一个锥体，外面有 3 道密封圈，油管挂坐在大四通的内锥面上，在油管自重作用下密封圈和内锥面密合，隔断了油管和套管之间的环形空间。顶丝顶住油管挂的上斜面，以防止在上顶力作用下油管挂位移；锥座式堵塞器投入油管通道后即可更换总阀门；如果卸掉上法兰以上部分，装上不压井起下钻装置，即可起出油管。

锥座式油管头的缺点是锥面密封压得很紧，上提油管时需要较大的起重力，同时密封圈容易损坏。为了克服这些缺点，目前设计的采气井口都采用直座式油管头。

（二）直座式油管头

如图 3-19 所示，直座式油管头由 12 部分组成，油管挂和上法兰的孔之间也装有 2 道复合式自封密封填料。上法兰有小孔与油管挂上部环形空间连通，通过此孔可以测出环形空间的压力，以了解油管挂密封圈和油管挂上的复合式密封填料密封是否良好。直座式油管头的油管挂和大四通两侧的侧翼阀孔道中设计有安装堵塞器的座子，必要时可送入堵塞器堵塞油管或侧翼阀孔道，在不压井的情况下更换总阀门或套管阀门。

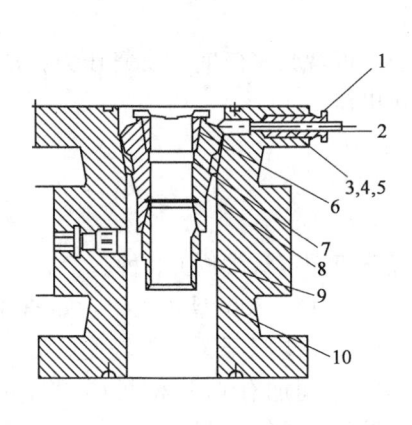

图 3-18 锥座式油管头结构示意图
1—压帽；2—顶丝；3，4，5—密封圈座；
6—护丝；7—O 形密封圈；8—油管柱；
9—油管接；10—大四通

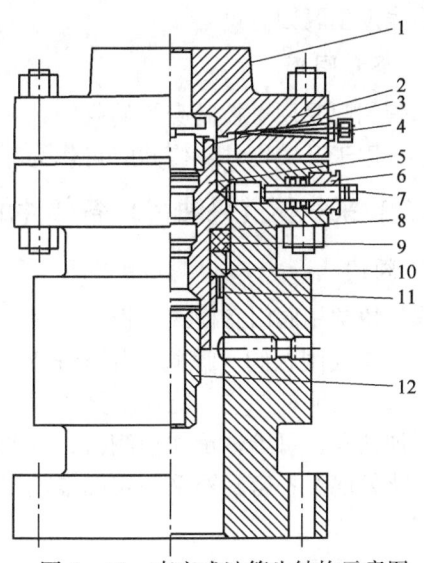

图 3-19 直座式油管头结构示意图
1—上法兰；2—护丝；3—自封密封填料；
4—测压接头；5—油管挂；6—压帽；
7—顶丝；8—大四通；9—密封圈；
10—金属托圈；11—圆螺母；
12—油管短节

三、采气树

油管头以上部分称为采气树（或采油树），由闸阀、角式节流阀和小四通组成。其作用是开关气井，调节压力、气量，循环压井，下压力计测量气层压力和井口压力等作业。

（一）采气树各部分的作用

1. 主控阀门

主控阀门安装在上法兰上，是控制气井的最后一个阀门，一般处于开启状态；如果要关井，可以关油管阀门。主控阀门一般有2个，以保证安全。

2. 小四通

小四通安装在主控阀门上面，通过小四通可以采气、放喷或压井。

3. 油管阀门

当气井用油管采气时，油管阀门控制开关气井。

4. 节流阀（针形阀）

节流阀用于调节气井的生产压力和气量。

5. 测压阀门

通过测压阀门使气井在不停产的情况下进行下井底压力计测压，取样作业，其上接压力表可观察采气时的油管压力。

6. 压力表缓冲器

压力表缓冲器装在压力表截止阀与压力表之间，内装隔离液，隔离液对压力表启停起压力缓冲作用，以防止压力表突然受压损坏。在含硫气井上，隔离液能防止硫化氢进入压力表对压力表产生腐蚀。

7. 套管阀门

套管阀门是用于控制套管的阀门，一端接有压力表，可观察采气时的套管压力；从套管采气时，用于开关气井；修井时可作为循环液的进口或出口。

(二) 采气树（采油树）各部件的结构

1. 阀门

采气树常用阀门有楔式闸板阀、平行闸板阀与角式节流阀（针形阀）3种。

(1) 楔式闸板阀。该阀多用于 KY-210、KQ-350、KQ-700 型采气树，如图3-20所示，阀杆为明杆结构，能显示开关状态；采用轴承转动，使阀门开关操作轻便灵活；轴承座上有加油孔，可给轴承加油润滑；在轴承座和阀杆螺母之间加有O形密封环，能防止轴承被硫化氢腐蚀；密封圈采用聚四氟乙烯，配合金属密封环，具有密封可靠和抗硫化氢腐蚀的性能。

(2) 平行闸板阀。该阀用于 KQ-700、KQ-1050 型采气树，它是一种新型结构阀门，如图3-21所示。平行闸板阀的闸板两侧面是互相平行的，比楔式闸板阀开关更轻便灵活。

(3) 角式节流阀（针形阀），如图3-22所示，采用螺纹传动，阀芯采用锥行结构，可对气井的产量、压力进行无级调节；阀芯上堆焊了钨钴硬质合金，具有耐冲蚀和耐硫化氢腐蚀性能；阀杆采用明杆结构，可直接显示开关状态。

2. 压力表截止阀和缓冲器结构

如图3-23所示，缓冲器内有2根小管A、B，缓冲器内装满变压器油，当开启截止阀后，天然气进入A管，并压迫变压器油进入B管，把压力传递到压力表；由于变压器油作为中间传压介质，硫化氢不直接接触压力表，使压力表不受硫化氢腐蚀。

泄压螺钉起泄压作用，当更换压力表时，关闭截止阀微开螺钉，缓冲器内的余压由螺钉的旁通小孔泄掉。

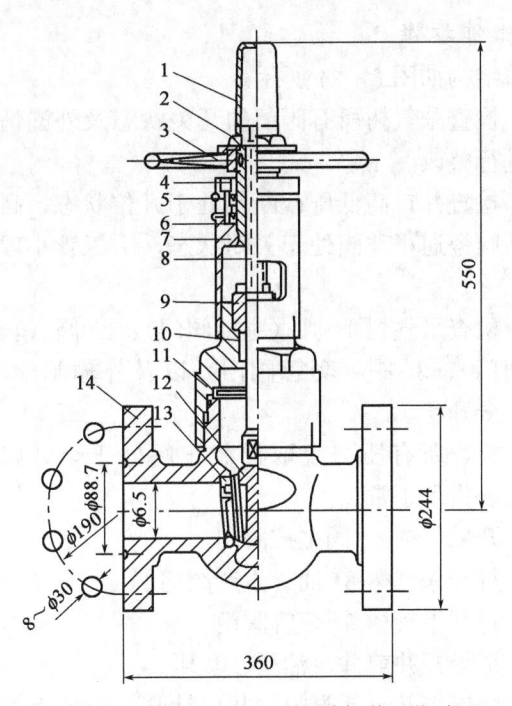

图 3-20 KQ-350 型采气井口楔式
闸板阀结构示意图
1—护罩；2—螺母；3—手轮；4—轴承盖；5—轴承；
6—阀杆螺母；7—轴承座；8—阀杆；9—压帽；
10—密封填料；11—阀盖；12—闸板；
13—阀座；14—阀体

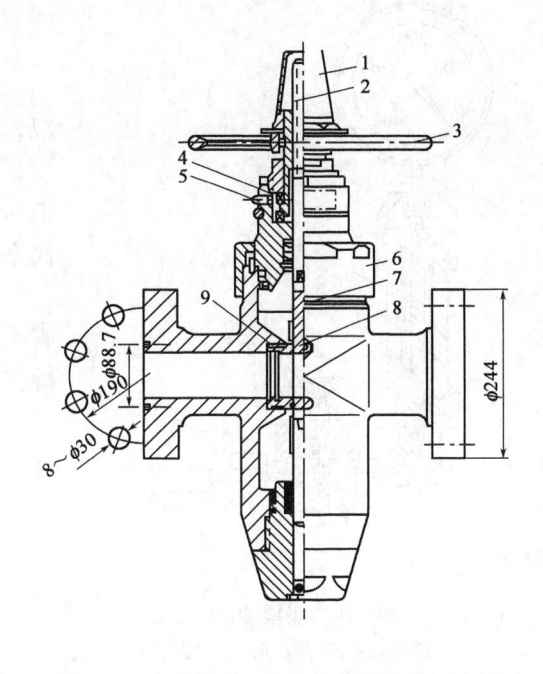

图 3-21 采气井口平行闸板阀结构示意图
1—护罩；2—阀杆；3—手轮；4—止推轴承；
5—黄油嘴；6—阀盖；7—闸板；8—阀座；
9—密封圈

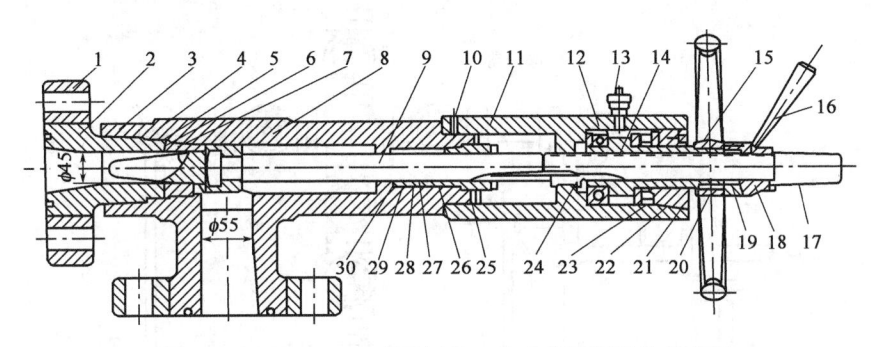

图 3-22 KQ—700 型采气井口角式节流阀结构示意图
1—法兰；2—阀座压套；3,10,21—螺钉；4—阀体；5,7,23,26,28,29—密封圈；6—阀座；8—阀针；
9—阀杆；11—阀盖；12—轴承；13—油杯；14—阀杆螺母；15—手轮；16—手柄；17—护罩；18—锁紧螺母；
19—螺母；20—键；22—轴承压盖；24—槽键；25—压帽；27—密封圈下座；30—垫片

四、标准采气树开井与关井操作

(一) 标准采气树开井操作

1. 准备工作

工具、用具准备：600mm 管钳 1 把，对讲机 1 对，验漏瓶 1 个，棉纱适量，记录本、记录笔 1 套。

2. 操作步骤

井口结构如图3-24所示。

(1) 检查采气树所有阀门的开关状态及外漏情况，并进行整改。

(2) 检查井口高低压截断阀处于开位状态，高低压截断阀旁通小球阀处于关闭状态，引压管小球阀全开。

(3) 检查采气树1#阀（主控阀门）、2#阀（套管生产阀门）、3#阀（套管阀门）以及外输闸阀，确保处于全开状态。

(4) 检查所有压力表取样截止阀处于全开状态，压力表指示正常。

(5) 开采气树4#阀主控阀门。

(6) 打开采气树8#油管生产阀门。

(7) 打开采气树6#套管阀门。

(8) 记录开井前井口油压、套压。

(9) 缓慢打开10#阀门（井口针阀）向地面管线充压，充压时不可高于井口高低压截断阀整定压力（防止井口高低压截断阀起跳），直到地面管线压力与井口压力相平且低于高低压截断阀整定压力，然后将井口针阀开度调整为50%。

(10) 检查采气树阀门及井场流程阀门有无渗漏现象，确保正常后方可离开。

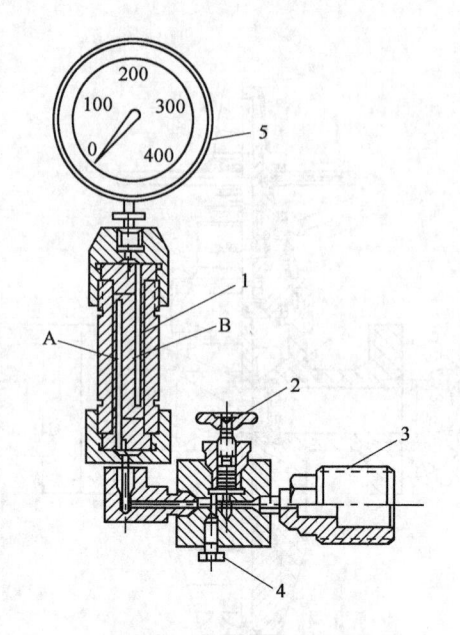

图3-23 压力表缓冲器示意图
1—缓冲器；2—截止阀；3—接头；
4—泄压螺钉；5—压力表

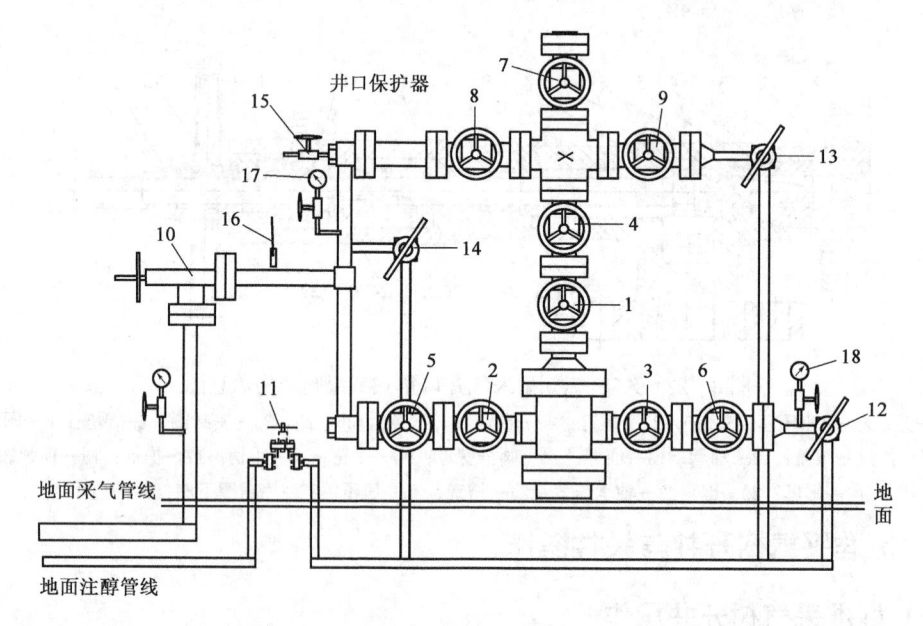

图3-24 气井采气树结构示意图
1, 4—总阀门；2—套管生产阀门；3—套管阀门；5—套管生产阀门；6—套管阀门；7—测试阀门；
8—油管生产阀门；9—油管生产阀门；10—井口针阀；11—注醇总闸；12—套管注醇阀门；
13—油管注醇阀门；14—地面注醇阀门；15—放空阀门；16—温度计；17—油压表；18—套压表

3. 安全注意事项

标准采气树开井操作应确保下游流程畅通。

(二) 标准采气树关井操作

1. 准备工作

工具、用具准备：600mm 管钳 1 把，棉纱适量，记录本、记录笔 1 套。

2. 操作步骤

(1) 准确记录关井前油压、套压。
(2) 关采气树 10# 井口针阀。
(3) 关采气树 4# 生产主控阀门。
(4) 全开采气树 7# 测试阀门并进行采气树放空。
(5) 开采气树 10# 井口针阀，缓慢进行地面管线放空。
(6) 确保地面管线压力放空为零后，关采气树 7# 测试阀门。
(7) 关采气树 8# 油管生产阀门与 10# 井口针阀。
(8) 记录关井时间。
(9) 检查采气树阀门有无渗漏现象，确保正常后方可离开。

3. 安全注意事项

(1) 放空时应缓慢操作设备。
(2) 短期关井需要定期巡检。

思 考 题

一、选择题

(1) 采气树直接控制气井的总阀门一般有（　　）只。
  (A) 1   (B) 2   (C) 3   (D) 4

(2) 为了开采地下的油气资源，保证气藏产量不下降，还在气田上钻（　　）。
  (A) 资料井   (B) 勘探井   (C) 探井   (D) 生产井

(3) 当钻到气层顶部时，下油层套管固井，再用小钻头钻开气层的完井方法称为（　　）。
  (A) 衬管完井   (B) 射孔完井   (C) 裸眼完井   (D) 尾管完井

(4) 钻井过程中一直钻开气层，下油层套管固井，然后用射孔枪射开套管和气层的完井方法称为（　　）。
  (A) 衬管完井   (B) 射孔完井   (C) 裸眼完井   (D) 尾管完井

(5) 油管柱是由油管、（　　）、筛管、油管鞋组成。
  (A) 接头   (B) 大四通   (C) 油管挂   (D) 法兰

(6) 压井、洗井、酸化、（　　）都要通过油管进行。
  (A) 下井下压力计   (B) 关井   (C) 开井   (D) 测量井口压力

(7) （　　）安装在油管头上法兰以上，是控制气井的最后一个阀门，它一般处于开启状态。
  (A) 油管阀门   (B) 总闸门
  (C) 套管阀门   (D) 测压阀门

(8) 气井开井时，井口节流阀的速度必须（　　）。
　　（A）不快不慢　　（B）由慢到快　　（C）缓慢　　（D）快速
(9) 气井关井时，关站场各级阀门顺序必须（　　）。
　　（A）先关油压，再关套压　　　　（B）关井口、中压、低压
　　（C）关低压、中压、井口　　　　（D）先关套压，再关油压
(10) 开采油树阀门时，应由内到外完全打开，可用采油树（　　）调节气量。
　　（A）总阀　　　　　　　　　　　（B）生产阀门
　　（C）节流阀　　　　　　　　　　（D）测压阀
(11) 气井短期关井时，可关（　　）。
　　（A）总闸　　　　　　　　　　　（B）油管阀门
　　（C）井口节流阀　　　　　　　　（D）测试阀门
(12) 气井开井时，站场管路各级阀门开启顺序必须从（　　）一次进行，防止憋压，安全阀必须处于工作状态。
　　（A）中压—高压—低压　　　　　（B）高压—低压—中压
　　（C）低压—中压—高压　　　　　（D）低压—高压—中压

二、判断题

（　）根据钻井的目的不同，气井可分为资料井、探井、生产井等。
（　）钻井的目的就是为了获得石油及天然气。
（　）开采地下的天然气资源，从勘探到气田开发的各个阶段都必须钻井。
（　）专门用来观察地下动态的井称为探井。
（　）一口气井包括井口装置和井身结构两部分。
（　）裸眼完井的优点是：气层完全暴露，气流动阻力小；在同样的地层条件下，气井的无阻流量高。
（　）衬管完井有裸眼完井的优点，又可防止岩石垮塌。
（　）射孔完井可以使裂缝充分暴露。
（　）井身结构不包括钻井日期。
（　）气井越深，钻头程序越多，套管程序越少。
（　）油管头以上的部分称为采气树。
（　）采气树的小四通可以采气、放喷或压井。
（　）通过套管阀门既可以观察套管压力，又可以采气，试油时还可以作为气举的进口。
（　）KY-210 中 KY 表示不抗硫化氢。
（　）KQ-700 是采气树的型号。
（　）KQ-350 型采气井口，其中，350 表示公称压力为 35MPa。
（　）套管头又称大四通。
（　）气井的井口装置由套管头、油管头和采气树组成。
（　）采气树总阀门一般装 2 个，以保证安全。
（　）短时间关井时，直接关闭井口节流阀即可。
（　）通过测压阀门可使气井在不停产时进行下压力计测压、取样等工作。

（　　）压力表缓冲器内装有隔离液，它对来自气井的压力起缓冲作用，防止压力表突然受压损坏。

三、问答题

(1) 何谓气井？根据钻井目的不同，气井可分为哪几类？油管头的作用是什么？
(2) 常见的完井方法有哪些？

第四章 天然气开采工艺

【学习提示】

本章主要介绍天然气井生产系统分析和各类天然气的开采方法。按照不同地质特点和开采特征（如压力、产量、产油气水和气质情况等），可以把气藏气井开采分为无水气藏（纯气藏）气井、有水气藏气井、含凝析油气藏气井、含硫气藏气井、低压气藏气井的开采。各类气藏开采方式不同，生产系统呈现不同的特征，同时也会产生不同的技术问题。

技能点是掌握影响气井生产的因素分析，会对各类气井生产故障予以排除。

重点掌握无水气井和有水气井的开采原理与工艺。

难点是根据天然气井实际，选择合理开采工艺和管理方法，提高气井的开采效果。

第一节 无水气藏气井的开采

无水气藏是指气层中无边底水和层间水的气藏（也包括边底水不活跃气藏）。这类气藏主要靠天然气弹性能量进行消耗方式开采，开采过程中除产少量凝析水外，气井基本上产纯气（有的也产少量凝析油，但不属凝析气井）。

无水气藏气井常用的工作制度是定产量制度、定渗滤速度制度与定井口压力制度。

一、气井采气量不合理的危害及合理产量的确定原则

（一）气井采气量不合理的危害

气藏各井区压力下降不一致或气井产量不稳，达不到相对平衡都属于不均衡采气。不均衡采气及采气过小（低于气井合理产量）或过大（高于气井安全生产气量）都属于采气量不合理，它的危害主要表现为：

（1）不均匀开发造成气藏压降不均匀，形成压降漏斗，在压降快的地区造成边水舌进或底水锥进，缩短气藏无水采气期，影响气井生产寿命，使部分气藏产能大幅度递减，以至于枯竭。

（2）采气量过小，则开采时间过长，在时间、资源、设备利用率上不经济。

（3）采气量过大，则可能引起井底压差过大，发生井壁坍塌；带出地层中一部分松散岩屑、砂粒、污物，冲击地面设备或堵塞气流通道；存在边底水的气藏会引起水线舌进或锥进加剧，分割气藏，进一步引起气井过早水淹停产。

（二）气井合理产量的确定原则

1. 采气速度合理原则

（1）气藏能相对长期稳定高产；

（2）气藏的单位压降采气量最大；

（3）气藏压力均衡、缓慢下降；

（4）气藏、气井无水采气期最长，无水采气量最大；

(5) 气藏开采快，采气时间不长而采收率最高；

(6) 打井少、投资少。

一般来说，底水气藏采气速度为3%左右，边水气藏可达8%，而纯气藏可达10%。

2. 气井不受破坏原则

产气量过高，井底压差过大，会在井内造成高速气流破坏井底，降低气井产量，缩短气井寿命；产气量过低，则可能引起井下积液。因此，产量过高或过低都会引起气井的破坏。

3. 井底不被水淹原则

有边水底水气田上的气井生产压差过大，会引起底水锥进（图4-1）或边水舌进（图4-2），气层受水浸淹，引起气井过早出水，以至于造成不良后果。

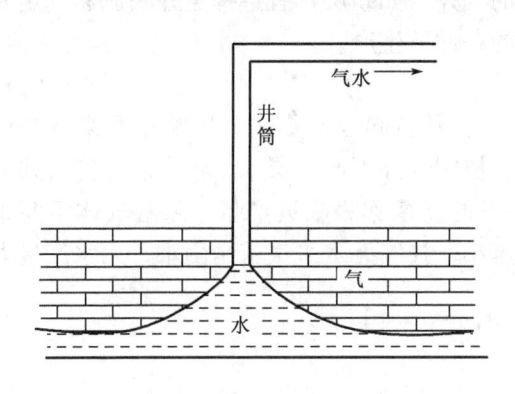

图4-1 底水锥进示意图　　　　　　图4-2 边水舌进示意图

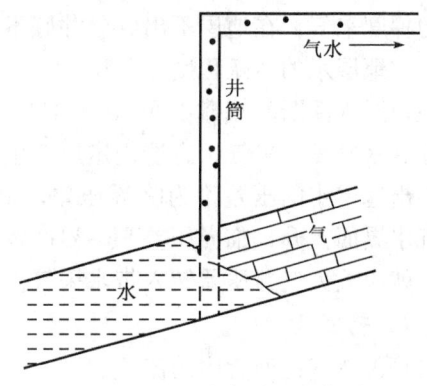

4. 平稳供气原则

气田的产量要保持基本稳定，能满足用户要求，实现平稳供气。

二、气井工作制度的选择

气井工作制度是指采气时气井的压力和产量所遵循的关系。气井工作制度体现了气井的合理生产方式，反映天然气从气层中采出时产量和压力的变化关系。

气井所选择的工作制度应保证在开采过程中能从气井得到最大的允许产量，并使天然气在整个采气流程（地层→井底→井口→输气管线）中的压力损失分配合理。常用的工作制度有：气井产量为常数；井底压差为常数；井口压力为常数；定针形阀的开度等工作制度。

（一）气井工作制度种类

(1) 定产量制度：即气井产量保持不变，适用于气藏开采初期。

(2) 定井壁压力梯度制度：井壁压力梯度是指天然气从地层内流到井底时，在紧靠井壁附近岩石单位长度上的压力降。定井壁压力梯度制度就是在一定时间内保持这个压力降不变，适合气层岩石不紧密、易坍塌的气井。

(3) 定生产压差制度：天然气从地层内部流到井底，是因为地层压力比井底压力大，也即存在压差。对一口气井来说，压差越大，产量越大。定压差制度就是在一定时间内保持压差不变，适合气层岩石不紧密、易坍塌的井以及有边底水的井。

(4) 定井底渗滤速度制度：井底渗滤速度是指天然气从地层流到井底过程中通过井底的流动速度。定井底渗滤速度制度就是在一定时间内保持渗滤速度不变，适合疏松的砂岩地层。

(5) 定井底压力制度：地层压力一定时，井底压力高，产量小；井底压力低，产量大。定井底压力制度就是在一定时间内保持井底压力不变，适合凝析气井。

(二) 确定气井工作制度应考虑的因素

1. 地质因素

(1) 地层岩石胶结程度。

岩石胶结不紧密，地层疏松，在气流流速过高时砂粒脱落，容易堵塞气流通道，严重时可导致地层垮塌，出砂堵塞井底，使产量降低，甚至堵死气层而停产。另外，高速流动的砂子容易磨损油管、阀门和管线。因此，地层疏松的气井（如砂层）宜选择定井底流速或定井壁压力梯度采气，在地层不出砂、井底不被破坏的条件下生产。

(2) 地层水的活跃程度。

在地层水活跃的气藏上采气，如果控制不当，容易引起底水锥进，影响正常采气。因此，在有水气藏上采气，宜选用定压差生产制度，控制气井不产地层水。这个能保持气井采气时不出地层水的压差称为临界压差，临界压差下的产量称为临近产量。随着气体不断采出，气水界面上升，临界压差和临界产量也越来越小，控制无水采气就越困难。无水产量太小时，就应放大气井压差转入带水采气。

2. 工艺因素

(1) 天然气在油管中的流速。

气井生产时必须保证天然气在油管中有足够的流速，以带出井底积液，防止流体在井筒中聚积。

(2) 气体水合物的形成。

天然气中含水蒸气，在开采、输送途中，在一定压力、温度条件下会生成对采气极为不利的水合物。为了防止水合物生成，可根据天然气的组分确定出水合物形成的最高温度，并控制气井在高于水合物形成温度的条件下生产。

(3) 凝析压力。

凝析油在地层内凝析后便无法采出，为此，要防止凝析油在地层内凝析，要求生产时的井底压力高于最高凝析压力。

3. 井身技术因素

(1) 套管压力的控制。

生产时的最低套压不能低于套管被挤毁时允许的压力，以防套管被挤坏，这对高压深井尤为重要。

(2) 油管直径对产量的限制。

由于油管的品种少，常常不能按产量选择直径合适的油管，这也限制了气井的产量。

(3) 还要防止井内压力过高，憋坏井口装置，使环形空间喷浆、窜气等。

4. 其他因素

用户用负荷变化，气藏采气速度的大小，输气管线压力的高低等，都是影响气井工作制度选择的因素。因而制定气井工作制度时，应对影响气井工作制度的诸因素进行综合分析后而确立。气井工作制度确定后，还应在生产中体验该制度是否合理，必要时对原制度进行修正或调整，使气井生产更趋合理。

三、无水气藏气井的开采与管理

(一) 无水气藏气井的开采特征

(1) 气井的阶段开采明显。

①产量上升阶段：仅井底受损害，而损害物又易于排出地面的无水气井才具有这个阶段的特征。在此阶段，气井处于调整工作制度和井底产层净化的过程，产量、无阻流量随着井下渗透条件的改善而增加。

②稳产阶段：产量基本保持不变，压力缓慢下降。稳产期的长短主要取决于采气速度。

③递减阶段：当气井能量不足以克服地层的流动阻力、井筒油管的摩擦阻力和输气管道的摩擦阻力时，稳产阶段结束，产量开始递减。

④低压小产阶段：产量、压力均很低，但递减速度减慢，生产相对稳定，开采时间延续很长。

上述 4 个阶段的特征在采气曲线上表现得很明显。前 3 个生产阶段为一般纯气井开采所常见，而第四个阶段在裂缝孔隙气藏中表现特别明显。低压小产阶段中低渗透区的天然气不断向井底补给，致使压力和产量下降都十分缓慢。

(2) 气井有合理产量。

气驱气藏是靠天然气的弹性能量进行开采的，因此充分利用气藏的自然能量是合理开发好气藏的关键。根据气井二项式渗透方程和稳定试井指示曲线分析，气井的生产压差和产量的关系在某一极限值以下近似表现为一条直线，即产气量随着生产压差的增大而增大；当产量超过该极限值后，产量的增加不呈线性比例关系，即单位生产压差的产气量越来越小，使得气井储层能量利用不够合理。无水气井的合理产量一般宜控制在无阻流量的 15%，最好不要超过 20%。

(3) 气井稳产期和递减期的产量、压力能够进行预测。

在现场实际生产中，由于气井生产制度变化较大，一般采用图解法预测产量、压力。

(4) 采气速度只影响气藏稳产期的长短而不影响最终采收率。

影响气藏（气井）稳产期长短的主要因素是采气速度。采气速度高，稳产年限短；反之，则稳产年限长。

(二) 无水气藏气井的开采措施及管理

1. 适当采用大压差采气

该措施的优点是：

(1) 增加大缝洞与微小缝隙之间的压差，使微缝隙内的气易排出；
(2) 充分发挥低渗透区的补给作用；
(3) 发挥低压层的作用；
(4) 提高气藏采气速度，满足生产需要；
(5) 净化井底，改善井底渗透条件。

2. 确定合理的采气速度

在开采的早中期，举升能量充足，凝析液对气井生产的影响不大，气藏采取合理的采气速度，并以此确定各井合理工作制度，可安全平稳地采气。对某些井底有损害、渗滤条件不好的气井，可适当采取酸化压裂等增产措施。

3. 充分利用气藏能量

在晚期生产中，排液（主要是凝析液）能量不足，为了使晚期气井延长相对稳产时间，提高气藏最终采收率，应充分利用气藏能量，根据气井生产中的矛盾采取相应措施。

(1) 调整地面设备。

对于不适应气藏后期开采的一些地面设备应予以除去，尽量增大气流通道，减小地面阻力，增大举升压差，增强气的携带能力，延长气井的稳产期。

(2) 周期降压排除井底积液。

在气藏开采后期，凝析液在井底积聚，对无水气井的生产也是致命的，应定期排除井底积液。周期降压排除井底积液的常用方法有周期性降压生产和井口放喷。

①降压生产。气井生产一段时间后，生产压差减小，气量减少，气流不能完全把井底积液带出地面，需要周期性地降低生产压力，以排除井底积液。

②井口放喷。降压生产有时要受到输气压力的限制，故有其局限性。当采用降压生产还不能将井底积液带出来时，为了延长气井生产寿命，最大限度地降低地面对气井的回压，可采用井口放喷的方法。井口放喷时，井口回压可接近当地大气压力，生产压差增大，带液能力增强；把井内积液放空后，转入正常生产，气井日产气量可得到恢复。井口放喷方法的缺点是每次放空要浪费一定量的天然气，且短期间断供气，但能使气井免于早死。

4. 采用气举排液

对于下有油管的井，有条件时可采用外加能量的方法排除井底积液。如把某井的气管线与压力较高的长输管网气源连通，进行周期性（每 1～2 个月一次）气举，把井底积液举出来后，又转入正常输气，使井的日产气量保持在 1.5×10^4～$2.5\times10^4 \mathrm{m}^3$，相对稳定生产。

对纯气藏和气层水（指边底水）不活跃的气藏，上述各种措施具有一定的代表性，在气藏开采末期使气井稳定生产都能起一些作用，见表 4-1。

表 4-1 边底水不活跃的气田开发晚期气井稳定生产措施对照表

序号	措施名称	措施机理	条件	适用范围	实施方法	优点	缺点
1	调整地面设备	降低地面阻力和气井的回压	地面阻力大，不适应气井晚期生产的设备	有可能去掉分离器、角式节流阀等气井	去掉角式节流阀等多余设备	地面施工效果明显	停产、动焊
2	调整井下设备	减少流体在油管中的阻力，增强举液能力	油套压差大	油管大小及下入深度不合适，筛管及油管鞋堵塞	更换合适的油管，调整油管深度	效果明显	修井施工难
3	降压排液	大压差生产	降低井底回压，增大采气压力	井底有污物或积液	气藏刚进入晚期，对输压要求不高	开大阀门，增大压差生产	将井底积液带出地面，净化产气井段	产层疏松时井底易坍塌堵塞
		间断生产降压	降低井口回压，增强排液能力	气举生产压差不能把液体全部带出地面，井底有积液	地面有适用于低压输气的用户管线	做好准备开大阀门，待井下积液带出后又关回原状生产，周期性施工	不放空，效果好	受输气压力限制

续表

序号	措施名称	措施机理	条件	适用范围	实施方法	优点	缺点
4	井口放喷	降低井口回压，增强排液能力	能量不足，井底有积液	井底有积液，井口能放喷	做好放空准备，放空见雾状减少后转入正常生产	效果显著，充分利用地层能量排液	放空浪费气源，需周期性施工
5	气举排液	注气，增加举升动力	有高压气源或有高压天然气压缩机	井中有油管，井底有积液的生产井、躺井	从套（油）管注高压气，油（套）管返出	效果明显	要有高压气源或天然气压缩机
6	使用天然气喷射器	降低井口回压，提高输气压力	具备高压气源	低压生产井	选择适当参数的天然气喷射器	不用压缩机，成本低	要有高压气源
7	建立地面压缩机站	降低井口回压	井内压力低，有气源供给	井口压力接近或低于输气压力的气井	用压缩机加压进入输气管线	降低井口回压，加快采气速度，提高输压	上压缩机成本高

第二节 产水气藏气井的开采

随着开采时间的延长和开发程度的加深，产水气田和气井不断增加，严重地威胁气井生产的稳定，严重时气井被水淹停产。因此，了解气田水的来源、气井出水原因、产水对气井生产的影响和危害，掌握气井带水生产工艺和气井排水采气工艺，对提高气田和气井最终采收率是很有必要的。

一、概述

(一) 气井产水来源及出水类型

产水气藏气井产水来源主要有边水和底水。边底水在气藏中的分类及渗流特征如下：

(1) 水锥型出水：产层结构以微裂缝、孔隙为主要通道，气藏渗流性较均匀，水流向井底表现为锥进。

(2) 断裂型出水：产层流体通道以断层及大裂缝为主，边水沿大裂缝窜入井底。

(3) 水窜型出水：气藏中水沿局部裂缝、孔隙较发育的层段流入井底。

(4) 阵发型（或间歇型）出水：气藏局部区域中水随气流带入井底，水量时多时少（或时有时无），氯根含量时增时降。

(二) 气井出水的原因

(1) 气井工艺制度不合理。气井产量过大，使边底水突进形成"水舌"或"水锥"，特别是裂缝发育的高渗透区，底水沿裂缝上升更容易形成"水锥"。

(2) 气井钻在离边水很近的区域，或有底水的气井开采层段接近气水接触面。

(3) 气水接触面已推进到气井井底，不可避免地要产地层水。

(三) 气井产水对生产的危害

(1) 气藏出水后,在气藏上产生分割,形成死气区,加之部分气井过早水淹,使最终采收率降低。一般纯气驱气藏最终采收率可达90%以上,水驱气藏采收率仅为40%～50%。

(2) 气井产水后,降低了气相渗透率,气层受到伤害,产气量迅速下降,递减期提前。

(3) 气井产水后,由于在产层和自喷管柱内形成气水两相流动,压力损失增大,能量损失也增大,从而导致单井产量迅速递减,气井自喷能力减弱,逐渐变为间歇井,最终因井底严重积液而水淹停产。

(4) 气井产水将降低天然气质量,增加脱水设备和费用,增加了天然气生产成本。

(四) 治水措施

1. 控水采气

在气井出水前和出水后,为了使气井更好地产气,都存在控制出水问题。对水的控制是通过控制临界流量或控制临界压差来实现,一般是指关小(或开大)阀门,提高(或降低)井口压力。气井开始积液时,井筒内气体的最低流速称为气井携液临界流速,对应的流量称为气井携液临界流量;当井筒内气体实际流速小于临界流速时,气流就不能将井内液体全部排除井口。控制临界流量无水采气的优点如下:

(1) 无水采气是有水气藏的最佳采气方式,具有稳产期长、产量高、单井累积产量大等优势。

(2) 气流在井筒保持单相流动,压力损失比气水两相流动时小;在相同产量下,井口剩余压力大,自喷输气时间长,推迟上压缩机采气时间。

(3) 可推迟建设处理地层水的设施。

(4) 采气成本低,经济效益高。因此,对于有地层水显示或地层水产量不大的井,首先要考虑提高井底压力,控制压差,尽量延长无水采气期。

2. 堵水

(1) 对水窜型异层出水,应以堵为主,在进行生产测井搞清出水层段的基础上,把出水层段封堵死。

(2) 对水锥型出水气井,先控制压差,延长出水显示阶段。在气层钻开程度较大时,可封堵井底,使人工井底适当提高,把水堵在井底以下。

3. 排水采气

为了消除地下水活动对气井产能的影响,可以加强排水工作,在水活跃区打排水井或改水淹井为排水井等,降低水向主力气井流动的能力。

二、排水采气技术

天然气的开采同其他一切流动矿藏的开采一样,要经过3个过程:一是从产层至井底的渗流;二是从井底至井口的垂直管流;三是从井口至用户的水平集输管流。对于产水气田,在天然气流动过程中不同程度地伴有产层水进入井底,如果气藏有足够的能量,它将随时把产层水带出井口;如果气流能量不足,产层水将逐渐在井筒及井底附近区域积聚,危害十分严重。井筒积液,使回压增大,井口压力下降,气井生产能力受到严重影响;井底近区积液,产层由于"水侵"、"水锁"、"水敏性黏土矿物的膨胀"等原因,使得气相渗透率受到极大伤害,这将严重影响气田最终采收率。

目前排水采气方法有优选管柱排水采气、泡沫排水采气、气举排水采气、活塞气举排水采气、游梁式抽油机排水采气、电潜泵排水采气以及射流泵排水采气等。

(一) 优选管柱排水采气工艺

优选管柱排水采气工艺是在油气田开发中后期，气井已不能建立"三稳定"的带水采气制度，转入间歇生产，对这样的气井及时调整管柱，改换成较小直径管柱排水采气工艺的一种排水采气工艺。优选管柱排水采气工艺是一种自喷工艺，它施工简单到只需更换一次油管，而不需要人为地提供任何能量。

1. 优选管柱排水采气的工艺原理

随着气流沿着自喷管柱举升高度的增加，其速度也增大。为确保连续排出流入井筒的全部地层水，在井底自喷管柱管鞋处的气流流速必须达到连续排液的临界流速。如果这个速度能满足连续排液的条件，则在举升的整个过程中气流的连续排液都将能得到保证；当气流沿着自喷管柱流出时，必须建立合理的最大可能压力降，以保证井口有足够的压能将天然气输进集气管网和用户。

2. 优选合理管柱应考虑的因素

(1) 对流速高，排液能力较好、产气量大的气井，可相应增大管径生产，以达到减少阻力损失，提高井口压力，增加产气量的目的。

(2) 对于中后期的气井，因井底压力和产气能力均较低，排水能力差，故应更换较小管径油管，即采用小油管生产，以提高气流带水能力，排除井底积液，使气井正常生产，延长气井的自喷采气期。

(二) 泡沫排水采气工艺

泡沫排水采气是一种助采工艺，它具有设备简单、施工容易、见效快、成本低等优点，在出水气井中得到广泛使用。

1. 泡沫排水采气的工艺原理

泡沫排水采气工艺原理如图4-3所示，就是向井底注入某种能够遇水产生泡沫的表面活性剂，当井底积水与化学药剂接触后，大大降低了水的表面张力，借助于天然气流的搅动，使水分散并生成大量低密度的含水泡沫，从而改变了井筒内气水流态，这样在地层能量不变的情况下提高了采气井的带水能力，把地层水举升到地面。同时，加入起泡剂还可提高气泡流态的鼓泡高度，减少气体滑脱损失，提高气流垂直举液能力。

泡沫助采剂主要是一些具有特殊分子结构的表面活性剂和高分子聚合物，其分子上含有亲水和亲油基团，具有双亲性。用于排水的化学药剂包括起泡剂、分散剂、缓蚀剂、减阻剂、酸洗剂及井口相应的消泡剂。

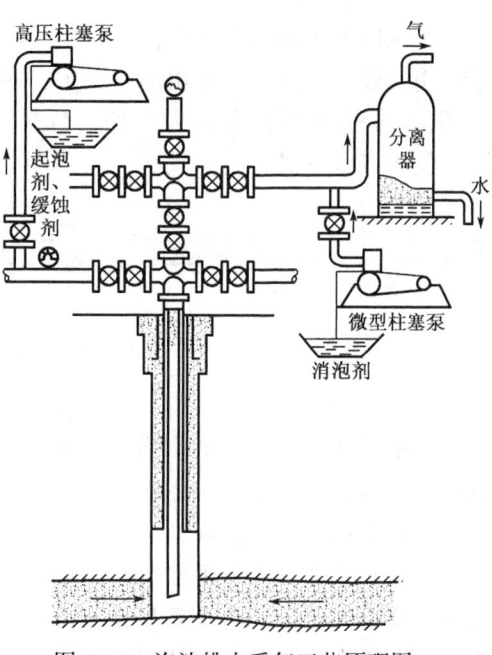

图4-3 泡沫排水采气工艺原理图

1) 泡沫效应

泡沫药剂首先是一种起泡剂，只需要在地层水中添加100～200mg/L的泡沫药剂，就能使油管中气水两相垂直流动状态发生显著变化。气水两相介质在流动过程中高度泡沫化，密度几乎降低10倍。若先前气流举水至少需要3m/s空管气流速度，此时只需要0.1m/s气流速度，就可能将井底积液以泡沫的形式带出井口。

2) 分散效应

在气水同产井中，无论什么流态，都不同程度地有大大小小的液滴分散在气流中，这种分散能力取决于气流对液相的搅动、冲击程度；搅动越激烈，分散程度越高，液滴越小，就越易被气流带至地面。气流对液相的分散作用正是一个克服表面张力做功的过程，分散得越小，比表面就越大，做的功就越多。泡沫助采剂也是一种表面活性剂，只需在产层水中加入30～50mg/L，表面张力下降幅度就达到15.2%～59.9%。由于液相表面张力大幅度下降，达到同一分散程度所做的功将大大减少。或者说，在同一气流冲击下，水相在气流中的分散将大大提高，这就是助采药剂的分散作用。

3) 减阻效应

减阻剂主要是一些不溶的固体纤维、可溶的长链高分子聚合物及缔合胶体，而且主要应用于湍流领域里。然而在天然气开采过程中，天然气气流对井底及井筒内液相的剧烈冲击和搅动所形成的正是一种湍流混合物，既有利于泡沫的生成，也符合减阻助采的动力学条件。

4) 洗涤效应

泡排药剂通常也是一种洗涤剂，它对井底近区地层孔隙和井壁的清洗包含着酸化、吸附、润湿、乳化、渗透等作用，特别是大量泡沫的生成，有利于不溶性污垢包裹在泡沫中被带出井口，这有利于解除堵塞，疏通流道，改善气井的生产能力。

2. 泡沫排水采气的工艺技术

1) 工艺流程

泡沫助采剂通常由井口注入，即由油管生产的气井从套管环形空间注入，如图4-4所示；由套管生产的气井则由油管注入；对于棒状助采剂，则经井口投药筒投入。消泡剂的注入部位一般是在分离器的入口处，与气水混合进入分离器，达到消泡和抑制泡沫再生的目的，便于气水分离。

泡沫剂 → 套管环形空间 → 井底积液 → 气水混合物 → 油管 → 消泡剂 → 气液分离器

图4-4　泡沫排水采气工艺流程框图

2) 发泡剂注入方法

发泡剂注入方法有平衡罐自流注入、泵注入以及泡排车注入。图4-5中左边显示平衡罐自流注入，右边显示泵注入。

(1) 平衡罐自流注入。

发泡剂从漏斗加入平衡罐后，关漏斗下面的阀门，打开平衡管线Ⅰ两端的阀门，利用套管气平衡罐的压力，再打开发泡剂注入管线Ⅱ上的阀门，发泡剂便靠自重和高差流入套管内。平衡罐位置要高于套管四通3～5m，以保证有足够的静液柱压力。这种注入方法特别适用于依靠泡沫排水才能维持正常生产的气井，气井每天产水量应小于5m³。

(2) 泵注入。

发泡剂由泵 5 注入套管，消泡剂由泵 4 注入分离器进口管线，泵由来自汇管的天然气驱动。现场用 GZ80-1 型高压泵，驱动压力为 0.68MPa，压缩比为 1:50，出口压力最高达 34.3MPa。泵入口前有减压阀阀 6、阀 7，可以调节天然气压力到 0.68MPa。泵注入法用于不要求连续注入发泡剂的井上。除气动泵外，也可用电动柱塞泵等。

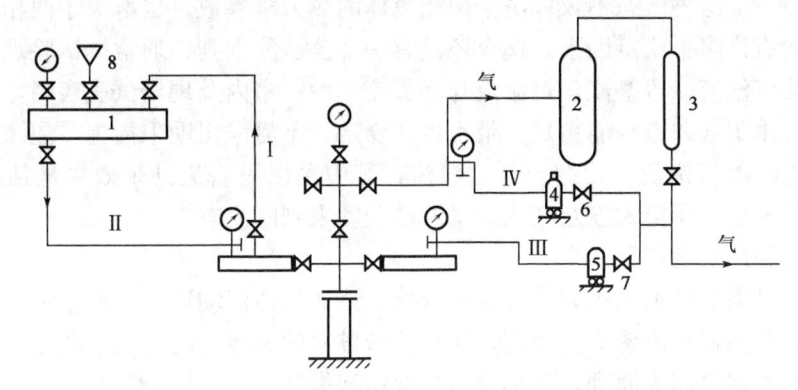

图 4-5 平衡罐自流及泵注发泡剂流程

1—平衡罐；2—分离器；3—汇管；4,5—泵；6,7—减压阀；8—漏斗
Ⅰ—平衡管线；Ⅱ—注入管线；Ⅲ—注入管线；Ⅳ—消泡剂注入管线

(3) 泡沫排液棒自动投放。

泡沫排液棒自动投放（图 4-6）通过投掷器将固体泡沫排水剂（即泡沫排液棒）从井口油管投入到井内。采用此方法可以使泡沫排水剂迅速到达井下地层水中产生泡沫，并可逐步释放出泡沫排水剂。

该方法的适用条件：井下有封隔器，产水量小于 5m³ 或间歇出水气井。

操作方法：先将投掷器装在井口清蜡阀门上，把圆柱形泡沫排液棒通过清蜡阀门开关投入井筒内。

3) 施工设备

(1) 平衡罐：工作压力为 10～30MPa，容量为 10～100L。

(2) 电动泵和柱塞计量泵：可根据井况选用，但有的井场因缺电而限制了泵的使用。

(3) GZ80-1 型高压泵：该泵可用本井的天然气作动力，轻便、灵活。目前现场多用于消泡或小水量井助采施工。

(4) 泡排专用车：在越野车上设置一台柱塞泵和药罐，用汽车引擎的动力带动柱塞泵，方便、灵活，适应性强。

(5) 便携式投药筒：安装在采油树上，用于助采施工。

3. 泡沫排水采气井的管理

1) 泡沫排水采气工艺参数

(1) 优选泡排气速。

一般来讲，在气水两相垂直流动过程中，气速越大，排水能力就越好，但在泡沫排水中

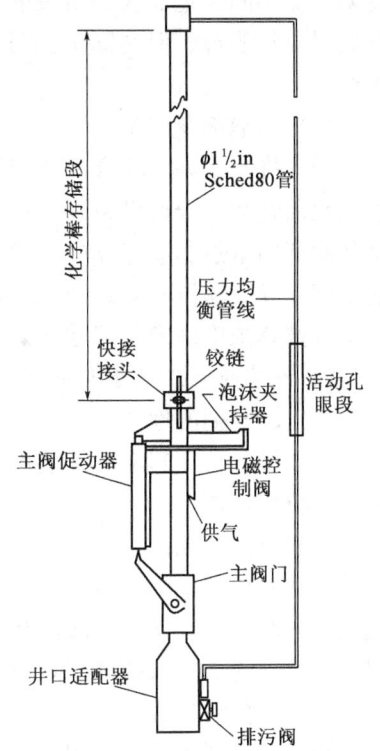

图 4-6 泡沫排液棒自动排放流程

却不尽然。试验表明：气速为 1~3m/s 不利于泡排，因此，控制合适的气速可获得最佳的助采效果。现场施工时，应对气井进行生产动态分析，计算天然气在井筒内的流速，并根据生产情况进行必要的调整，以避开最不利排液的流速。

（2）最宜泡排的流态。

泡排中只考虑气流速度还不足以概括气井带水能力，而应分析油管中气水两相垂直流动状态，即所谓流态。这种流态不仅取决于两相流体的热力学参数，也取决于两相流体的动力学参数。由于含有许多不稳定因素，迄今还没有一个公认的准则，通常据试验观测和研究需要，把流态分为气泡流、段塞流、过渡流与环雾流 4 种。室内及现场试验表明：对于过渡流以上的环雾流，由于气井自身能量足，带水生产稳定，不需采用助采措施，泡沫排水的主要对象是环雾流以下的气泡流、段塞流与过渡流，其中尤以段塞流助采效果最佳。对于生产井，可根据气水流速、压降梯度及气水产量波动程度来判断流态。

（3）合理选择助采剂用量。

泡沫排水中助采剂的加入受到多种因素影响，诸如气体流动速度、产水量、井深以及助采剂的种类等，故不便作出统一的规定，而只能依各井的具体情况而定。总之，以既能正常带水，又不影响气水分离为原则，并尽量不采取消泡措施。

（4）日施工次数。

助采剂日用量确定之后，分几次加入也是施工中应考虑的问题之一。现场有两类气水井，一类属于纯气井，只是有些凝析水，或产地层水 Q_w；对这类井，宜采用间歇排水方式，助采剂每隔数天、数月加入一次即可；另一类是地层水产量 Q_w > 30m³/d，对这类井泡沫助采剂需不间断地加入，助采剂在这些井上的加入周期越短越均匀越好，连续注入对大水量井效果更较明显。但实际上因涉及工作量问题，一般每日加 2~3 次即可维持气井的正常生产。

（5）消泡剂及用量。

泡沫排水中许多场合都使用了高效起泡剂，其泡沫再生能力很强，它们的水溶液经气流带至地面管线、分离设备时，反复不断地受到搅动，或多或少有泡沫在分离器里聚积，特别是起泡剂用量过剩或泡沫过于稳定时，这种现象尤为严重，大量泡沫会被带到集输管线，引起阻塞，导致输压升高。因此，针对特定的起泡剂筛选相应的消泡剂势在必行。消泡剂用量按配方推荐浓度确定（间歇注入），并以分离器出水中不积泡为原则。

2）泡沫排水工艺起泡剂及其性能要求

（1）起泡剂的性能。

泡沫排水所用起泡剂是表面活性剂，因此，除具有表面活性剂的一般性能外，还要求具有以下特殊性能：

①起泡能力强。

在井底矿化水中，只要加入微量起泡剂（100~500mg/L），就能在天然气流的搅动下形成大量含水泡沫，使气、液两相空间分布发生显著变化，水柱变成泡沫，密度下降几十倍。因此，原来无力携水的气流现可将低密度的含水泡沫带到地面，从而实现排水采气的目的。

②泡沫携液量大。

起泡剂遇到水后，立即在每个气泡的气水界面定向排列。当气泡周围吸附的起泡剂分子达到一定浓度时，气泡壁就形成一层牢固的膜。泡沫的水膜越厚，单位体积泡沫含水量越高，表示泡沫的携水能力越大。

③泡沫的稳定性适中。

采用泡沫排水，从井底到井口行程 $H>2km$，如果泡沫的稳定性差，有可能中途破裂而使水分散失，达不到将水携带到地面的目的；同时，如果泡沫的稳定性过强，则泡沫进入分离器后又会带来消泡及气水分离的困难。

④在含凝析油和高矿化水中有较强的起泡能力。

凝析油和高矿化水都具有一定的消泡能力。因此，起泡剂应具有一定的抗油性能和抗高矿化度性能，以保证一定的起泡能力和泡沫携液量。

(2) 起泡剂的类型。

在气井泡沫排水采气中所采用的起泡剂有离子型（主要为阴离子型）、非离子型、两性表面活性剂和高分子聚合物表面活性剂等。

①8001 起泡剂。

该起泡剂的主剂为一种植物果实无患子（又名油换子）。无患子是一种天然的大分子物质，分子结构十分复杂，属于皂素类糖甙物质。无患子为非离子型表面活性剂，在淡水或矿化水中均有良好的起泡性，且携水能力强，而这些性能正好满足气井泡沫排水的要求。但是无患子不能与吡啶类缓蚀剂配伍，易受温度的影响（温度升高时起泡能力下降），因此，以此为主剂的 8001 起泡剂不能用于注吡啶类缓蚀剂的含硫气井和井底温度高于 90℃ 的气井。

②8002 起泡剂。

该起泡剂由空泡剂和添加剂（泡沫促进剂、分散剂和热稳定剂等）组成。空泡剂主要组分为缩多氨基酸，是由动物蛋白水解而得，属于两性表面活性剂。这类物质虽然降低表面张力的能力有限，但以它们为主剂的起泡剂所形成的泡沫稳定性好，携水能力强。空泡剂的性能容易受溶液 pH 值的影响，并有老化现象，也受温度的影响。

③CT5-2 起泡剂。

在同时含矿化水和凝析油的气井中，由于凝析油本身是一种消泡剂，使起泡剂的起泡能力变差，对于这类井应使用多组分的复合性起泡剂。CT5-2 就是一种离子型和非离子型表面活性剂的混合物。由于协同效应，混合型表面活性剂的泡沫性能要比单独一种表面活性剂好数倍。CT5-2 起泡剂的水溶性好，使用浓度低，起泡能力强，携液量大，能在 900℃ 的井内使用。

(3) 起泡剂的适用条件。

①对于一般气水井，主要采用阴离子型起泡剂，如磺酸盐、硫酸酯盐等。它们含有阴离子型亲水基，亲水能力强，溶解性好，降低表面张力的能力也强，单独使用起泡剂就能获得较好的排液效果。

②对于矿化度较高的气水井，离子型起泡剂在矿化水中会生成不溶解的沉淀。因此，对于矿化度较高的井，多采用非离子型起泡剂，这类表面活性剂不仅有优良的表面活性，而且吸附损失小，并且由于亲水亲油键之间有醚类官能团，起泡能力更强。

③在同时含矿化水和凝析油的气井中，由于凝析油本身是一种消泡剂，使起泡剂的起泡能力变差。对于这类井，应采用多组分的复合起泡剂。该类表面活性剂的某些性能具有协同效应，即在同时使用两种或两种以上适当的、类型不同的表面活性剂时，可以得到比单独使用一种表面活性剂更好的效果，所以常将几种起泡剂同时配入一个体系中使用。此外，对这类气井也可采用两性或聚合物表面活性剂作起泡剂。

4. 泡沫排水采气工艺的优点

(1) 能充分利用地层自身能量实现举升。
(2) 设备配套简单。
(3) 实施操作简单。
(4) 不同泡排剂可适应不同类型生产井的需要。

5. 泡沫排水采气工艺的适用范围

(1) 气水比大于 $180m^3/m^3$ 的井效果最佳。
(2) 工艺井自身必须具有一定的自喷能力。
(3) 排液能力一般在 $100m^3/d$ 以下。
(4) 不同的注入方法，其适应的气水比不同：
①泵注法气水比一般大于 $170m^3/m^3$。
②平衡罐加注法气水比一般大于 $300m^3/m^3$。
③泡排车加注法气水比大于 $200m^3/m^3$。
④投注法气水比大于 $300m^3/m^3$，且日产水小于 $80m^3$。
(5) 要求工艺井的油套管连通性好。

6. 泡沫排水采气井工艺实例

1) 某泡沫排水采气井1停喷复活

该井于1980年投产，后产量递减加快。由于产水量大，2004年后只能间歇生产，一月生产一月复压。2005年4月复压一月后三次开井不能自喷复活，后关井至2006年3月均未复活。2006年3月11日对该井进行泡沫助排施工作业一天后实现了死井复活。由于该井地层水中含硫化氢为 $20\sim30g/m^3$，常规泡沫排水剂排水效果差，本次施工采用的是针对硫化氢而研发生产的泡沫排水剂，达到了预期效果，日产气为 $3\times10^4m^3$，日产水为 $100m^3$，随后能保证该井按周期生产至今，当年投入产出比为1：14。

2) 某泡沫排水采气井2

该井由于开采中期边水推进，不能把地层水带出地面，井筒内经常积液，产量逐步下滑，由日产 $2.7\times10^4m^3$ 下降至 $1.3\times10^4m^3$，且只能间歇生产。选用了多种泡排剂效果都不佳，2003年5月更换新型泡沫剂，每天从套管注入1：20的泡排剂溶液300L，实现了持续生产，日产气提升到 $2.9\times10^4m^3$，产水 $20\sim30m^3$，当年投入产出比为1：7.5，如图4-7所示。

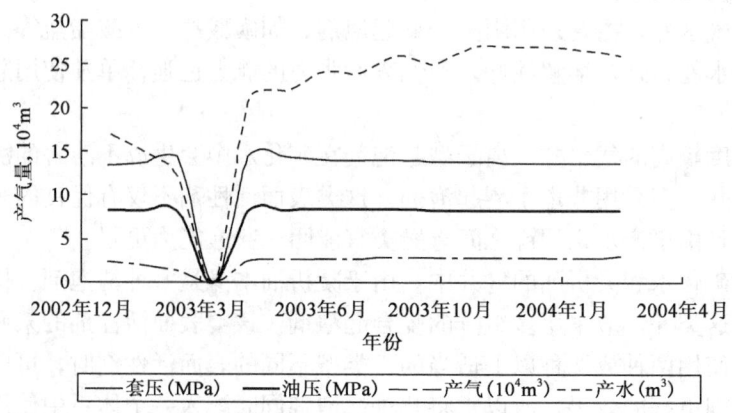

图4-7 某泡沫排水采气井2003年1月至2004年3月生产曲线

3)"功勋气井"——某泡沫排水采气井 3 泡沫排水采气

1960 年 5 月 16 日投产，1973 年 12 月 10 日出水，1982 年 11 月 25 日开始进行泡沫排水采气，曾多次泡排和消泡试验，并摸索出一套合理制度。十多年来，在不停产的情况下采用过油管射孔、液氮、增压机气举、连续油管加螺杆钻具清砂解堵等工艺技术，五救功勋气井，使泡排工艺顺利进行至 1998 年年底，泡排增产达 $5.02\times10^8m^3$，累产气达 $46.4\times10^8m^3$，泡排产量占总产量的 10.8%，如图 4-8 所示。

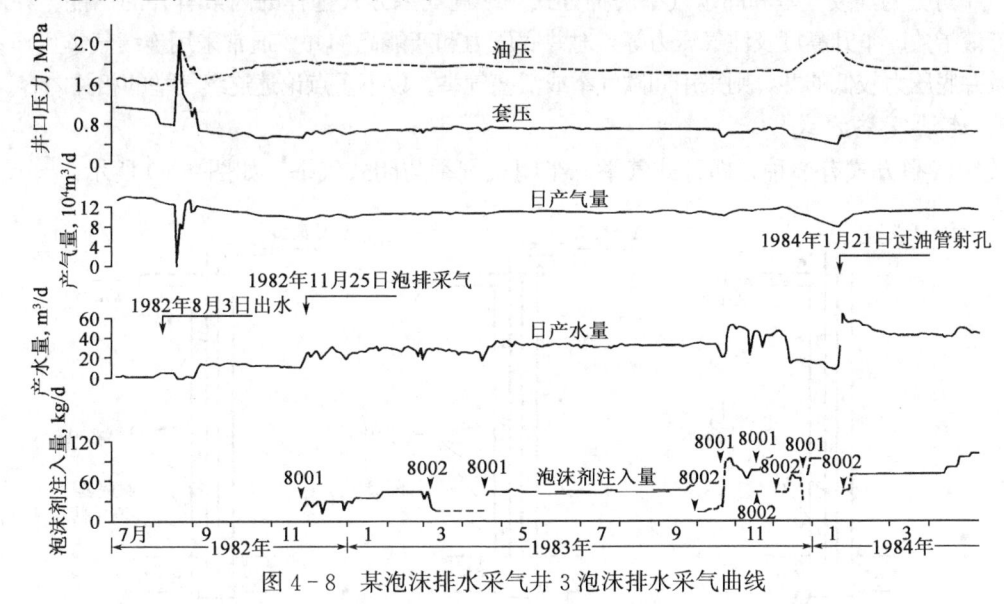

图 4-8 某泡沫排水采气井 3 泡沫排水采气曲线

[技能训练] 泵注发泡剂操作

1. 准备工作

(1) 工具、用具、材料：适量机油包括黄油 0.5kg，柴油 2kg，发泡剂：8001 型或 8002 型，棉纱 0.5kg，生料带 0.3kg，漆刷 1 把。

(2) 设备：电动往复柱塞泵或气动泵 1 台。

(3) 穿戴好劳保用品。

2. 操作步骤

(1) 安装机泵至井口套管的高压注入管线。

(2) 检查注入系统上各阀门和压力表等，要求完好、正常。

(3) 检查机泵及进出口阀门、压力表等，要求完好、正常，润滑油符合要求。

(4) 按比例和需要量配制发泡剂并倒入与泵配套的容器内。

(5) 启动机泵（按机泵操作规程执行）。

(6) 全开通路各阀门。

(7) 观察压力，并确保其在正常范围内。

(8) 发泡剂注完，关闭储罐上的出口阀。

(9) 停泵（按机泵操作规程执行）。

(10) 关闭井口套管阀门和其他有关阀门。

(11) 拆除高压管线和机泵。

(12) 将机泵用棉纱擦净后再用篷布罩上。

(三) 气举排水采气工艺

气举排水采气是利用高压气井的能量或天然气压缩机为气举动力，借助于井下气举阀的作用，向产水气井的井筒内注入高压天然气，补充地层能量，排除井底积液，恢复气井的生产能力的一种人工举升工艺。

气举可分为连续气举和间歇气举两种方式。影响气举方式选择的因素有井的产能、井底压力、产液指数、举升高度及注气压力等。对井底压力和产能高的井，通常采用连续气举生产；对产能及井底压力较低的井，则采用间歇气举或活塞气举。以下重点论述连续气举的相关内容。

1. 连续气举方式

连续气举方式有 3 种，即开式气举、半闭式气举与闭式气举，如图 4-9 所示。

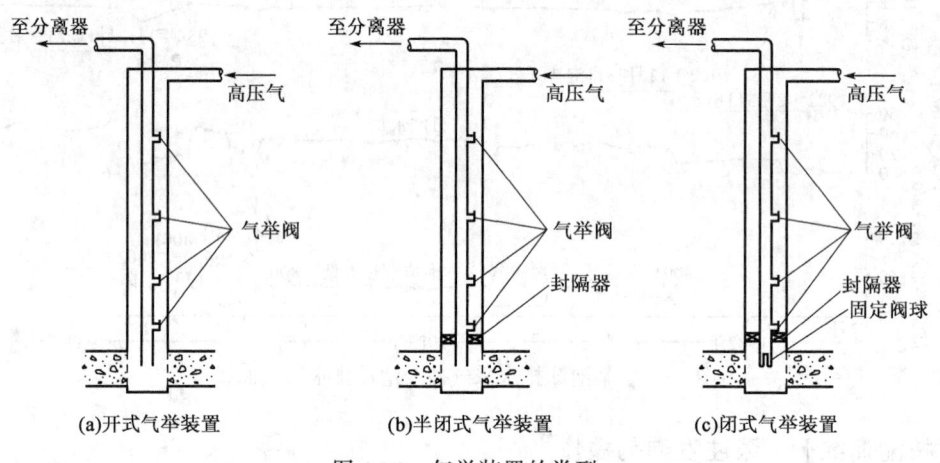

图 4-9 气举装置的类型

1) 开式气举

开式气举，即无封隔器完井 [图 4-9 (a)]，这种装置的缺点在于：

(1) 气体可能从油管底部进入油管，因而需要很高的注气启动压力。

(2) 地面注气系统的压力波动会引起油套管环空液面升降，使注气点以下的气举阀经受流体的严重冲蚀，甚至损坏。

(3) 每次关井时都必须卸载，并等待稳定。因为液面在关井期间会上升，故又需将油套管环空的液体排掉，其结果是液体将再次冲蚀下面的气举阀。因此，除了采用套管生产的井、严重砂堵的井及井身质量有缺陷的井外，一般不宜采用开式气举装置。

2) 半闭式气举

半闭式气举，即单封隔器完井 [图 4-9 (b)]，其优点是：

(1) 能阻止注入气从油管底部进入油管。

(2) 气井一旦卸载，气体就无法回到油套管环空。

(3) 封隔器能防止油管下部液体进入油套管环空。这种装置既适用于连续气举，也适用于间歇气举。

3) 闭式气举

闭式气举，即单封隔器及固定阀完井 [图 4-9 (c)]。它与半闭式装置类似，不同之处是在油管柱底端或末端阀的下方装一个固定阀球，避免了开式装置的弊端，使高压气体和井筒液体不能进入地层。

2. 连续气举工艺原理

气举排水采气的原理是利用从套管注入的高压气来逐级启动安装在油管柱上的若干个气举阀，逐段降低油管柱的液面，从而使水淹气井恢复生产。

如图 4-10 所示，设 A-A 是气井水淹后的静液面位置，当从套管注高压气时，气压促使套管液面下降、油管液面上升。当套管液面降低到第一个气举阀的入口 B-B 时，气举阀被高压气的压力打开，高压气经阀进入油管，在气体的膨胀力作用下，B-B 界面以上的液体被举升到地面。同时，由于高压气大量进入油管，套管压力降低，当套管中压力降到气举阀的关闭压力时，第一个气举阀关闭。接着，高压气又迫使套管液面下降、油管液面上升，当油管液面降低到第二个气举阀的入口 C-C 时，第二个气举阀被高压气打开，又把 C-C 至 B-B 界面以上的液体举升到地面……如此连续不断地降低油管内的液面，使静液柱对地层的回压不断下降，直到气井恢复生产。

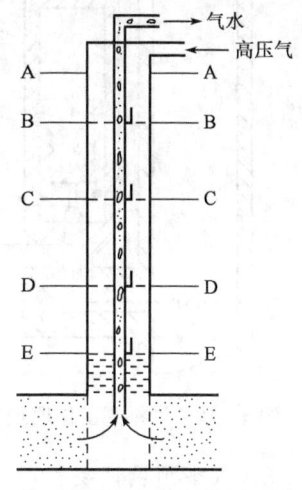

图 4-10　连续气举工艺原理图

3. 连续气举工艺流程

连续气举地面工艺流程如图 4-11 所示。该流程包括以下几个部分：

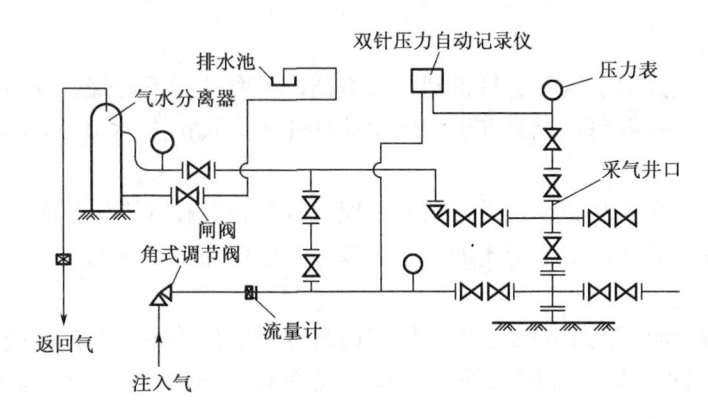

图 4-11　连续气举地面工艺流程示意图

(1) 采气井口装置；

(2) 注气管线；

(3) 井口角式调节阀；

(4) 流量计；

(5) 双针压力自动记录仪；

(6) 气水分离器；

(7) 蓄水池。

4. 连续气举装置组成

1) 气举阀

气举阀的用途有三：一是卸去井筒液体载荷，让气体能从油管柱的最佳部位注入；二是控制卸载和正常举升的注气量。因此，气举阀与其他人工举升方式一样，能够建立所需的井底流压并达到预期的排液量。

气举阀的种类很多，国内气田普遍使用的是非平衡式波纹套管压力操作阀。非平衡式波纹套管压力操作阀类似于一个压力调节阀，它具有充氮腔室和波纹管。波纹管起着活塞的作用（图4-12），行程均匀地分布在每一褶皱的曲面上，以完成阀的打开和关闭。阀座孔径尺寸（A_v）不同，使阀座孔眼全开所需的阀杆行程也不同，阀座孔径越大，所需的阀杆行程越长。

另一种用于连续举升的投捞式气举阀被安装在偏心筒内的一侧，这种阀能用钢丝作业投放和取出。

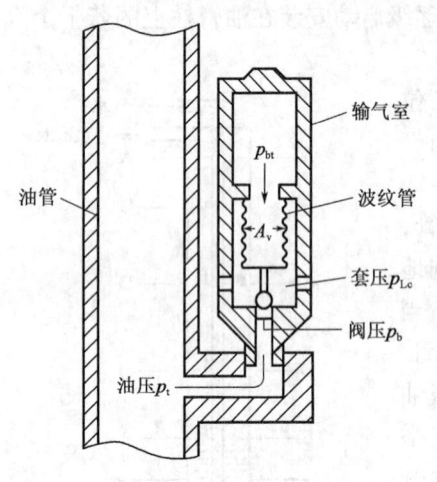

图4-12 气举阀工作原理示意图

2) 气举阀工作筒

气举阀工作筒是阀的载体。目前四川气田常用的气举阀工作筒有2种：常规工作筒与投捞式阀工作筒。

3) 气举阀调试装置

气举阀在井下的打开压力经设计确定后，必须在专用的调试装置中进行充氮调试，才能下井。调试的步骤为：充氮气，恒温，检查打开压力（p_{vo}），老化处理，再恒温，最后确定（p_{vo}）。

①充氮气。

波纹管充入氮气是由于氮气容易得到，成本低，无腐蚀，不燃烧，且当温度变化时氮气的状态参数为已知。一般地，充氮气压力比设计打开压力（p_{vo}）大0.03~0.05MPa。

②老化处理。

老化处理的目的在于对波纹管进行预变处理，以防止其在井下工作时产生破裂或塑性形变。方法是将阀置于老化器中，密闭加压，模拟井下承压加至2.8MPa，并保持15min。

③恒温处理。

由于氮气压力受温度的影响很敏感，故在调试过程中保持恒温能提高调试的精度。所有的气举阀都必须在同一基准温度条件下调试。气举阀充氮时必须在恒温箱水浴中恒温至15.6℃，并保持15min。

4) 投捞工具

投捞工具指可对投捞式气举阀实施投放、取出作业的专用工具。

5) 压缩机

当邻近井无高压气井作高压气源井时，常采用天然气压缩机组作连续气举高压气源的增压装置。

6) 试井车

投捞气举阀作业常用的试井车为F700型液压试井车，其技术规范为：最大下入深度为7000m；功率为128.71kW；钢丝最高线速度为640m/min。

5. 连续气举现场施工禁忌

（1）禁止用空气作为增压气源。用于举升的注入气必须是产层高压天然气或地面增压天然气。

(2) 保持井底和井下工具清洁。凡是曾进行过增产措施及泡沫排液等作业的气井，在施工前都必须洗井，保持井底清洁，以防止气举阀因堵塞失灵。

(3) 下井的油管必须保持完好、清洁和畅通。油管连接螺纹应严密无泄漏，管壁无腐蚀斑痕，防止带有孔眼的油管入井，以免造成多点注气，致使举升失败。

气举排水采气常见故障见表4-2。

表4-2 气举排水采气常见故障原因分析与处理

序号	故障	原因分析	处理方法
1	计量偏差超过允许范围	①气源井和被举气井两个计量表中有一个取值偏大或偏小；②两个计量表取值产生人为偏差	①通知仪表工进行两个计量表的检查及调校；②克服人为取值误差
2	分离器排液不畅	①排水阀门有堵塞或阀芯有损伤；②井内出水量增大	①检查排液阀，排除故障；②从计量池可以判断水量是否增大，针对情况改变操作条件
3	被举气井的井口压力上升	①气源井的气量增大；②用户用气减少造成回压；③被举气井气量增大	①检查计量仪表，取值计算判断；②检查输出计量表，取值计算判断；③井下渗透性改变，有好的转机，注意控制
4	气举逐次气量减少	①井下能量有变化，产水量增大；②随时间的延长气层产气而枯竭	①气举排水有困难，可改为电潜泵排水；②确属产气枯竭，则放弃
5	输气管内液体多，影响输气	①分离器的分离效果差；②排液不及时造成泛塔；③排液阀开度不够堵死	①更换效果好的分离器；②值班操作人员加强排液操作；③适当开大阀门或检修更换阀门
6	气、水量减少	①气举阀的各级入口有堵塞或阀芯开度不够；②井下地层有变化	①提起气举阀进行检修；②针对变化原因分析处理
7	产气量下降	①井口改变操作条件不当；②关井前井筒内有积液存在；③井口有漏点（阀门内漏）；④气井的压力、产气量、气水比未相对稳定下来	①改变井口操作要少、稳、慢，避免过猛激动气井；②尽量少关井，非关不可时要将井内积液尽量排出地面；③要求井口各阀门严闭不漏；④压力、产量、气水比三者关系密切，不可偏废，要稳定控制
8	水淹后难以复活	①带水采气措施不当；②地层产水量大；③随时间的延长气层能量枯竭	①针对气井变化情况制定相应措施；②可改为机抽（电潜泵）连续作业；③确属气层枯竭，则放弃

(四) 活塞气举排水采气工艺

活塞气举是一种利用储层能量来携液的间歇人工举升方法。活塞是一个与油管匹配的可在油管里自由游动的活塞，它依靠井的压力上升，并在自身重力作用下落到井底。活塞气举是间歇气举的一种特殊形式，由于柱塞在举升气和采出液之间形成一个机械界面，因而减少了滑脱损失，同一般间歇气举相比，它能更有效地利用气体的膨胀能量，提高举升效率。国内气田活塞气举适用于产液量小于 $50m^3/d$，气液比大于 $50m^3/m^3$，带液能力较弱的自喷生产井。下面主要介绍柱塞气举主要设备、工艺流程以及柱塞气举井的管理。

1. 活塞气举的适应性及主要优点

(1) 能提高间歇气举的举升效率；
(2) 无动力消耗，所需能量由本井提供；
(3) 设备投资少，使用寿命长，维修成本低；
(4) 地面设备的自动化程度较高，易于管理。

2. 活塞气举的主要设备及其作用

(1) 油管卡定器：固定活塞运行的下死点。
(2) 缓冲弹簧：吸收活塞下落的刚性冲击力，起减震作用。
(3) 活塞：通过上下循环的往复运动达到排液的目的。
(4) 手动捕捉器：利用它可将上行的活塞抓住，以便活塞的检查和维修。
(5) 三通：用来连接防喷管和手动捕捉器。
(6) 防喷管：防喷管内的缓冲弹簧用以吸收活塞上升至井口的刚性冲击，起减震作用。
(7) 地面控制器：它是一种时间控制器，用以控制气源、氮气瓶管路开关，显示、计数开关时间，借以达到控制生产管路开关。
(8) 气动薄膜阀：用于开启和关闭生产管线。

3. 活塞气举工艺原理与流程

活塞气举是将活塞作为气液之间的机械界面，依靠气井原有的气体压力，以一种循环的方式使活塞在油管内上下移动，从而减少了液体的回落，消除了气体穿透液体段塞的可能，提高间歇举升的效率。活塞举升的工作循环情况如图 4-13 所示。

(1) 当地面控制器控制薄膜阀关闭生产管线时，活塞在其重力的作用下穿过油管内的气液下落。
(2) 活塞下落至油管卡定器处，撞击缓冲弹簧，这时液面开始上升。
(3) 地面控制器打开薄膜阀后，油压下降，油管内液面上升，环空液面下降，天然气进入油管并推动活塞及活塞上部的液体上行。
(4) 环空套压迫使活塞和活塞上部的液体上升，直到将液柱排出井口。
(5) 油管关闭，活塞依靠其自重下落，此时完成一个行程周期。

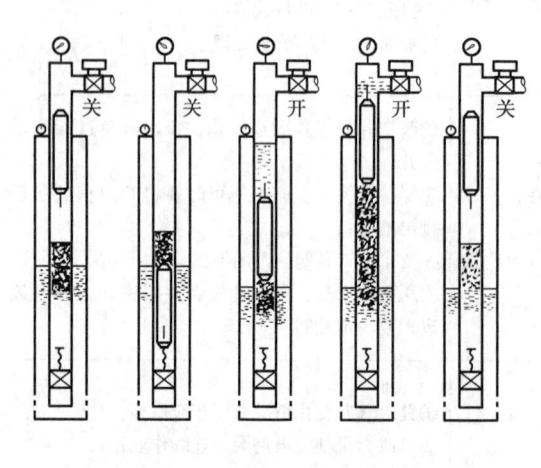

图 4-13 活塞举升的工作循环图

活塞气举工艺流程如图 4-14 所示。

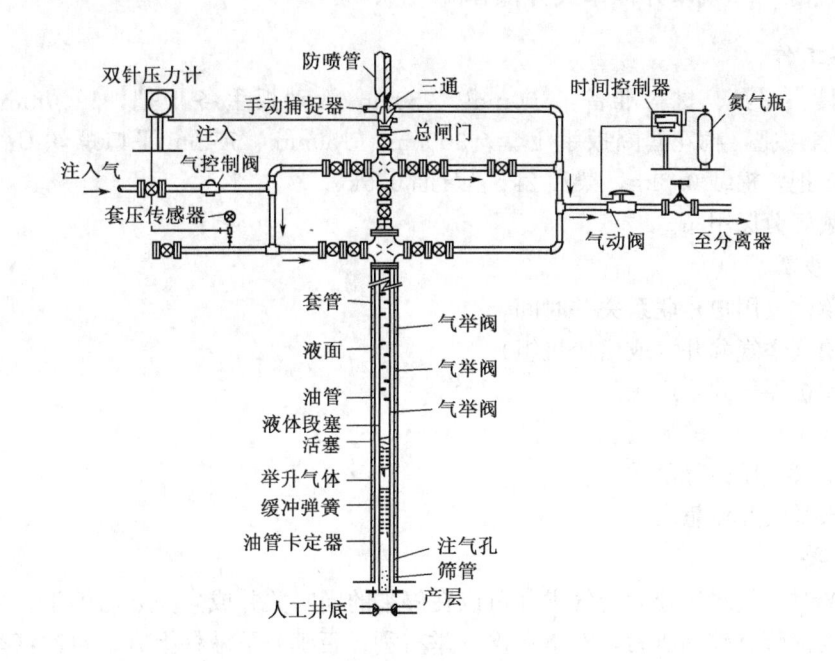

图 4-14　活塞气举工艺流程示意图

4. 活塞气举排水应注意的问题

1) 活塞类型的选择

活塞类型大致可分为刷式、金属膨胀式、摆动垫圈式、动密封式等。刷式活塞的下落速度较金属膨胀式活塞的下落速度快，刷式活塞在关井后 30min 即可下行到卡定器位置，而金属膨胀式活塞则需 2.5~3h 方可下行到卡定器位置。

活塞的下行速度直接关系到活塞运行参数的设置。在实际生产中，要根据气井自身的具体情况来确定所选活塞的类型。一般来说，压力恢复较快、尚有一定自喷能力的井应采用下行速度较快的活塞，而压力恢复较慢的间歇生产井则采用下行速度较慢的活塞。

2) 高矿化度产水井的防垢

在高矿化度的产水气井中，随着气井的压力、温度等热力学条件发生变化，原有的平衡被打破，从而导致 $CaCO_3$、$CaSO_4$、$BaSO_4$ 过饱和析出。这些析出的沉淀附着在油管内壁上，使得油管的流通面积减小，阻碍着活塞上下行程的运动，使活塞不能正常工作。对于这类井，在使用活塞排水采气后，应每隔一个月取出活塞，用不同直径的通井规由小到大地反复通过油管，以便清除附着在油管内壁上的垢块，确保活塞的正常运行。

5. 活塞气举排水井的管理

(1) 为了对活塞的运行情况进行分析和调整，应在井口安装一台双针压力记录仪，以便记录井口油压和套压的变化情况。

(2) 每隔一个月应取出运行的活塞进行检查。若发现活塞有损坏的现象，应及时更换，以确保举升效率。

(3) 应经常对地面控制器进行检查，若发现控制器的显示屏幕上出现"HELP"字样，则应及时更换电池，确保活塞举升的正常进行。

[技能训练] 气举井停举关井操作

1. 准备工作

(1) 工具、用具、材料准备：300mm、250mm 活动扳手各 1 把，1200mm、900mm、600mm 管钳各 1 把，梅花套圈扳手 1 套，300mm、150mm、75mm 平口螺丝刀各 1 把，阀门开关扳手 1 把，棉纱 0.3kg，柴油 2kg，黄油 0.5kg。

(2) 穿戴好劳保用品。

2. 操作步骤

(1) 与单位（用户）联系关井时间。
(2) 关闭气举气源井（或增压机组）。
(3) 关闭被注气井生产阀门。
(4) 停气举管线上的流量表。
(5) 气举管线压力降至常压。
(6) 停被举气井流量表。

3. 技术要求

(1) 生产时，气水比较大的气举井可以在停举的同时关井或先关井后停举。总之，应保持被举气井的油管有较高压力，对下一次气举有利，否则井下液柱上升，再次气举时有一定困难。

(2) 对于短时间关井停举的气井，可以不泄气举管线的压力。

(3) 冬季高寒地区应做好排水扫线工作，防止冻坏生产设备和工艺管线。

(五) 游梁式抽油机排水采气工艺

游梁式抽油机排水采气是最常规的排水采气工艺，它能够从油管内排水，从而使得气体从油套环形空间采出。它具有能连续稳定生产，工艺简单，操作方便，易于管理等优点。当气井产能较低，又不能采用其他方法时，可以选用抽油机排水采气。相对于泡排、活塞气举、优选管柱、间歇开井，游梁式抽油机排水采气成本较高，如果不采用节能型抽油机，其成本会更高。该工艺适用于气井中后期排水采气。

1. 游梁式抽油机排水采气与有杆泵采油的区别

1) 气井产出腐蚀性流体

油田上用有杆深井泵抽吸的原油对泵有润滑作用，而气井是抽吸黏度比原油小得多的盐水，盐水在深井泵的柱塞和泵筒内径之间漏失量大得多，从而降低了排水效果，影响泵效。

气井产会出气中普遍含有硫化氢、二氧化碳，对抽油机井下工具中金属部件和零件以及油管和抽油杆会造成较为严重的腐蚀破坏，势必增加井下机械事故，使检泵作业频繁。

2) 存在高矿化度地层水

排水气井中抽排的水矿化度高，总矿化度为 75000~83000mg/L，其中氯离子含量高达 45000~50000mg/L，深井泵抽吸的是含盐量高的水，使驴头负荷相对增加。

3) 高气液比

排水采气井的气液比比油井高得多，深井泵抽排一段时间后，产层的天然气将和水一起进入泵内。由于气体的影响，降低了泵的充满系数，从而降低了泵效，且易形成气锁。

4) 不同的排液产气方式

有杆泵采油是由油管采油，游梁式抽油机排水采气是油管排水，油套环形空间采气。

5) 不同的井口压力和输压

抽油机排水采气井抽排一段时间后，套管压力上升比油井高得多，井口的油压、套压都比较高，这是气井与油井的又一不同点。从井中采出的气经输气管线到集气站或用户阻力大，因此要求井口输压较高，才能克服沿线的阻力，把气输到用户。

2. 游梁式抽油机排水采气的工艺原理、适用范围与流程及主要设备

1) 工艺原理

在排水采气时，首先将有杆深井泵连接在油管上下到井内适当的深度，将柱塞连接在抽油杆下端，通过安装在地面的抽油机带动油管内的抽油杆不停地做往复运动。该工艺原理如图4-15所示。

上冲程，泵的固定阀打开，游动阀关闭，泵的下腔吸入液体，油管向地面排出液体。

下冲程，固定阀关闭，游动阀打开，柱塞下腔吸入的液体转移到柱塞上面进入油管。

抽油机装置不停地将地层和井筒中的液体从油管排到地面，井筒中的液面逐渐下降，降低了井筒中液体对气层的回压，产层气则向油套环形空间聚集、升压。当套压超过输压一定值后，即可将套管内的天然气通过地面气水分离器进入输气干线到用户，这样就实现了气井抽油机排水采气的目的。

2) 适用范围

(1) 水淹气井和间喷井；

(2) 日排水量为10～100m³；

(3) 泵挂深度小于1500m；

(4) 地层压力为2.4～26MPa；

(5) 温度低于100℃。

图4-15 游梁式抽油机排水采气工艺原理示意图
1—油管；2—套管；3—抽油杆；4—泵筒；5—游动阀；6—柱塞；7—固定阀座；8—地层水；9—天然气

3) 工艺流程

气井排水采气的工艺流程包括油管内排水的流程和油套环形空间采气的流程。它与采油的不同点在于油田是油管采油，气井是油管排水，油套环形空间采气。

(1) 油管排水流程。

产层水由井下分离器经过分离将气排到油套环形空间，将水排到软密封深井泵，地面抽油机连接抽油杆和柱塞。由于抽油机抽吸，使得水通过油管、油管头、高压三通、油管出口管线到地面排液计量池，如图4-16所示。

(2) 采气流程。

从井下分离器和地层排出的气水混合物经过油套环形空间、大四通、高压输气管线进入地面气水分离器。如果压力不够，必须加压，分离后的气进入干线输送到用户或装罐，分离出的水进入排污池。

4) 主要设备

(1) 抽油机：它是有杆抽油泵排水采气的主要地面设备之一。

(2) 地面气水分离器：用来分离来自油套环形空间的气水混合物，常采用DN600型等重力式分离器。

(3) 可调式防喷盒：它的作用是在抽排过程中既可密封光纤，又可调整光杆位置，使光

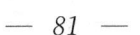

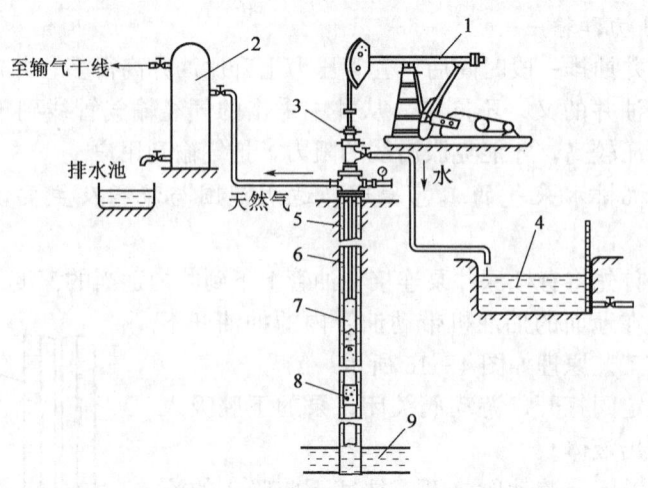

图 4-16　游梁式抽油机排水采气装置
1—抽油机；2—地面气水分离器；3—气井机抽井口装置；4—卤水计量池；5—抽油杆；
6—油管；7—深井泵；8—井下气水分离器；9—产层

杆与油管轴线保持对中，避免防喷盒内的密封填料偏磨、刺漏，防止井口污染，也防止光杆偏磨和腐蚀折断，有利于延长光杆的使用寿命。

（4）光杆密封器：用于密封光杆，控制井口的装置。其结构和原理与油井试油作业时的半封封隔器基本相同。

（5）抽油杆：用于传递动力，带动柱塞做往复运动。目前普遍采用的是 K 级防硫抽油杆（材质：20NiMo，抽油杆最大许用应力为 20×10^5 Pa），由于强度较高，防腐性能好，大大减少了抽油杆的折断事故。目前这种抽油杆是含硫气井必不可少的关键部件；用于低含硫气井，可以加深泵挂深度，提高低含硫气井机抽排水的工艺适用范围。由于排水气井的液面不断加深，高强度 D 级抽油杆已经用于低含硫气井深抽。我国研制的 KD 级抽油杆和具有重量轻、防腐蚀等特点的玻璃钢抽油杆都可用于含硫气井的深抽。

（6）油管：它是排水的通道并悬挂井下装置。低含硫气井常用直径为 62mm，C-75、J-55 型油管和普通油管。对含硫气井多采用 SM490 防硫油管以及 C-75 和 J-55 型油管。这些油管采用防硫钢材，能减少因油管腐蚀剥落造成卡泵和抽油杆折断事故，这也是含硫气井抽排水的特殊要求。在抽排过程中，由于抽油杆弯曲会引起抽油杆接箍和油管内壁摩擦，因此常采用外加厚油管。

（7）有杆深井泵：它是抽油机排水采气的主要井下设备。排水采气井普遍采用长泵筒无衬套软密封深井泵即 RB 软密封深井泵，其泵筒经过了防硫处理。

柱塞采用耐磨的新型密封材料，阀件采用防硫不锈钢。为了避免软密封泵柱塞在下井过程中摩擦损坏而增加柱塞和泵筒之间的漏失量，常在泵上部配套下入脱节器。软密封深井泵用于抽油机排水，无论是含硫气井或低含硫气井都可以使用；泵筒和柱塞的密封间隙超过一级金属泵，因此可以大大降低间隙漏失量，成为抽油机排水采气工艺技术的关键设备之一。

（8）井下气水分离器：它的作用是减少进入泵内的气体，提高泵的充满系数，从而提高泵效，并减少油管内的气体损耗。FL-1 型井下气水分离器如图 4-17 所示。

在抽油机排水采气井井下管串中安装井下气水分离器，是气井抽油机排水的特殊需要。对于高气水比的抽油机排水气井，井下气水分离器的作用更是十分重要。它的应用是气井机抽油管柱不同于油井机抽油管柱的又一标志。

3. 游梁式抽油机排水采气井的管理

1) 抽油机排水采气应注意的问题

(1) 气井停产前有一定的压力和产气量，产水量一般为 30~50m³/d，气井水淹后静液面足够高，抽油机的负荷能力能下到静液面以下 300~500m。

(2) 下泵深度要保证抽水时造成一定的生产压差，能诱导气流入井。

(3) 泵下部管串长度要适当，过长则流动阻力大，过短则气易窜入泵内。

(4) 气井的井斜小于 3°，井斜大，抽油杆磨损严重，使用寿命短。

(5) 应选用抗地层盐水、抗硫化氢腐蚀的油管、抽油杆与深井泵。

2) 游梁式抽油机常见故障分析与处理

游梁式抽油机常见故障原因分析与处理见表 4-3。

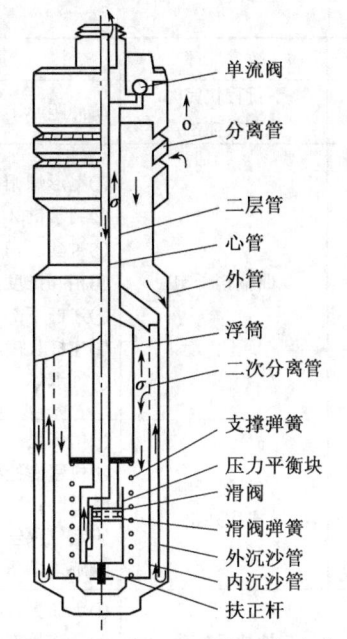

图 4-17　FL-1 型井下气水分离器

表 4-3　游梁式抽油机常见故障原因分析与处理

序号	故　障	原 因 分 析	处 理 方 法
1	曲柄周期性剧烈跳动	①曲柄差动螺栓松动； ②从动轴键坏或键槽坏； ③齿轮牙齿磨坏，上、下冲程负荷交替有倒回的声响	①紧固差动螺栓； ②换键，另用一个键槽； ③换牙圈、齿轮
2	减速箱内有不正常声响	①齿轮制造不精密，牙齿磨损或断裂； ②其中一根轴轴向窜动； ③曲柄轴承磨损； ④八字齿轮倾斜角不正确； ⑤抽油机不平衡； ⑥大冲程快冲数且抽油机偏斜	出现①、②、③、④条原因时，应送机修厂修理；出现第 5 种情况时，调平衡；出现第 6 种情况时，调慢冲数
3	减速箱轴承发热或有特殊声响	①润滑油不足或脏； ②轴承或密封部分松动； ③轴承磨损，滚珠破碎； ④齿轮不精确，三轴线倾斜； ⑤轴承间隙过大或过小	①加油或换油； ②检查或扭紧螺栓； ③更换轴承； ④送修； ⑤用垫片调整间隙
4	减速箱发热超过 70℃	①井下能量有变化，产水量增大； ②随时间延长气层产气而枯竭	①气举阀排水有困难，可改为电潜泵排水； ②确属产气枯竭，则放弃
5	减速箱盖和减速箱的分箱面之间漏油或各轴承盖板漏油	①固定螺栓松动； ②油量过多； ③密封垫坏； ④呼吸器气孔堵死使箱内压力升高； ⑤箱座开的回油道堵塞； ⑥密封部位轴颈磨损	①扭紧螺栓； ②放出多余的油量； ③换密封垫； ④通开呼吸孔道； ⑤通开回油道； ⑥修轴或换轴

续表

序号	故　障	原因分析	处理方法
6	下行程快完时井下有撞击声	防冲距小了，下行程碰固定阀	适量调大防冲距
7	曲柄销子响	①冕形螺帽松动； ②销子键坏； ③衬套、销子磨损； ④相互锥度不合； ⑤连杆下部与轴承盒不正； ⑥连杆长度超过允许范围； ⑦轴承坏	①扭紧冕形螺帽（扭紧时注意开口销锁紧位置）； ②换键； ③换衬套或销子； ④换衬套并使锥度合适； ⑤用垫子调整连杆下部和轴承盒平面均贴紧后扭紧螺栓； ⑥换连杆； ⑦换轴承
8	连杆销子响或往外跑	①销子松； ②拉紧螺栓松； ③干磨； ④定位顶丝松； ⑤游梁偏扭	①换销子； ②扭紧螺栓； ③加润滑油； ④紧定位顶丝； ⑤调整游梁或更新校正中心
9	抽油机振动	①负荷大，有冲击负荷； ②各连接部分固定螺栓松； ③底座与基础之间有悬空	①选择合适的抽油机； ②紧固定螺栓； ③用薄铁垫片垫平悬空处
10	马达振动	①滑轨刚性不够； ②固定螺栓松	①换成铸造滑轨； ②扭紧螺栓
11	马达空转磨皮带	①三角皮带调紧不够； ②两个皮带轮不在一条垂直线上运转； ③几根皮带长度不一致	①适当调紧三角皮带； ②调整两个皮带轮，保持垂面； ③换成长度一致的皮带
12	皮带振动	孔大轴小，硬用键上紧	换皮带轮，使轴孔配合间隙合适

[技能训练1] 启动游梁式抽油机操作

1. 准备工作

(1) 工具、用具：600mm管钳1把，试电笔1支，记录笔、记录纸1套，黄油、棉纱若干，钳形电流表1块。

(2) 穿戴好劳保用品。

2. 操作步骤

(1) 松刹车。

(2) 盘动皮带轮。对于新井或长期停抽气井，重新开抽前应人工盘皮带轮观察有无卡碰现象。

(3) 推启动手柄（按启动电钮），启动抽油机。

(4) 启动抽油机后应做下列检查：

①监听井内有无碰撞、刮擦的异常声音；

②听抽油机各运转部分有无不正常声音；

③观察各部件有无振动现象；

④观察各连接部分，特别是曲柄销子、平衡块有无松动脱出现象，减速器是否漏油；

⑤观察悬绳器及光杆卡子紧固情况，有无松动现象；
⑥用手背触一下电动机外壳，感受温度是否过高（不超过 60℃）；
⑦检查上、下冲程电流峰值，判断抽油机平衡是否良好；
⑧详细填写运行记录。

3. 技术要求

(1) 操作时应按照规定穿戴劳保用品，并规范穿着。

(2) 启动时抽油机附近禁止站人，尤其不准站在曲柄旋转扫击范围内。

(3) 盘皮带时只能赤手压着皮带盘，严禁戴手套操作，以防把手带进皮带轮槽挤伤手指。

(4) 连续启动 3~4 次仍不能启动时，应停机检查。

(5) 启动抽油机时，先将手柄推至启动位置，待平衡块摆至某一位置电动机带不动时，立即将手柄拉回停机位置；平衡块摆至与运转方向一致时，立即将启动手柄推至启动位置，利用摆动惯性，这样来回启动 2~3 次使曲柄摆动幅度增大，一旦启动后，迅速将手柄拉至运转位置，使抽油机投入运转。

(6) 测出上、下冲程电流峰值后计算平衡率。若平衡率大于 70%，则平衡；若平衡率小于 70%，则不平衡，应重新调整平衡。

[技能训练 2]　停游梁式抽油机操作

1. 准备工作

(1) 工具、用具：600mm 管钳或 F 扳手 1 把，300mm 活动扳手 1 把，黄油、棉纱若干，笔、纸 1 套。

(2) 穿戴好劳保用品。

2. 操作步骤

(1) 按停止按钮。

(2) 刹紧刹车，使驴头停在适当位置。

(3) 关出水阀门。

(4) 计量产水量。

(5) 在生产运行记录上填写停抽时间。

(6) 通知有关气站停止输气，关井口供气套管阀门及有关阀门。

3. 技术要求

出砂井驴头应停在上死点。

(六) 电潜泵排水采气工艺

1. 电潜泵排水采气的特点

将电潜泵应用于产水气田的排水采气，无论是电潜泵的抽吸介质（气水混合物），还是泵的工况（从单相流逐渐变为两相流）、生产方式（油管排水，套管采气）等均与应用电潜泵采油不同，工艺难度大。其特点是要求在应用电潜泵排水采气时，除了需要辅以一系列配套工艺措施外，工艺本身对电潜泵机组的性能也提出了更高的要求。只有选择耐高温、高压，抗卤水、硫化氢、二氧化碳腐蚀，电缆耐气蚀性能好，气水分离器效率高的变速电潜泵机组，才能获得好的效果。

2. 变速电潜泵系统的组成

变速电潜泵系统包括潜卤电动机、保护器、离心式气体分离器、泵、电缆、变频控制器、升降压变压器及一系列与上述主要部件配套的附属部件，可归为三大组成部分：

井下机组部分，包括电动机、保护器、泵、离心式气体分离器、PHD 或 PSI 井下传感器；

中间部分，包括电缆、油管、泄油阀、单流阀；

地面部分，包括变速控制器、升降压变压器、井口装置、接线盒，如图 4-18 所示。

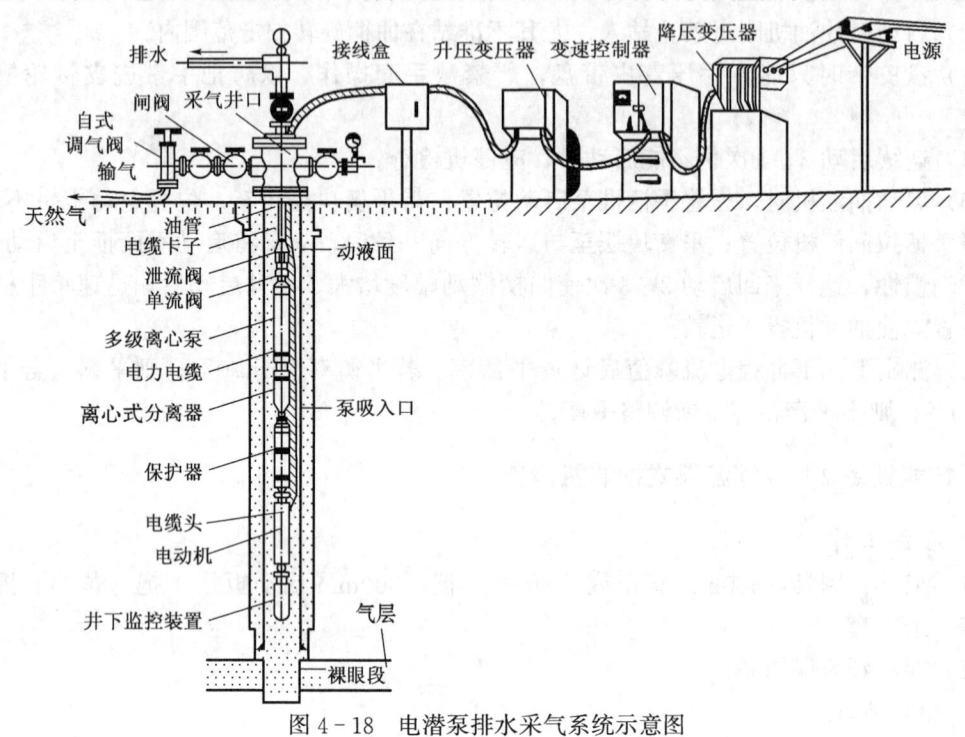

图 4-18 电潜泵排水采气系统示意图

1) 电潜泵

(1) 结构。

泵的结构分为两大部分，即转动部分和固定部分。转动部分主要由轴、键、叶轮、止推垫、轴套和限位卡簧组成。固定部分主要由导轮、泵壳、上轴承套、下轴承套组成。泵与泵之间、泵与气体分离器之间采用法兰连接，轴与轴用花键套连接。

(2) 工作原理。

泵是一种防腐性好的多级离心泵。泵的每级包括一个固定的导轮和一个转动的叶轮，其叶轮的型号决定泵的排量，级数决定泵的扬程和电动机所需功率。当电动机带动泵轴上的叶轮高速旋转时，充满在叶轮内的液体在离心力的作用下从叶轮中心沿叶片间的流道甩向叶轮四周，使流体压力和速度同时增大，再经过导轮引导流体到下一级叶轮。这样逐次地流过所有叠加泵级的叶轮和导轮，使流体压能增加，获得一定的泵扬程后，把流体举升到地面。

2) 电动机

电动机是两级三相异步笼式感应电动机，它供给使离心泵高速转动的驱动力，其工作原理与一般三相异步电动机一样。

3) 保护器

保护器是一种隔离电动机油和井液的密封部件，具有 5 种功能：

(1) 平衡电动机内腔与井筒环空的压力;
(2) 密封旋转轴并防止井液进入电动机内腔;
(3) 为电动机内腔里电动机油的热膨胀和冷缩提供一个补偿油储;
(4) 保护器内的止推轴承可承受部分泵和气体分离器所产生的向下轴向力;
(5) 通过保护器的连通孔使井底压力能传递到 PHD 或 PSI 井下传感器,实现井下压力的监控。

4) 离心式气体分离器

(1) 作用。

它是用来分离井液中游离气体的部件,通常也作为泵的吸入口,固定在泵下端。离心式气体分离器能把液体中的游离气(天然气等)在进泵之前分离出来,使多级离心泵能有效地在含气井中工作,达到提高泵效的目的。当转速达到 4000r/min 以上时,该分离器的气水分离效果良好。

(2) 结构和工作原理。

该分离器主要由轴、螺旋举升器、低压吸入叶轮、导轮、导向叶轮、分离器转子、交叉导轮、壳体、上下接头等组成。

当井中的流体(气液两相流)通过分离器吸入口、螺旋举升器被送入低压吸入叶轮和导轮增压后,再进入导向叶轮;导向叶轮使流体从螺旋状态突然变成直线运动状态进入分离腔扩容;分离腔内高速旋转的分离器转子产生的离心力使流体中密度大的液体被甩到转子外圆,而密度小的气体则聚集在轴的附近;被分离开的液体和气体通过交叉导轮分别被送入多级离心泵的叶轮流道和油套环空中。

5) 电缆

该电缆是一种能传输 1~5kV 电源到井下电动机带铠装保护层的特种防腐电缆。不同规格线径的电缆可适应不同规格的电动机需要。电缆有圆、扁两种,选择电缆的规格和型号时,主要依据电缆的载流能力、工作电压、绝缘等级、工作环境(流体性质、井底温度、井底压力)及套管环空尺寸等因素来确定。选择电缆类型时,需要考虑井温、压力和流体性质等;必须具有防腐蚀性和耐气蚀性。

6) 变频控制器

它是一种操作电潜泵启、停机和确保电潜泵正常运行的控制保护装置,对井下电动机具有延时过载保护、欠载保护、断相及反相保护功能,也具有停机后定时再自动启动等功能。控制器上配备有多种记录和显示仪表,可自动记录和显示井下电动机的三相运行电流、频率、电压等参数;有的还带有井下压力、温度监测显示系统。

7) 变压器

该变压器是将网路电源电压变换成井下电动机所需的地面电压的电力装置。常用的变压器有:

(1) 由三个单相变压器组成的三相变压器;
(2) 三相标准变压器;
(3) 三相自耦式变压器。

8) 接线盒

接线盒是防止沿井下电缆上窜的天然气进入控制屏内的户外高压接线装置,用于从升压变压器引出的电缆和井内引出的动力电缆的连接。它使上窜的天然气在盒内放空,保证控制屏的安全操作，防止爆炸事故发生。

9）井口装置

井口装置是既能悬挂和承受井下油管串及电潜泵机组重量，又能密封入井电缆引出线和隔开油套压的特殊采油气井口控制设备。电潜泵排水采气井口装置应是一种能防硫化氢气体与盐水腐蚀，承压高，又能满足油管排水、套管采气工艺要求的特殊采气井口装置。

10）配套部件

（1）单流阀。

单流阀是一种阻止油管柱中的井液返回泵内的止回阀，可以避免电潜泵停止运转后井液回流引起泵反转。对排水采气井，单流阀应安装在泵之上 6~10 根油管的地方。

（2）泄油阀。

泄油阀是一种起油管前通过它泄掉单流阀以上油管柱内井液的泄流装置，一般应装在单流阀之上 1 根油管的地方。

（3）扶正器。

扶正器是对电动机、泵起扶正作用的装置，可使下井的机组处于井筒的中间，有利于电动机的冷却，并可在机组下井中防止电缆磨损。使用扶正器（一般在斜度大的井中使用）时，一定不能让它在油管或机组上转动和上下窜动，否则会损坏电缆。

（4）小扁电缆。

小扁电缆是作为电动机引出线的带有电缆头的扁平动力电缆，用在电动机之上的保护器、气体分离器、泵外部并与大电力电缆相连。其长度至少要比泵、气体分离器、保护器的总长度长 3cm 以上。小扁电缆由于比大电缆线径细，所处环境恶劣，其耐温、绝缘等电气性能要求比大电缆更高。

（5）小扁电缆护罩。

它是用于保护小扁电缆的不锈钢护罩，可防止小扁电缆在下井中被井筒擦伤。

（6）电缆卡子。

电缆卡子是一种用来将电力电缆固定在泵体和油管上的带状不锈钢卡箍。电缆卡子在油管上的间隔通常为 5mm 左右。

3. 变速电潜泵排水采气工艺原理及流程

变速电潜泵排水采气工艺是采用随油管一起下入井底的多级离心泵装置将水淹气井中的积液从油管中迅速排出，降低对井底的回压，形成一定的"复产压差"，使水淹气井重新复产的一种机械排水采气生产工艺。其工艺流程是在地面变频控制器的自动控制下，电力经过变压器、接线盒、电力电缆使井下电动机带动多级离心泵做高速旋转。井液通过离心式气体分离器、多级离心泵、单流阀、泄流阀、油管、特种采气井口装置被举升到地面排水管线，进入卤水池计量并处理；井复产后，气水混合物经油套环形空间、井口装置、高压输气管线进入地面分离器，分离后的天然气进入输气管线集输。图 4-19 是典型的电潜泵排水采气地面流程图。

4. 电潜泵排水采气影响因素

1）气体的影响

电潜泵排水采气，目的是要恢复气井产气，就是作为气藏排水用的电潜泵排水井也会有较多的天然气产出。

电潜泵井下排液装置是多级离心泵（一般均采用混流式或径流式离心泵），众所周知：游离的气体会严重影响离心泵的工作性能。国内外研究试验资料均表明：当进入离心泵流体

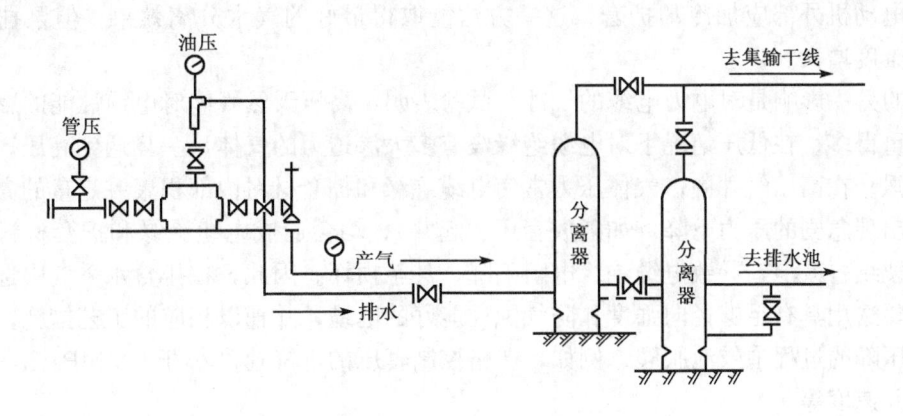

图 4-19 典型电潜泵排水采气地面流程示意图

中气液比大于 10% 时，离心泵的扬程将降低，随着进泵游离气体的继续增加，泵会出现不稳定的压头（即压头振荡区），最后使泵出现气锁而只能排出少量液体。气井中的天然气在水中的溶解度很小，均以游离气状态出现，会严重地影响离心泵的正常工作。

为了防止天然气进泵，并将其影响控制到最低程度，可采取以下措施：

(1) 使用变频调速电潜泵和离心式气体分离器。

当气井开始复产后，通过变频控制器在电流控制下运行的自动调频特性，自动升高运转频率到 75～85Hz，从而大幅度地提高离心式气体分离器的分离效果，防止天然气大量进泵。实践已证明，在 80Hz 条件下运转，当井下离心式分离器的吸入口处流体的气液比达到 50%～60% 时，分离器仍能将气水有效地分离，泵不会出现气锁现象。

(2) 增大泵吸入口压力，可减小气体对泵的影响。

气井排水采气工艺设计中，由于必须考虑地面输气压力（即需要一定的套压，实现套管采气），故在设计中泵的沉没度一般均不小于 500m。高的泵吸入口压力可减小游离气泡的尺寸，从而降低同等气量对泵的影响。

(3) 控制套压值。

气井复产后，根据井的气量适当地控制套压值，阻止套管带水生产（对可实现自喷生产的井例外）压水进泵，实现套管采气、油管排水的生产制度，能有效地防止泵出现气锁。

(4) 实施在一定条件下的欠载运行。

对复产后气产量大的水淹气井（$Q_p > 5 \times 10^4 \text{m}^3/\text{d}$），有时机组在较高频率下运转（运转频率 ≥70Hz）可能还有较多的天然气进泵，使机组运行电流低于一般设定的欠载停机电流值（$I_{min} = 0.8 I_{额}$），造成频繁的欠载停机。这不仅不利于气井复产后的连续生产，而且过多地启动电泵机组会给机组的寿命带来严重损害。针对水淹气井的特殊情况，工艺上允许调低欠载停机电流值到 $I_{min} \geq 0.5 I_{额}$，允许机组在一定条件下实施欠载运行。实施欠载运行的条件是：套管产气量 $> 1 \times 10^4 \text{m}^3/\text{d}$；泵具有较高的沉没度；油套管总排水量大于额定排量的 50%。实施欠载运行的机理在于：考虑了天然气从井下产出的过程中由于膨胀而大量吸热，能满足电动机冷却的要求；由于泵的沉没度高，自灌能力强，欠载运行时不会出现泵干磨损坏情况。该工艺措施对那些产气量大，连续排水后可重新实现自喷生产的气井十分有效。

(5) 将电潜泵机组下到射孔产层下部。

对采用射孔完井的气井，若产层下部衬管长度和尺寸允许，可将机组下到射孔产层下部，这时电动机外部应加冷却护套。这一方法能取得最好的气水分离效果，但泵挂深度加深，下井难度增大。

气体的另一影响是对电力电缆的气蚀。试验表明：高压天然气体对电缆性能的影响要比想象的严重得多。在低压情况下对电缆绝缘没有多大渗透力的气体，一旦遇到高压，其渗透性急剧增强。在高压气井中，气体压力常使电缆绝缘和护套材料内部积聚一定量的高压小气泡，一旦出现急剧的压力下降（如猛放套压、起井），均会造成电缆绝缘和护套材料发生膨胀而出现裂纹、鼓泡，导致电缆绝缘电阻下降，甚至损坏。因此，在排含水采气中选用电缆时，一定要选用具有足够径向强度和防气蚀性能好的电缆，并辅以相应的工艺措施，防止电缆在急剧压降的过程中鼓泡胀裂。例如，严格控制套压的下降速度小于 0.5MPa/h，适当控制机组起井速度等。

2）腐蚀性介质的影响

井产出的流体中通常含有强腐蚀性的硫化氢、二氧化碳、Cl^- 成分。特别是在高温、高压下，这些强腐蚀剂对电潜泵机组井下部件的电化学腐蚀十分严重，常以点蚀、穿孔和大小不同的侵蚀面出现。因此，在排水采气中选用电潜泵机组时，其井下部件包括电动机、保护器、泵、分离器等的外壳及与介质直接接触的零件均要求有高的耐硫化氢和卤水腐蚀的性能，尤其是泵和分离器中与介质接触的零件均不得使用青铜等不抗硫化氢腐蚀的材料，所有连接螺钉均应采用不锈钢制造。实践证明，采用高镍铸铁、耐蚀镍合金、铁素体不锈钢材料制造的泵和分离器，用洛氏硬度小于 22° 的低碳合金钢和中碳合金钢制造的电动机、保护器、泵、分离器外壳和在外壳上喷涂有蒙乃尔涂层或高温烤漆的外壳，其防腐性能基本上能满足气井需要。

另外，腐蚀性介质对电力电缆的铠装腐蚀也十分严重。特别是在井中使用过的电缆起出后，电缆铠皮在空气中会很快腐蚀损坏。因此，选择电缆时应注意铠皮的防腐能力。目前国内沈阳生产的 90℃ 井温用的潜卤电缆，采用在铠皮外部再硫化一层保护层的措施后，效果较好。腐蚀特别严重的井可选用不锈钢铠皮电缆。

3）温度的影响

选择电动机时，必须知道电动机在什么样的温度条件下工作。气井的井底温度是选择电潜泵机组的一个极其重要的参数。另外，温度也是选择电缆的决定性因素之一。因为当温度比电动机的额定温度每高出 10℃ 时，电动机的使用寿命就将缩短一半；当温度比电缆的极限使用温度每高出 8.4℃ 时，电缆的寿命也将降低一半。

选择电潜泵机组使用的环境温度时，一般应以气层中部深度的温度作为环境温度，不要以泵挂深度处的地热温度作为环境温度。因为即使电泵未下到井的最底部（气井中一般下在射孔层上部 200m 左右），当电泵连续强排水时，液体从井底以高速向上流动，也会使泵挂深度处的温度基本上与井底温度相等。

除了考虑井底温度高低的影响外，选择电潜泵机组的耐温等级时还应考虑电动机和电缆本身的温升。在排水采气井中，一般正常情况下电动机温升为 10～25℃。电缆温升取决于电缆的规格尺寸和运行电流的大小，在额定电流下工作时一般温升不高于 20℃。

井底温度除了影响电动机和电缆的寿命外，对腐蚀速度也起着决定性的作用。在腐蚀介质相同的情况下，高温井比低温井腐蚀严重得多。有关研究资料表明，腐蚀速度与温度的平方成正比。因此，对高温井，应选择防腐性能好的电潜泵机组，才能延长机组的使用寿命。

4) 套压的影响

在气井排水采气时，井中产出的天然气从套管生产出来。如何选择和控制套压值对每口井而言均是不相同的，目前尚无一个统一的标准。一般试井后才能确定出一个合适的套压值。但设计电潜泵的泵挂深度时，必须满足套压大于地面管网输气所需压力值，也就是说，在气井复产后，控制输气所需的套压值时，泵还应有一定的由动液面产生的沉没压力，以防止泵出现抽空。设计中常采用使泵吸入口的最小吸入压力值等于套压加上动液柱压力值，且动液柱压力值应大于1MPa。

对地层压力已较低的气井，为了尽量建立足够的生产压差，增加产气量，除尽可能加深泵挂深度外，应减小套压值，以避免造成动液面降至泵以下，出现油套管连通的抽空情况。这时减小套压值的唯一办法就是降低地面的输压值，采取低压输气。

5) 泵挂深度的影响

采用电潜泵排水采气时，泵工况是变化的。开始泵处于抽吸纯地层水的状态，随着累计排水量的增加及井筒动液面的降低，形成一定的复产压差后，井中产出的天然气量逐渐增大，泵抽吸的介质逐渐变为气水混合物。由于天然气的影响，从动液面到气层中部之间的气液混合物密度随深度不同，差别很大，如何确定一个最佳的泵挂深度至今还无确定的标准。目前主要以下面3点综合考虑后决定泵挂深度：

(1) 能使水淹气井复产；
(2) 有利于减小天然气对泵的影响；
(3) 有利于气井复产后从套管环空带水生产。

设计中以泵在额定排量下工作时形成的复产压差大于该气井淹死前自喷带水时的生产压差为原则。

6) 井流入动态特性的影响

井的流入动态特性决定着气井的最大产水量，同时也决定着泵排量低于最大排水量时的吸入口压力值。只有知道了井的流入能力，才能设计出满足最大排量或任意排量的电潜泵机组，并使选择的泵在最高效率点工作。目前气田试用具有两相流特征的沃格尔溶解气驱无因次IPR曲线作为水淹气井预测最大产水量的依据，进行电潜泵排量的设计，取得了较好的效果。使用变频调速电潜泵试井，利用PHD实测气井在不同排水量下对应的流压，建立每口井的IPR曲线后对沃格尔无因次曲线进行验证，以最后确认该理论曲线作为气井计算最大供水量的可行性。

7) 套管承压能力的影响

电潜泵排水采气一般用于有水气藏的二次开采。由于处于开发的中后期，该工艺又采用油管排水、套管采气，因此，需下电潜泵的水淹气井，其套管的抗挤压强度必须满足在电潜泵排水建立了大的生产压差后套管不变形的要求，否则因气井的生产套管可能会由于腐蚀性介质的长期腐蚀而损坏。当套管的抗挤压强度小于地层压力时，会出现套管变形使电潜泵机组在起井中遇卡，造成恶性事故。根据多年电潜泵下井的实践证明：对低含硫、90℃以下井温的气井，套管的承压能力一般可满足大压差生产的要求；对高含硫、井温大于90℃以上腐蚀性严重的气井，在确定下电潜泵前，必须对套管进行严格的全尺寸通井和作必要的试压检查。若发现套管有变形或严重损坏，则不能下电潜泵机组，以避免造成重大损失。

5. 电潜泵排水采气井的管理

电潜泵排水采气的特点是排量范围大，扬程范围大，能大幅度降低井底流压而扩大生产压差,是气井强排水的重要手段;适用于开发中后期的气水井,由于地层压力低,产水量大,采用其他排水采气工艺都不能复产的水淹井。

1) 适用范围

(1) 气藏排水采气。适用于有边水、底水水体封闭的产水气藏排水,通过强排水,达到控制水侵,阻止边底水干扰气井生产,从而达到延缓气藏产量综合递减,提高有水气藏最终采收率的目的。

(2) 单井排水采气。将变速电潜泵用于复活各类水淹井。特别适用于那些产水量大（100m³/d 以上）、扬程高（1500m 以上）、单井控制的剩余储量大的水淹气井复产。通过强排水,降低井底回压,使这类气水同产井保持足够的生产压差生产,实现边排水、边采气的目的。

(3) 井场必须具备电源（高低压网路均可）。

(4) 井底温度。目前国产变速电潜泵机组使用温度不高于 120℃,国外进口变速电潜泵机组使用温度不高于 149℃。

2) 电潜泵故障原因分析与处理

电潜泵故障原因分析与处理见表 4-4。

表 4-4　电潜泵故障原因分析与处理

序号	故障	原因	处理方法
1	机组不能启动运转	①电源没有接通; ②控制器线路发生故障; ③地面电压低; ④电动机和电缆断开或绝缘降零; ⑤泵保护器电动机故障; ⑥电动机处电压低	①查三相电源及保险; ②检查是否合闸,应复位的元件是否闭合,查熔断丝和电压是否正常; ③根据需要升压; ④检查电动机和电缆的直流电阻、绝缘电阻并判断原因,更换地面电缆或起出泵更换井下电缆; ⑤反相启动,起出修理; ⑥换用较大尺寸电缆或用高电压低电流电动机
2	泵排量低于规定值或等于零	①转向不正确; ②地层不供液或供液不足; ③地面管线堵塞; ④地面电压低; ⑤油管破裂漏失; ⑥泵轴断或进口堵塞	①调换电源相序使电动机反向旋转; ②运转时检查动液面位置,井下若砂堵,应及时处理,停机检查; ③检查阀门及压力表等; ④根据需要升高电压; ⑤起出油管更换并重新下泵; ⑥起泵更换及修理
3	欠载继电器动作停机	欠载值调得不合适	①供液不足时,应将欠载保护值调低,也可给电路加延时继电器,靠延时防止抽空时间; ②降低套压直至零; ③检查泵的排量是否正常,起出修理
4	过载继电器动作停机	①过载继电器调整值不正确; ②缺相运行; ③泵的摩擦阻力增加	①过载值应调整为最大额定电流值的 120%; ②检查各相电流值,并排除; ③检查排量是否正常,若电动机负载增加,电流增大,可能是泵轴承磨损,起出泵检查修理
5	机组运转电压很高或电流不平衡	①机组在井筒弯曲处工作电压很高; ②变压器故障使电压不平衡	①上提或下放几根油管; ②按需要调整电压; ③检查变压器及电压,更换修理

[技能训练1]　启电潜泵井

1. 准备工作

(1) 工具、用具、材料准备：600mm 管钳 1 把，150mm 螺丝刀 1 把，电流卡片 1 张，记录笔、记录纸若干，绝缘手套 1 副，棉纱若干。

(2) 穿戴好劳保用品。

2. 操作步骤

(1) 打开油管阀门。

(2) 开通生产流程，缓慢将油管压力放空回零。

(3) 开套管生产闸阀。

(4) 合上外部电源空气开关。此时电源指示灯及控制回路电源指示灯亮，电压表有指示。

(5) 合上控制器主开关，同时观察反相指示灯是否亮。

(6) 按下绿色启动按钮，井下机组启动。此时注意观察电流表示值。

(7) 填写工作记录，并向有关部门汇报生产情况。

3. 技术要求

(1) 必须在电工根据启动报表检查气动参数和控制参数合乎要求后才能操作。

(2) 必须先将油管压力放空为零。

(3) 开套管闸阀降低井口压力时，泄压速度应控制在 0.3MPa/h 以内，严禁猛放套压或从套管放喷，以免损坏动力电缆。

(4) 电源送至控制器后，显示屏上将出现错误提示，按下"停机"按钮后，该信息即消失，表明可以启动；如不消失，则不允许启动。

(5) 按启动电钮后，应注意观察安培图表上的电流指示值和显示屏所显示的运行频率。在启动正常的情况下安培图表所指示的电流值应该在气动瞬间急剧上升到最大值，随即又降低，然后随着频率的升高而升高，在达到设定频率后，电流即维持在正常范围内。启动后，控制器上的绿色指示灯亮。如果电流居高不下，或者频率不能升至所设定的运行频率，则表明启动失败，此时应立即按下"停机"按钮，以免使故障扩大而导致井下机组烧毁。

(6) 不允许机组关闭半小时内重新启动机组。

(7) 不允许重复启动机组。

(8) 不允许非电工打开高压柜。

(9) 不准私自改变机组的负载、过载稳定值。

(10) 应保证自动记录电流表记录部分正常运行。

[技能训练2]　停电潜泵井

1. 准备工作

(1) 工具、用具、材料准备：600mm 管钳 1 把，150mm 螺丝刀 1 把，记录笔、记录纸若干，绝缘手套 1 副，棉纱若干。

(2) 穿戴好劳保用品。

2. 操作步骤

(1) 按"停机"按钮，机组立即停止运行。

(2) 关控制屏主开关。

(3) 关外部电源空气开关。

(4) 关闭油管闸阀。

(5) 关闭套管闸阀。

(6) 关闭生产流程。

(7) 做好工作记录，并向有关部门汇报生产情况。

3. 技术要求

(1) 在散热风扇停止运行后，才能关控制屏主开关。

(2) 机组关闭半小时内不准重新启动机组。

(3) 在无气产出时才能关套管闸阀。

(4) 如发现控制柜接触器噪声增大，应在停机时由电工检修，清除铁芯上的铁锈及触点毛刺和颗粒。

(5) 井未复活前，应尽量保持套压达到最小值直至零，以防止电潜泵气锁，发生气蚀。

(七) 射流泵排水采气工艺

射流泵是一种特殊的水力泵，它在井下没有运动件，泵动力是靠动力液与地层流体的动量转换实现的。

1. 射流泵的优缺点和适用范围

1) 射流泵的优缺点

射流泵的优点：

(1) 由于没有运动件，井下设备有较高的可靠性，维修费用低。

(2) 由于喷嘴和喉道使用了抗磨材料，泵体使用了抗腐蚀材料，因而泵能在高温、高气液比、出砂和腐蚀等复杂条件下工作。

(3) 检泵时不需起出油管，只要使动力液反循环即可将泵冲出，从而大大减少了维修工作量和起下管柱的作业次数。

(4) 可用于斜井和弯井。

(5) 排量比活塞泵高，深度和排量的变化范围大，通过更换不同的喷嘴—喉道组合调节流量，可以满足不同的生产要求。

(6) 地面设备可与活塞共用一套，并且可以整体橇装，具有较高的灵活机动性。

射流泵的缺点：

(1) 泵效较低，比活塞泵需要更高的地面功率。

(2) 为了避免气蚀，要求较高的吸入压力和一定的沉没度。

(3) 对回压变化较敏感。

2) 射流泵的适用范围

总排液量：$16.0 \sim 1900.0 m^3/d$；

举升高度：$450 \sim 3050.0 m$；

地面泵功率：$22.0 \sim 460.0 kW$。

2. 射流泵的结构及工作原理

1) 射流泵的结构

射流泵结构原理如图 4-20 所示，射流泵的主要特点之一是没有运动部件。射流泵的工作元件是喷嘴、喉管和扩散管。

(1) 喷嘴：作用相当于射流泵的马达，其流动特性与孔板相似。

(2) 喉管：常为一个直长圆筒，可以有一定的张角。喉管的作用是使产液和动力液在其中完全混合，交换能量，它实质上是一个混合管。在喷嘴出口和喉管入口之间有一定的距离，称为喷嘴—喉管距离。喉管直径要比喷嘴出口直径大，喷嘴和喉管之间的环形面积是产液进入喉管时的吸入面积。

(3) 扩散管：其截面积沿流动方向逐渐增大，一般采用一个张角，也可采用多个张角。扩散管是一个将动能转换成压力的能量转换器。

2) 射流泵的工作原理

射流泵是通过两种运动流体的能量转换工作的。地面泵提供的高压动力流体通过喷嘴把其位能（压力）转换成高速流束的动能。喷射流体将其周围的井液从汇集室吸入喉道而充分混合。喉道是一个入口很平滑的直圆柱孔眼，其直径大于喷嘴直径，这样才能使动力液周围的井液进入喉道。液体在喉道中混合时，动力液把动量转给产液而增大产液的能量。在喉道末端，两种完全混合的流体具有很高的流速（动能），此时它们进入扩散管，通过流速降低而部分功能转换成压能，流体获得的这一压力足以把自己从井下返出地面。

图 4-20 射流泵结构原理图

3. 射流泵使用注意事项

(1) 做好优化设计，选择合理的喷嘴和喉道组合，防止气蚀。

(2) 对于地层水结垢或产腐蚀性介质的井，应向动力液中加入防垢剂和防腐剂。

(3) 停机时，井下泵不能长久停留于井内。

4. 射流泵的起下操作

射流泵的起下操作与自由安装式水力活塞泵相同。下泵时，可将泵从井口投入，利用动力液的正循环，即从油管中注入动力液将泵压入油管下端的泵座内。起泵时，利用动力液的反循环即从油套环形空间注入动力液，胀开提升皮碗，使泵离开泵座，上返至井口打捞装置内，将泵捞出。

三、对各种排水采气工艺方法的评价

(1) 优选管柱排水采气：适用于有一定自喷能力的小产水量气井；最大排水量为 $100m^3/d$，目前最大井深为 2500m；可用于含硫气井；设计简单，管理方便，经济投入较低。

(2) 泡沫排水采气：适用于弱喷及间喷产水井的排水；最大排水量为 $120m^3/d$，最大井深为 3500m；可用于低含硫气井；设计、施工和管理简便；经济成本较低。

(3) 气举排水采气：适用于水淹井复产、大产水量井助喷及气藏强排水；最大排水量为 $400m^3/d$，最大举升高度为 3500m；可用于中低含硫气井；装置设计、安装较简单，易于管理，经济成本较低。

(4) 活塞气举排水采气：适用于小产水量间歇自喷井的排水；最大排水量为 $50m^3/d$，最大举升高度为 2800m；装置设计、安装和管理简便；耐硫化氢腐蚀性较好；经济投入较低；对斜井或弯曲井受限。

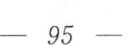

(5) 游梁式抽油机排水采气：适用水淹井复产以及间喷井、低压产水气井排水；最大排水量为 $70m^3/d$，目前最大泵深为 2500m；设计、安装和管理较方便；经济成本较低；对高含硫或结垢严重的气井受限。

(6) 电潜泵排水采气：适用于水淹井复产或气藏强排水；最大排水量可达 $500m^3/d$，目前最大泵深为 2700m；参数可调性好；设计、安装及维修方便；经济投入较高；对高含硫气井受限。

(7) 射流泵排水采气：适用水淹井复产；最大排水量为 $300m^3/d$，目前最大泵深为 2800m；对出砂产水井适用；设计较复杂，安装、管理较方便；经济成本较高。

排水采气方法除了考虑井的动态参数外，还要考虑其他开采条件，如产出流体性质、出砂、结垢等，而最终必须考虑经济投入，进行综合、对比分析，最后确定采用何种排水采气工艺。

第三节 凝析气藏气井的开采

通常，天然气中凝析液含量在 $50g/m^3$ 以上者属于凝析气藏。凝析气藏是一种特殊的复杂且经济价值很高的气藏，开采中同时采出天然气和凝析油。凝析油主要为汽油、煤油馏分，密度为 $0.66\sim0.8g/cm^3$。凝析气藏的油气体系在地层条件（高于初始凝析压力）下处于气态，但随地层压力低于初始凝析压力而从气相中析出液态烃，它将黏附于岩石颗粒表面而造成损失，因此开采凝析气藏具有其特殊性。

一、凝析气藏的特点和开采特征

凝析气藏的气体中含有戊烷（C_5）以上的重碳氢化合物较多，地层压力高，在气井开采时有其自己的特点。凝析气藏与非凝析气藏的比较见表 4-5。

表 4-5 凝析气藏与非凝析气藏的比较

序号	气藏名称	组分特点	地层压力	采出时动态	开采方式
1	纯气藏	以 $C_1\sim C_4$ 烷烃为主，C_5 以上的重烃很少，一般低于 0.2%	有高、有低	采出纯气	消耗地层压力的纯气开采
2	湿气藏	C_5 以上的重烃含量较高，采出 $1\times10^4\sim1.8\times10^4 m^3$ 气中产凝析油 $1m^3$	多数较低	随压力降低，凝析油从气中正常析出，不发生反转凝析	与纯气藏气井开采相同，采出后分离凝析油
3	凝析气藏	C_5 以上的重烃含量高，气油比高，采出 $0.14\times10^4\sim1.25\times10^4 m^3$ 气中产凝析油 $1m^3$	地层压力高，一般为几十兆帕	随地层压力下降，气体组成中的重烃产生凝析—反转凝析	为预防气体中有价值的重烃成分在地层中析出而采不出来，采取回注干气，保持地层压力高于临界压力开采

(1) 凝析气藏类型复杂。

凝析气多数储集在孔隙型砂岩储层中，在碳酸盐岩裂缝孔隙性储层也有分布，如新疆塔里木盆地塔中1井和大港苏桥奥陶系石灰岩凝析气藏。

单一凝析气藏很少，多数凝析气藏具有油环或底油，如大港板桥及新疆柯克亚系带挥发油油环的富凝析气藏,牙哈构造带上分布的有底水凝析气藏和典型的挥发油藏等复杂类型油气藏,这种复杂类型凝析气储量约占总储量的一半以上。

单个凝析气藏储量一般不大,多数凝析气藏的储量在 $100\times10^8m^3$ 以下,凝析气藏储量大于 $100\times10^8m^3$ 的凝析气藏为数很少。

(2) 凝析气反转凝析和再蒸发。

凝析气藏存在反凝析和再蒸发的特点,在开发中应保持地层压力高于流体的露点压力,避免在地层中发生反凝析现象,使反凝析在井筒或地面发生,这样可提高凝析油的采收率。

(3) 凝析气藏埋藏深,温度高,反压力高。

一般凝析气藏深度在 3000m 以上,储层温度和压力均较高。我国凝析气藏一般深度在 3000~5000m 之间,地层压力为 30~50MPa。埋藏深以及温度和压力高是凝析气藏的重要特点。

(4) 富含腐蚀性流体。

一般凝析气藏流体中含有 CO_2 和 H_2S 等,这些腐蚀性组分对开采设备的腐蚀较为严重。因此,凝析气藏高温高压且含有腐蚀性气体的特点使凝析气藏的开采变得更加复杂。

目前我国已发现的凝析气藏有油型气凝析气藏,如新疆的柯克亚、大港的板桥、四川盆地的八角场、卧龙河等典型气藏;煤成气成因的未见气顶型凝析气藏,如冀中的苏桥、四川盆地气田的遂南、中坝等典型气藏。

二、凝析气藏的开采方式

针对凝析气藏的特征,通常存在两种基本的开采方式:一种是衰竭式开采,另一种是保持地层压力开采。

(一) 衰竭式开采

当地层压力低于露点压力时,地层中就会反凝析出凝析油,并且这些反凝析出的凝析油很少是流动的,也就开采不出来。

(二) 保持地层压力开采

保持地层压力开采,就是向地层注入二氧化碳、干气、氮气。对于一个具体的气藏究竟采用何种方法采气,是由多方面条件决定的。在这些条件中,有气藏客观地质因素,也有经济方面和工艺技术因素。

三、凝析气井开采技术

由于凝析气藏的特殊性,凝析气藏常用的开采方式有衰竭式、回注干气式、部分回注干气和注 N_2、CO_2 等。

(一) 合理产量的选择

气藏(井)合理产量选择的基本原则主要是要求在该产量下最大限度地采出气、凝析油的储量,以提高整个气藏油气采收率。合理产量选择应考虑的因素有:

(1) 合理的产气量与采气速度是提高凝析气藏油气采收率与经济效益的首要条件,必须在基本搞清油气储量和气藏特征的基础上制定开发方案、试采方案和气藏(井)的合理产气量。

(2) 在凝析气井的地层和井底不应过早出现凝析液,即在开采初期阶段应保持地层压力高于开始凝析的临界压力（或露点压力）。

理论上可将凝析油的开采划分为初期、衰竭、基本稳定3个阶段，只有当地层压力大于露点压力时，凝析油的含量不仅最高，而且是不变的；反之，当地层压力小于露点压力时，大量的凝析油在地层中被凝析出来，不仅使凝析油的含量随压力降低而衰减，而且使地层形成局部阻塞，严重降低了有效渗透率，致使一部分油气不能开采出来，显著地降低了采收率。

因此，在开采初期阶段，首先要实测露点压力值，然后在生产中尽可能控制合理的产量，使地层压力高于露点压力，从而避免凝析油在地层和井底过早析出。

（3）当气藏地层压力随着开采时间逐步下降，井底出现凝析油聚集时，要选择合理的产量和生产压差，确保将凝析油带出地面。

（二）凝析油回收

1. 优化回注压力

回注干气首先必须选择合理的回注压力，回注压力可选择高于临界凝析压力或露点压力，若高于临界凝析压力，气藏内烃类呈气相，重烃易于采出；若在露点压力附近，尽管有少量液体在地层中析出，回注的干气也易将其再气化带出地面；当气藏压力下降至接近临界凝析压力或露点压力时开始注气，可以节约回注动力消耗，降低回注成本。

2. 选择分离条件

为节省回注干气所需动力，应尽量提高分离器压力并降低回注干气压力。但过分提高分离器压力会导致甲烷、乙烷凝析液增加，使可用于回注的干气减少，且油气密度增大，使油气分离困难。从增加凝析油的回收考虑，应降低分离器的压力和温度，这样可以增大重烃组分的相对密度，从而减少甲烷、乙烷的液化率，提高丙烷及重组分的收率，但过多地降低分离器压力要增加回注动力消耗。在实际应用时，应综合以上两个方面因素进行比较选择。

第四节　含硫气藏气井的开采

含硫气藏是指产出的天然气中含有硫化氢以及硫醇、硫醚等有机硫化物的气藏。

硫化氢分压大于0.00034MPa或其体积含量大于0.0014%的气井称为含硫气井，其中，硫化氢体积含量为0.0014%~0.5%的气井称为微含硫气井；含量为0.5%~2.0%的气井称为低含硫气井；含量为2.0%~5.0%的气井称为中含硫气井；含量为5.0%~20.0%的气井称为高含硫气井；含量大于20.0%的气井称为超高含硫气井。

一、含硫天然气的危害性及预防措施

（一）硫化氢的剧毒性及预防措施

1. 硫化氢的剧毒性

硫化氢对于人畜是一种剧毒性气体，其毒性比一氧化碳更大、更危险。

硫化氢对人体的毒性取决于环境中的浓度及人在环境中的停留时间，详见表4—6。

在含硫气田的井场和集气站工作，由于设备、管线泄漏及容器不密闭等原因，都会造成工作人员的中毒。轻微中毒的现象是眼睛发痒，咽喉受刺激，继而有头痛和恶心等症状；中毒严重时，面色苍白，呼吸紧促，全身抽筋，甚至休克死亡。

表 4-6 硫化氢毒性描述

环境中硫化氢浓度	连续工作时间	症 状
0.001%～0.010%或 10～100mg/L	8h	无
0.001%～0.020%或 100～200mg/L	30～60min	眼睛和呼吸道受刺激，嗅觉失灵
0.020%～0.050%或 200～500mg/L	2～15min	致命
0.005%～0.060%或 500～600mg/L	30～60min	致命
0.060%～0.150%或 600～1500mg/L	30～60min	致命

一旦发生上述情况，应指挥人员撤离现场。对中毒严重者，立即撤到空气新鲜、通风良好的地方，并对受害者进行人工呼吸，注意保持体温，直到呼吸完全恢复正常。继续留在现场坚持工作的人员，应佩戴防毒面具或空气供应装置。

鉴于硫化氢的毒性，含硫气田上的井场和集气站等场所都应配备选用先进的检测硫化氢浓度的仪表。低浓度的硫化氢有类似臭鸡蛋的气味，浓度稍高或嗅的时间一久，人的嗅觉神经就被麻痹而失灵。因此，依靠人的嗅觉辨别有无硫化氢的存在是不科学的，也潜伏着极大的危险。

硫化氢的相对密度为 1.1765，比空气重，泄漏到大气后易浓集于地势较低洼的地方，造成那里的人畜中毒。此外，当硫化氢在空气中浓度达到 4.3%～4.5%时，一旦遇明火，立即爆炸，破坏性更大。因此，站场的所有放空管线都应置于地势的高点，放空时要自动点火灼烧。

2. 预防措施

(1) 加强管线和设备的维护保养，杜绝漏气、漏油。

(2) 放空的含硫气和从排污口排出的含硫油水要烧掉。

(3) 开采含硫气的井站应配备足够数量的防毒面具或空气供应装置。

(4) 开采含硫气的井站应配备硫化氢检测仪器。坚持经常对设备管线进行检查，如发现硫化氢浓度超过规定值，应加强通风，及时查漏堵漏。

(5) 对含硫气田站场的操作人员必须进行安全和急救教育，做到未经培训不准上岗。

(二) 硫化氢的腐蚀性及防腐措施

1. 硫化氢的腐蚀性

硫化氢对金属是一种强烈的腐蚀剂，特别是天然气中同时含有水汽、二氧化碳和氧气时，腐蚀更加严重。

(1) 硫化氢金属材料的腐蚀类型。

①电化学失重腐蚀。这种腐蚀较缓慢，会逐渐造成设备壁厚减薄。

②氢脆。电化学腐蚀产生的氢渗入到钢材内部，使材料韧性变差，甚至引起微裂纹，钢材变脆。

③硫化物应力腐蚀。它是在拉应力和残余张应力的作用下，钢材氢脆微裂纹的发展直至材料的破裂过程。

氢脆和硫化物应力腐蚀破坏可能在没有任何征兆的情况下，在短时间内突然发生。因此，这类腐蚀破坏是预防的重点。

天然气中含有二氧化碳和氧气，当水分存在时，将产生类似上述的电化学腐蚀，此时金属的电化学腐蚀将更加严重。这类腐蚀会使金属表面形成针孔、斑点、蚀坑，在生产中造成管壁或设备的厚度减薄、穿孔等破坏事故。

(2) 硫化氢腐蚀规律。

①硫化物应力开裂的临界值超过了许用应力的40%。

②材料的硬度与抗硫性能的关系为：当HR≤22时，具有可靠的抗硫性能。

③含硫天然气对金属材料的电化学腐蚀在长期静止积存含硫污液的容器底部或盲管处，碳钢的腐蚀速度可达1～2mm/a；在80℃以上高温环境中换热器碳钢管束，其腐蚀速度可达4～6mm/a。

④长期处于封闭性生产状态下的油管、套管及地面集输管道，在无游离水存在的条件下，电化学腐蚀较轻微。

2. 含硫气藏的防腐措施

含硫气井的开采技术措施主要在于防腐。目前防腐措施有：选用抗硫材料，采用合理的结构和制造工艺；选用缓蚀剂保护含硫气井油管、套管与采输设备，减缓电化学腐蚀。

(1) 选择抗硫材料。

选择抗硫材质时，首先应选择具有抗氢脆及抗硫化物应力腐蚀破裂性能的材料，并采用合理的结构和制造工艺。选择抗硫材质应严格遵循我国含硫气井安全生产技术相关规定。设计时应考虑的因素包括：

①新井在完井时可安装井下安全阀。

②集气管线的首端（井场）应设置高低压切断阀，末端应设置止回阀；集气管内应避免出现死端和液体不能充分流动的区域，以防不流动的液体聚集。

③集输气管线应采用优质碳钢10号、20号制作，抗硫油管、套管材质可选J-55、C-75、AC-80、SM-80S、NT-80SS、BGC-90抗硫油管和CS-90SS抗硫套管等。

④采用抗硫的井口装置。目前所用的抗硫采气井口装置主要有KQ-35、KQ-70与KQ-100等类型。

闸阀和角式节流阀的阀体、大小四通均采用碳钢或低合金钢锻造制作，其性能均应满足标准要求。阀杆密封填料采用氟塑料、增强氟塑料制作。O形密封圈宜采用氟橡胶制作。

⑤抗硫阀件、仪表在其规范编号前加"K"字。目前广泛使用抗硫平板阀KZ41y-6.4 (10、16)、抗硫节流阀KJL44y-16 (32)、新型放空阀FJ41与抗硫压力表P-250型。

⑥采用抗硫录井钢丝。

(2) 采用合理的结构和制造工艺。

优质碳素钢、普通低合金钢经冷加工或焊接时会产生异常金相组织和残余应力，这将增加氢脆和硫化物应力腐蚀破裂的敏感性。这些加工件在使用前需进行高温回火处理，硬度应低于HRc22。

(3) 选用缓蚀剂保护含硫气井油管、套管与采输设备。

①缓蚀剂的作用原理。借助于缓蚀剂分子在金属表面形成保护膜，隔绝硫化氢与钢材的接触，达到减缓和抑制钢材的电化学腐蚀作用，延长管材和设备的使用寿命。

②缓蚀剂的类型。缓蚀剂的类型繁多，其缓蚀机理和效果不尽相同。目前含硫气井常用的缓蚀剂有液氮、粗吡啶、1901、7251以及CT2-1等。

③缓蚀剂的注入法。缓蚀剂可用平衡罐（或泵）注入含硫气井或集输气管线。注入方法可根据缓蚀剂特性和井内情况而定，一般有下列两种情况：

a. 周期性注入缓蚀剂：适用于关井和产气量小的井。金属表面形成的缓蚀剂膜越牢固，两次注入之间的周期越长。

b. 连续注入缓蚀剂：可不断修补金属表面的缓蚀剂膜，维持它的覆盖面；适用于产气量大或产水量多的井。

(4) 完井选用带生产封隔器的一次完井管柱，也是开采含硫气井的重要措施。

二、含硫气井中元素硫的沉积及溶解剂的注入

当气井天然气中硫化氢的体积含量高于5%时，气井中可能会产生元素硫的沉积，硫化氢含量高于30%以上的气井大部分都发生硫堵塞。元素硫在地层、井底周围或油管内及地面设施中的沉积是含硫气田开采中面临的又一新难题。

(一) 含硫气井中元素硫的沉积机理

元素硫存在于火山、某些煤、石油及天然气中。同时，元素硫也可以以纯化学晶体出现于石灰的沉积层内。在这些来源中，最丰富的来源是含硫天然气中的硫化氢。

地层中的元素硫靠3种运载方式而带出：一是与硫化氢结合生成多硫化氢；二是溶于高分子烷烃；三是在高速气流中元素硫以微滴状（地层温度高于元素硫熔点时）随气流携带到地面。在地层条件下，元素硫与硫化氢结合生成多硫化氢：

$$H_2S + S_x \rightleftharpoons H_2S_{(x+1)}$$

当天然气运载着多硫化氢穿过递减的压力和温度梯度剖面时，多硫化氢分解，发生元素硫的沉积。因此，从地层到井口的流压和地温梯度的变化对确定元素硫沉积都起着重要的控制作用。无论井底或油管，少量的元素硫沉积都可能会造成气井的减产或停产。

天然气流能携带元素硫微滴。但当气流温度低于元素硫的凝固点以下时，一旦其固化作用开始，已固化的元素硫核心将催化其余液体元素硫，以很快的沉积速度聚积固化。因此，尽管早期采气没有发生元素硫沉积，但一旦固化作用开始，气井很快就会被元素硫堵死。

(二) 影响元素硫沉积的主要因素

井深、井底条件及气体中硫化氢含量大不相同的气井都发生过硫沉积现象。引起含硫气井出现硫沉积的主要因素如下：

(1) 气体组成。硫化氢含量越高越容易发生元素硫沉积，但这不是唯一因素。有的气井硫化氢含量仅为4.8%就发生硫堵塞，有的气井硫化氢含量高达34%以上却未发生堵塞。一般情况下，硫化氢含量高于30%以上的气井大部分都会发生硫堵塞；发生硫堵塞气井的C_5以上烃含量均很低，或者为零，而且也不含芳香烃，C_5以上烃组分（还有苯、甲苯等）很像是硫的物理溶剂，它们的存在往往能避免硫沉积。实践中发现，CH_4、CO_2等其他组分以及气井产水量与硫沉积没有直接关系。

(2) 采气速度。气体在井内的流速直接关系到气流携带元素硫的效率。流速越高则越能有效地使元素硫粒子悬浮于气体中而被带出，从而减小了硫沉积的可能性。现场调查发现，发生硫堵塞的井采气量都在 $28.2 \times 10^4 m^3/d$ 以下，采气量超过 $42.3 \times 10^4 m^3/d$ 的井均未发生硫堵塞。这说明提高采气速度有利于解决硫堵塞的问题。

(3) 井底温度和压力。井底温度和压力较高的井容易发生硫沉积。控制井筒压力和温度的变化，有可能限制元素硫在井底或油管中沉积，但控制范围是十分有限的，必须从溶硫机理入手，寻找解决元素硫沉积的其他方法。

(三) 溶硫剂及溶硫剂的注入方式

1. 溶硫剂

对出现元素硫沉积的气井，向井口注入溶硫剂是目前解决硫堵的有效措施。

(1) 溶硫剂的分类。按作用原理分为物理溶剂与化学溶剂。

物理溶剂：如脂肪族烃类、硫醚、二硫化碳等，在溶解硫过程中不伴随有化学反应，一般只能处理中等硫沉积。

化学溶剂：二硫化物及胺或烷醇胺类等，在溶解硫过程中伴有化学反应，一般可处理量较大的硫沉积。

(2) 选择溶硫剂的标准：有很高的吸硫效率，能溶解大量的元素硫，活性稳定且价廉。

2. 溶硫剂的注入方式

通常，通过一条直径为 3/4in 或 1in 或与原油管同心也或与油管平行的管线将溶硫剂泵入井下，经管鞋喷嘴射成雾状，与含硫天然气在井下混合。

溶硫剂的注入量取决于元素硫在含硫天然气井中的溶解度、井筒温度和压力、天然气的组成和喷注方式等因素。注入的溶硫剂返出后应进行再生，完成硫的回收。

第五节　低压气藏气井的开采

当气藏处于低压开采阶段时，气井的井口压力较低，而一般输气干线压力往往较高（4~8MPa）。因此，当气井的井口压力接近或低于输压时，气井因输压波动的影响难以维持正常生产，严重时由于井口压力低于输压而使气井被迫停产关井或水淹，这样将使较多还有一定生产能力的气井过早停产，大大降低了气藏的采收率，使气井能量不能得以充分利用。

一、高低压分输工艺

由于低压气井井口压力较低，不宜进入长输干线，因此可根据具体情况利用现有的场站和管网加以改造和利用。例如，减少站场、管线的压力损失；改变天然气流向；使低压气就近进入低压管线或就近输给用户，而不进入高压长输管线等。这样做可在井口压力不改变条件的情况下，维持气井正常生产，提高低压气井生产能力和供气能力，延长气井的生产期。例如，四川川南付家庙、庙高寺、纳溪气田中的一些气井，对现有井场管线进行改造，或减少不必要的压力损失元件，或建成高低压两套集输管网，使一大批井的低压气得以采出和利用。

二、使用天然气喷射器开采

由于气藏一般为多产层系统，气藏中存在同一气田、同一集气站既有高压气井又有低压气井这一特点。为更好地发挥高压气井的能量，提高低压气井的生产能力，使之满足输气设备要求，可使用喷射器，利用高压气井的压力能提高低压气井的压力，使之达到输送压力。

(一) 喷射器的结构与工作原理

1. 喷射器的结构

天然气喷射器由高压、低压、混合三部分组成：高压部分有高压进口管、喷嘴；低压部分有低压进口管、低压室；混合部分有混合室、扩大管等，如图 4-21 所示。

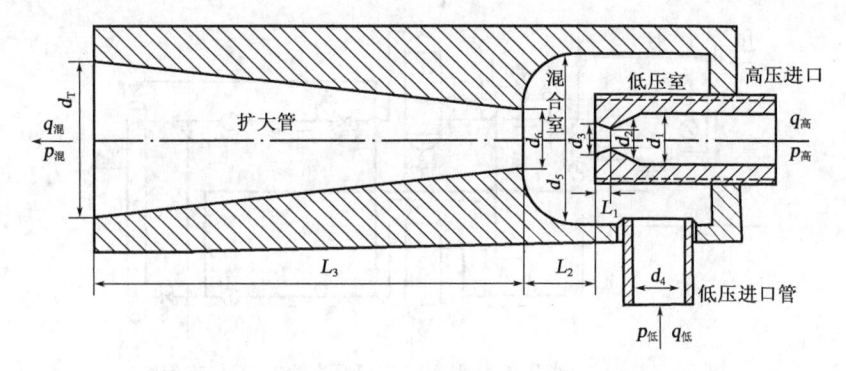

图 4-21 喷射器结构示意图

d_1—高压进口管内径；d_2—喷嘴最小横截面处内径；d_3—喷嘴出口横截面内径；
d_4—低压进口管内径；d_5—混合室内径；d_6—扩大管最小横截面内径；
d_7—扩大管出口横截面内径；L_1—喷嘴放射部分长度；L_2—混合室长度；
L_3—扩大管长度；$q_高$、$q_低$、$q_混$—高压、低压、混合气体流量；
$p_高$、$p_低$、$p_混$—高压、低压、混合压力

2. 喷射器的工作原理

喷射器的工作原理是利用高压气体引射低压气体，使低压气体压力升高达到输送的目的。高压动力天然气在喷嘴前以高速由喷嘴喷出，在混合室中，由于气流速度大大增加，使压力显著降低。因此，在混合室形成一个低压区，使低压气井的天然气在压力差作用下被吸入混合室。然后低压天然气被高速流动天然气携带到扩散管中，在扩散管内，高压天然气的部分动能传递给被输送的低压气，使低压气动能增加。同时，由于扩散管的管径不断增大，使混合气流速度减慢，把动能转换为压能，混合气压力提高，达到增压的目的。

(二) 使用天然气喷射器开采的适用条件

1. 一井多层开采

一口存在高低压气层并同时开采的气井，设置天然气喷射器，利用高压气层的能量把低压气采出来，是一种少打井又不增设管线的有效增压措施。

2. 低压气井邻近有高压气井

在多井集气的气田内，压力相差悬殊的高低压气井在同一集气站内汇集。低压气可就近利用邻近高压气，借助天然气喷射器来增压，以带出低压气。根据高低压气井的井数、产量，按照不同条件，可采取一口高压气井带一口或多口低压气井，也可以多口高压气井带一口或多口低压气井，如图 4-22 所示。

3. 低压气田邻近有高压气田

在集输系统中，利用邻近高压气田的高压气对低压气田气增压。

4. 低压气井邻近有中高压输气干线

输气干线压力较高时，可通过天然气喷射器把低压气井的气增压后纳入到配气管网中。

三、建立压缩机站

当气田进入末期开采时，对于剩余储量较大而又不具备上述开采条件的低压气井，可建压缩机站将采出的低压气进行增压后进入输气干线或输往用户。这也是降低气井废弃压力，增大气井采气量，提高气井最终采收率的一项重要措施。

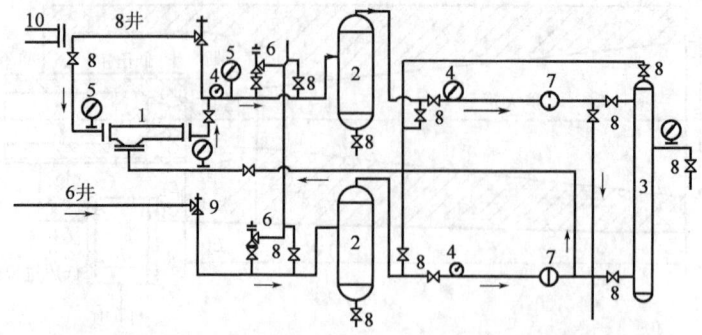

图4-22 一口高压气井引射一口低压气井的工艺流程图
1—喷射器；2—分离器；3—汇气管；4—温度计；5—压力计；6—安全阀；
7—孔板节流装置；8—闸阀；9—节流器；10—换热器

（一）区块集中增压采气

以一个增压中心系统（增压站）对全气田统一集中增压。区块集中增压开采方式将气藏上的某口或几口主力井进行增压采气，加速开发后期的开采，可以提高整个气藏的最终采收率，获得较好的经济效益。其基本工艺流程如图4-23所示。

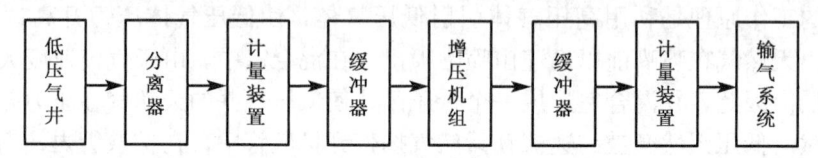

图4-23 区块集中增压开采工艺流程

对于区块集中增压采气的具体工艺流程，应视现场而定，对基本流程的计量装置和缓冲器等设备作增减，以满足采气和输气工艺要求。

该工艺的优点是管理、调度方便，机组利用率高，工程量少，投资省，不需建大量配套工程即可实现全气田增压等；其缺点是需征地建站，机组噪声大，污染大。

该工艺适用于产纯气或产水量小的气田或数口气井，且气井较为集中，集输管网配备良好。

（二）单井分散增压采气

在单井安装低压力的小型压缩机，把各气井的天然气增压输往集气站，再由站上的大型压缩机集中增压输往用户。单井分散增压采气工艺流程如图4-24所示。

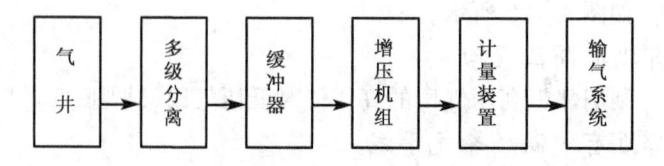

图4-24 单井分散增压开采工艺流程

该工艺主要适用于气井控制地质储量大，气水量较大，且受井口流动压力影响较为严重、濒临水淹的气水同产井。在压力极低的情况下压缩机应尽可能靠近井口。

该种增压方式的缺点是增加了管理和基本建设投入，同时增加备用机组设置以及气量匹配等技术问题。多级分离器的级数应根据气井产水量来确定，原则是在保证气水分离干净的前提下，尽可能减少压力损失。

用来给天然气增压的主要设备是压缩机、原动机以及天然气净化和冷却系统。

一般说来，在选择压缩机机组类型时，主要考虑以下几方面：机组可靠，耐用，操作灵活；排量调节范围大且方便，自动化程度高；燃料消耗低，操作管理人员少，造价低。目前国内外气田上新建的压缩机站主要选用的是燃气轮机驱动的离心式压缩机机组和电动机驱动的活塞式压缩机机组。

第六节　气井生产系统分析

天然气从地下储层流入井底，经过井筒、地面设备及管线不断供给用户的过程是一个完整的系统生产过程。分析研究气井生产系统的目的就是要按照开发方案的要求，充分有效地利用人力、物力、财力，通过计划、组织、指导和分析处理气井不同生产阶段系统出现的技术问题，合理选择采气生产工艺方式，使气井在合理的产量下保持较长时期相对稳产，气藏获得较高的最终采收率和良好的经济效益。气井生产系统与采气工艺方式选择的内容相当多，本章重点介绍采气常用术语、井筒中的垂直管流以及采气生产参数间的关系等方面。

一、采气常用术语

采气生产参数主要有地层压力、井底流动压力、油压、套压、日产气量、日产油量、日产水量以及出砂量等。

(一) 压力

气层中流体所承受的压力称为气层压力。气层压力是气层能量的反映，它是推动流体从气层中流向井筒的动力。气层未开发前，气层中部压力处于平衡状态，气体不流动，一旦气井投入开发生产，气层压力就失去了平衡，井底压力低于气层压力，井底附近的气层压力低于离井底距离较远处的气层压力。由于这种压差的形成，使得天然气从气层流入井筒，再沿井筒流到地面。

1. 原始地层压力（p_{si}）

气藏未开发前的气藏压力称为原始地层压力，即当第一口气井完钻，关井稳定后测得的井底压力，它表示气藏开采前地层所具有的能量。原始地层压力越高，地层能量也越大；在气藏含气面积、储集空间一定的情况下，原始地层压力越高，储量越大。

原始地层压力的大小与其埋藏深度有关。根据世界上若干油气田统计资料表明，多数油气藏埋藏深度平均每增加 10m，其压力增加 0.7～1.2atm。如增加的压力值低于 0.7atm 或高于 1.2atm，这种现象称为压力异常；压力增加值不足 0.7atm 者，称为低压异常；压力增加值大于 1.2atm 者，称为高压异常。

2. 目前地层压力（p_s）

气层投入开发以后，在某一时间关井，待压力恢复平稳后所获得的井底压力，称为该时期的目前地层压力，又称井底静压力。一般每半年或一年取一个井底静压力。地层压力的下降速度反映了地层能量的变化情况，在同一气量开采下，地层压力下降得慢，则地层能量大；地层压力下降得快，则地层能量小。

[例1]　某气井气层中部井深为 1650m，测得井深 1600m 处的压力为 14.84MPa，1500m 处的压力为 14.0MPa，求该气层中部的压力。

解：(1) 计算出 1500~1600m 处的压力梯度：
$$p_T = \frac{14.84-14}{1600-1500} = \frac{0.84}{100}(\text{MPa/m})$$

(2) 按此压力梯度推算气层中部 1650m 处的压力：
$$p = p_2 + (l - l_2)p_T$$
$$= 14.84 + (1650 - 1600) \times \frac{0.84}{100}$$
$$= 15.26(\text{MPa})$$

答：气层中部的压力为 15.26MPa。

3. 井底流动压力（p_f）

井底流动压力是指气井采气时在气层中部深度点上的压力。

井底压力的获得方法有实测法和计算法两种：用井下压力计实测井底压力；计算法获得井底压力。

井底压力的计算方法有静气柱和动气柱两种。静气柱又分两种情况，第一种是油管阀、套管阀均关闭，井筒内气体不流动，油管、套管内气柱都是静气柱，用油压、套压计算均可；第二种是油管处于生产，套管阀关闭，此时油管内的气柱为动气柱，套管内的气柱为静气柱，此时用静气柱计算，只能取套管压力；油管、套管同时生产或未下油管生产时，井筒无静气柱，只能按动气柱计算。

4. 井口压力（p_t、p_c）

气井的井口压力是指井口内流体的压力。井口压力分油管压力（简称油压）和套管压力（简称套压）。油压和套压的大小与采气方式有关，油管采气时，套压大于油压；套管采气时，套压小于油压，绝大多数气井都用油管采气。

5. 输气压力（p_G）

输气压力是指天然气经过采气地面设备后进入输气管时的压力。气井采气的沿程压力变化如图 4-25 所示。

6. 气井和气层压力间的关系

采气压差（Δp）＝目前地层压力（p_s）－井底流动压力（p_f）

在油管中的压力损失＝井底流动压力（p_f）－油压（p_t）

在采气地面设备中的压力损失＝油压（p_t）－输压（p_G）

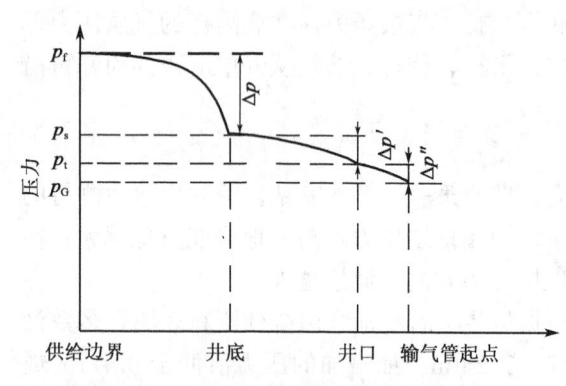

图 4-25 采气井沿程压力变化示意图
目前地层压力(p_s)－井底流动压力(p_f)＝采气压差(Δp)
井底流动压力(p_f)－油压(p_t)＝在油管中的压力损失($\Delta p'$)
油压(p_t)－输压(p_G)＝在采气地面设备中的压力损失($\Delta p''$)

（二）温度

采气工程上常用的温度单位有摄氏温度（℃）和开尔文温度（又称绝对温度，K），两种温度的关系为：绝对温度（K）＝摄氏温度＋273。

1. 地层温度

在气层中部的温度称为地层温度。地层温度是气井关井后用井底温度计下至气层中部测得，地层温度在气藏开发过程中可以认为近似不变。

2. 井口温度

井口温度又分关井井口温度和井口流动温度。关井井口温度是指气井关井后的天然气温度，它是个变数，初关井时温度高，随关井时间延长温度降低，最后等于大气温度，并随大气温度的变化而变化。

井口流动温度是指气井采气时井口流动管内的天然气温度。

3. 井筒平均温度

井筒平均温度是指气井井筒中部的温度，取井口温度与井底温度的平均值。

$$井筒平均温度（℃）= \frac{井口温度+井底温度}{2}$$

[例2] 已知某气井产气中部井深 $L=3500\mathrm{m}$，该地区的地温级率 $M=35\mathrm{m}/℃$，井口常年平均温度 $t_0=19℃$。求这口井的气层温度和井筒平均温度。

解：(1) 气层温度：

$$T_L = t_0 + \frac{L}{M} + 273.15$$

$$= 19 + (3500 \div 35) + 273.15$$

$$= 392.15(\mathrm{K})$$

(2) 井筒平均温度：

$$T_{平均} = t_0 + \frac{L}{2M} + 273.15$$

$$= 19 + 3500 \div (2 \times 35) + 273.15$$

$$= 342.15(\mathrm{K})$$

(三) 流量

单位时间内从气井产出的气态或液态物质的数量称为流量，时间可用秒（s）、分（min）、时（h）、日（d）表示，数量可用立方米（m^3）、吨（t）表示，天然气流量常用单位为 m^3/d，地层水常用 m^3/d，凝析油、原油常用 t/d 或 m^3/d。

1. 绝对无阻流量

无阻流量是指气井井口压力等于 0.1MPa（近似等于1个大气压）时的气井产量，而绝对无阻流量是在气井井底流动压力等于 101.3kPa 时的气井产量，它是气井的最大理论产量；用于比较气井和气井之间或气井在不同阶段生产能力的大小，实际上不可能按它生产。

2. 气水比

气水比表示气井产气量和产水量的比例，气水比 $= \dfrac{产气量}{产水量}$。

3. 气油比

气油比表示气井产气量和产油量的比例，气油比 $= \dfrac{产气量}{产油量}$。

(四) 气藏储量

气藏储量是指储藏在气藏中的天然气数量，采气中常用到压降储量和容积法储量的概念。

1. 压降储量

气藏如同一个巨大的气瓶，产气后压力下降，用气藏压力每降低 98kPa 产出的气量和原始地层压力计算的储量称为压降储量，又称可采储量。

2. 容积法储量

容积法储量是按气藏的孔隙体积、原始地层压力、地层温度、含气饱和度等参数计算的储量。

（五）储采比

一个地区或一个国家的可采储量与每年采出的气量之比，称为储采比，储采比反映后备资源的多少。

（六）采气速度和采出程度

1. 采气速度

采气速度是指一年采出的气量与可采储量之比。采气速度＝年采气总量/地质储量。采气速度反映采出储量的快慢，它根据国家对天然气的需求及气藏性质来确定。

2. 采出程度

采出程度是指气藏到某个时刻采出的气量总和与可采储量之比。

（七）采收率

气藏采气结束时采出的气量与可采储量之比，称为采收率，以百分数表示。采收率的高低可反映采气工艺技术水平的高低，也与气藏地质特性有关。

二、井筒中的垂直管流

天然气从地层流到井底后，须从井底上升到井口采出地面，把天然气从井底流向井口的垂直上升过程，称为气井的垂直管流。在垂直管流中，由于压力和温度的不断下降，流体的流动形态不断发生变化，从而影响到举升效果。

（一）气液混合物在垂直管流中的流动形态

油、气、水混合物在从井底流向井口的垂直上升过程中压力不断下降，流体的流动形态随之发生变化。

1. 纯气井

不产油或产油很少的气井，井筒中呈单相气流。由于气体密度小，流动摩阻也很小，只需要井底压力大于井口油压，气井就能正常生产。

2. 气、水同产井

对于存在气液两相流动的井，气液混合物在上升过程中，随着压力的逐渐降低，气体不断分离、膨胀，使得流动形态不断发生变化，一般要经历气泡状、段柱状、环雾状和雾状几种流态，如图 4-26 所示，具体可分为气泡流、段柱流、环雾流与雾流。

(1) 气泡流：当气量相对较小，流速不大时，气体以气泡状存在于液体中，称为气泡流。

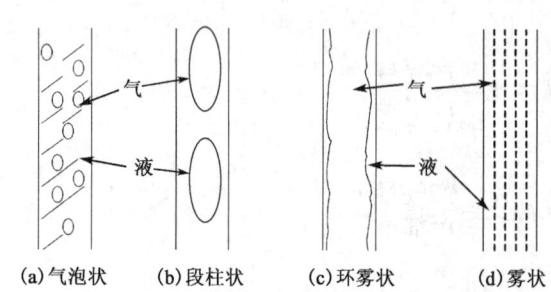

(a) 气泡状　(b) 段柱状　(c) 环雾状　(d) 雾状

图 4-26 气液混合物在油管中流动形态

(2) 段柱流：当气液体积比较大，流速较小时，混合物出现含有气泡的液柱和含有液滴的气柱互相交替的状态，称为段柱流。

(3) 环雾流：当气液体积比较大，流速也较大时，液体沿管壁上升，而气体在井筒中心流动，气流中还可能含有液滴，称为环雾流。

(4) 雾流：当气液平均流速很大时，液体呈雾状分散在气相中，称为雾流。

在实际采气中，同一气井可能同时出现多种流态。如在水量较大的气井中，油管下部为气泡流，气泡上升时，由于压力下降而膨胀，体积增大并互相结合成大气泡，充满油管整个截面积，因而转变为段柱流；随着混合物的上升，压力不断下降，气相体积继续增大，气段变长，渐渐突破气段之间的液段，使液相成为液滴分散于流动的气相中，并且有薄层液相沿管壁流动，形成环雾流。但一般情况下气井的流态多为雾流，油气井则常见段柱流。

气、水同产井中，流体在井筒的流动状态直接影响着气井的生产，气井中液体通常是以液滴的形式分布在气相中，流动总是在雾状流范围内，气体是连续相而液体是非连续相流动。当气相不能提供足够的能量来使井筒中的液体连续流出井口时，就会在气井井底形成积液。积液的形成将增加对气层的回压。高压井中液体以段塞形式存在，它会损耗更多的地层能量，限制气井的生产能力。在低压井中积液可完全压死气井，造成气井水淹关井，使气藏减产。

(二) 垂直管流中举升能量的来源以及能量消耗与举升的关系

从地层中流入井底的流体若是纯气相，则容易举升至地面。但是一般情况下地层中入井底的气体都混有凝析油、凝析水或地层水等液体，把这些混液气体举升到地面则要消耗一定的能量。

1. 垂直管流中举升能量的来源

气井举升流体（气、油、水）出井口的能量来源主要是井底流动压力和气体的弹性膨胀能；能量消耗主要是在克服流体本身的重力、流动摩擦阻力、井口回压（油压）以及滑脱损失。井底流压取决于地层压力和渗流阻力。

2. 能量消耗与举升的关系

气体的膨胀能一方面是携带、顶推液体上升的动力；另一方面又使气液之间产生滑脱现象（气体在流动过程中超越液体的现象）而增加了滑脱损失（由滑脱现象产生的附加阻力损失消耗的额外能量）。

(1) 流体重力与混液气体上升速度的关系。

流动摩阻随流速、产量的增大而增大，气液混合物在油管中的上升速度为：气泡流＜段柱流＜环雾流＜雾流。

(2) 气井中滑脱损失的影响因素。

①流动形态：气泡流＞段柱流＞环雾流＞雾流。

②油管直径：油管内径越大，滑脱现象越严重，滑脱损失越大。

③气液比：举升一定量的液体，气量越大，滑脱损失越小。

综合上述，只有当流体从地层中带入的能量大于举升消耗的能量时，举升才能正常进行，即井底流压＋气体膨胀能＞气液柱重力＋摩阻损失＋滑脱损失＋井口回压。

三、采气生产参数间的关系

采气生产参数主要有地层压力、井底流动压力、油压、输气压力、流量计静压、差压、油气比、水气比、日产气量、日产油量、日产水量以及出砂量等。

天然气从气层到计量站一般要经过气层渗流、井筒垂直管流、井口针阀的节流和地面管流4个过程。在这4个过程中，必须满足流量平衡和能量平衡两个基本规律，即气层渗流入井筒的流量应等于井筒的举升量，同时等于井口产量和集气管线的输送量；系统总的能量供应应等于能量的总消耗。只有这样，气井生产才会协调，各种生产参数才会保持相对稳定，否则气井就会出问题，表现为某些参数的突变。

根据经验，气井生产时各种压力的关系为：地层压力＞井底流压＞套压＞油压＞计量前分离压力＞流量计静压＞输气压力。

四、气井资料录取标准

(一) 各气田资料录取标准

1. 油压资料录取标准

(1) 单井集气的气井每2h在井口录取1次油压，每天选用1个平均值；多井集气的气井每2h在站内录取1次油压，每天选用1个平均值。油压资料每个月有25d以上为全（不得连续缺3d）。

(2) 压力值在压力表量程的1/3～2/3之间；每季度校对1次；用0.4级标准压力表；压力值保留到小数点后两位为准。

2. 套压资料录取标准

(1) 单井集气的气井每2h在井口录取1次套压，多井集气的气井（井口无人值守的）每2d去井口录取1次套压，每天选用1个平均值。套压资料每个月有25d以上为全（不得连续缺3d）。

(2) 压力值在压力表量程的1/3～2/3之间；每季度校对1次；用0.4级标准压力表；压力值保留到小数点后两位为准。

3. 温度资料录取标准

(1) 温度录取项目有井口温度、油嘴前后温度、锅炉温度、换热器温度、测气温度和外输温度。

(2) 井口温度录取要求：多井集气的气井每2d到井口取1个井口温度资料。

(3) 应录取的6种温度，除多井集气的井口温度每2d到井口录取1次外，其余温度要求每2h录取1次，每天选用1个平均值。温度资料每个月有27d以上为全（不得连续缺3d）。

(4) 温度计使用量程适宜，每半年校对1次。

4. 外输压力资料录取标准

(1) 外输压力每2h录取1次，每天选用1个平均值。外输压力资料每个月有25d以上为全（不得连续缺3d）。

(2) 压力值在压力表量程的1/3～2/3之间；每季度校对1次；用0.4级标准压力表；压力值保留到小数点后两位为准。

5. 产气量资料录取标准

(1) 针对所有生产气井按地质工艺研究所制定的合理工作制度生产，产气量资料每月有25d以上为全（不得连续缺3d）。

(2) 计量仪表量程合适，压差计读数在量程的1/3～2/3之间，不适合应及时调整；CWD系列差压计要求每半年校对1次；旋涡流量计每半年校对1次为全准。

（3）需要调整产量和开关井要请示地质工艺研究所开发动态人员。

6. 产液量资料录取标准

每天用分离器液位计计量产液量，产液量每个月有25d以上为全（不得连续缺3d）。分离器液位计不好用的气井每10天用桶和罐车量1次产液量为全准。对措施井加密量取，每天不少于1次。

7. 取样录取标准

（1）气井定期取气、水样。

（2）正常生产的气井每月取1次气样，用排空气法，每次取600mL为全准。

（3）正常生产的产水气井每月取1次水样，每次取500mL为全准。

8. 流压资料录取标准

（1）对于产纯气的气井，可以用井口压力折算流压，也可以实测流压；对于产水（油）的气井，要实测井底流压。

（2）正常生产气井流压每季度录取1次，同时录取油嘴大小、井口油套压力、井口温度资料为全。

（3）进行弹性二相法计算动态储量的气井要连续录取，或采取相同时间间隔定点录取，周期由具体气井情况而定。

（4）压力和温度同步录取。

（5）测流压时，要求在井口、气层中部及中部以下100m梯度，压力计精度不低于0.2%，压力计量程合适为准。

9. 静压资料录取标准

（1）新投产的气井投产初期每半年测1次静压（包括压力恢复）；从第4次开始，每年测1次。

（2）正常生产气井按动态监测方案每年或隔年测1次静压（包括压力恢复），同时录取井口油套压力为全。

（3）具有边水的气藏，距边水最近的气井要求每年进行1次探边试井。

（4）因其他原因不能生产而关井的气井每半年测1个静压点为全。

（5）长期关井的气井每年用静压点作为静压为全。

（6）连通性好、物性较好的气井在气井生产期内要进行井间干扰试井1次。

（7）要求静压与温度同步测试。

（8）对井底积液气井的探边测试（或压力恢复测试），在测试前、后要分别进行压力梯度测试，研究积液对气井压力恢复的影响。

（9）测静压时，要求井口、气层中部、气层中部以下100m梯度，压力计精度不低于0.2%，压力计量程合适为准。

（二）采气班报填写

（1）井号：探井井号由汉字和阿拉伯数字组成，如林5、陕124井；开发井、评价井井号由汉字或大写字母组成，如榆24-13、G17-13。

（2）生产方式：填写"油管自喷"、"套管"，改变时填写生产时间较长的生产方式，并在备注栏内注明原因、时间、改前的油套压。

（3）生产时间：以分钟为基本单位，见表4-7。

表 4-7 采气班报填写实例

站名	井号	层位	生产时间 h.min	生产方式	井口压力 MPa 油压	井口压力 MPa 套压	井口注醇气流	注醇量 L 井口	注醇量 L 站内	缓冲剂 L 油管	缓冲剂 L 套管	进站温度 ℃	节流前温度 ℃	节流后温度 ℃	进站压力 MPa	节流后压力 MPa	日产量 气量 10⁴m³	日产量 水量 m³	放空 时间 h·min	放空 气量 10⁴m³	单量生产 水量 m³	累计产气量 月 10⁴m³	累计产气量 年 10⁴m³	累计产气量 历年 10⁴m³	备注
		山2	24.00	油管自喷	12.20	15.20	油管 23	200				25	26	19	10.40	5.48	3.4693	0.600				82.2120	604.5724	5218.4832	下井下节流器（失效）
		山2	24.00	油管自喷	13.00	13.40	油管 24	130				20	24	2	12.60	5.34	6.7968	0.250	12.00	3.0024	0.125	170.2609	1244.0011	17984.9064	8:00~20:00单量，巡井
		本溪组			14.40																			352.6689	冬季长关井，井口4号阀关
		山2	24.00	油管自喷	8.80	9.00	油管 33	210				22	20	12	7.80	5.18	11.3573	0.450				281.1755	2090.4670	24221.6092	
		山2	24.00	油管自喷	12.00	12.40	油管 22		150			18	25	5	11.20	4.70	7.9373	0.700				196.8136	1184.7041	6828.1613	
		山四组+马五13+马五21+马五22	24.00	油管自喷	9.40	10.40	油管 17	200				10	20	10	9.00	4.80	2.5094	0.220				71.6162	617.7583	1874.5513	下井下节流器，加注泡排棒
		山1+山2	24.00	油管自喷	6.80		油管								6.80							28.4748	128.1660	568.7751	间歇关井，下永久性封隔器
		马五13+马五14	24.00	油管自喷	16.20	16.60	油管 20	200	150			20	10	-5	15.00	4.80	3.6389	0.300	12.00	1.1546	0.150	69.9837	618.2739	4442.6401	0.5208万，11:00配产降至3万，11:00~20:00单量气量1.1546万

— 112 —

续表

站名	井号	层位	生产时间 h·min	生产方式	井口压力 MPa 油压	井口压力 MPa 套压	井口气流	注醇量 L 井口	注醇量 L 站内	缓冲剂 L 油管	缓冲剂 L 套管	进站温度 ℃	节流前温度 ℃	节流后温度 ℃	进站压力 MPa	节流后压力 MPa	日产量 气量 10⁴m³	日产量 水量 m³	放空 10⁴m³·h·min	单量生产 时间	单量生产 气量 10⁴m³	单量生产 水量 m³	累计产气量 10⁴m³ 月	累计产气量 10⁴m³ 年	累计产气量 10⁴m³ 历年	备注
		山2+马五13+马五14+马五22	24.00	油管自喷	17.30	17.50	20	200				17	10	−7	16.80	4.80	4.6603	0.200					128.1537	1162.7879	5215.6857	
		马五13+马五14	24.00	油管自喷	11.80	13.20	21					18	20	4	11.00	4.80	1.1274	0.180					31.1185	211.0083	1569.0141	
		山2	24.00	油管自喷	5.20	13.20	20		160			18	28	20	5.00	4.88	1.4233	0.660		12.00	0.6287	0.330	90.1205	569.1943	3764.5491	下井下节流器,20:00~8:00单量,进站压力低,产量无法配够
		山2+马五13+马五22	24.00	油管自喷	13.00	13.40	30	200	150			20	10	−1	12.70	4.80	11.6758	0.380					192.9277	1767.0307	14497.6451	
		山2	24.00	油管自喷	10.20	11.40	22	100				16	24	3	9.80	4.62	4.5869	0.400					112.9638	718.7334	3248.0632	20:00~8:00单量
		山2	24.00	油管自喷	12.60	13.00	21	100				18	30	7	11.80	4.62	1.7019	0.300					42.777	294.1975	1797.7836	套管封隔器未解封
		山2	24.00	油管自喷	11.00	11.60	23	100				18	28	5	10.40	4.62	4.6052	0.600		12.00	2.0343	0.300	112.6207	118.8659	4942.6179	20:00~8:00单量

五、气井分析内容

气井是认识气藏的窗口,气井生产状况分析是气藏动态分析的基础。为了深入细致地分析每一口气井的生产状况,并且进一步与气藏动态联系起来,应进行如下工作:

(1) 收集气井的全部地质和生产技术资料,编制气井井史,绘制采气曲线。

(2) 已经取得的地震、测井、岩心、试油及物性等资料是气藏动态分析的重要依据,应综合考虑各方面的认识。

(3) 分析气井气、油、水产量与地层压力、生产压差之间的关系,寻求它们之间的内在联系和规律,推断气藏内部的变化。

(4) 通过气井生产状况和试井资料,结合静态资料分析井周围储层及整个气藏的地质情况,判断气藏边界和驱动类型。

(5) 分析气井产能和生产情况,建立气井生产方程式,评价气井和气藏的生产潜力。

(6) 提供气藏动态分析工作所需的各项资料,包括地层压力、地层温度及流体性质变化等。

六、气井生产分析

气井生产分析是气井生产管理的重要手段,它是利用气井的静态、动态资料,结合气井的生产史及目前生产状况,用数理统计法、图解法、对比法、物质平衡法和渗流力学等方法,分析气井的各项生产参数(地层压力、井底流动压力、油压、套压、输气压力、流量计静压、差压、油气比、水气比、日产气量、日产油量、日产水量以及气井出砂量等)之间关系变化的原因,从而制订相应的措施,以便充分利用地层能量使气井保持稳产高产,提高气藏的采收率。

分析程序可分为收集资料,了解现状,找出问题,查明原因,制定措施等步骤。分析的方法应从地面到井筒,再到地层;从单井到井组,再到全气藏。

(一) 由生产资料分析气井动态

生产资料是指气井生产过程中的一系列动态和静态资料,包括压力,产量,温度,油、气、水物性,气藏性质以及各种测试资料。气井生产资料是气井、气藏各种生产状况的反映。气井某些生产条件的改变,引起气井某一项或多项生产数据的变化,而某一项生产数据的变化又往往与多种因素有关。因此,利用这些变化,可找出引起变化的原因,从而制订出相应的措施。

1. 用油压、套压分析井筒情况

(1) 气井生产时,油压和套压的大小与采气方式有关。油管采气时,套压大于油压;套管采气时,油压大于套压;油管、套管合采时,油压约等于套压。

(2) 当井内无液柱油管生产时,套压直接反映了井底流压的大小,观察套压的大小可以分析气井的生产能力和生产压差。

(3) 气井关井压力稳定后,油压和套压的关系是:井筒内无液柱,油压=套压;油管液柱高于环空液柱,油压<套压;油管液柱低于环空液柱,油压>套压。

(4) 油管在井筒液面以上断裂,关井油压等于套压。开井油管生产,油压、套压差比正常时减小,甚至相等。

2. 由生产资料判断气井产水类别

气井产出水一般有两类,一类是地层水,包括边水、底水等;另一类是非地层水,包括凝析水、泥浆水、残酸水、外来水等。不同类别水的典型特征见表4-8。

表4-8 不同类别水的典型特征

序 号	名 称	典 型 特 征
1	地层水	氯根含量高(可达数万毫克每升)
2	凝析水	氯根含量低(一般低于1000mg/L)
3	泥浆水	浑浊、黏稠,氯根含量不高,固体杂质多
4	残酸水	有酸味,矿化度高,pH值<7,氯根含量高
5	外来水	根据水的来源不同,水型不一致
6	地面水	pH值≈7,氯根含量低(一般低于100mg/L)

地层水氯根含量高,且含烃类物质;非地层水一般不含有机物质。根据氯根含量可以区别地层水和凝析水。区别地层水与外来水(非气层的地层水)还需要结合其他资料分析确定。

3. 根据生产数据资料分析是否是边(底)水侵入

(1) 钻井资料证实气藏存在边水、底水。
(2) 井身结构完好,不可能外来水窜入。
(3) 气井产水的水性与边水一致。
(4) 采气压差增加,可能引起底水锥进,气井产水量增加。
(5) 历次试井结果对比:指示曲线上开始上翘的"偏高点"(出水点)的生产压差逐渐减小,证明水锥高度逐渐升高,单位压差下的产水量增大。

4. 根据生产数据资料分析是否有外来水侵入气井

(1) 经钻探知道气层上面或下面有水层。
(2) 气井固井质量不合格,或套管下得浅,裸露层多,以及在采气过程中发生套管破裂,提供了外来水入井通道。
(3) 水性与气藏水性不同。生产时,井底流动压力高于水层压力时气井不出水,低于水层压力时则出水。水量的大小除受压力控制外,还受水层的渗透性能及井深结构的破坏程度所控制,故水气比不像同层水那样有规律,水性及产水量可能突然变化。
(4) 井底流压高于水层压力下生产时,气井不出水,低于水层压力时则出水。
(5) 气水比规律出现异常。生产制度固定后,如果流入井中的水可完全带至地面,则油压、套压较稳定,气水比变化不大,否则则相反。

(二) 用采气曲线分析气井动态

采气曲线是生产数据与时间的关系曲线。利用它可了解气井是否递减,生产是否正常,工作制度是否合理,增产措施是否有效等,是气田开发和气井生产管理的主要基础资料之一。

采气曲线一般包括日产气量、日产水量、日产油量、油压、套压、出砂量等与生产时间的关系曲线。

1. 从采气曲线划分气井类型和特点

通过采气曲线可划分出水气井和纯气井(图4-27、图4-28)。

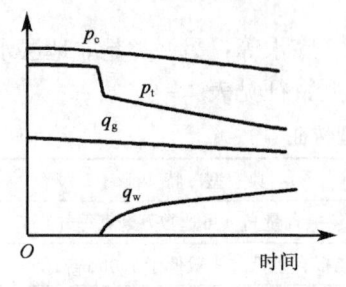

图 4-27 出水气井采气曲线
p_c—套压；p_t—油压；
q_g—产气量；q_w—产水量

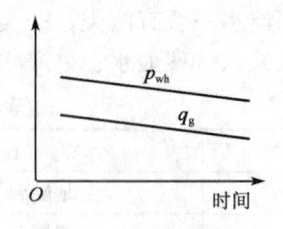

图 4-28 纯气井采气曲线
p_{wh}—井口压力

通过采气曲线可把气井划分成高产气井、中产气井与低产气井（图 4-29、图 4-30 与图 4-31）。

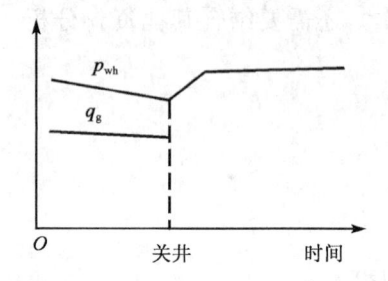

图 4-29 高产气井采气曲线 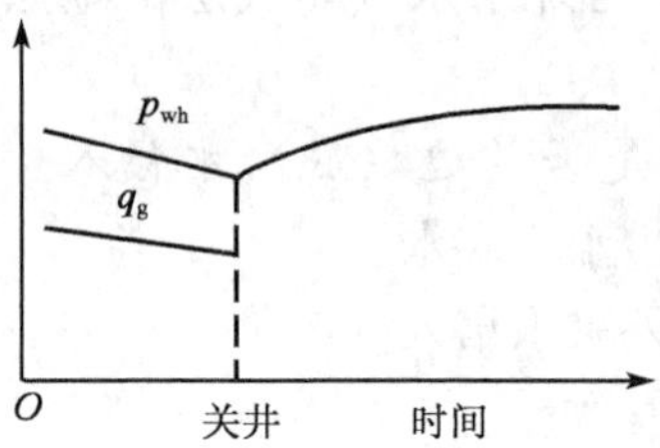　　图 4-30 中产气井采气曲线 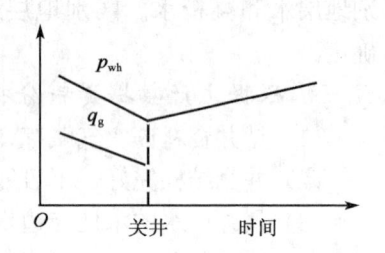　　图 4-31 低产气井采气曲线

（1）高产气井的特点：渗透性好，关井压力恢复快；生产过程中，压力和产量稳定；产量大，在 $30×10^4 m^3/d$ 以上。

（2）中产气井的特点：关井压力恢复较快（渗透性较好）；生产过程中，压力、产量缓慢下降；产量一般为 $(10～30)×10^4 m^3/d$。

（3）低产气井的特点：关井压力恢复慢，经过较长时间后转稳定；生产中压力、产量下降快；产量一般小于 $10×10^4 m^3/d$。

2. 用采气曲线判断井内情况

（1）油管有水柱影响（图 4-32）。

当油管内有水柱时，将使油压显著下降；产水量增加时油压下降速度相对加快。

（2）井口附近油管断裂的采气曲线如图 4-33 所示。曲线特征：产量不变，油压上升，油压、套压相等。

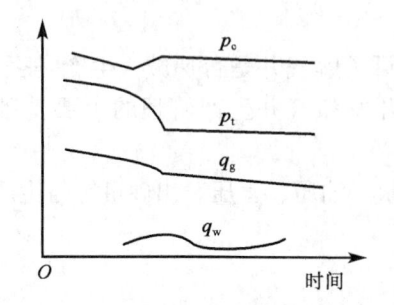

图 4-32 受水柱影响采气曲线 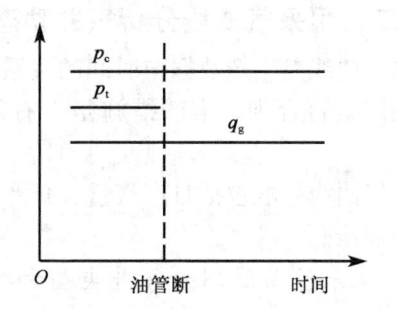　　图 4-33 井口附近油管断裂的采气曲线

(3) 井壁垮塌，油压、气量突然下降。

(4) 井底附近渗透性变化。变好：压力升高，产量增加；变坏：压力、产量下降速度增快。

3. 用采气曲线分析气井生产规律

利用生产时的采气曲线可分析以下规律：

(1) 井口压力与产气量关系规律；

(2) 地层压降与采出气量关系规律；

(3) 生产压差与产量关系规律；

(4) 气水比随压力、气量变化的规律。

气井出现问题是多方面的，同一问题可由不同原因引起，而同一原因又可引起多个生产数据的变化。如产量的大幅度下降既可能是地面故障，也可能是井下故障，还有可能是地层压力下降和水的影响等造成的。因此，在进行原因分析时，应先地面后井筒再气层逐次分析、排除。如首先分析是否有多井集气干扰和输气压力变化影响，集气管线、阀门、设备等是否有堵塞，排除后再验证井筒是否积液，井壁垮塌或油管堵塞等，同时还应了解邻井生产情况。在地面、井筒、邻井的原因排除后，才能集中全力分析气层。

七、常见采气异常情况的判断和处理

采气过程中，当遇到异常情况时，要及时分析，找出原因。有些异常现象并不是地下发生变化引起的，而是地面的采输设备、仪表等发生故障引起的。因此，进行分析时要全面考虑，综合地质、工程多方面资料分析，才能使认识更符合客观实际。采气异常现象的判断与处理举例见表4-9。

表4-9 采气异常现象的判断和处理举例

序	异常现象	原　因	处　理
1	$Cl^-\uparrow Q_气\downarrow$	①压力和水量变化不大，可能是出边水、底水的预兆； ②压力和水量波动（$K_水\uparrow$），是出边水、底水的显示； ③气量下降幅度大，$p_w\downarrow$，水量增加反映出边底水	取水样分析，以确定是否有地层水，是否控制井口压力、产量等
2	未动操作，油压突然下降，套压下降不明显	①边（底）水已窜入油管内，水的密度比气的密度大（此时$Q\downarrow$，$H\downarrow$，$Cl^-\uparrow$，$Q_水\uparrow$）； ②压力表损坏	①滴定Cl^-含量，研究治水措施； ②更换压力表
3	$Q\downarrow P\downarrow$（油压、套压）	①井底垮塌堵塞； ②井内积液多	①检查分离器砂量增加与否； ②排积液
4	生产时套压等于油压	①油管、套管阀门同时开着（或未下油管）； ②压力表有误； ③井口油管在离井口不远的地方断落； ④井口油管挂螺纹及锥塞封闭不严，窜漏	①检查有关设备； ②检查压力表； ③修井捞油管； ④解除窜漏

— 117 —

续表

序	异常现象	原 因	处 理
5	未动操作而油压、套压均上升	①井底附近脏物、积液带出，渗透性改善（$Q\uparrow$）； ②井下带出的脏物在节流阀或输气管中形成堵塞（$Q\downarrow$）； ③单井生产中因用户用气量减少，引起产量下降，使油压、套压上升； ④针形阀等处水合物堵塞	①看差压 H 是否增加； ②检查差压 H 是否下降，查堵、解堵； ③检查差压是否下降； ④解除水合物堵塞
6	关井后油压、套压不一致	①油压、套压表处有漏气的地方； ②压力表有误； ③井筒内有积液（油管和套管环形空间液面不一样）； ④井下有垮塌堵塞，套管内有封隔器；套管破，水泥环窜漏等； ⑤取压处有堵或未开旋塞阀	①查漏； ②校表； ③排积液； ④进一步分析验证； ⑤打开旋塞阀，解除导压管堵塞
7	井场输气压力 $p_{输}\downarrow$，静压 $p_{静}\downarrow$，$H\uparrow$（超百格）	①输气管断裂； ②输气阀门开大	①判断、关气、抢修； ②检查有关阀门
8	$p_{输}\uparrow$ $p_{静}\uparrow$ $H\rightarrow 0$	①输气管堵塞； ②用户停止用气	①解堵； ②与用户联系
9	$H\rightarrow 0$ 以下	①上流分离器放水； ②流量计故障，差压笔杆松动，计量上流导压部分漏气（或下流导压部分堵塞）等	①注意平稳操作； ②检查计量系统，查漏、吹扫导压管
10	差压波动大	①井底来水； ②管线内有水； ③导压管内有水； ④污物堵塞了一部分气流通道； ⑤分离器水翻塔（水位超过进口管）； ⑥集气站所属某口大气量井气量波动，引起汇管压力波动	①控制井口； ②吹扫； ③吹扫； ④解堵； ⑤分离器放水； ⑥分析、落实

表 4-9 中符号说明如下：

Cl^-——氯根；

Q（$Q_气$）——日产气量；

$K_水$——水的渗透率（相对）；

$Q_水$——日产水量；

$p_输$——输气压力；

$K_气$——气体的渗透率（相对）；

p_w——井口压力；

$p_静$——流量计表上的静压值；

H——流量计表上的差压值；

$\uparrow$——表示上升或增加；

$\downarrow$——表示下降或减少。

从表 4-9 可见，同一异常现象可以由不同的原因造成。分析时，应先地面再井筒，最后地下，由表及里，有层次地逐一分析。因为地面的原因容易找，在排除地面干扰后，再验证井筒是否有问题。若井筒没有问题，才能确定气井发生的异常变化是地下情况变化所引起的。最后根据产生的原因提出相应的处理措施。

八、有边底水气藏气井的开采

有边底水的气藏在开采过程中，由于气层压力下降，气层水会乘虚侵入气藏，使气井出水。这不仅严重加快气井的产能递减，影响采气工艺和污染地面环境，更重要的是降低气藏的采收率。

实践证明，气井出水与否主要取决于3个因素：

(1) 井底距原始气水界面的高度（H）。在相同条件下，井底距气水界面越近，气层水到达井底的时间越短。

(2) 生产时的井底压差（Δp）。随着生产压差的增加，气层水到达井底的时间越短。

(3) 气层渗透性及气层孔道结构。如气层纵向大裂缝越发育，底水达到井底的时间越短。

边底水在气藏中活动的分类及渗滤特征表现形式如下：

(1) 气藏渗透性较均匀，产层结构以微裂缝、孔隙为主要通道。水流向井底表现为锥进，称为水锥型出水。

(2) 产层通道以断层及大裂缝为主，边水沿裂缝窜入井底，称为断裂型出水。

(3) 气藏中水沿局部裂缝—孔隙较发育的区域或层段横向侵入气井，称为水窜型出水。

(4) 气藏局部区域孔道中少量的气层水随气流带入井底，使氯根含量阵发性增加，称为阵发型出水。

(5) 人为地钻开气水界面，直接采水，或气水同采，称为人为采水。

气井出水影响气井的产能有一定的过程，多数气井共存在3个明显的阶段。

预兆阶段：气井水中氯根含量上升，由几十上升到几千、几万毫克每升；压力、气产量、水产量无明显变化。

显示阶段：水量开始上升，井口压力、气产量波动。

出水阶段：气井出水增多，井口压力、产量大幅度下降。

出水的形式不一样，其动态特征和相应的治水措施也不同，见表4-10。

表4-10 各出水类型的特征及相应治水措施

序号	出水类型	图示	动态特征	治水措施
1	水锥型出水（即慢型出水）		①井底大裂缝不发育。②渗透性较差，水流动阻力大，水锥上升慢（一般为0.1～10m/MPa），地层边底水预兆阶段长，即产出水中氯根含量上升到接近边底水Cl^-含量的过程较长，一般一年以上。③无水采气期相对较长，出水后Cl^-稳定。水量一般不太大，几立方米每天至20m³/d。④在出水显示阶段水量虽然不大，但水占据气层渗流通道，使气相渗透率降低，增大气体渗流阻力；井底附近地区表皮阻力可达60%～90%，试井过程中的摩阻系数及惯阻系数剧增，使井底流压和产气量大幅度下降。⑤关井后不能全部退回地层	①在临界压差下生产（忌大压差），控制压水采气；②对气水同产井：排水采气；封堵下部出水层段，排水消锥等

续表

序号	出水类型	图示	动态特征	治水措施
2	断裂型出水（即快型出水）		①井底有明显的裂缝显示（如在钻井中放空、井喷、井漏显示，岩屑中有明显的裂缝充填物等）。②渗透性好，水流动阻力小，边底水沿大裂缝窜得快，单位压差上窜高度可达 10～13m/MPa。水显示阶段很短（二年以下）。③出水量突然增加很大，一般每天几十立方米以上。④出水时井底压力很高。⑤关井后水退回地层	①控水采气；②排水采气（水走水路，气走气路）；③关井复压
3	水窜型出水		①井底穿过高渗透层段或高含水层段。②同处高渗透带气井的氯根显示时间和水侵时间由外向内顺序排列。③气井出水后水量一般稳定，Cl⁻稳定	①堵水：水路堵死；②水淹后气井改为排水井
4	阵发型出水		①气井出水中 Cl⁻含量阵发性增加。②日产水量短时增加后又下降，反复出现。③气井出水对气井产能无明显影响	排水采气时注意井底不要液积，使气井稳定举升
5	人为采水		钻开气水界面直接采水或气水同采	排水采气

思 考 题

一、填空题

（1）绝对无阻流量是在气井井底流动压力等于（　　）Pa 时的气井产量。

（2）井筒平均温度是指气井井筒中部的温度，取（　　）温度与（　　）温度的平均值。

（3）气、水同产井，气液混合物在上升过程中，其流动形态不断变化，一般要经历（　　）、（　　）、（　　）、（　　）流态。

（4）气井中的滑脱损失与（　　）、（　　）、（　　）有关。

（5）硫化氢分压大于（　　）MPa 或其体积含量大于（　　）的气井称为含硫气井。

（6）气井工作制度有（　　）、（　　）、（　　）、（　　）、（　　）。

(7) 气井产水来源有（   ）、（   ），出水类型有（   ）、（   ）、（   ）、（   ）。

(8) 排水采气法有（   ）、（   ）、（   ）、（   ）、（   ）、（   ）、（   ）。

(9) 天然气中凝析液含量在（   ）以上者属于凝析气藏。

二、判断题

（   ）气液混合物在油管中的上升速度为气泡流＞段柱流＞环雾流＞雾流。

（   ）气、水在垂直管中的 4 种运动流态以雾流带动水能力最佳，气泡流最差。

（   ）当气液体积比较大，流速较大时，液体沿管壁上升，气流中还可能含有液滴，称为雾流。

（   ）气井中的滑脱损失与流动形态、油管直径、气液比 3 种因素有关。

（   ）举升一定量的流体，气量越大，滑脱损失越大。

（   ）在气井生产中，同样条件下，油管越大，滑脱损失越大。

（   ）在同一地区，气层温度与气层的埋藏深度有关，埋藏越深，温度越高。

（   ）目前地层压力是气藏在开发一段时间后在生产状态下的地层压力。

（   ）采气压差等于差压。

（   ）气井工作制度是指适应气井产层地质特征和满足生产需要时产量和压力应遵循的关系。

（   ）定产量制度适用于产层胶结紧密的无水气井早期生产，是气井稳产阶段常用的制度。

（   ）气井产水量开始上升，井口压力、气产量波动，此为气井出水显示阶段。

（   ）对水锥型出水气井，应控制压差，延长出水显示阶段。

（   ）泡沫排水采气工艺是往井里加入表面活性剂的一种助排工艺。

（   ）泡沫排水采气具有设备简单、施工容易、见效快、成本低，又不影响气井生产的优点，为此在采气生产中得到广泛应用。

（   ）气井的凝析油是一种实用的消泡剂。

（   ）气举阀排水采气是气田常用的气举排水采气方法。

（   ）气举排水采气是利用天然气的压能来排除井内的液体，从而把气采出地面的采气方法。

（   ）抽油机排水采气就是将游梁式抽油机和管式深井泵装置用于油管抽水，油套管环形空间采气。

（   ）电潜泵排水采气方法适用于产水量大的气、水同产井。

三、问答题

(1) 气井常用的工作制度有哪些？

(2) 气井出水应采取哪些治水措施？

(3) 气举阀排水采气的原理是什么？

(4) 抽油机排水采气工艺流程是什么？

(5) 凝析气藏开采工艺是什么？

(6) 泡沫排水采气工艺流程是什么？

(7) 抽油机排水采气工艺原理是什么？

第五章 天然气矿场集输工艺

【学习提示】

本章主要介绍天然气矿场集输管网、矿场集输流程图的绘制与识图、采气矿场集输流程、集气站天然气脱水工艺、集气站的增压与清管等内容。天然气加热和分离放在第六章天然气矿场集输设备讲解。

技能点是掌握矿场集输流程图的绘制与识图以及清管操作。

重点掌握采气矿场集输流程以及集气站天然气脱水工艺。

难点是矿场集输流程图的绘制与识图以及三甘醇脱水工艺。

把气井采出的天然气经过加热、降压、分离、计量、脱水后，再集中起来输送到输气干线或脱硫、脱水厂的过程，称为天然气的矿场集输。天然气的集输包括采集和输送两部分，如气田内部集输管网、井场、集气站等。

第一节 天然气水化物

一、水化物（水合物）的组成

水化物是在一定压力和温度条件下，天然气中某些气体组分能和液态水生成的一种不稳定的、具有非化合性质的晶体。其外观类似松散的冰或致密的雪，密度为 $0.88\sim0.90\text{g/cm}^3$。水化物的生成条件不同，其分子式也不同。甲烷水化物的分子式为 $CH_4\cdot 6H_2O$，即由 1 个甲烷分子和 6 个水分子组成；乙烷、丙烷及异丁烷水化物的分子式分别为 $C_2H_6\cdot 8H_2O$、$C_3H_8\cdot 17H_2O$、$C_4H\cdot 17H_2O$；硫化氢及二氧化碳水化物的分子式分别为 $H_2S\cdot H_2O$、$CO_2\cdot 6H_2O$。

水化物的分子结构为多面晶体，其中的质点是水分子，水分子在空间固定点上排成一定晶格，晶格中的空穴全部被气体分子占据，并依靠分子间的作用力保持分子的稳定。

二、水化物在采气中的危害

水化物在油管中生成时，会降低井口压力，影响产气量，妨碍测井仪器的下入；水化物在井口节流阀或地面管线中生成时，会使下游压力降低，严重时堵死管线，造成供气中断或引起工艺设备超压放空、爆裂，引发生产事故。

三、水化物的形成条件

（一）液态水的存在

液态水的存在是生成水化物的必要条件。天然气中液态水的来源有油气层内的地层水（游离水）以及气层中水的饱和水蒸气随天然气产出时温度下降而凝析出来的凝析水。

（二）低温

低温是生成水化物的重要条件。采气中，天然气从井底流到井口，经过节流阀、孔板等节流元件时,会因为压降而引起温度下降。由于温度下降,会使天然气中呈气态的水蒸气凝析,当节流后天然气的温度低于天然气中水蒸气露点时,就为水化物生成创造了条件。

(三) 高压

高压也是生成水化物的重要条件。对组分相同的气体,水化物的生成概率随压力升高而升高,也就是说,压力越高,越容易生成水化物。

(四) 流动条件的突变

高流速、压力波动、气流方向改变时结晶核存在(如杂质)引起的搅动是生成水化物的辅助条件。在阀门、弯头、异径管、节流装置等产生局部阻力的地方易形成水化物。

四、防止水化物形成的方法和解堵措施

(一) 水化物的预测

(1) 图5-1是预测形成水化物的压力—温度曲线。已知天然气的相对密度,可确定天然气形成水化物的最低压力及最高温度。

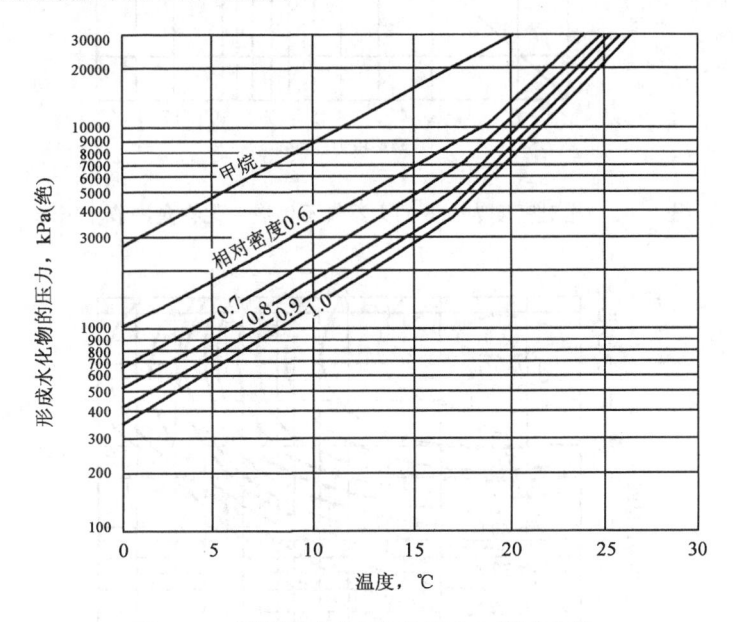

图5-1 预测形成水化物的压力—温度曲线

(2) 对相对密度为0.6和0.7的天然气不生成水化物的允许压降可由图5-2、图5-3进行预测。

例如,某井天然气的相对密度为0.6,节流前的压力为30MPa,节流后压力为15MPa,不生成水化物节流前的温度是多少?

查图5-2,从纵坐标上找到初始压力为30MPa的点,过该点向右做水平线;在横坐标上找到最终压力为15MPa的点,过该点向上做垂线,水平线与垂线相交于点A;从A点向左做温度内插弧线,弧线与纵坐标的交点就是要求的节流前温度,即40℃。

例如,某井天然气相对密度为0.7,节流前压力为20MPa,温度为37.8℃,节流后不生成水化物的压力是多少?

查图5-3,从纵坐标上找到初始压力为20MPa的点,过该点向右做水平线,与37.8℃

的弧线交于点 B，从 B 向下做垂线，与横坐标的交点就是节流后不生成水化物的最小允许压力，即 12.5MPa。

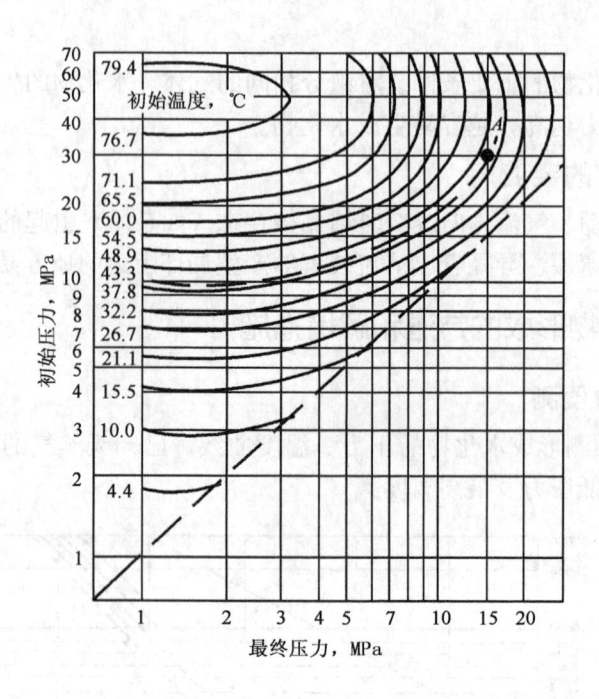

图 5-2 相对密度为 0.6 的天然气不生成水化物允许节流压降

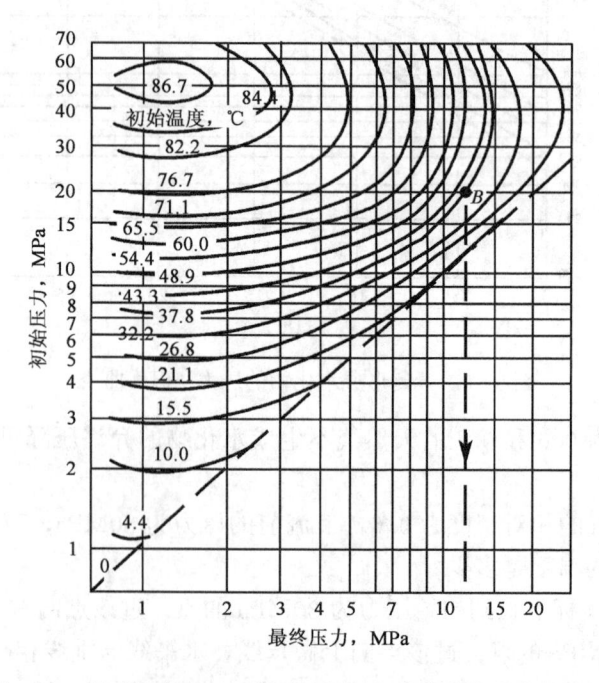

图 5-3 相对密度为 0.7 的天然气不生成水化物允许节流压降

(3) 节流引起的温度下降情况可利用图 5-4 近似求得。

例如，某井节流阀前、后的压力分别为 25MPa 和 11MPa，求节流过程中的温度下降是多少？

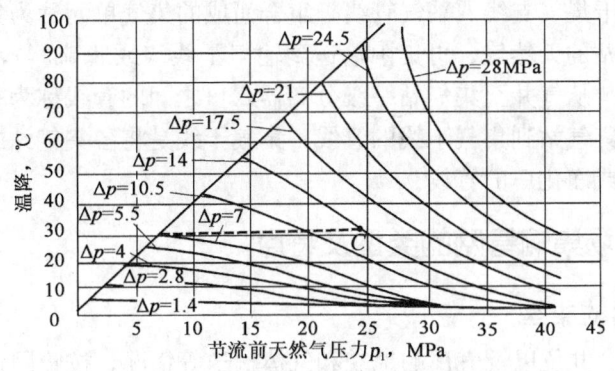

图 5-4　天然气节流中压降与温降的关系曲线

节流压差 $\Delta p=25-11=14$，在横坐标上找到压力为 25MPa 的点，从该点向上做垂线，与 $\Delta p=14$MPa 的曲线交于点 C，过 C 点向左做水平线，与横坐标的交点就是温降，即 29℃；如果节流前的温度为 43℃，节流后的温度就为 14℃。

(二) 水化物的预防

预防水化物生成的方法很多，提高节流前天然气温度、加注防冻剂与干燥气体等都可预防水化物的生成。

(1) 提高节流前的天然气温度。提高节流前的天然气温度，使天然气在节流后的温度高于生成水化物的温度，从而防止在节流后生成水化物。

井场常采用加热法对天然气加热，采用的加热设备主要有蒸汽加热、水套炉加热、电热带加热等。

(2) 在节流前注入防冻剂。在节流前注入防冻剂，可降低天然气露点，使天然气在较低的温度下不生成水化物。

防冻剂的种类较多，有甲醇、乙二醇、二甘醇、三甘醇、氯化钙水溶液等。采气中使用最多的是乙二醇。

防冻剂注入方法一般有自流注入法（低压）和泵注入法（高压连续）。

(三) 解堵措施

井站设备或集气管线一旦生成水化物，则可用下列方法解堵：

(1) 对站内设备可用加热法对生成水化物的部位进行加热，使已生成的水化物迅速分解。

(2) 节流阀出口处生成水化物时，一是加热，二是调节节流压差，使节流前后的温降在不生成水化物的温度范围内。

(3) 在设备和管线未被水化物堵死时，可注入防冻剂，使已形成的水化物分解。

集气管线完全被水化物堵死时，可用降压法降低管线压力。降压时将管线内的天然气放空，使水化物分解。

(4) 水化物分解后应对管线清管或吹扫。

第二节　天然气矿场集输管网

集输气管线是气田开发的重要组成部分，它是天然气集输系统的子系统，是整个系统的源头部分，包括井场、集气管网、集气站、天然气处理厂等环节。

由集气干线和若干集气支线（采气管线）组合而成的集气单元称为集气管网，主要收集气田上各气井或集气站的天然气，再集中输送到输气干线（或脱硫厂），包括采气管线、集气支线和集气干线等。从气井至集气站一级分离器入口之间的管线称为采气管线；集气支线是集气站到集气站或集气站到集气干线的管线；集气干线是将各集气站或集气支线的来气集中输送到集配气总站或净化厂的管线。

一、天然气矿场集输管网的类型及特点

（一）集输管网的类型

根据气田的形状、井位以及气田的地貌和气体输送等情况，按管网连接的几何方式可以将集输管网分为下列几种类型，线形集输管网（树枝状集输管网）、环形集输管网、放射状集输管网以及它们的组合型集输管网。

1. 线形集输管网（树枝状集输管网）

线形集输管网是由一条贯穿气田的主干线，将分布在干线两侧气井中的天然气通过支线纳入干线，再由干线输入集输气总站或天然气净化厂，如图 5-5 所示。它适用于长条状气田，如榆林气田即采用这种管网布局。

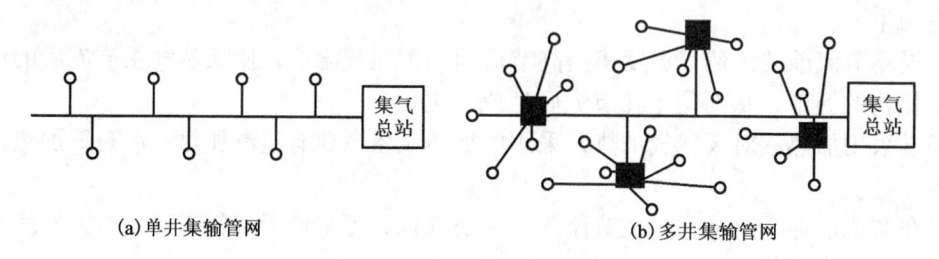

(a)单井集输管网　　　　(b)多井集输管网

图 5-5　线形集输管网示意图

2. 环形集输管网

环形集输管网是将集气干线布置成环状，承接沿线集气站的来气，并在环网上适当的位置引出管线至集气总站，如图 5-6 所示。这种集气流程调度气量方便，气压稳定，局部发生事故时影响面小，一般用于构造面积较大的气田。

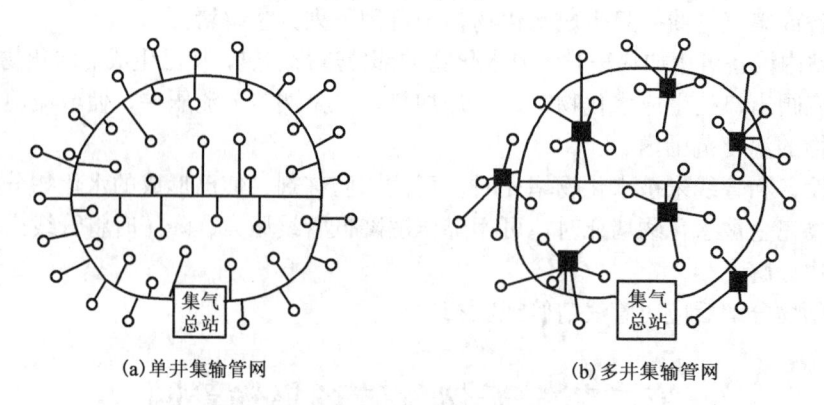

(a)单井集输管网　　　　(b)多井集输管网

图 5-6　环形集输管网示意图

3. 放射状集输管网

放射状集输管网适用于气井相对集中的气田，即按集中程度将若干口气井划为一组，每

组中选一口井设置集气站,其余各井到集气站的采气管线呈放射状;在井场减压后,输送至集气站,在站上经加热、节流调压、分离、计量,然后输送至天然气处理厂或输气干线起点站,如图 5-7 所示。该管网布局便于天然气和污水的集中处理,也可减少操作人员。

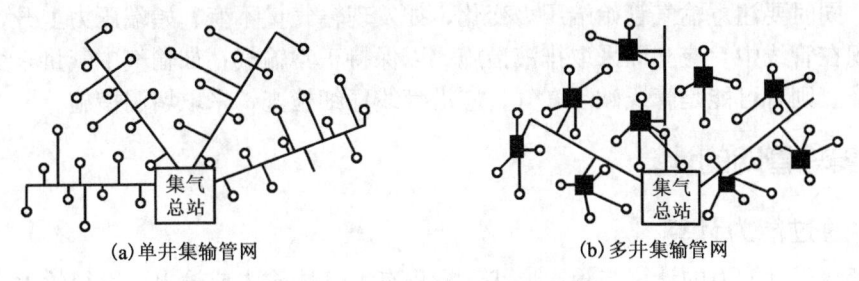

(a)单井集输管网　　(b)多井集输管网

图 5-7　放射状集输管网示意图

上述 3 种管网中以环形集输管网较好,这是因为环形集输管网如有某处损坏,天然气可以从环形未损坏的另一端继续输出,不影响供气。

4. 组合型集输管网

在实际工程中,集输管网的类型并不都是单一的某一种类型管网,而常常是其中的两种甚至三种的组合。组合型集输管网是把放射状管网与线形管网,或者把放射状管网与环形管网组合在一起使用的集气管网,如图 5-8 所示。这种集输管网适用于气田面积大、气井分布多的大型气田。

集气站的多少取决于含气构造的大小以及产层和气井的多少。集气站应选在气井比较集中的位置。矿场集输管网的选择取决于气田的储量、面积、构造形状、产层数、产气层特性和气井的分布、产气量、井口压力与天然气的气体组成、有无凝析油或有害组分（H_2S、CO_2、有机硫等）以及所采用的净化工艺等因素。

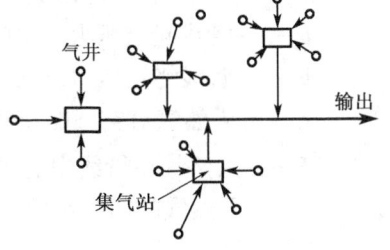

图 5-8　组合型集输管网示意图

采用组合型集输管网时,天然气的矿场处理方法有两种,即非集中处理法和集中处理法。天然气的全部矿场处理在集中站中进行,这种方法称为非集中处理法（集气站有较完整的天然气和烃类液体的处理体系及其他辅助设施）;集中处理法则是集气站只进行集气和防冻、分离、计量等预处理工作,在总集气站或门站进行天然气和烃类液体的进一步处理,充分回收天然气中较重的烃类,为净化厂或输气干线输送符合气质要求的天然气。

纯气田天然气一般采用集中处理法;当天然气不经预处理就有水合物形成或有凝析油析出时,则采用非集中处理法。

(二) 集输管网的特点

(1) 集输管网位于天然气集输系统的起点。

管内压力高（一般为 4~16MPa）,流动介质复杂（含气、油、水和固体杂质）,部分气井还含有硫化氢、有机硫、二氧化碳等腐蚀介质。设计时要充分考虑安全性,必须进行强度计算,应有足够的安全系数。使用前要严格试压,试验压力要求是工作压力的 1.5 倍。输送含有腐蚀性介质的管网要用抗硫钢材,如用 10 号、20 号碳钢等。

(2) 集输管网的通过能力直接受井口压力影响,与气井产出的流体性质变化有关。

为使管网在气井压力下降时能满足强化采气要求,减少输气摩阻,设计的管径应比开采初期要求的稍大些。部分气井在采气后期出水，如果管径小、阻力大，会影响正常采气。

(3) 集输管网运行好坏直接与采气流程的管理有关。

在采气时把油水分离干净，不应带入集气管线。这就要求在采气井场完成气水分离，防止水翻塔。同时要注意输气管始端压力变化，如发现输气量不变、始端压力上升，则有可能是液体聚积在管线中，应立即采取排液措施，以保持正常输气；如输气中气量未变，始端压力突然下降，则有可能是管线破裂漏气，应沿管线仔细检查，采取堵漏措施。

二、集输管网的计算

（一）通过能力计算

集输管网通过能力的计算与管网形状，沿程有无气体输入或输出，管径的大小，气体的相对密度、压力，以及管线经过地区的水平高差变化等因素有关。

1. 威莫斯公式

该公式适用于距离不长、管径不大的矿区集气管线：

$$Q = 493.58 d^{\frac{3}{8}} \sqrt{\frac{(p_1^2 - p_2^2) \times 10^2}{\gamma_g \overline{T} Z L}} \tag{5-1}$$

式中 Q——管线通过能力，$10^4 \text{m}^3/\text{d}$；
   d——管线内径，cm；
   p_1——管线起点压力，MPa；
   p_2——管线终点压力，MPa；
   γ_g——天然气对空气的相对密度；
   $\overline{T}$——天然气在管线中的平均温度，K；
   Z——天然气的压缩系数；
   L——管线长度，km。

2. 潘汉德公式

该公式适用于中压、管径不大于 350mm 的矿区集气管线：

$$Q = 845 \left[\frac{(p_1^2 - p_2^2) \times 10^2}{\overline{T} Z L} \right]^{0.5394} \left(\frac{1}{\gamma_g} \right)^{0.4606} (d)^{2.6182} E \tag{5-2}$$

式中 Q——管线通过能力，$10^4 \text{m}^3/\text{d}$；
   d——管线内径，cm；
   p_1——管线起点压力，MPa；
   p_2——管线终点压力，MPa；
   γ_g——天然气对空气的相对密度；
   $\overline{T}$——天然气在管线中的平均温度，K；
   Z——天然气的压缩系数；
   L——管线长度，km；
   E——管线效率系数。

E 值可实测，它取决于管线焊缝情况、管壁粗糙度、管线使用年限、管线清洁程度、管径大小等。E 一般小于 1。管径大于 325mm 的管线取 $E=0.90\sim 0.94$；管径小于 325mm 取

$E=0.85\sim0.90$。

潘汉德输气计算公式是在高压大口径输气管道实际统计数据的基础上建立起来的，在计算大口径输气管线流量时精度较高。威莫斯输气计算公式是在天然气输气管线发展初期，管线的管径和输气量较小，气体净化程度低，制管技术低的情况下，统计归纳数据的基础上建立起来的。采用威莫斯输气计算公式计算采气管线流量比用潘汉德输气计算公式计算出的流量更接近实际。因此，对气质条件较差、管径较小的天然气管线，采用威莫斯输气计算公式比较适宜。

（二）强度计算

$$b = \frac{pD}{2\sigma_s F\phi K_t} + c \tag{5-3}$$

式中　　b——管壁最小计算厚度，mm；

　　　　D——管线外径，cm；

　　　　p——管线最大工作压力，MPa；

　　　　σ_s——管线最低屈服强度，MPa；

　　　　F——设计因素，与管线经过地区类别有关，对集气管线取 $F=0.6\sim0.72$；

　　　　ϕ——管子纵向焊缝系数，集气管线多为无缝钢管，$\phi=1$；

　　　　K_t——管材温度减弱系数，与温度有关，当温度在 120℃ 以下时，$K_t=1$；

　　　　c——腐蚀余量，mm，输送中等腐蚀性（含硫化氢为 $1\sim20\text{g}/10^4\text{m}^3$）的天然气：$c=2$，输送腐蚀性（含硫化氢大于 $20\text{g}/10^4\text{m}^3$）的天然气：$c=4$，输送脱硫后的天然气：$c=0$。

（三）管径计算

在已知天然气流量、天然气相对密度、起点压力、终点压力、管线长度时，需计算集气管线直径。根据公式可得：

$$d = 4.09 \times 10^{-2} Q^{\frac{8}{3}} \left(\frac{Z\overline{T}L\gamma_g}{p_1^2 - p_2^2} \right)^{3/16} \tag{5-4}$$

式中　　Q——管线输气量，m^3/d；

　　　　p_1——管线起点压力，MPa；

　　　　p_2——管线终点压力，MPa；

　　　　d——管线内径，cm；

　　　　L——管线长度，km；

　　　　$\overline{T}$——天然气在管线内的平均温度，K；

　　　　γ_g——天然气对空气的相对密度。

（四）起点压力和终点压力计算

当管径确定后，起点压力、终点压力可按式（5-5）与式（5-6）计算：

$$p_1 = [p_2^2 + (3.948 \times 10^{-6} Q^2 \gamma_g Z\overline{T}L)/d^{16/3}]^{0.5} \tag{5-5}$$

$$p_2 = [p_1^2 - (3.948 \times 10^{-6} Q^2 \gamma_g Z\overline{T}L)/d^{16/3}]^{0.5} \tag{5-6}$$

式中物理量含义与前面相同。

三、采气管线的工艺计算

(一) 采气管线通过量计算

采气管线是指从井口至一级分离器之间的管线。该管线输送的天然气是未经分离的天然气，气质差别很大。天然气在井下通常是被水气所饱和，当天然气从井下进入采气管线后，由于温度、压力的变化，饱和水气不可避免地凝析出凝析水，尤其是在气田开采后期，还可能有大量的气田水进入管线。因此，采气管线内天然气的流动常呈气、液两相流。

气、液两相在输气管道内的流动状态极其复杂，很难完全掌握其流动规律，也没有一个世界上公认的高精度计算方法。目前大多采用公式计算，然后根据计算值和介质流动情况进行修正。

当天然气中液体含量小于 $40 cm^3/m^3$ 时，可采用式 (5-7) 计算天然气通过量：

$$Q = 5033.11 d^{8/3} \left(\frac{p_1^2 - p_2^2}{\overline{T} \overline{Z} L} \right)^{0.5} E_p \qquad (5-7)$$

式中 E_p——流量校正系数。

对于水平管道，当天然气流速小于 15m/s 时，流量校正系数 E_p 可用式 (5-8) 计算：

$$E_p = \left(1.06 - 0.233 \frac{q_w^{0.32}}{v} \right)^{-1} \qquad (5-8)$$

式中 q_w——天然气中液体含量，cm^3/m^3；
v——管线中天然气平均流速，m/s。

当管线中天然气流速大于 15m/s 时，可按图 5-9 确定流量校正系数 E_p 的近似值。

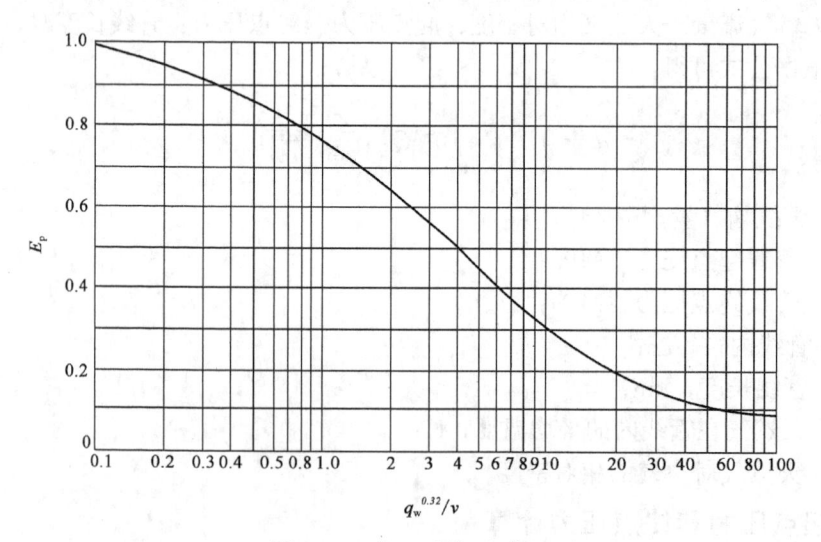

图 5-9 校正系数 E_p 值图

(二) 采气管线的起点压力确定

气井井口的天然气流动压力一般较高，以四川气田石炭系气藏的气井为例，一般都在15~50MPa之间。采气管线起点压力需经节流控制来达到，节流后的压力则要根据气田集气系统的压力来确定。当采气量和管线的终点压力确定后，采管线的起点压力可用式 (5-9) 计算：

$$p_1 = \left(p_2^2 + \frac{4.15 \times 10^{-6} Q^{-6} Z \overline{T} L}{d^{16/3} E_p}\right)^{0.5} \tag{5-9}$$

式中符号含义同前。

(三) 管线沿程压力分布与管线平均压力

1. 管线任意点的压力 p_x

在一水平管线上，设起点为 A，终点为 B，C 为管线上距离 A 为 x 处的任意一点。当起点压力为 p_1，终点压力为 p_2，管线长度为 L，管线输气量为 Q_0，分别给出 AC 和 CB 的流量计算公式。因两段通过的气量相等，即可得到 C 点的压力为：

$$p_x = \sqrt{p_1^2 - (p_1^2 - p_2^2)\frac{x}{L}} \tag{5-10}$$

式中符号含义同前。

用不同的 x 值代入式 (5-10)，就可得到不同点的压力。

2. 输气管线中气体的平均压力 p_{cp}

当管线停止输气时，管线内高压端的气体很快流向低压端，起点压力逐渐降低，终点压力逐渐升高，管线压力逐渐达到平衡。在压力平衡过程中，管线中有一点的压力是不变的，压力不变的这一点称为平均压力点。

平均压力是计算管线压缩系数和管道储气量及其他参数的重要参数。若知道管线的起点、终点压力，即可用式 (5-11) 计算该管线的平均压力 p_{cp}：

$$p_{cp} = \frac{2}{3}\left(p_1 + \frac{p_2^2}{p_1 + p_2}\right) \tag{5-11}$$

利用平均压力可求得在操作条件下气体的平均压缩因子。对于干燥的天然气，用式 (5-12) 计算：

$$Z = \frac{100}{100 + 1.734 p_{cp}^{1.15}} \tag{5-12}$$

对于湿天然气，可用式 (5-13) 计算：

$$Z = \frac{100}{100 + 2.916 p_{cp}^{1.25}} \tag{5-13}$$

不需要精确计算时，可用计算图 5-10 查得。已知管线的起点、终点压力，可求得平均压力；已知平均压力、操作温度和管输天然气的相对密度，可求得满足工程计算要求的天然气压缩因子。

平均压力点距起点的距离为 x_0，可用式 (5-14) 计算：

$$x_0 = \frac{p_1^2 - p_{cp}^2}{p_1^2 - p_2^2} L \tag{5-14}$$

从管线停输到达到平衡的时间为 t，可用式 (5-15) 计算：

$$t = \frac{1}{a} \ln \frac{p_1 + \sqrt{p_1^2 - p_{cp}^2}}{p_{cp}} \tag{5-15}$$

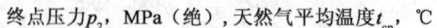

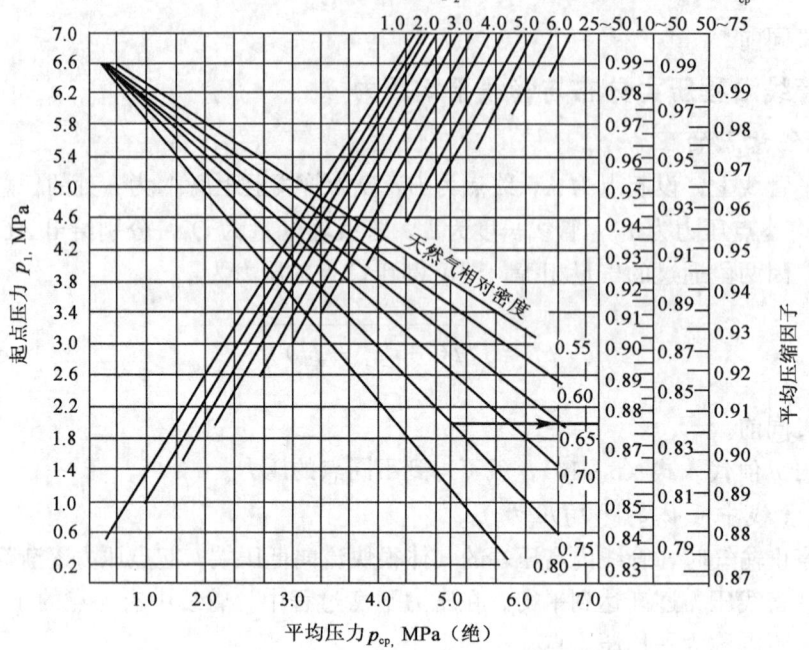

图 5-10 天然气平均压力和压缩因子计算图

$$a = \frac{4}{L}\sqrt{\frac{9.81dZR\overline{T}}{\lambda x_0}} \tag{5-16}$$

式中　λ——摩阻系数。

$$\lambda = \frac{0.009407}{\sqrt[3]{D}} \tag{5-17}$$

式中　D——管线内径，m。

(四) 管道中凝析水量

在气田的采气管线和集气管线很少实现干气输送。当天然气进入集气干线后，由于温度的改变，常有饱和水凝析出来，气体中饱和水含量随温度升高而增加，随压力升高而减少。

天然气刚进入管道时，由于温度较高，压降平缓，温度对凝析水的析出起主导作用，天然气中的饱和水含量处于下降趋势；当气温趋于地温时，温度降低极少，气体的压降就成为气体饱和水含量的主导因素。气体在管道中凝析出的水量可用式 (5-18) 计算：

$$\Delta W = \frac{W_h - W_{min}}{1000}Q \tag{5-18}$$

式中　ΔW——气体在集气管道中凝析出的水量，kg/d；
　　　W_h——气体进入管道时的含水量，g/m³；
　　　W_{min}——气体在凝析停止时的饱和含水量，g/m³；
　　　Q——气体在基准状态下的流量，m³/d。

脱水后的天然气含水量 $W < W_{min}$，管线中不会有水析出。

第三节 采气矿场集输流程

把从气井采出的含有液（固）体杂质的高压天然气变成适合矿场集输的合格天然气从而外输的设备组合称为采气（工艺）流程。采气流程是对采气全过程各个工艺环节之间关系及管路特点的总说明。用图例符号表示采气全过程的图称为采气工艺流程图。

根据气井中采出天然气的性质以及矿场集输的要求，采气流程可分为单井（常温）采气流程、多井（常温）采气流程、低温回收凝析油采气流程等，部分采气流程中还加入天然气脱水工艺。

一、单井（常温）采气工艺流程

在单个采气井井场，安装一套天然气加热、调压、分离、计量和放空等设备的流程称为单井（常温）采气工艺流程，如图 5-11 所示。

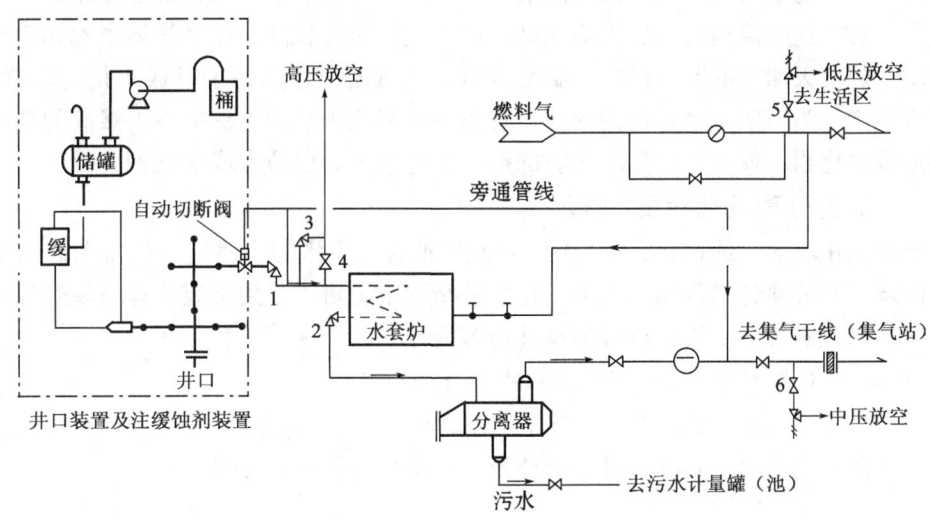

图 5-11 单井（常温）采气工艺流程图
1，2，3—节流阀；4，5，6—放空阀

（一）工艺过程

如图 5-11 所示，从井中采出的天然气经采气树节流阀 1 调压后进入加热设备（水套炉、导管换热器、电热器）加热升温；升温后的天然气经节流阀 2 再一次降压到系统设定压力后进入分离器；在分离器中除去液体和固体杂质，天然气从分离器顶部出口出来进入计量管段，经计量装置计量后，进入集气支线输出。分离出来的液（固）体从分离器下部进入计量罐计量，再分别排入油罐和污水池中。如果气井不产油，则分离出的液体直接排入污水池，经过污水计量，再集中进行处理，而经处理后的污水排放或回注到地层。

对含硫化氢等腐蚀性气体较高的气井，在井口装有缓蚀剂注入装置，以便定期向井内注入缓蚀剂，起到防腐作用；对于含水气井，也可在井口安装注甲醇装置，以便向井中定期、定量注入甲醇，防止水化物的产生。

由于单井站各工艺设备区压力等级不同，为保证采气安全，在工艺设备各压力区（高压、中压、低压）分别安装有安全阀和放空阀，一旦设备超压，安全阀会自动开启泄压，同时启动井口自动切断系统,切断井口气源。

(二) 单井(常温)采气工艺流程的应用

(1) 单井(常温)采气工艺流程适用于气田边远地区的气井。

气田边远地区一般井数较少,如果用多井集气,则集气支线长,耗费管材多。

(2) 用于产水量大的气、水同产井采气。

产水量大的气井必须就地把水分离后输出,如果气、水两相混输,会造成输气阻力增大,导致井口压力升高,产气量下降,严重时可能把气井"憋死",造成水淹停产,同时气、水混输还会加快管线腐蚀。

(3) 便于气田后期低压采气。

由于气井井口压力低,气井生产受到集气干线压力影响,单井采气便于气井生产后期增压开采,保持产气稳定。

二、多井集气工艺流程

把几口单井的采气流程集中在气田某一适当位置进行集中采气和管理的流程,称为多井集气流程,具有这种流程的站称为集气站。由于气体压力较高,而且气体中饱和着水分以及机械杂质,随着天然气的节流调压,温度降低,出现游离水而易于形成水化物,造成冰堵,影响正常生产。为了防止水化物的形成,现场一般采用加热的方法提高天然气的温度,使节流后不形成水化物;或者是预先注入防冻剂,脱除水分,以防形成水化物。

(一) 常温分离的集气站流程

对于含硫化氢低(约在0.5%以下)和凝析油含量不多的天然气,只需在矿场集气站内进行节流调压和分离计量等操作即可。在这种情况下,可以采用常温分离的集气站流程,以实现各气井来天然气的节流调压和分离计量等操作。

1. 气体中不含固体杂质和游离水的集气站流程

图5-12所示的流程适用于气体基本上不含固体杂质和游离水(或者是在井场已对气体进行初步处理)的情况,其特点是二级节流,一级加热,一级分离。

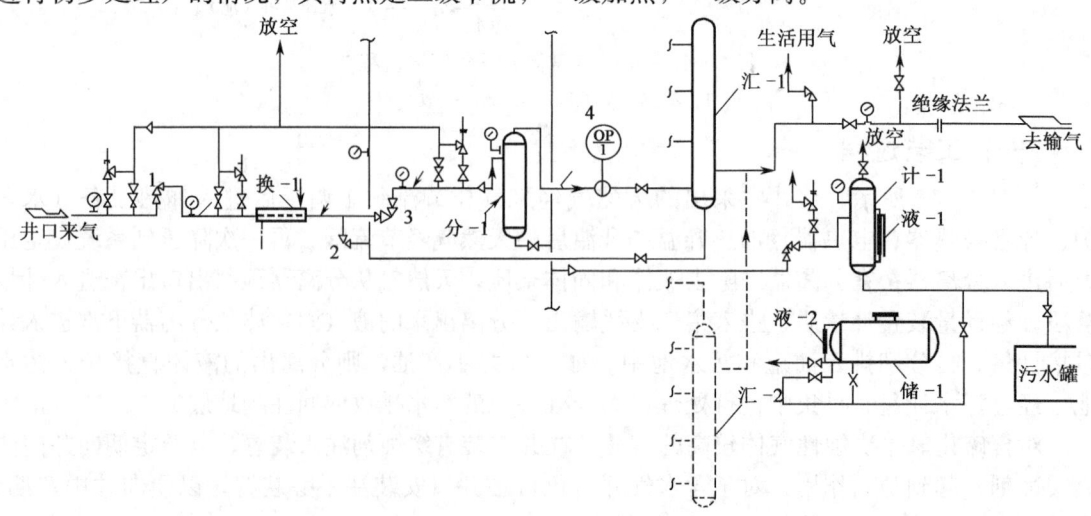

图5-12 多井集气站常温分离工艺流程(一)

液-1,液-2—透光式玻璃板液位计;分-1—分离器;换-1—换热器;汇-1,汇-2—汇管;
计-1—计量罐;储-1—储油罐;1,2,3—节流阀;4—孔板流量计

从图 5-12 可以看出，各个气井都是通过放射状集气管网到集气站集中的。任何一口井的天然气到集气站，首先经过节流阀 1 进行一级节流，把压力调到一定的压力值（以不形成水合物为准），再经过换热器（换-1）加热天然气使其温度提高到预定值，然后经过节流阀 3 进行二级节流，把压力调到规定的压力值。尽管天然气中饱和着水气，但由于经过换热器的加热提高了天然气的温度，所以节流后不会形成水合物而影响生产。经过节流降压后的天然气再通过分离器（分-1）将天然气中所含的固体颗粒、水滴和少量的凝析油脱除，净化后的天然气经孔板流量计 4 测得其流量，通过汇管（汇-1、汇-2）送入输气管线。而从分离器下部将液体（水和凝析油）引入计量罐（计-1），分别计量水和凝析油产量后，凝析油进入储油罐（储-1），污水进入污水罐。

2. 气体中含有固体杂质和游离水的集气站流程

图 5-13 和图 5-14 所示的流程适用于气体中含有固体杂质和游离水较多的情况。其特点是二级节流，一级加热，二级分离。

如图 5-13 所示，从气井来的天然气经分离器前的角式节流阀进行一级节流降压后进入一级分离器（分-1），将气体中含有的游离水和固体杂质分离出来，以免堵塞换热器，增加热负荷；从分离器（分-1）上部出来的气体经换热器把温度提高到预定值后，再通过节流阀进行二级节流，降到规定的压力值，然后进入二级分离器（分-2），将天然气中含有的凝析液和机械杂质等分离掉；最后，净化后的天然气经过流量计到汇管集中，再输入输气管线。从分离器（分-1、分-2）下部出来的液体（水和凝析油）引入计量罐，分别测得其数量后，再将水和凝析油分别引至污水池和储油罐。

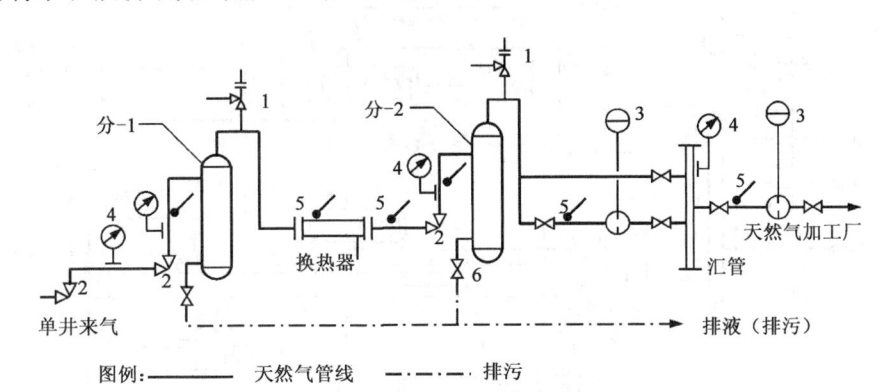

图 5-13 多井集气站常温分离工艺流程（二）
1—弹簧式安全阀；2—角式节流阀；3—流量记录器（附记压力）；
4—压力表；5—工业用水银温度计；6—排污阀

如图 5-14 所示，从气井来的天然气经分离器前的角式节流阀 1 进行一级节流降压后进入一级分离器，将气体中含有的游离水和固体杂质分离掉，以免堵塞换热器，增加热负荷；从分离器 1 上部出来的气体经流量计 2 后进入汇管 1，从汇管出来的天然气进入换热器把温度提高到预定的值后，再通过节流阀 3 进行二级节流，降到规定的压力值；然后进入二级分离器 2，将天然气中含有的凝析液和机械杂质等分离掉；最后，净化后的天然气经过流量计到汇管 2 集中，再经过流量计 4 输入输气管线。从分离器 1 与分离器 2 下部出来的液体（水和凝析油）引入集液罐，分别测得其数量后，再将水和凝析油分别引至污水池和储油罐。

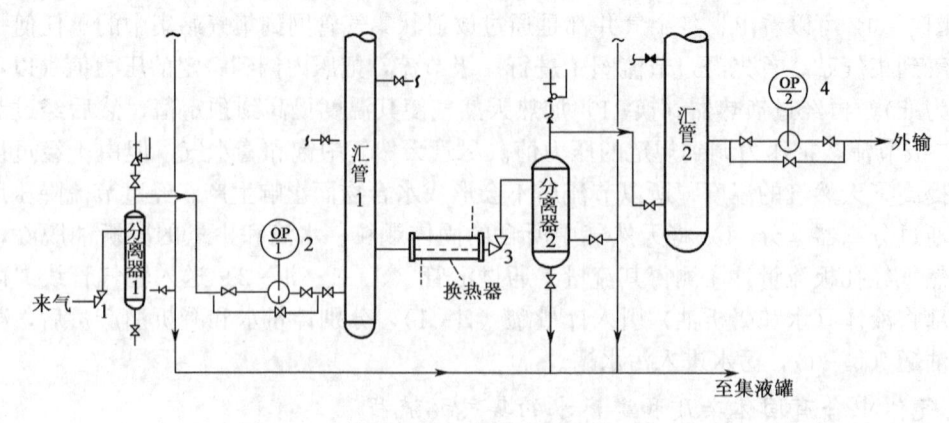

图 5-14 多井集气站常温分离工艺流程（三）

3. 橇装式轮换计量常温分离集气站流程

在井场设有水套炉，天然气经加热、节流降压后输至集气站；在集气站中设有 1 台生产分离器和 1 台单井计量分离器，通过单井计量分离器轮换分离计量，从而减少了分离计量设备；同时，对于分离计量、水套炉、缓蚀剂罐等均采用橇装式，可缩短工程项目设计和施工时间，降低工程费用，提高工程质量，如图 5-15 所示。

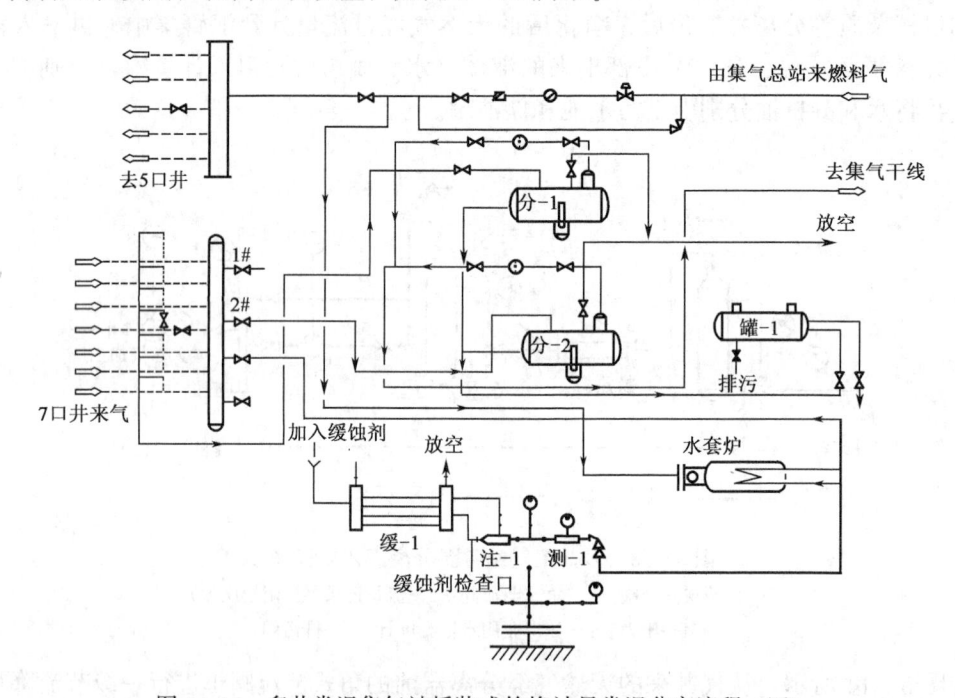

图 5-15 多井常温集气站橇装式轮换计量常温分离流程（四）

如图 5-15 所示，该工艺流程为：假设 2#井天然气进计量分离器（分-2）进行计量，其他 6 口井天然气进生产分离器（分-1）。从计量分离器（分-2）分离、计量后的天然气从分离器上部出来进入集气干线，而从分离器下部出来的液体（水和凝析油）进入罐-1，分别测得其数量后，再将水和凝析油分别引至污水池和储油罐。进入生产分离器（分-1）的天然气经分离后，气体从分离器上部出来进入集气干线，污水和凝析油从分离器下部出来进入罐-1，分别测得其数量后，再将水和凝析油分别引至污水池和储油罐。在分离器上安装有安全阀和放空阀，一旦设备超压，安全阀会自动开启泄压。

图5-16是地处寒冷地区气田集气站轮换分离计量工艺流程，为确保外输时不形成水合物，采用了注醇工艺。天然气在甲醇注入器中与电动比例泵注入的甲醇充分混合，经调压、分离计量后外输。分离器分出的液体物进入三相分离器，分离出的油和甲醇水溶液装车外运。

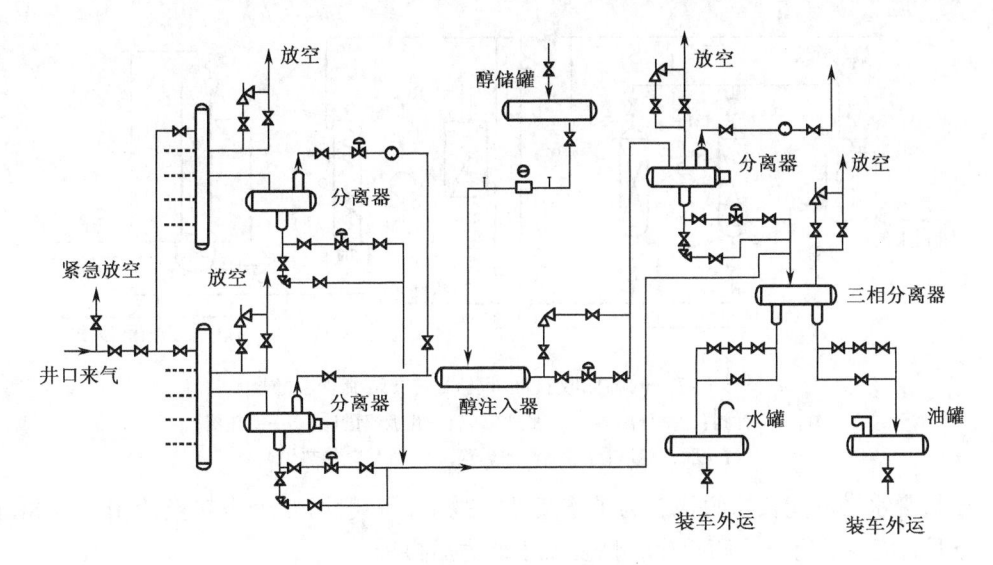

图5-16 多井常温集气站轮换计量流程（五）

4．多井常温分离集气站工艺流程的优点

(1) 管理集中，方便气量调节和自动控制。
(2) 减少了管理人员，节省了管理费用。
(3) 可实现水、电、气和加热设备的一机多用，节省了采气生产成本。

（二）低温分离的集气站流程

对于压力高、产气量大的气井，在气体中除主要组分甲烷外，还含有较高的硫化氢、二氧化碳和凝析油以及水分，宜采用低温分离流程，即集气站用低温冷冻方法先脱除气体中含有的水分和凝析油，再在脱硫厂脱除气体中的硫化氢和二氧化碳，并进行净化气的干燥，使管输天然气的烃露点达到管输标准要求，以防止烃凝液析出而影响管输能力。对含硫天然气而言，脱除凝析油还能避免天然气净化过程中的溶液污染。

1．低温回收石油液化气集气站流程

(1) 工艺流程。

低温回收石油液化气的原理和低温回收凝析油一样，只不过是温度更低，回收的主要成分是丙烷、丁烷。

如图5-17所示，从井口来的天然气经针阀1降压到14MPa进入分离器2除去液体，凝析液从分离器下部排出到集液罐，天然气从分离器上部出来进入分子筛脱水塔3。在脱水塔中分子筛与气流接触，吸附天然气中蒸汽状态的水分，使天然气的露点降低到−80℃以下，保证降压后不会生成水化物。脱水后的天然气经流量计4计量后进入换热器5（换热器是套管式，冷气走壳程，热气走管程，逆流换热），在换热器中，从脱水塔来的热的天然气与来自脱乙烷塔7顶部的冷气换热，温度降低（1～10℃）。降温后的天然气经针阀6猛烈降压（14MPa降到0.6MPa），温度急剧下降（0～10℃降到-60℃左右），使天然气中的丙烷、丁烷以上组分以及少量甲烷、乙烷变成液态。在脱乙烷塔中，液相组分下沉，气相组分上升，在塔中经分离后的冷气从塔顶出来进入换热器的壳程，而沉降到塔底集液段中的液体经蒸汽加热盘管加热，温度升高到60℃左右，使液态甲烷、乙烷重新气化并从塔顶逸出。余下的丙烷以上的重烃组分从塔底放到液化气储罐储存。

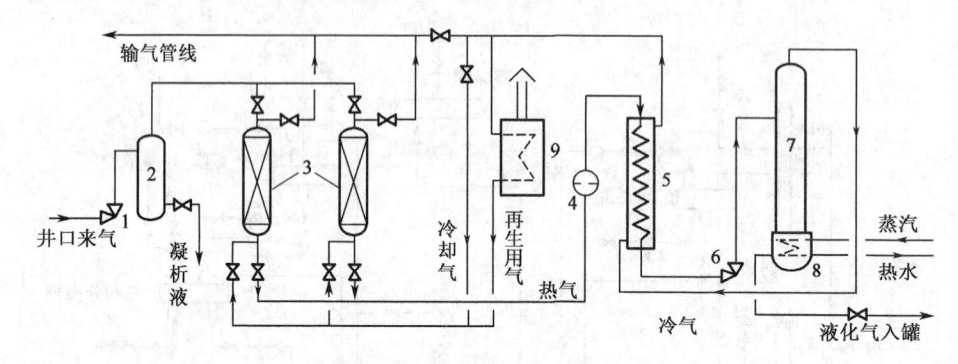

图5-17 低温回收石油液化气集气站流程示意图
1, 6—针阀；2—分离器；3—脱水塔；4—孔板流量计；5—换热器；
7—脱乙烷塔；8—蒸汽加热器；9—天然气加热炉

分子筛脱水塔不能长期脱水。为了连续进行脱水，一般用2个塔轮换使用，每8h倒换1次。停下的塔要进行分子筛再生，恢复脱水能力后再用。

再生分子筛操作时，来自加热炉9的高温天然气从脱水塔底部进入加热分子筛，使分子筛吸附的水分蒸发，然后再用来自换热器壳程的冷气冷却，冷却后的分子筛即可以重新使用。脱水塔的脱水和再生操作是通过控制脱水塔顶部和底部的两个阀门组来实现的。

(2) 低温回收石油液化气集气流程的适用范围。
①天然气含丙烷、丁烷组分高，一般应在3%以上。
②气井剩余压力在10MPa以上，以造成低温。
③气井产量不受限制，只要气中丙烷、丁烷含量高，剩余压力大，即可使用该流程。

2. 低温回收凝析油集气站流程
(1) 工艺流程。
低温回收凝析油流程的特点是充分利用高压气的节流致冷，大幅度地降低天然气温度以回收凝析油。为了防止生成水化物，节流前应注入防冻剂（乙二醇）。

如图5-18所示，气井来气进站后，经一级节流阀节流调压到规定压力，使节流后的气体温度高于形成水合物的温度。气体进入一级分离器（高压分离器）脱除游离液（水、凝析油）和机械杂质，流经流量计后进入乙二醇（防冻剂）混合室，在这里天然气从喷嘴喷出，与从高压计量泵注入的浓度为80%的乙二醇水溶液充分混合，再进入换冷器。在换冷器中，温度高的天然气（从乙二醇混合室出来）与温度低的天然气（从旋风分离器出来）换热，使温度高的气体降温，预冷到规定温度（低于形成水合物的温度），温度低的气体升温。经预冷后的高压天然气在节流阀处节流膨胀，降压到规定的压力值，此时天然气的温度急剧降低到零下。由于温度下降，天然气中的重烃组分（丙烷、丁烷、戊烷及以上组分）变成液态，在第二级分离器（低温分离器）内液态烃类、乙二醇稀释液（富液）被分离出来。脱除了水和凝析油的冷天然气从分离器顶部分成两股引出，一股经阀进入换热器升温，另一股经阀进入换冷器换冷后也经换热器升温,在常温下计量并出站输往脱硫厂进行硫化氢和二氧化碳的脱除。从低温分离器底部出来的冷冻液(未稳定的凝析油和富液)进入集液罐,经过滤后除去固体杂质,进入缓冲罐闪蒸,除去部分溶解气后,凝析油和乙二醇水溶液一起去凝析油稳定装置。在稳定装置中,乙二醇被加热蒸馏、提浓再生后重复使用,凝析油被加热除去轻组分(丙烷、丁烷),稳定后的凝析油输往炼油厂作原料。

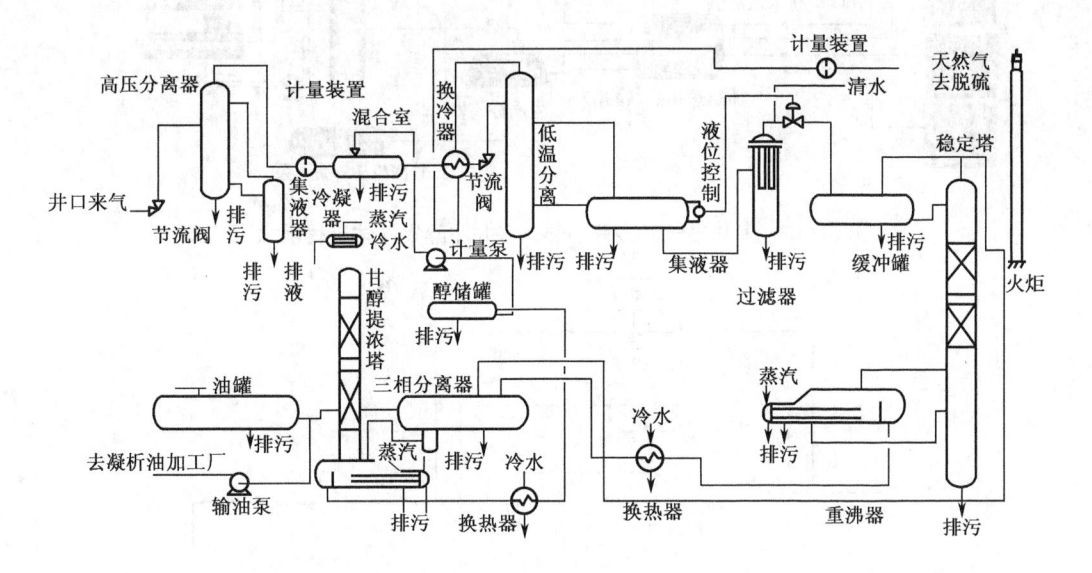

图 5-18 低温回收凝析油集气站流程示意图

(2) 低温回收凝析油集气流程的适用范围。
①天然气中有较高的凝析油含量,一般要求在 $20g/nm^3$ 以上。
②气井有足够高的剩余压力(井口压力减去输气压力),一般在 8MPa 以上。
③有相当的气量,一般在 $70×10^4m^3/d$ 以上。

低温回收凝析油采气流程具有不要外来能源节流致冷,投资少,设备简单,操作方便,经济效益高的优点;单井和多井集气站都可以使用。

三、现场应用流程实例

(1) 多井集气、多井加热、多井注醇集气站流程,如图 5-19 所示。

此生产工艺流程是井口采出的高压天然气经采气管线输入到天然气集气站,集气站采用多井式加热炉加热,提高节流前的天然气温度,防止节流后温度降低而形成水化物,堵塞管路。加热后的高压天然气经针阀节流后,压力降为 5.5MPa 左右,经计量总机关分配后进入生产分离器或计量分离器,将天然气中的凝析油、污水和机械杂物等进行初步分离,再通过站内脱水(三甘醇脱水工艺),计量后外输至集气支线或干线。

各支干线来气到天然气净化厂,经除尘,计量,脱硫、脱碳、脱水处理,达到国家商品气气质指标后外输至各下游用户。

在集气站设高压注醇泵,通过与采气管线同沟敷设的注醇管线向井口和高压采气管线注入甲醇。

(2) 节流制冷,低温分离,前期小站脱水脱烃,后期集中净化流程,如图 5-20 所示。

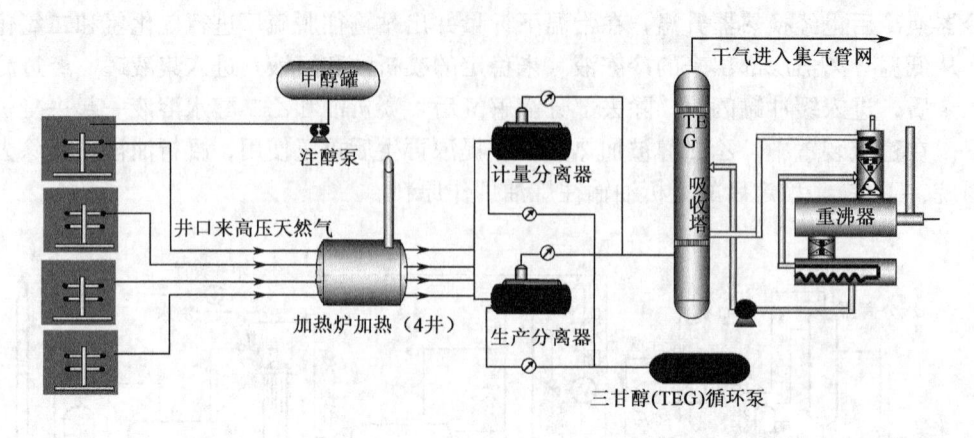

图 5-19 多井集气、多井加热、多井注醇集气站流程示意图

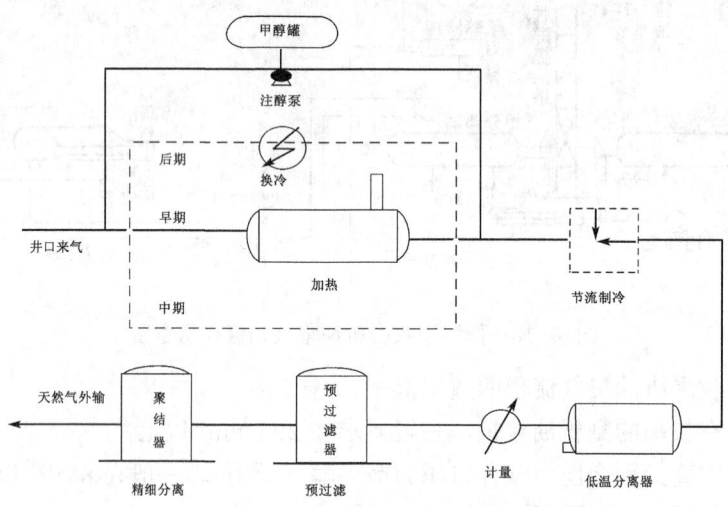

图 5-20 低温集气工艺流程示意图

该流程是井口采出的高压天然气经采气管线输入到天然气集气站。集气站采用多井式加热炉加热，加热后的高压天然气经节流总机关节流后，压力降为 5.0MPa 左右，然后进入生产分离器或计量分离器进行初步分离，再经过预过滤器、气液聚结器深度分离（低温分离工艺），计量后外输至集气支线或干线。

各支干线来气到天然气处理厂，经除尘，计量，脱水、脱烃处理，达到国家商品气气质指标后外输至各下游用户。

（3）井下节流，中低压集气，带液计量，集中处理流程，如图 5-21 所示。

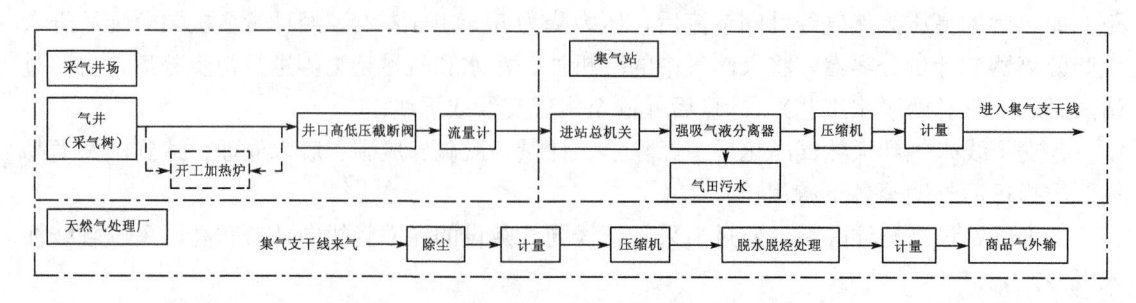

图 5-21 井下节流、中低压集气、带液计量、集中处理工艺流程示意图

— 140 —

此生产工艺流程是针对气井生产初期因压力较高需在井口应用橇装式加热炉进行加热，以防止节流后采气管线中形成水合物；当气井压力降低后，主要依靠井下节流器降低井口天然气压力，达到防止水合物生成并满足中低压集气的要求。井口高低压截断阀可在采气管线超压或失压时及时关井，防止出现安全事故。井口产出的天然气在井口经简易计量后由单井采气管线进入采气干管输到集气站，在集气站内经分离、增压、计量后外输至集气支线或干线。各支干线来气到天然气处理厂，经除尘、计量、增压、脱水脱烃处理，达到国家商品气气质指标后外输至各下游用户。

第四节 天然气脱水工艺流程

从采气井口出来的天然气几乎都为水气所饱和，含饱和水的天然气进入管线常常会造成一系列的问题：在管线中，因为液态水的沉积而增大天然气输气压降导致管线输气效率严重下降；水分与天然气在一定条件下形成水合物影响平稳供气，严重时甚至堵塞整个管路；天然气中所含的腐蚀性介质如二氧化碳和硫化氢溶于游离水，对管道、阀件形成强烈的腐蚀，极大地降低管线所能承受的压力，大大缩短了管线的使用寿命，甚至引发爆管等突发事件，造成天然气大量泄漏和安全事故。水在管道中容易形成水合物，堵塞管道，影响安全生产，所以天然气均采用脱水后再进行集输。

一、天然气脱水方法

天然气脱水方法较多，主要有低温冷凝法脱水、溶剂吸收法脱水、固体吸附法脱水以及化学反应法脱水，比较常用的是溶剂吸收法脱水。

（一）低温冷凝法

低温冷凝法就是指被水饱和的天然气在温度下降到水的露点以下时，天然气中含有的饱和水就会冷凝成液态水析出（天然气在新的温度下仍被水饱和），在分离和取走液态水的情况下，可提高天然气的纯度或降低天然气的压力，天然气就会变成不被水饱和的状态，从而降低了它的气相含水量。由于低温冷凝法需要一定的设施，费用较高，且达到一定的脱水深度相应要求一定的低温条件，因此这个方法很少单独采用。一般为了回收轻烃而采用低温集气工艺时，可以同时应用现有的低温条件来达到脱水的目的，但在降温过程中需采取防止天然气水合物生成的相应措施。

（二）溶剂吸收法脱水

溶剂吸收法脱水是利用某些液体物质不与天然气中的水分发生化学反应，而只对水有很好的溶解能力，且溶水后蒸气压很低，可再生和循环使用的特点，将天然气中的水气脱出。它是目前天然气工业中使用较为普遍的脱水方法，其中，甘醇法是目前世界各国天然气脱水使用最多的方法，包括二甘醇法、三甘醇法和四甘醇法，而被广泛采用的溶剂是三甘醇。

（三）固体吸附法脱水

吸附是指用多孔性的固体吸附剂处理气体混合物，使其中所含的一种或数种组分吸附于固体表面，从而达到分离的目的。吸附作用分两种情况：一种是物理吸附，是固体和气体的相互作用力不强，类似凝缩，引起这种吸附所涉及的力同引起凝缩作用的范德华分子凝聚力相同；另一种是化学吸附，被吸附的气体需要在很高的温度下才能被逐出，且释放出的气体已发生化学变化。物理吸附是一个可逆过程，而化学吸附是不可逆的。

目前用于天然气脱水的多为固定床物理吸附。含水蒸气的天然气通过吸附剂床层时，水蒸气被吸附剂按不同比例所吸附，即含水天然气由上而下流动时，水蒸气被吸附段前边的吸附剂所吸附。随着吸附过程的进行，吸附段沿床层向下移动，直到吸附浓度达到床层出口浓度时，吸附层不再吸附水蒸气，气体中的水蒸气含量进口浓度和出口浓度相等。

用吸附法除去气体中的水蒸气，当吸附剂的吸附达到饱和时，一般要将吸附剂再生后继续使用。升温脱吸是工艺上常用的再生方法，是基于所有干燥剂的湿容量都随温度升高而降低这一特点实现的。通常采用一种经过预热的解吸气体来加热床层，使被吸附物质的分子脱吸，然后再用载体气将它们带出吸附器，这样就可使吸附剂再生。吸附剂再生所需的热量由载体气带入吸附床，一般吸附剂的再生温度为175～260℃。

天然气溶剂吸收法脱水常用三甘醇（TEG）、二甘醇（DEG）作为脱水剂，当然还有一甘醇（EG）和四甘醇（TREG）。由于三甘醇作为脱水剂较其他类型的甘醇具有较大的优越性，应用得最为广泛，因此以下主要讲述三甘醇脱水装置的工艺流程及特点。

二、三甘醇脱水

目前集气站广泛应用的脱水装置是脱水橇，主要有加拿大 PROPAK（普帕克）公司处理量为 $20\times10^4\text{m}^3/\text{d}$、$30\times10^4\text{m}^3/\text{d}$、$40\times10^4\text{m}^3/\text{d}$、$50\times10^4\text{m}^3/\text{d}$、$80\times10^4\text{m}^3/\text{d}$；加拿大 MALONEY（马龙尼）公司处理量为 $40\times10^4\text{m}^3/\text{d}$、$50\times10^4\text{m}^3/\text{d}$；加拿大 TDE 公司处理量为 $40\times10^4\text{m}^3/\text{d}$ 等类型。

(一) 三甘醇脱水的基本原理与三甘醇的性质

三甘醇是直链的二元醇，其通用化学式是 $C_nH_{2n}(OH)_2$；三甘醇（TEG）的分子结构如下：

$$\begin{array}{l} \text{CH}_2\text{—O—CH}_2\text{—CH}_2\text{—OH} \\ | \\ \text{CH}_2\text{—O—CH}_2\text{—CH}_2\text{—OH} \end{array}$$

三甘醇可以与水完全互溶。三甘醇的物理性质见表 5-1。在天然气实行脱水的初期，甘醇脱水法主要采用二甘醇（DEG），20 世纪 50 年代初期，由于三甘醇（TEG）再生贫液浓度可达 98%～99%，露点降达到 33～47℃，因而在天然气脱水中普遍采用三甘醇。其优点是：

表 5-1　二甘醇、三甘醇的物理性质比较

性　质	二甘醇（DEG）	三甘醇（TEG）
分子式	O（CH$_2$CH$_2$OH）$_2$	HO（C$_2$H$_4$O）$_2$C$_2$H$_4$OH
相对分子质量	106.1	150.2
冰点，℃	−8.3	−7.2
闪点（开口），℃	143.3	165.6
沸点（760mmHg），℃	245.0	287.4
相对密度 d_{20}^{20}	1.184	1.1254
折光指数 n_D^{20}	1.4472	1.4559
与水溶解度（20℃）	完全互溶	完全互溶
绝对黏度（20℃），mPa·s	35.7	47.8
汽化热（760mmHg），J/g	347.5	416.2
比热容，kJ/(kg·K)	3.065	2.198
理论热分解温度，℃	164.4	206.7
实际使用再生温度，℃	148.9～162.8	176.7～204.4

(1) 沸点较高（287.4℃，比二甘醇高43℃），可在较高的温度下再生。
(2) 蒸气压较低（27℃时仅为二甘醇的20%），因而损耗小。
(3) 热力学性质稳定。理论热分解温度为206.7℃，比二甘醇高40℃。
(4) 脱水操作外的费用比二甘醇法低。

（二）三甘醇吸收脱水原理流程

三甘醇（TEG）脱水工艺主要由甘醇吸收塔和甘醇再生两部分组成。图5-22是三甘醇脱水工艺的典型流程。含水天然气（湿气）经原料气分离器除去气体中的游离水和固体杂质，然后进入吸收塔。在吸收塔内原料气自下而上流经各层塔板，与自塔顶向下流动的贫甘醇液逆流接触，天然气中的水被吸收成干气从塔顶流出；三甘醇溶液吸收天然气中的水后，变成富液自塔底流出，与再生后的甘醇贫液在换热器中经热交换后，再经闪蒸、过滤后进入再生塔再生。再生后的三甘醇贫液经冷却后流入储罐供循环使用。

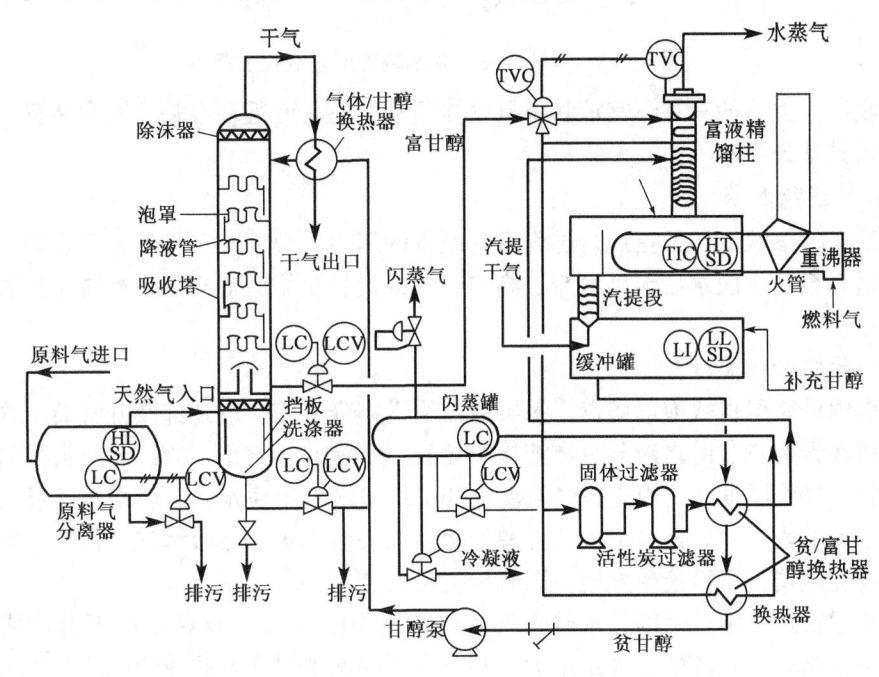

图5-22 三甘醇（TEG）脱水工艺典型流程示意图

（三）常见三甘醇脱水工艺流程

三甘醇脱水装置具体工艺流程如图5-23所示。含水天然气经集气站分离器分离后，在温度为20～30℃，压力为5.00～6.40MPa的条件下进入吸收塔底部，进行再次气液分离。然后自下而上与由塔顶进入的三甘醇贫液逆流接触，天然气中部分饱和水被三甘醇吸收，脱水后的天然气与塔顶贫液盘管即进塔前贫液进行换热后外输至支线、干线。

三甘醇富液从吸收塔的积液箱流出，在富液精馏柱顶部换热后进入闪蒸罐，闪蒸出溶解在溶液中的烃类。然后三甘醇进入缓冲罐内与贫液再次换热，进入固体过滤器和活性炭过滤器过滤掉溶液中的杂质和降解产物。过滤后的三甘醇进入富液精馏柱，然后进入重沸器提浓再生。再生后的三甘醇贫液进入缓冲罐，经泵送经干气—贫液换热器后进入吸收塔顶部，完成三甘醇的再生循环过程。

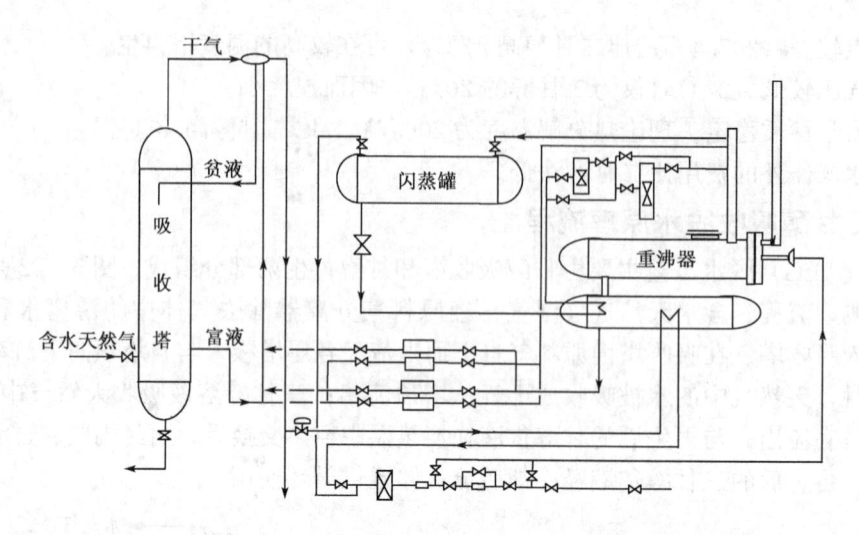

图 5-23　橇装天然气脱水装置工艺流程示意图

由吸收塔压力下的三甘醇富液和少量气体驱动的三甘醇循环泵是该脱水装置的"心脏"，其工作无需其他外界动力。

1. 脱水运行参数

脱水橇运行参数主要是指运行过程中各设备的压力、温度及三甘醇循环量等，如果参数设置不合适，会产生脱水后天然气露点高、三甘醇消耗量增大等现象，严重影响脱水橇的正常经济运行。

(1) 吸收塔操作温度及压力。

吸收塔内设 8 层板式泡罩塔盘，每层塔盘均设有降液管，塔顶部及升气筒下均设有丝网捕雾器，塔底设有三甘醇贫液与分离液换热盘管，贫液与干气出口管线设有换热管路。

①吸收塔操作温度主要由进塔气流温度和进塔贫液温度决定。吸收塔温度过高，会影响天然气脱水后的露点值，还会造成三甘醇的蒸发损失量增大；吸收塔温度低，三甘醇黏度增大，脱水性能减弱，且溶液易发泡，同时损失量也会增大。

在现场运行过程中，个别脱水橇吸收塔温度在 10℃ 以下，这种情况下会造成天然气脱水后露点不合格，三甘醇的损失量增大，甚至出现脱水橇塔底换热盘管冻堵的现象。针对此现象，应根据现场实际情况对其他运行参数进行调整，以提高吸收塔的操作温度。在运行过程中吸收塔温度控制在 20℃ 左右为最佳。

②吸收塔的压力是影响脱水橇运行、原料气脱水露点值的参数之一。吸收塔塔压与脱水效果有密切关系，当脱水橇处理气量相同时，吸收塔压力控制低，原料气进入脱水橇流速相对较快，与三甘醇接触的时间短，影响脱水效果；当吸收塔压力较高时，原料气进入脱水橇的流速相对较慢，原料气与三甘醇溶液的接触时间相对较长，可提高脱水效果。

(2) 重沸器温度。

重沸器是三甘醇再生系统的一部分，它采用常压火管加热再生工艺，通过火管加热三甘醇富液至 200℃ 左右来蒸发掉其中的水分，达到三甘醇再生的目的。三甘醇的热分解温度为 206.7℃，再生温度为 176.7～202℃，据文献介绍，三甘醇在 190～202℃ 再生效果最佳。为了使三甘醇充分再生，提高它的脱水效果，同时防止三甘醇裂解，应将温度控制在此范围内。因此，在生产运行过程中，重沸器温度控制在 190～202℃ 之间，最高不超过 204℃。

重沸器温度控制过低将会导致三甘醇再生效果不好；温度控制过高，一方面会造成三甘醇受热裂解，影响三甘醇的脱水效果并增加三甘醇的损耗，另一方面将增大燃料气的消耗。这些因素都将造成脱水运行成本的增加。

影响脱水橇重沸器温度的主要因素有燃料气燃烧效果、重沸器本体的传热效果及温度控制器的灵敏度。通过对这些影响因素的共同调节，使重沸器温度控制在规定范围内，以保证三甘醇达到最佳的再生效果。

(3) 三甘醇循环量。

三甘醇的循环量是由泵次决定的。三甘醇循环泵是由吸收塔压力下的甘醇富液和少量气量驱动的双作用泵，是脱水系统的"心脏"，现场采用的主要是9015PV、21015PV、45015PV系列KIMARY循环泵。根据脱水橇型号的不同，配套的循环泵型号也不同；同时，处理气量不同，采用的三甘醇循环量也不同。

三甘醇循环量是脱水橇脱水效果的决定性因素之一。三甘醇循环量太低，天然气中的水分不能完全脱除；三甘醇循环量过高，将导致重沸器的热负荷、燃气量及三甘醇损耗率增大。三甘醇的循环量需要根据理论计算和现场露点检测情况、三甘醇损耗情况进行调整，使三甘醇循环量控制在最佳状态，这样才能保证脱水橇正常、平稳、经济运行。

(4) 闪蒸罐温度与压力。

三甘醇溶液在吸收塔的操作压力和温度条件下除了吸收湿天然气中的水蒸气外，还会吸收少量的天然气，尤其是包括芳香烃在内的重烃。而烃类在三甘醇内的溶解量与压力有关，压力越高，溶解量越大。闪蒸罐的作用是在低压下分离出三甘醇富液中吸收的这些烃类气体，以去除三甘醇中的烃类，减少三甘醇损失量，降低溶液发泡量。闪蒸罐的操作压力为0.317~0.62MPa，设计操作温度为80℃，溶液液位控制在50%，在罐内的停留时间为10min。

由于富液进闪蒸罐前的换热工艺流程不同，在现场应用过程中闪蒸罐温度控制达不到设计的80℃，现场实际操作一般在30~40℃条件下运行稳定。根据现场实际情况以及脱水橇型号，闪蒸罐压力一般设置为0.40~0.50MPa，压力设置主要是为保证闪蒸后的富三甘醇溶液有足够的压力流过过滤器及三甘醇换热器等设备。如果闪蒸罐压力高于设置压力，就会通过减压阀自行排放泄压；如闪蒸罐压力低于设置压力，则三甘醇富液就没有足够的能量流过过滤器等设备，闪蒸罐液位会越来越高，直至罐内充满溶液，此时三甘醇窜入仪表供风系统，导致部分仪表工作失灵，甚至三甘醇进入燃气管线在重沸器内燃烧，严重影响脱水橇的安全、平稳运行。针对此种情况，现场运行中应严格控制闪蒸罐压力，确保脱水系统的正常运行。

脱水橇运行参数的合理控制对脱水橇平稳运行意义重大。在实际工作中，只要将脱水橇的参数控制在规定的范围内，就可以避免参数因素对脱水橇运行的影响。

2. 三甘醇再生工艺流程

在三甘醇脱水工艺中，其吸收部分大致相同，不同的是三甘醇的再生部分。一直以来三甘醇脱水工艺的改进均以提高三甘醇贫液浓度、提高露点降为目的。提高三甘醇贫液浓度的方法主要有以下3种：

(1) 减压再生。减压再生是降低再生塔的操作压力，以提高三甘醇溶液的浓度。此法可将三甘醇提浓至98.5%（质量分数）以上。但减压系统比较复杂，限制了该方法的应用。

(2) 气体汽提。气体汽提是将三甘醇溶液同热的汽提气接触，以降低溶液表面的水蒸气分压，使三甘醇溶液提浓到98.5%（质量分数）以上。此法是目前三甘醇脱水工艺中应用较多的再生方法，其流程如图 5-24 所示。为防止汽提气产生污染，含有汽提气的再生气被引入一小型灼烧炉灼烧后排空。

(3) 共沸再生。该方法采用共沸剂与三甘醇溶液中的残留水形成低沸点共沸物而气化，从再生塔塔顶流出，经冷凝冷却后，进入共沸物分离器分离，除去水后共沸剂再用泵打回重沸器。共沸剂应具有不溶于水和三甘醇，与水能形成低沸点共沸物，无毒，蒸发损失小等特性，最常用的是异辛烷。共沸再生流程如图 5-25 所示。

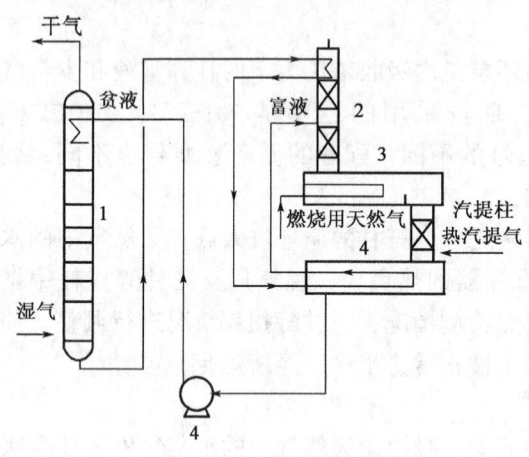

图 5-24 汽提再生流程示意图
1—脱水吸收塔；2—精馏柱；3—重沸器；5—三甘醇循环泵

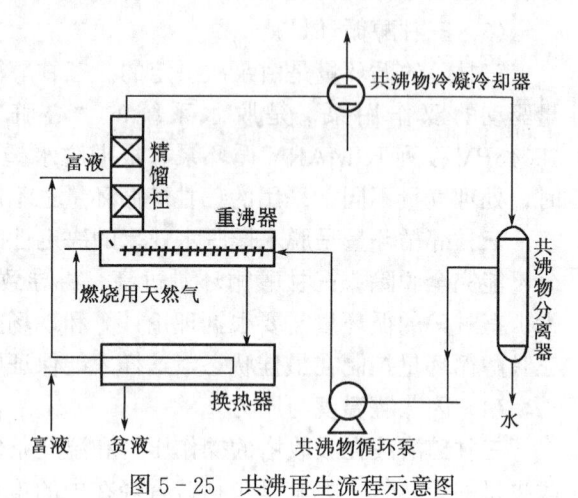

图 5-25 共沸再生流程示意图

三、分子筛吸附法脱水工艺流程

(一) 工艺过程

天然气吸附法脱水装置为固定床吸附塔。为了保证生产的正常运行，一般至少需要 2 个吸附塔，常采用的流程是双塔（图 5-26）或三塔流程。在双塔流程中，一个塔进行脱水操作，另一个塔进行吸附剂的再生和冷却，然后切换操作。在三塔流程中，一般是一塔脱水，一塔再生，另一塔冷却。

图 5-27 所示为吸附法脱水典型流程。原料气自上而下流过吸附塔，脱水后的干气去轻烃回收装置。吸附操作进行到一定时间后，进行吸附剂再生，再生气可以用干气或原料气，将气体在加热器内用蒸汽或燃料气直接加热，加热到一定温度后进入吸附塔再生。

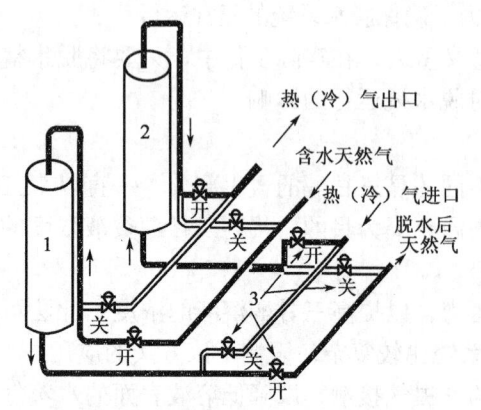

图 5-26 吸附法脱水双塔运行图

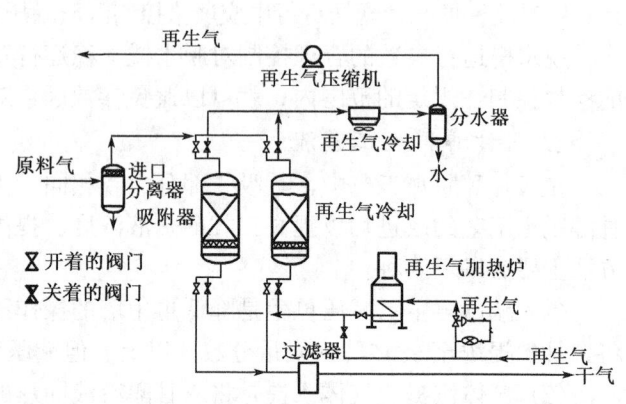

图 5-27 吸附法脱水典型工艺流程示意图

当床层出口气体温度升到预定温度后,再生过程完毕。此时将加热器停用,再生气经旁通入吸附塔,用于冷却再生床层。当床层温度冷却到要求温度时,又可开始下一循环的吸附。

吸附塔操作时,塔内气体流速最大,气体从上向下流动,这样可使吸附剂床层稳定,不会发生震荡。再生时,气体从下向上流动,它可以脱除靠近进口端被吸附的物质,不使其流过整个床层;同时可使床层底部干燥剂得到完全再生,提高天然气流出床层时的脱水质量。

(二) 工艺参数

吸附法脱水工艺主要由吸附和再生两部分工艺流程组成,它的操作参数因原料气组成、气体露点要求、吸附工艺特点不同而不同。

1. 吸附工艺

(1) 操作压力:压力对干燥剂湿容量影响较小,它主要由轻烃回收工艺系统压力而定,在生产过程中应达到压力平稳,避免波动。

(2) 操作温度:为了使吸附剂能保持高湿容量,除分子筛外,其他各种吸附剂生产温度不宜超过38℃,最高不能超过50℃,原料气温度不能低于其水化物形成温度。

(3) 吸附剂使用寿命:吸附剂使用寿命取决于原料气的性质和吸附生产情况,一般为1~3a。

2. 再生工艺

(1) 操作周期:吸附法脱水装置一般是在达到转效点时进行吸附塔的切换,周期时间一般为8h,有时也可采用16h或24h。当要求干气露点较低时,对同一吸附塔可采用较短的操作周期。

当装置中处理气量、进口湿气和出口干气露点确定后,生产周期主要取决于吸附剂的填装量和湿容量。

(2) 再生温度:为了提高吸附剂再生后的湿容量,可采取提高再生温度的方法,但温度过高会缩短吸附剂的有效使用寿命。一般再生温度为175~260℃,分子筛再生温度一般为200~300℃。

(3) 再生气流量:再生气一般采用干气,它的流量应能满足在规定时间内将再生吸附剂提高到规定温度,并由操作条件确定,一般为原料气流量的5%~15%。

(4) 再生时间:一般使再生吸附器出口气体温度达到预定再生温度所需要的时间为总周期的65%~75%,床层冷却所占时间为25%~35%。

(5) 冷却:为了将再生后的吸附床层冷却到正常操作温度,需要通冷却气进行冷却。此时应将再生气加热器关闭,再生气继续通入吸附塔作冷却气使用,其流量一般与再生时相同。当冷却温度达到50℃左右时,再生操作结束,吸附塔转入吸附操作。

第五节 集气站的增压与清管

一、集气站的增压

在天然气开发和输送过程中,随着天然气的不断采出,气井压力逐渐降低,当气井的井口压力低于输气压力时,气井难以维持正常生产。为了充分利用能源,确保合理开发气田,提高天然气采收率,当气田(气井)的压力降低后,应该在天然气集输管网增设增压设备,对天然气增压,以降低气井井口的回压,维持气井正常生产,保证天然气正常输送。

天然气增压输送就是把低压气田(气井)或经过开采和输送降压的天然气,通过增压设备提高压力后输往目的地的方法。

(一) 气田天然气的增压方法

1. 机械增压法

机械增压法所使用的设备是天然气压缩机。压缩机在原动机的驱动下运转,将天然气引入压缩机,在压缩机转子或活塞的运转过程中,通过一定的机械能转换和热力变换过程使天然气的压能增加,从而达到增压的目的。

2. 高、低压气压能传递增压法

高、低压气压能传递增压法所使用的设备是喷射器(也称增压喉),该方法是用高压天然气通过喷射器,以很高的速度喷出,并把在喷射器喷嘴前的低压气带走,即根据高压气引射低压气的原理使低压气达到升压的目的。

它的特点是不需外加能源,结构简单,喷嘴可更换调节,操作使用方便;但该方法效率低,且需高、低压气层同时存在并同时开采才能使用。

(二) 集气增压站工艺流程

气田增压站的设置通常分为推式和拉式两种。推式设置法增压站一般设置在气井井场,天然气在井场经压缩升压后送入采气管线;拉式设置法增压站设在多井集气站或集气总站,天然气在集气站或集气总站经压缩升压后送入集气支干线或输气管线。

气田集气增压站的工艺流程必须满足压气站的基本工艺流程,即分离、加压和冷却等工艺。当天然气经压缩后温度不超过防腐绝缘层的温度限制且所产生的热应力压力损失在允许范围内时,可不进行冷却。为了适应压缩机的启动、停车、正常操作等生产要求,以及考虑事故停车的可能性,在工艺流程上还必须考虑天然气的"循环"。

图5-28为装设两台往复式压缩机组(燃气发动机)的气田增压站单级增压流程示意图。此流程适用于无硫化氢和二氧化碳的天然气气田。若天然气为酸性气体,燃气发动机和燃料气源应与气田低压气分开,采用经净化的天然气作为燃料;若采用电动机驱动,则取消燃料气部分。

压缩机进、出口连通,称为小循环;压缩机出口气体经冷却、节流降压后再返回压缩机进口,称为站内"大循环"。根据工艺要求,有时只设置小循环,而有时因单级增压不能满足输气压力要求时,需要进行二级甚至三级增压,同时还要考虑设置天然气调压、计量、安全保护、放空等设施。此外,还要有正常运转必不可少的辅助设备,如燃料系统、仪表控制系统、冷却系统、润滑系统、启动系统等。

1. 离心式压缩机增压站工艺流程

离心式压缩机增压站工艺流程可概括为串联流程、串并联流程和并串联流程3种基本形式,如图5-29所示。这些流程用来适应不同的压比、流量和机组的选择条件。

图5-30为双级压缩、两组并联运行的离心式压缩机增压站工艺流程图。共有5台压缩机,左右各2台为一组,每组2台串联运行,中间1台为备用压缩机,可代替任意一组中的任意一台压缩机工作。

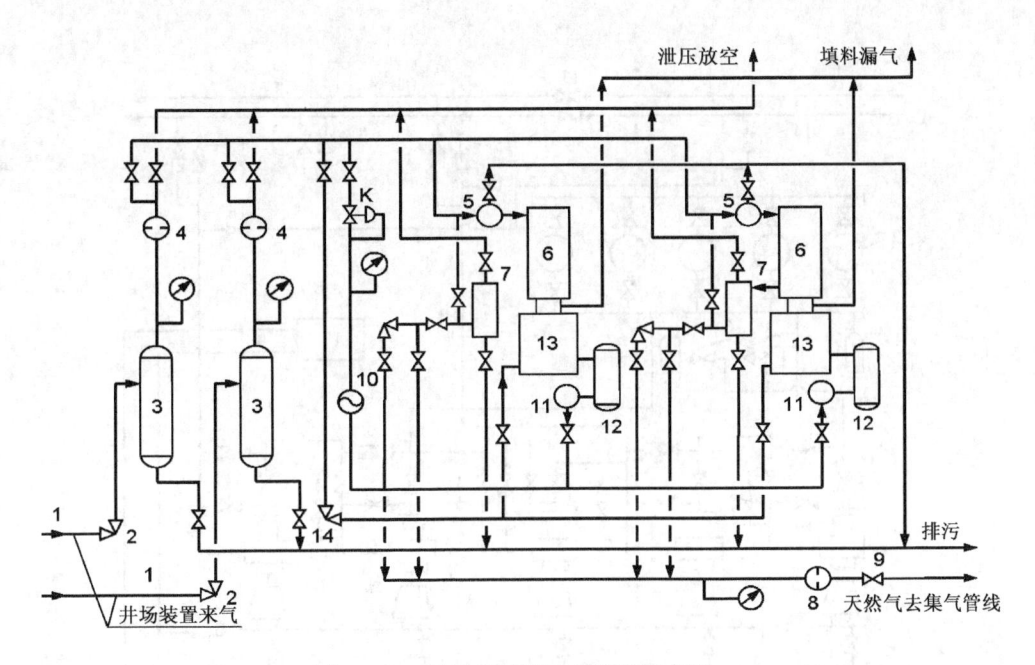

图 5-28　气田增压站工艺流程示意图

1—从井场装置来气管线；2—进站气体压力控制阀；3—气液分离器；4—气体流量计；
5—气体精细过滤分离器；6—活塞式压缩机；7—冷却器；8—压缩机出口气体总计量；
9—出站气体截断阀；10—燃料气计量表；11—燃料气过滤分离器；12—燃料气缸；
13—燃气发动机；14—启动气体压力控制阀

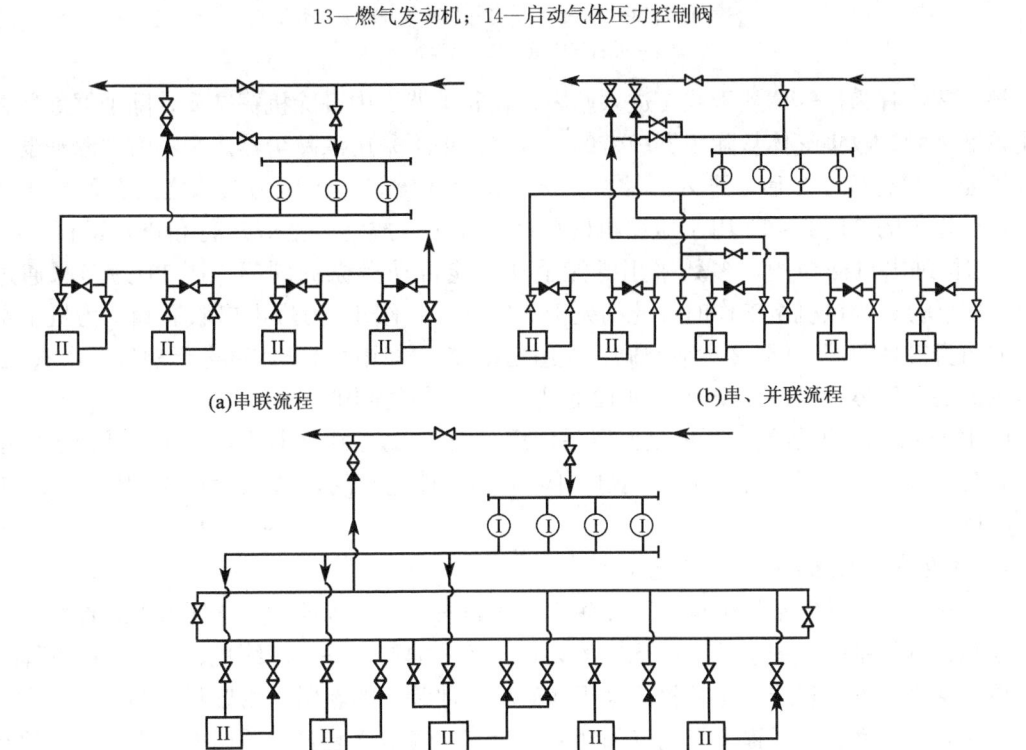

(a)串联流程

(b)串、并联流程

(c)并、串联流程

图 5-29　离心式压缩机增压站流程类型

Ⅰ—除尘器；Ⅱ—离心式压缩机

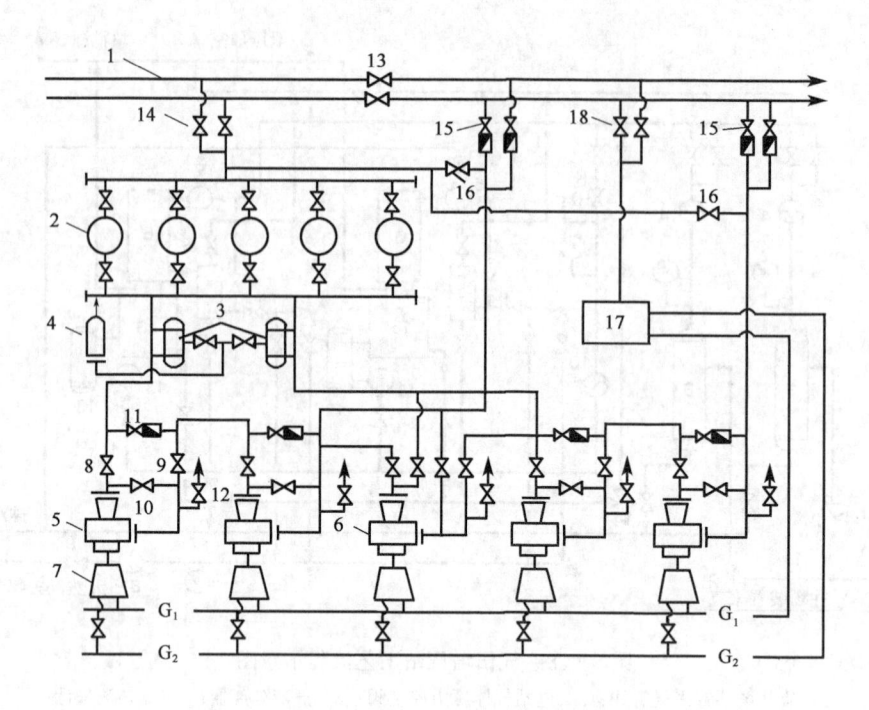

图 5-30 离心式压缩机增压站工艺流程图

1—干线输气管；2—除尘器；3—除油器；4—集油器；5—离心式压缩机；6—备用压缩机；
7—燃气轮机；8～18—阀门；17—燃料气和启动气调压器
G_1—燃料气管道；G_2—启动气管道

该工艺流程为：气体从干线 1 进入站内，在脱尘器 2 中脱除机械杂质，除油器 3 装在油除尘器 2 之后，收集气体从除尘器中带的油雾（如果不采用油除尘器，则不需要除油器 3 和集油器 4）。气体除尘之后，进入压缩机，进行两级压缩，达到压力要求之后又回到干线输气管；流程中的阀门 8～12 用于压缩机的启动、停车、放空、空载运行和正常运行。阀 8、9 是压缩机进出口截断阀，多数采用既能手动又能自动操纵的阀门；阀 11 为串联通过阀（又称转气阀），当该机组工作时，此阀处于关闭状态；阀 10 为进出口联通阀，为机组空载运行时自身循环而用；阀 12 为放空阀，机组启动前，从阀门 8 充入部分天然气，由阀 12 排出机内的混合气体，以保证安全；阀 12 也可于停机后放空用。

阀 13～16 为压缩机站与干线之间联系使用，阀 13 为干线切断阀，当压气站处于停运状态时，打开阀 13，气体从干线直接通过；阀 14 为气体进站阀，阀 15 为出站阀，阀 16 为站内循环阀。

2. 往复式压缩机增压站工艺流程

往复式压缩机增压站的机组采用并联流程，如图 5-31 所示。天然气由干线首先进入除尘器脱除天然气中的机械杂质，净化后的天然气经分配汇管进入压缩机，压缩后的气体又经压缩机汇管进入下游管线。压缩机原动机和站场其他装置的燃料气由燃料气调节点提供。机组用压缩空气启动。为了提高发动机的功率，设有空气增压装置，适当提高进入气缸的空气压力。空气增压装置的动力来自一个用发动机废气热能推动的气体涡轮。机组的启动空气由专门的空气压缩机系统提供。

往复式压缩机增压站的冷却水系统由闭环（热循环）和开环（冷循环）构成。闭环用软

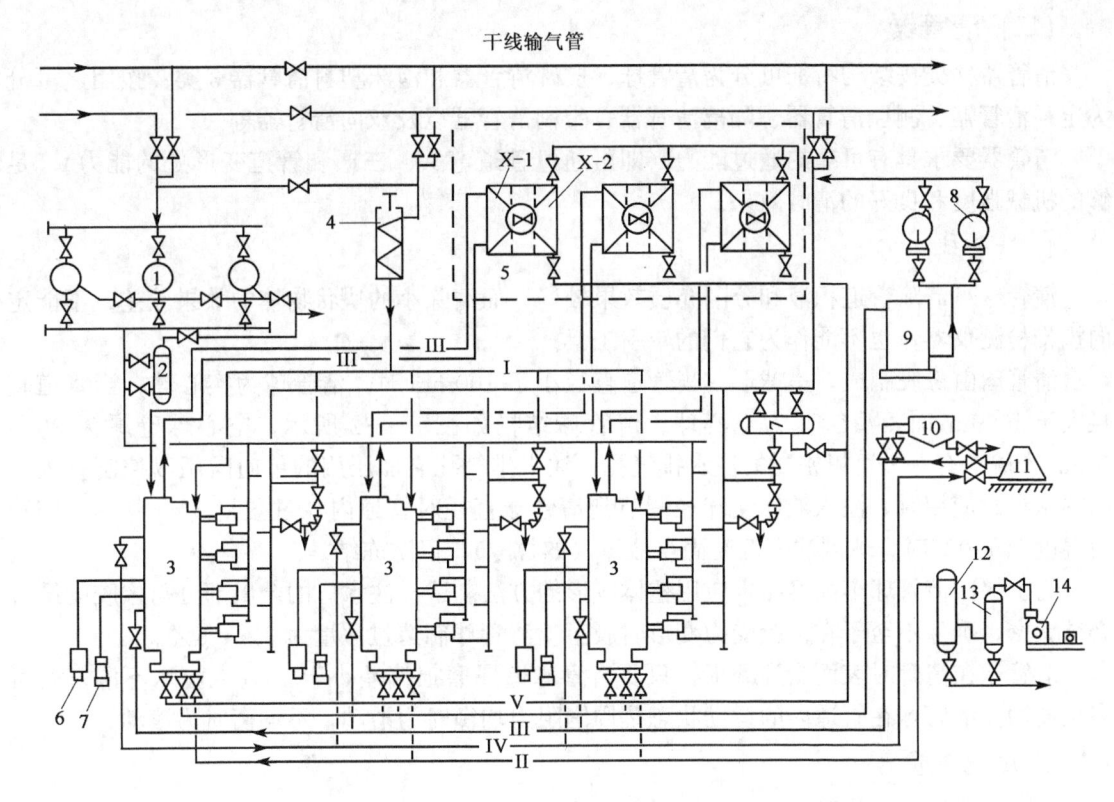

图 5-31 往复式压缩机增压站工艺流程图

Ⅰ—燃料器；Ⅱ—启动空气；Ⅲ—净润滑油；Ⅳ—用过的润滑油；Ⅴ—热循环水

1—除尘器；2—除油器；3—往复式压缩机；4—燃料气调压器；5—空气通风机；6—排气消声器；7—空气滤净器；
8—离心泵；9—热循环膨胀箱；10—油箱；11—滤油机；12—启动空气罐；13—分水器；14—空气压缩机
X-1—润滑油的空气冷却器；X-2—热循环水的空气冷却器

水或蒸馏水，开环水冷却闭环水和润滑油冷却器，在安装着闭环水冷却器的冷却塔塔顶间循环。另一部分水由塔底用泵输往压缩机润滑油冷却器，然后从那里返回塔顶。图 5-31 中的开环冷却系统由空气冷却装置代替。

主要运转部件的润滑油分别由齿轮泵和润滑机输送。齿轮泵由曲轴带动，把曲轴箱的润滑油经过滤器和冷却器送到机组轴承上；动力气缸、压缩机气缸、活塞杆密封函等部分的润滑油由润滑机输送，污油用专用油泵定期输往再生装置处理，而净油则由消耗油箱经配油管线输送给压缩机。

二、集气站的清管

(一) 清管的目的

(1) 清除管线低洼处积水，使管内壁避免发生电解质的腐蚀，降低硫化氢和二氧化碳对管道的腐蚀，避免管内积水冲刷管线引起的管线减薄，从而延长管道的使用寿命。

(2) 改善管道内部的光洁度，减少摩阻损失，增加天然气通过量，从而提高管道的输送效率。

(3) 扫除输气管道内存积的腐蚀产物，并进行管内检查。

(二) 清管器

清管器种类按结构特征可分为清管球、皮碗清管器和泡沫塑料清管器3类；按用途可分为定径清管器、测径清管器、隔离清管器、带刷清管器以及双向清管器等。

清管器要求具有可靠的通过能力（即可通过管道弯头、三通和管道变形处的能力）、足够的机械强度和良好的清管效果。

1. 清管球

清管球对清除管道积液和分隔介质效果较好，而清除小的块状物体的效果较差，不能定向携带检测仪器，也不能作为它们的牵引工具。

清管球由橡胶制成，呈球形。当管道直径小于100mm时，清管球为实心球；当管道直径大于100mm时，清管球为空心球。清管球结构如图5-32所示，空心球壁厚为30～50mm，球上有一个可以密封的注水排气孔，注水排气孔有加压用的单向阀用以控制打入球内的水量。使用时，注入液体使球径调节到清管球直径对管道内径过盈量5%～8%。当管道温度低于0℃时，球内注入低凝固点液体（如甘醇），以防冻结。

为了保证清管球牢固可靠，应用整体成形的方法制造。注水口的金属部分与橡胶的结合必须紧密，确保不至于在橡胶受力变形时脱落。清管球制造过盈量为2%～5%。

清管球在清管时表面受到磨损，只要清管球壁厚磨损偏差小于10%或注水不漏，就可多次使用。清管球在管道内的运动状态是周围阻力均衡时为滑动，不均衡时为滚动。

2. 皮碗清管器

皮碗清管器结构如图5-33所示，由一个刚性骨架和前后两节或多节皮碗构成。它在管内运行时保持着固定的方向，所以能够携带各种检测仪器和装置。清管器的皮碗形状是决定清管器性能的一个重要因素，皮碗的形状必须与各类清管器的用途相适应。

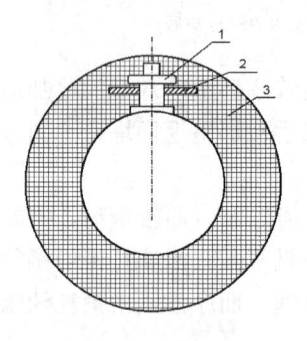

图5-32 清管球结构示意图
1—气嘴（拖拉机内胎直气嘴）；
2—固定岛（黄铜H62）；
3—球体（耐油橡胶）

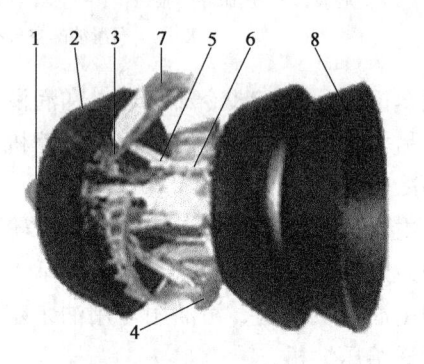

图5-33 皮碗清管器结构示意图
1—支撑盘；2—球面皮碗；3—臂；
4—钢刷；5—拉紧螺栓；6—弹簧；
7—刮板；8—堵胶碗

皮碗清管器按功能分为定径清管器、测径清管器、隔离清管器、带刷清管器和双向清管器等；皮碗清管器按皮碗形状可分为平面、锥面和球面3种。按照耐酸、耐油性和强度需要，皮碗清管器的材料可采用天然橡胶、丁腈橡胶、氢丁橡胶和聚氨酯类橡胶。

平面皮碗的端部为平面，清除固体杂物的能力最强，但变形较小，磨损较快。锥面皮碗和球面皮碗能很好地适应管道的变形，并能保持良好的密封；球面皮碗还可以通过变径管，但它们容易越过小的物体或被较大的物体垫起而丧失密封。这两种皮碗寿命长,夹板直径小,不易直接或间接地损坏管道。

皮碗清管主体部分的直径小于管道内径,唇部对管道内径的过盈量取2%~5%。

3. 泡沫塑料清管器

泡沫塑料清管器是表面涂有聚氨酯外壳的圆形塑料制品,外貌呈炮弹形,如图5-34所示。头部为半球形或抛物线形,外径比管线内径大2%~4%,尾部呈蝶形凹面,内部为塑料泡沫,外涂强度高、韧性好且耐油性较强的聚氨酯胶。它是一种经济的清管工具,与刚性清管器比较,它有很好的变形能力和弹性;在压力作用下,它可与管壁形成良好的密封,使清管器前后形成压差,推动清管器向前运行;沿清管器周围有螺旋沟槽或圆孔,可保证清管器体内充满液体而不致被压瘪;带有螺旋沟槽的清管器在运行时由螺旋沟槽产生分力,使其旋转前进,故清管器磨损均匀。泡沫塑料清管器具有回弹能力强、导向性能好、变形率可达40%以上等优点,能顺利通过变形弯头、三通及变径管,不会对管道造成损伤,尤其适用于清扫带有内壁涂层的管道。该清管器通过后,能判断出管内的结垢和堵塞情况。

图5-34 聚氨酯泡沫塑料清管器

(三) 清管器在输气管线中的运行规律

(1) 清管球在管内的运行速度主要取决于管内阻力(污物与摩擦阻力)大小、输入与输出气量的平衡情况及管线经过地带、地形等因素。球在管内运行时,可能时而加速,时而减速,有时甚至暂停后再启动运行。

(2) 在管内污水较少和球的漏气量不大的情况下,球速接近于按输气量和起点、终点平均压力计算的气体流速,推球压差比较稳定,也不随地形高差变化而变化。这是因为污水较少时球的运行阻力变化不大,球运行压差较小,球速与天然气流速大体相同。

(3) 球在污水较多的管段运行时,推球压差和球速变化较大,并与地形高差变化基本吻合,即上坡减速,甚至停顿增压,下坡速度加快。这是因为推球压差是根据地形变化自动平衡的。

(四) 清管设备的组成

清管设备主要部分有清管器收发筒和盲板,清管器收发筒隔断阀,清管器收发筒旁通平衡阀和平衡管线,连接在装置上的导向弯头、线路主阀,此外还包括清管器通过指示器、放空阀、放空管和清管器接收筒排污阀、排污管道以及压力表等,其中,收发筒及其快开盲板是收发装置的主要构成部分。

1. 收发筒

清管器收发筒上应有平衡管、放空管、排污管、清管器通过指示器、快开盲板等。清管器收发筒直径应比公称管径大1~2级。发送筒的长度不小于筒径的3~4倍。接收筒除了考虑接纳污物外,有时还应考虑连续接收2个清管器,这段直管的长度应不小于一个清管器的长度;否则,一个后部密封破坏了的清管器就可能部分地停留在阀内。

收发筒的开口端是一个牙嵌式或挡圈式快开盲板,快开盲板上应有防自松安全装置,以防止当收发筒内有压力时被打开;而另一端经过偏心大小头和一段直管与一个全通径阀连接。

清管器收发装置从主管引向收发筒的连通管起平衡导压作用,可选用较小的管径。对发送筒,平衡管接头应靠近盲板;对接收筒,平衡管接头应靠近清管器接收筒口的入口端。排污管应接在接收筒下部；放空管应接在收发筒的上部。

发送装置的主管三通之后和接收筒大小头之前的直管上应设通过指示器，以确定清管器是否已经发入管道和进入接收筒。

收发筒上必须安装压力表，面向盲板开关操作者的位置。有可能一次接收几个清管器的接收筒可多开一个排污口，这样在第一个排污口被清管器堵塞后，管道仍可继续排污。图5-35所示为清管器发送装置流程图，图5-36所示为清管器接收装置流程图。

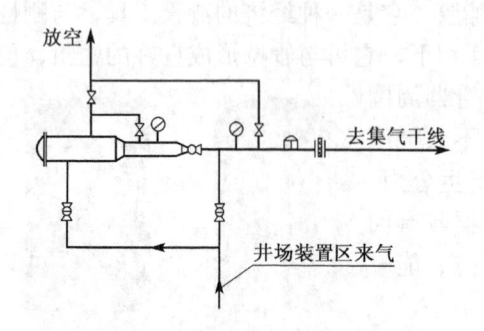

图5-35 清管器发送装置流程图

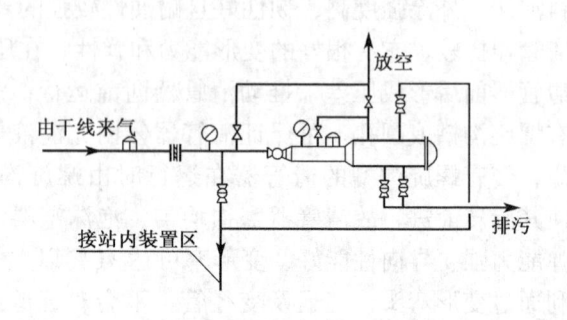

图5-36 清管器接收装置流程图

2. 快开盲板

快开盲板结构如图5-37所示，主要由保安螺栓、保安弯板、锁环等部分组成。保安螺栓与快速盲板内部相通，用它可以观察收发筒内是否有存油。操作时，先松动上部保安螺栓，观察筒内是否有油，确认无油后方可松动保安螺栓。保安弯板的一端与保安螺栓连接，另一端控制锁环位置，只有锁环进入短节的锁环槽内，才能把保安弯板放入两个锁环桩之间，从而保证了盲板安全可靠地工作。

锁环是由两个半圆形钢圈组成，两个半圆形钢圈的端部分别带有锁桩；锁紧螺栓上带有右旋、左旋两段螺纹，分别与锁桩连接。打开快开

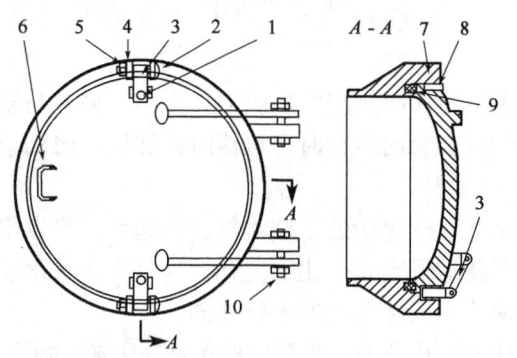

图5-37 清管器收发筒快开盲板结构示意图
1—保安螺栓；2—锁紧螺栓；3—保安弯板；4—锁桩；
5—锁紧螺母；6—拉手；7—锁环；8—锁环槽；
9—密封圈；10—调节螺栓

盲板时，要胀死锁紧螺栓，转动保安螺栓，取下定位弯板，然后松动锁紧螺栓。在松动锁紧螺栓时，锁桩随锁紧螺栓移动，当锁环完全归位后，即可打开快开盲板。在盲板里侧装有聚氨酯橡胶密封圈，以防止筒内天然气泄漏。

3. 清管器收发筒隔断阀

清管器收发筒隔断阀安装在清管器收发筒的入口处，它起到将清管器收发筒与主干线隔断的作用。该阀必须是全径阀，以保证清管器通过，最好使用球阀。

4. 清管器收发筒平衡阀门和平衡管线

清管器收发筒平衡阀门和平衡管线连接到收发筒的旁路接头上，其管径应为管道直径的1/4～1/3。阀门通常手动控制，使清管器慢慢通过清管器收发筒隔断阀。

5. 连接清管器装置的导向弯头

连接清管器装置的导向弯头必须满足清管器能够通过的要求。对常用的清管器一般采用

的弯头最小直径等于管道外径的3倍，但对于电子测量清管器需要更大的弯头半径。

6. 线路主阀

线路主阀通常用于主干线和站本身隔开。要求该阀为全径型，以减少阀门产生的压力损失。该阀靠近主干线处应有绝缘法兰，以隔绝主干线阴极保护电流。

7. 锚固墩和支座

通常使用的锚固墩是钢筋混凝土结构，但根据土壤条件也有其他类型锚固墩，如钢桩和钢支座。

（五）清管器的发送、接收装置以及工艺流程

通常，在集气管线起点设置清管器发送站，管线终点设置清管器接收站。对于长度大于50km的集气干线，则应根据集气工艺、气质特点与地形条件适当考虑线路途中增设发送、接收站的设施。

1. 清管器的发送操作步骤

（1）清管器发送前的准备工作。

清管前应做好收发装置的全部检查工作。要求收发筒快开盲板、阀门和清管器通过的全通孔阀开关灵活，工作可靠，严密性好，压力表示值准确，通过指示无误。使用的清管器探测仪器需事先仔细检查。

清管球必须充满水，排净空气，打压至规定过盈量，注水口的严密性也应十分可靠。清管器皮碗夹板的连接螺栓应适度拧紧，并采取可靠的防松措施。对信号发射机与清管器的连接螺栓和防松件在发射前也应严格检查，防止在运动中松动脱落。

准备好专用扳手、活动扳手、黄油、密封脂、快开盲板密封圈和清管器送入拉出杆等材料和工具。

（2）发送清管器操作步骤、工艺流程如图5-38所示。

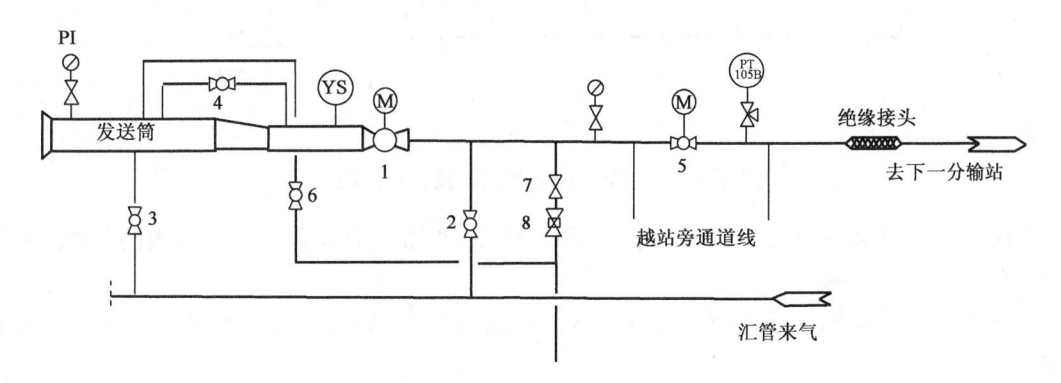

图5-38 发送清管器工艺流程示意图

①清管器发送前，阀1、阀3、阀4关闭，阀2、阀5打开，放空阀7、阀8关闭。

②打开清管器发送筒（以下简称发送筒）的放空阀6，确认发送筒内压力为零后，打开快开盲板。

③将清管器送至发送筒底部偏心大小头处，并将清管器在大小头处塞实。

④关好快开盲板，关闭放空阀6。

⑤打开发送筒平衡阀4，缓慢打开发送筒进气阀3，待阀1上游压力、下游压力平衡后，全开阀3，并关闭平衡阀4。

⑥打开发送筒出口阀1，缓慢关闭出站阀2，将清管器发出。
⑦观察清管器通过指示器YS，确认清管器发出后，打开出站阀2，关闭阀3、阀1。
⑧打开放空阀6，观察发送筒上压力表PI，待发送筒内压力为零后，打开快开盲板，观察清管器已发出后，关好快开盲板。
⑨关闭放空阀6，如清管器没有发出，重复发送清管器。
⑩做好发送清管器时间、启动压力等记录。

2. 清管器的接收操作步骤

(1) 清管器接收前的准备工作。
①准备好需用的各种专用工具和材料。
②检查站内流程为正确的收球流程，确认各阀门处于正确的开、关状态。
③如果原流程为越站流程，则应将其切换至上述流程。
④检查收球筒上的压力表是否完好，球过指示器是否灵活好用并已复位。
⑤打开收球筒放空阀，确认筒内压力为零后打开快开盲板，对收球筒进行维护保养。之后将缓冲球放入收球筒，关好快开盲板，装好防松塞块。
⑥关闭收球筒放空阀。

(2) 清管器的接收操作步骤、工艺流程如图5-39所示。

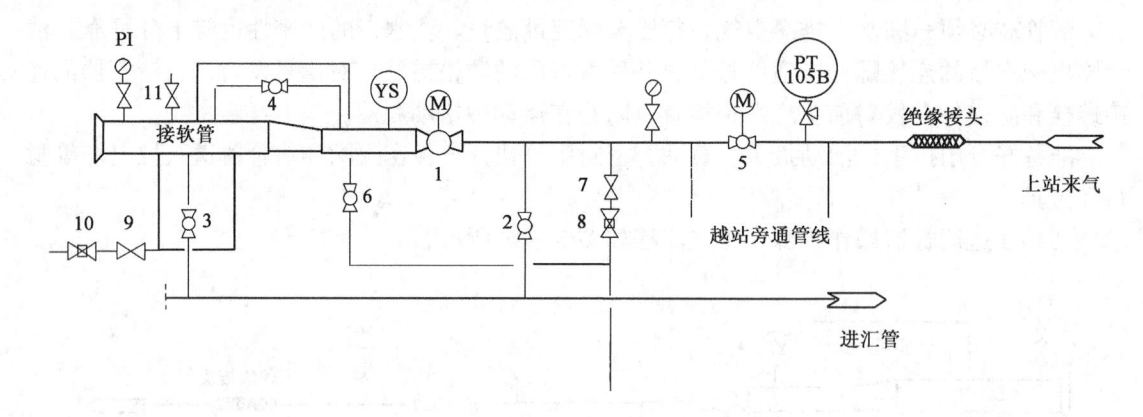

图5-39 接收清管器工艺流程示意图

①接收清管器前，阀1、阀3、阀4关闭，阀2、阀5打开，放空、排污阀门阀6、阀7、阀8、阀9、阀10关闭。
②根据清管器运行计算数据和监测情况，在清管器到站前2h将流程切换为清管器接收流程。
③打开阀3，待阀1上游压力、下游压力平衡后，打开阀1。
④关闭阀2，间歇打开放空阀6进行排污，如没有粉尘排出，应立即关闭；间歇打开排污阀9和阀10进行排污，如无液体或污物排出，应立即关闭。
⑤观察清管器通过站内指示器YS，确认清管器进入接收筒后，打开阀3。
⑥关闭阀1和阀3，打开放空阀6，观察压力表PI。
⑦待接收筒内压力为零后，从接收筒上的注水阀11向筒内注入适量清水，打开快开盲板，根据实际情况决定是否再向筒内浇入适量清水，以防止硫化铁自燃和粉尘飞扬。
⑧取出清管器，清洗接收筒和快开盲板，关好快开盲板，关闭放空阀6，恢复站内、外

清管器通过指示器的原始状态。

⑨清管器取出后，及时将发射机取下，切断电源。

⑩测量记录清管器各皮碗的直径、唇部厚度，描述其磨损情况，以及对清出污物的具体描述。清扫场地，填写记录并汇报。

注意：收球时，在下游不能接受污物时，关闭收球筒平衡阀；在放空阀出现污物时打开排污阀排污，同时关闭放空阀，并注意收球筒背压。在下游有分离装置或下游能接受部分污物时，不关闭线路主阀，打开放空阀，在放空阀出现污物时打开排污阀排污，同时关闭放空阀。

3．清管器操作安全注意事项

（1）放空排污管线要加固稳定，放空口前方200m、左右100m内严禁人、畜、车辆通过，禁止烟火。放空天然气要尽量做到点火燃烧，并注意风向，周围要有专人警戒。

（2）如果排出污物有轻烃时，不能直接进入排污池，要提前进行回收，以确保安全。

（3）各项操作都要平稳，放空、排污更不能猛开、猛放。

（4）打开快开盲板前，球筒压力必须放空到零。操作人员要站在开闭机构的外侧操作。球筒充气承压前必须装好防松塞块。盲板前及悬臂架周围不允许站人。

（5）通讯要畅通无阻，按要求准备好各种灭火器材。

4．清管器运行中的监控及故障处理

清管器在管道运行期间，收发站应注意监视干线的压力和流量，如果压差增大，输量变小，清管器未按预计时间通过或达到管道某一站场，就应及时分析原因，考虑需要采取的措施。

清管器在运行过程中可能发生的故障有清管器失去密封性（清管球破裂、漏水，被大块物体垫起，清管器皮碗损坏等，失去密封性尤其容易发生在管径较大的三通处）、推力不足（清管器推动大段液体通过上坡管段时，需积蓄一定的压差克服液柱高度的阻力）以及遇卡（管道变形，三通挡条断落，管堵塞）等情况。清管器失去密封性一般不会带来很大的压力变化。清管器可能停滞地点（如携带着检测仪器，就可准确定位）与线路地形、管道状况等有关，应综合分析做出判断。

为了排除上述故障，一般首先采用增大压差的方法，即在可能的范围内提高上游压力并降低下游压力。清管器失去密封性时，如果增大压差受上下游压力同时升降的限制而难于实现，则可发送第二个清管器去恢复清管。任何一种排解措施都必须符合管道和有关设备的要求，不影响管道的输送过程。

可能的情况下，还可以采取清管球和双向清管器反向通行的方法解除故障，即造成反向压差，使清管器倒退一段或一直退回原发送站。

如果上述方法均不能奏效，就应尽快确定清管器的停滞位置，制订切割管段的施工方案。

第六节　矿场集输流程图的绘制与识图

一、天然气矿场集输工艺流程图的绘制与识图

井、站工艺流程指的是井、站内天然气沿管道的流向，它反映的是井、站主要生产过程及各工艺系统间的相互关系。反映井、站工艺流程的图纸称为井、站工艺流程图。工艺流程

图一般不按比例绘出，但各区域内设备方位尽可能与平面布置图一致，以便与总图联系和取得比较形象的概念。在工艺流程图中，把设备和管路按顺序画在同一平面上，用以说明各个设备间与主要管路和辅助管路的联系情况。

(一) 工艺流程图的绘制方法

（1）在绘制工艺流程图时，可按井、站平面布置的大体位置将各种工艺设备布置好，然后按正常生产工艺流程、辅助工艺流程的要求，用管道、管件和阀件将各种工艺设备联系起来成为井、站工艺流程图。

（2）地上管道用粗实线表示，地下管道用粗虚线表示，管沟管道用粗虚线外加双点画线表示。主要工艺管道用最粗的线型，次要或辅助管道用较细的线型。不论管道的直径有多大，在图上体现的线条粗细应一致，且在天然气主要进出气设备的每条管道上与引出标注线。标注线上必须注明编号、气体名称、管道公称直径及气体流向。

（3）为了在图样上避免管线与管线、管线与设备之间发生重叠，通常把管线画在设备的上方或下方；管线与管线发生交叉时，应遵循竖断横连的原则。

（4）管路上的主要设备、阀门及其他重要附件要用细实线按规定符号在相应处画出。各种设备在图上一般只需用细实线画出大致外形轮廓或示意结构，大致保持设备间相对大小，设备之间相对位置及设备上重要接管口位置大致符合实际情况即可。不论设备的规格如何，在同一图纸上出现的规定符号大小应基本一致。

（5）图上设备要进行编号，通常注在设备图形附近，也可直接注在设备图形之内。图上还通常附有设备一览表，列出设备的编号、名称、规格及数量等项。若图中全部采用规定画法的，可不再有图例。

以上内容可总结为：

（1）在图纸上大致按比例布局各种设备的位置。
（2）按表示符号在图纸上画出图样。
（3）用实线连接各设备形成工艺流程图。
（4）检查图样是否符合实际并加以修改。
（5）管路的绘制应符合有关绘图要求，每条线都要注明流体代号、管径及流向。
（6）管线在图上发生重叠而实际上不相连时，使其一断开或采用一线曲折而过的画法。
（7）管路上的主要阀门及重要附件要用细实线按规定符号在相应处画出。
（8）对图上的设备要进行编号。
（9）图上所采用的符号都必须在图例中说明。

(二) 工艺流程图的识读

1. 识读方法

（1）先读标题栏，看看是局部工艺流程还是总工艺流程。
（2）对集气站来说还要看站内主要作业区进出天然气情况，看天然气是哪个井来的，出站要到哪里。
（3）然后看井、站有哪些设备，它们都各是几台，哪些是在用设备，哪些是备用设备。
（4）再看看管道走向、管道附件等，看清楚天然气在井场的流程方向、注醇方向等，以及进入集气站后先进哪台设备，再进哪台设备，最后从哪出站。在什么样的工艺条件下倒哪个流程，在什么样的条件下开哪些阀门，关哪些阀门。

(5) 最后看看说明，根据要求看懂井场及集气站站内各作业区的工艺流程和操作要求。

2. 识读技巧

不论是什么工艺流程，都可以采取"抓两头（起点与终点），看中间"的方法，一般不会出现任何差错。即看流程图时，可以先找出起点——是何处来气，再找终点——要输向哪里，看看中间有哪些主要环节，找到这三处后再沿来气点、输气方向找出沿线所有管道附件及设备，进而确定在进行该项作业时哪些阀门应关闭，哪些阀门应开启。

3. 工艺流程的应用

采气工作人员必须能熟练地掌握井场及集气站工艺流程图，熟悉工艺流程是实现正确操作、避免事故的前提。熟悉了工艺流程，操作时就不至于因开错阀门而发生生产事故，影响气井生产。

二、天然气矿场集输管道工艺安装图的绘制与识图

（一）管道工艺安装图的基本内容

管道工艺安装图是用管道将有关设备、管道附件等连接在一起，以完成一定的任务，所以说管道工艺安装图是各设备间管道、管件、容器等安装、定位的详图。一张完整的管道工艺安装图应包括以下内容：

(1) 必要的平面图、立面剖视图。

(2) 足够的尺寸标注。

(3) 必需的文字说明（如设备的名称、管道的来龙去脉，技术参数和安装技术要求说明等）。

(4) 标题栏和明细表。

（二）管道工艺安装图的基本画法

(1) 视图：管道的各个视图也是按正投影原理绘制的，主要包括两种图形，即管道平面布置图与立面图或竖面图（有的用剖视图或局部放大图绘出）。

(2) 图线：管道工艺安装图是为了突出管道，因此一般用粗实线表示可见的输气管道，而管件、阀件、设备、建筑物等均用细实线表示。对于不同用途的辅助管道，线型的粗细应与输气管道不同。

(3) 比例：管道工艺安装图的比例通常根据集气站管网的实际情况而定，一般为1：50、1：40或1：30等。

(4) 管件、阀件及其他设备常用图例见表5-2。

(5) 管件的积聚。一根直管积聚后的投影用单线图形式表示，为一个圆心带点的小圆。弯管的积聚如图5-40（a）所示。直管与阀的积聚如图5-40（b）所示。

(6) 管子的重叠。两根管子如果叠合在一起，它们的投影就完全重合，反映在投影面上好像是一根管子的投影，这种现象称为管子重叠。为了识读方便，规定投影中出现两根管子重叠时，假想前面一根管子截去一段（用折断符号表示），显露出后面一段管子，这种表示管线的方法称为折断

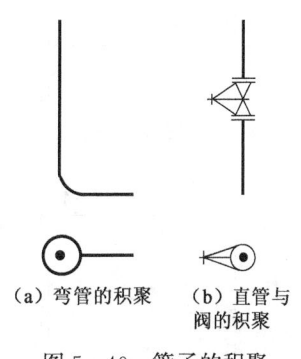

(a) 弯管的积聚　　(b) 直管与阀的积聚

图5-40　管子的积聚

显露法。两根重叠直管的表示如图5-41（a）所示，直管和弯管的重叠表示如图5-41（b）所示，多根管线重叠的表示如图5-41（c）所示。运用折断显露法画管线时，只有折断符号为对应表示，才能理解为原来的管线是相通的。

表5-2 工艺管道安装图常用图例

序号	名称	图例	序号	名称	图例
1	管子		11	底阀	
2	弯头	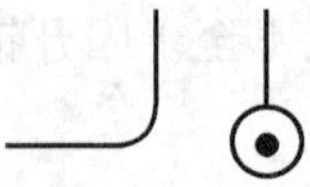	12	手动法兰球阀	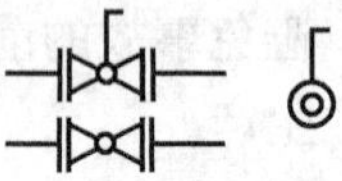
3	三通	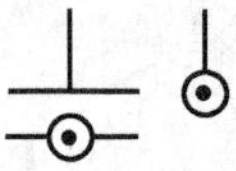	13	电动法兰球阀	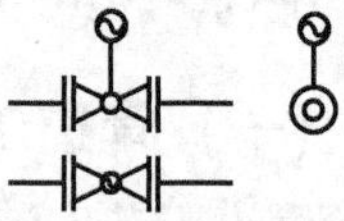
4	四通	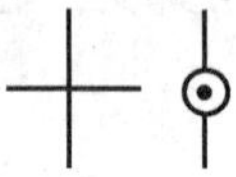	14	旋塞阀	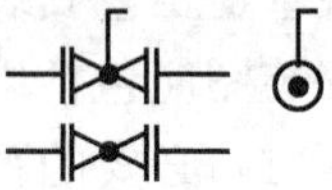
5	大小头	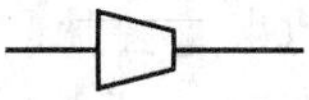	15	旋启式止回阀	
6	手动法兰闸阀	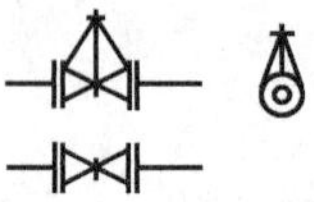	16	过滤器	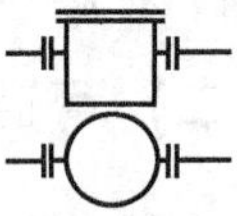
7	气动法兰闸阀	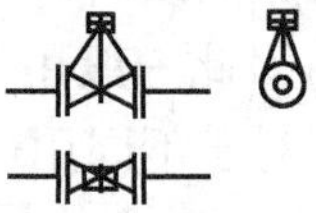	17	流量记录器（附记压力）	
8	手动法兰截止阀	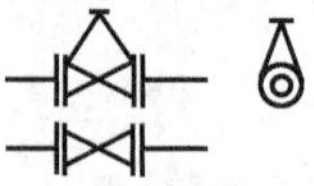	18	角式节流阀	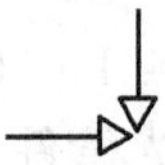
9	升降式止回阀		19	弹簧式安全阀	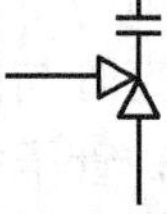
10	蝶阀	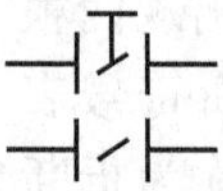			

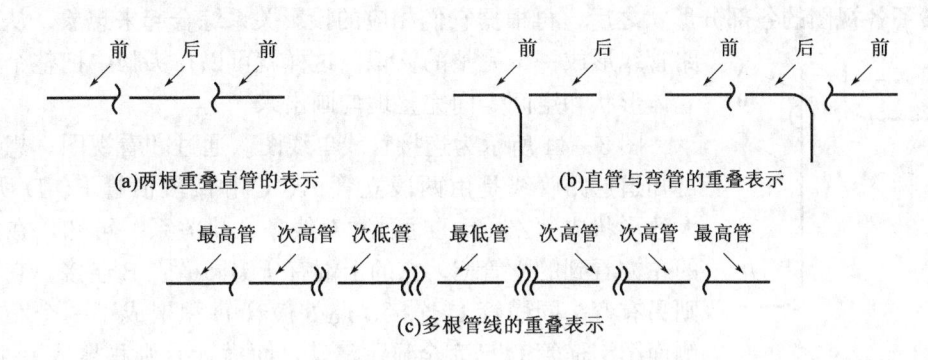

图 5-41 管子重叠表示法

(7) 管子的交叉。如果两路管线投影交叉，高的管线要显示完整，低的管线在图中要断开表示，在双线图中用虚线表示，如图 5-42（a）、(b) 所示。在单双线图同时存在的平面图中，若双线高于单线，则单线的投影在与双线投影相交的部分用虚线表示，如图 5-42（c）所示；若单线高于双线时，则不存在虚线，如图 5-42（d）所示。多根管线的交叉如图 5-43 所示。

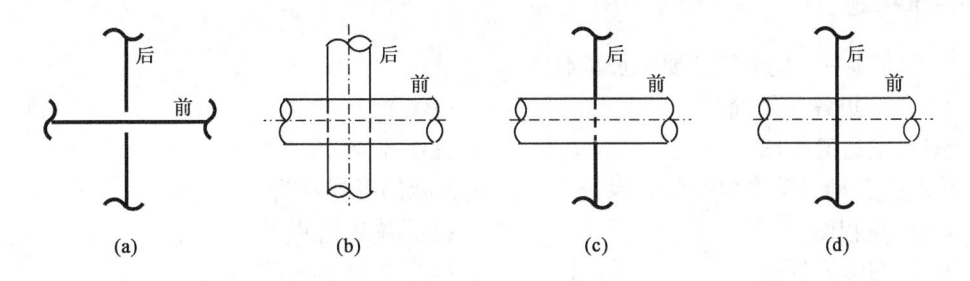

图 5-42 两根管线交叉表示法

(三) 管道工艺安装图的识读

(1) 概括了解。从标题中了解部件名称，按图上序号对照明细栏了解组成该装配体的各零件名称、材料、数量。通过初步观察，结合阅读有关资料、说明书等，对装配体结构、工作原理有一个概括了解。

(2) 分析视图。首先明确视图的名称，并明确视图间的投影关系，分析所选用的视图、剖面图及其表达方法各有何用途。

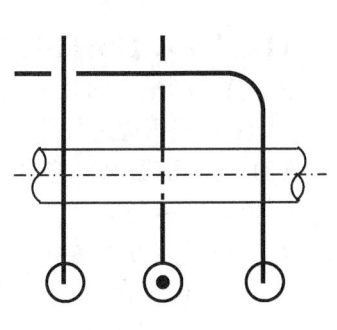

图 5-43 多根管线交叉表示法

①看视图想形状。

对于一张管线视图，首先要弄清它是用哪几个视图来表示这些管线形状和走向的，再看立面图与平面图、立面图与侧面图、侧面图与平面图这几个视图之间的关系怎样，然后想象这些管线的大概轮廓形状。

②对线条、找关系。

管线的大概轮廓想象出来后，可利用对线条（即对投影关系）的方法找出视图间对应的投影关系。

③合起来，想整体。

看懂了各视图的各部分形状之后,再根据它们相应的投影关系综合起来想象,从而对各路管线形成一个完整的认识。这样就可以在头脑中把整个管线的立体形状和空间走向完整地勾画出来。

图 5-44 所示为连接管线单线图。通过"看视图,想形状",可知道这路管线是由两段立管 A、C 和两段横管 B、D 所组成,大致形状成"Z"形。通过"对线条,找关系"可知,在立面图的左方看到的立管 C,它的上端有弯头同横管 B 连接,它的下端则另有弯头同横管 D 连接,此处横管 D 积聚成了一个小圆,在侧面图上横管 D 已完全显示清楚,而横管 B 则积聚成一个小圆。在立面图和侧面图上清晰看到立管 C,在平面图上却积聚成一个小圆,并同 C 管上端弯头的投影重合。在"合起来,想整体"时可知,本管线是由来回弯和摇头弯共同组成的管线。

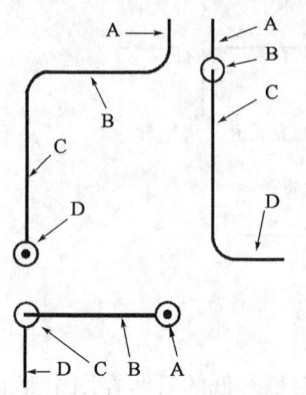

图 5-44 连接管线单线图

思 考 题

一、选择题

(1) 下面哪一项是集气站要完成的任务(　　)。
  (A) 汇集各井来气　 (B) 配气
  (C) 发送清管球　 (D) 脱硫

(2) 表达各种管路在整个工艺系统中的来龙去脉的图样称为(　　)。
  (A) 流程图　 (B) 施工流程图
  (C) 安装流程图　 (D) 工艺流程图

(3) 清管器发送筒的长度应满足发送最长清管器的需要,一般应不小于筒径的(　　)。
  (A) 3～4 倍　 (B) 2～3 倍　 (C) 1～2 倍　 (D) 1～3 倍

(4) 单井采气流程适用于(　　)。
  (A) 产量大的井　 (B) 产量小的井
  (C) 气田边远气井　 (D) 产气量大、产水量小的井

(5) 三甘醇脱水工艺中,三甘醇进吸收塔的温度应控制在(　　)。
  (A) 0～10℃　 (B) 0～20℃　 (C) 30～50℃　 (D) 30～80℃

(6) 要脱除天然气中的液态与固态杂质,一般应在(　　)进行。
  (A) 集气站　 (B) 天然气净化厂
  (C) 增压站　 (D) 输气站

(7) (　　)是目前世界各国天然气脱水使用最多的方法。
  (A) 甘醇法　 (B) 低温分离法
  (C) 固体吸附法　 (D) 溶剂吸收法

(8) 在集输天然气工艺流程中使用的降压装置是(　　)。
  (A) 闸阀　 (B) 节流阀　 (C) 截止阀　 (D) 球阀

(9) 放射状集输管网适用于(　　)。
  (A) 长条形气田　 (B) 大面积圆形气田
  (C) 圆形中小型气田　 (D) 气田面积大、气井分布多的气田

(10) 适用于大面积圆形气田的集输管网是（　　）。
　　（A）树枝状集输管网　　　　　　　　（B）环形集输管网
　　（C）放射状集输管网　　　　　　　　（D）混合型集输管网

二、判断题

（　）采气流程是对采气过程中各工艺环节间关系及管路特点的总说明。
（　）管道中有液体存在会降低管线的输送能力。
（　）低温分离法是世界各国天然气脱水使用最多的方法。
（　）天然气的全部矿场处理在集气站中进行，这种方法称为非集中处理。
（　）分子筛的吸附能力较强，可使气体中度脱水。
（　）三甘醇脱水工艺主要由甘醇吸收和再生两部分组成。
（　）吸收塔的作用是提供气液传质的场所，使气相中的水分被甘醇吸收。
（　）井、站工艺流程指的是井、站内天然气沿管道的流向，它反映的是井、站主要生产过程及各工艺系统间的相互关系。
（　）天然气脱水方法有低温冷凝法、溶剂吸收脱水法和固体吸附脱水法 3 种。
（　）天然气增压输送就是把低压气田（气井）或经过开采和输送降压的天然气，通过增压设备提高压力后输往目的地的方法。目前增压输送的方法有喷射器引射法和压缩机加压法。

三、问答题

(1) 什么是天然气的矿场集输？
(2) 什么是集气站的工艺流程？有何作用？
(3) 清管的目的是什么？
(4) 清管器收发装置包括哪些？
(5) 什么是单井采气工艺流程？
(6) 什么是多井采气工艺流程？
(7) 低温回收凝析油工艺流程有何特点？
(8) 什么是集输管网？
(9) 多井常温集气流程有哪些特点？
(10) 往复式压缩机增压输气的特点是什么？

第六章 天然气矿场集输设备

【学习提示】

本章主要介绍天然气井生产过程中所需的各种设备（分离设备、加热和热交换设备、塔器设备、泵、压缩机、阀）的结构、工作原理、日常维护与保养等内容。只有掌握了这些设备的结构与工作原理，才能在实际生产中发现问题、排除故障，保证设备的正常运行，提高采气效率。

技能点是掌握设备的日常维护与保养。

重点掌握各种设备的结构。

难点是设备的结构与工作原理。

在天然气的开采过程中，常伴有液体和固体物质，同时还含有少量非烃类物质的混合气体，这些物质的存在和联合作用会使输送设备和管道产生磨损、腐蚀、硫化氢应力开裂（SSC）、氢诱发裂纹（HIC）等破坏，有可能堵塞管道、仪表管线以及设备等，同时还会浪费大量的输送能量。因此，为了安全、经济、有效地输送天然气，必须在输送前将天然气中的杂质除去。常用的工艺设备有分离器、过滤器、加热炉、脱硫塔、脱水塔以及为天然气输送提供能量的机泵等。

第一节 分 离 设 备

一、天然气中液（固）体杂质在采输气中的危害

从气井采出的天然气一般都含有液（固）体杂质。液体杂质有水、油气和气井作业后的残酸溶液，固体杂质有泥砂、岩石颗粒等。这些杂质会给采气、输气、净化处理和用户带来较大危害，主要危害包括：

（1）增加输气阻力，使管线输气能力下降。

气液两相流动比单相流动时的摩阻大，当输气管线直径一定时，摩阻增大，流速降低，通过能力下降。例如，对含液量为 $40L/10^3m^3$，气流速度为 $15m/s$ 的气液两相流动输气管线，其管输能力会下降 4%。含液量越高，气流速度越低，在管线低洼处越易积液，形成液堵，严重时会中断输气。

（2）液体随天然气进入脱水或脱硫装置，会污染甘醇或脱硫溶液，使脱水、脱硫溶液发泡，影响脱水、脱硫效果。

（3）地层水会对采气管线和采气设备产生腐蚀。矿场实际资料证实，含硫化氢的液态水对金属腐蚀特别严重，会使采气设备和管线厚度大面积减薄或产生局部坑蚀，造成事故。

（4）固体颗粒杂质流体冲蚀管道。

天然气中的固体杂质在高速流动时会对管壁造成冲蚀，高速流动的泥砂等固体颗粒在管道和设备中的运行如同喷砂除锈一样，也会对设备和管道产生强烈的冲蚀，尤其是管道转弯

部位，气流方向的改变会使砂粒或固体杂质颗粒直接冲刺到管壁上，形成一道道伤痕，造成局部减薄，从而导致管线的这些部位破裂。

(5) 使天然气流量测量不准。

用孔板差压流量计测量天然气流量时，要求被测气体干净，保持连续的单相流动。如果气液两相经过孔板，测出的流量会偏大。若液体聚积在孔板下游测量管道低洼部位，当液体不断积聚造成管道水封，隔断气流，使隔断前压力升高，气流压力升高到大于水阻力时，推动液体沿管道斜坡由低处向高处流动，液体被推走，使隔断前管道压力下降。在液柱的重力作用下，液体从高处又流回低处，给气流一个反方向的压力冲击波，使孔板流量计的差压下降，而当气流推动液体上坡时，差压上升。这种压力波动会使流量计差压记录形成一条宽带，使计量误差增大。为了避免上述危害，天然气从井底产出后，需消除天然气中的液体、固体杂质。在采气现场除去天然气中液体、固体杂质常用的工艺方法有分离、过滤等。

二、分离设备

天然气集输系统分离设备主要用来除去天然气中悬浮的固相、液相杂质。

集输系统中所使用的分离器种类繁多，按其作用原理主要分为重力分离器和旋风分离器。有的分离器是两者的结合体，如百叶窗式分离器和多管干式除尘器；而过滤分离器则是过滤和重力分离的结合体。

(一) 重力分离器

重力分离器的分离原理是利用天然气和被分离物质的密度差（即重力场中的重力差）来实现物质的分离，因而称为重力分离器。按其外形可分为立式分离器和卧式分离器；按功能又可分为油气两相分离器、油气水三相分离器等。

除温度、压力等参数外，最大处理量是设计分离器的一个主要参数，只要实际处理量在最大设计处理量的范围内，重力分离器即能适应较大的负荷波动。在集输系统中，由于单井产量的递减、新井投产以及配气要求等原因，气体处理量变化较大，因而集输系统中重力分离器的应用比其他类型分离器的应用更为广泛。

1. 立式重力分离器

这种分离器的主体为一个立式圆筒体，气流一般从该筒体的中段（切线或法线）进入，顶部为气流出口，底部为液体出口，其结构与分离原理如图 6-1 所示。

(1) 初级分离段（气体入口处）。

气流进入筒体后，由于速度突然降低，成股状的液体或大的液滴由于重力作用被分离出来而直接沉降到积液段。为了提高初级分离的效果，常在气流入口处增设入口挡板或采用切线入口方式。

(2) 二级分离段（沉降段）。

经初级分离后的天然气流携带着较小的液滴向气流出口以较低的流速向上流动。此时，由于重力的作用，液滴向下沉降与气流分离。本段的分离效率取决

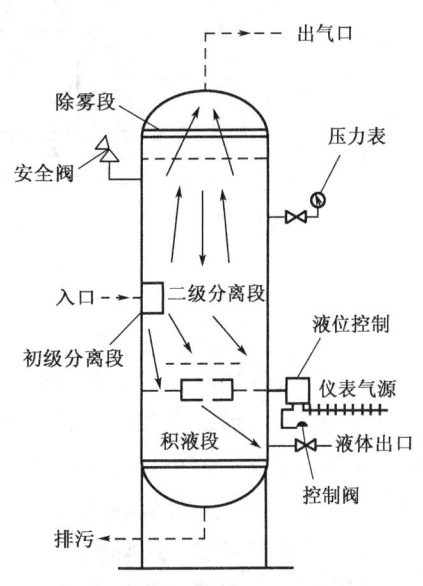

图 6-1 立式两相重力分离器的结构与原理图

于气体和液体的特性、液滴尺寸及气流的平均流速与扰动程度。

(3) 积液段。

本段主要收集液体。一般积液段还应有足够的容积，以保证溶解在液体中的气体能脱离液体而进入气相。分离器的液体排放控制系统也是积液段的主要组成部分。为了防止排液时的气体旋涡，除了保留一段液封外，也常在排液口上方设置挡板类的破旋装置。本段还具有减少流动气流对已沉降液体扰动的功能。

(4) 除雾段。

除雾段通常设在气体的出口附近，由金属丝网等元件组成捕集器，用于捕集沉降段未能分离出来的较小液滴（10~100μm）。捕集器利用碰撞原理分离微小的雾状液滴，雾状液滴不断碰撞到已被润湿的除雾器丝网表面，并不断聚积，当直径增大到其重力大于气流上升的升力和丝网表面的黏着力时，液滴就会沉降下来。微小液滴在金属丝网上发生碰撞、凝聚，最后结合成较大液滴下沉至积液段。

捕集器一般有翼状和丝网两种。翼状捕集器是由平行金属盘构成的迷宫组，如图 6-2 所示。丝网捕集器是用直径为 0.1~0.25mm 的金属丝（不锈钢丝、铜丝）或尼龙丝、聚乙烯编制而成。

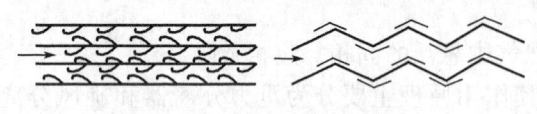

图 6-2 翼状捕集网示意图

立式重力分离器占地面积小，易于清除筒体内污物，便于实现排污与液位自动控制，适于处理较大含液量的气体，但单位处理成本高于卧式重力分离器。

2. 卧式重力分离器

这种分离器的主体为一个卧式圆筒体，气流从一端进入，另一端流出，其作用原理与立式重力分离器大致相同。卧式重力分离器的结构与分离原理如图 6-3 所示。

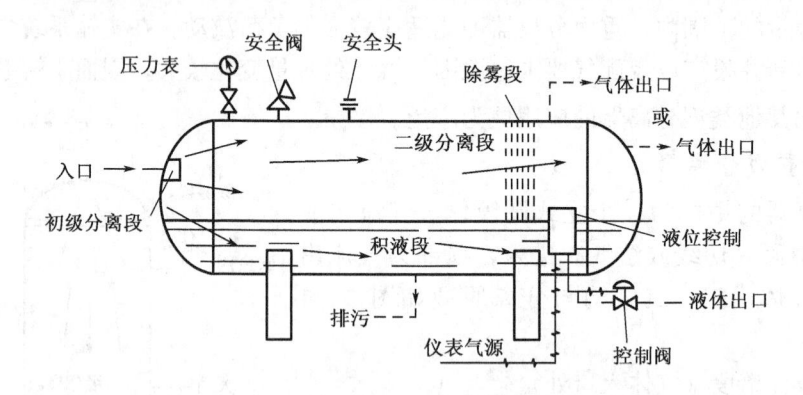

图 6-3 卧式两相重力分离器结构与原理图

(1) 初级分离段（气流入口处）。

气流的入口形式有多种，其目的在于对气体进行初级分离。除了入口处设挡板外，有的在入口内还增设一个小内旋器，即在入口处对气、液进行一次旋风分离；还有的在入口处设置弯头，使气流进入分离器后先向相反方向流动，撞击挡板后再折反向出口方向流动。

(2) 二级分离段（沉降段）。

此段是气体与液滴实现重力分离的主体。在立式重力分离器的沉降段内，气流向上流动，液滴向下沉降，两者方向完全相反，因而气流对液滴下降的阻力较大；而在卧式重力分离器的沉降段内，气流水平流动与液滴运动的方向成 90°夹角，因而对液滴下降的阻力小于立式重力分离器。通过计算可知，卧式重力分离器的气体处理能力比同直径的立式重力分离器气体处理能力大。

(3) 除雾段。

此段可设置在筒体内，也可设置在筒体上部紧接气流出口处。除雾段除设置纤维或金属丝网外，也可采用专门的除雾芯子。

(4) 积液段。

此段需考虑液体在分离器内的停留时间，一般储存高度按 1/2 倍直径考虑。

(5) 泥沙储存段。

此段实际上在积液段下部，由于在水平筒体的底部，泥沙等污物有 45°~60°的静止角，因此排污比立式重力分离器困难。有时此段需增设 2 个以上的排污口。

卧式重力分离器和立式重力分离器相比，具有处理能力较大、安装方便和单位处理成本低等优点，但同时也有占地面积大、液位控制比较困难和不易排污等缺点。

3. 卧式双筒重力分离器

这种分离器也是利用被分离物质的密度差来实现的。它与卧式重力分离器的区别在于它的气室和液室是分开的，即它的积液段是用连通管相连的另一个小筒体（图 6-4）。气体经初级分离、二级分离（沉降）和除雾分离后的液滴经连通管进入液室（下筒体），而溶解在液体中的气体则在液室中析出并经连通管进入气室（上筒体）。由于积液和气流是隔开的，避免了气体在液体上方流过时使液体重新汽化和液体表面的泡沫被气体带走的可能性，但由于其结构比较复杂，制造费用较高，因而应用并不广泛。

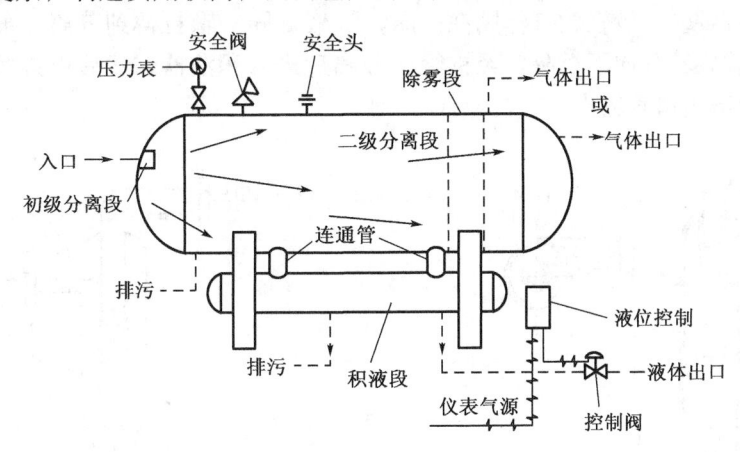

图 6-4 卧式双筒两相重力分离器结构示意图

4. 三相重力分离器

如图 6-5 所示，携带油、水（或乙二醇）的混合天然气进入三相重力分离器后，利用它们之间的密度差进行分离。密度小的天然气从分离器顶部出口输出。对于油和水的分离，是在分离器中安有一个溢流板，由于油的密度小于水的密度，油浮在上面，当油的高度超过溢流板顶部时，翻过溢流板进入集油室；集油室排油口安有自动排油阀，当集油室内油面高度达到给定高度时，排油阀开启自动排油，油面高度降低到给定高度下限时排油阀自动关闭。水也是利用同样原理自动排放。三相重力分离器的结构形式有立式和卧式两种，主要用于低温分离站的油和乙二醇的分离。

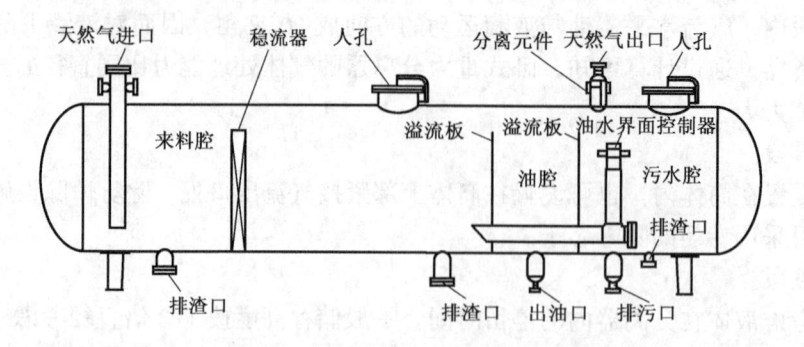

图6-5 三相重力分离器结构示意图

(二) 离心式分离器

离心式分离器的原理是利用离心力实现物质的分离。这里主要介绍旋风式分离器。

1. 旋风式分离器的结构

旋风式分离器的结构如图6-6所示，由筒体、气体进出口、螺旋叶片、中心管、锥管、排污管以及积液包等组成。

2. 旋风式分离器的工作原理

旋风式分离器的工作原理如图6-7所示，主要利用离心力分离天然气中的液（固）体杂质。含有液（固）体混合物的天然气由切线方向进入分离器后沿分离器筒体旋转，产生离心力，离心力的大小与气液（固）颗粒的密度成正比。密度大离心力大，密度小离心力小。液（固）体的密度比气体大得多，产生的离心力比气体也大得多，于是液（固）体颗粒就被抛到外圈（靠近器壁），较轻的气体则在内圈，气液（固）颗粒得到分离。被抛在外圈的液（固）体颗粒继续旋转并向下沉降，经锥管壁分离后进入积液器，然后由排污管排出；气体则经中心管到上部出口管输出。

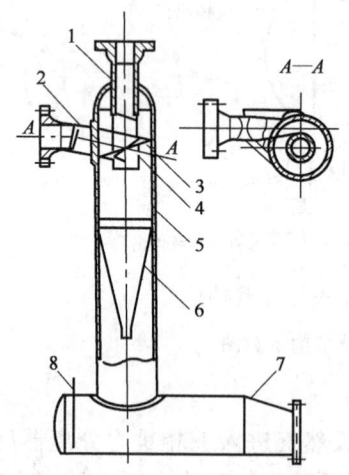

图6-6 旋风式分离器结构示意图
1—气出口管；2—进气管；3—螺旋叶片；4—中心管；
5—筒体；6—锥管；7—积液包；8—排污管

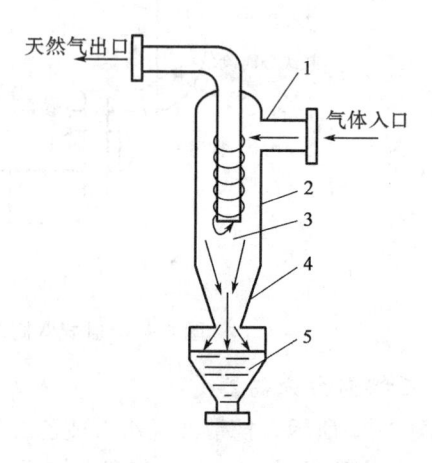

图6-7 旋风式分离器原理图
1—入口短管；2—分离器圆筒；3—气体出口；
4—分离器锥体部分；5—集液部分

旋风式分离器的分离效果不仅与进入分离器中液（固）体颗粒的直径、密度以及气体的密度有关，还与颗粒的旋转半径、角速度有关。在颗粒的直径和密度相同，气体的密度相同，流动状态（沉流、过渡流、紊流）相同的条件下，旋风式分离器的分离效果比重力分离器好。

（三）混合式分离器

混合式分离器是利用多种分离原理进行气、液（固）体的分离，其结构比较复杂，类型也很多，如螺道分离器、串联离心式分离器、扩散式分离器、多管旋风式分离器、过滤式分离器等。由于这些分离器现场使用较少，简单介绍如下。

1. 螺道分离器

如图6-8所示，螺道分离器是利用天然气在狭窄的螺道中做高速旋转运动，形成强烈的离心力，使气流中的液滴聚合成较大的液滴沿器壁流下。

螺道分离器按其作用可分为凝聚段、扩大段、捕集段和储液段。凝聚段由20道螺道组成，螺道与器壁间隙为2.5mm，它的作用是使气流沿螺道高速（40~84m/s）旋转产生较大的离心力把小液滴甩到器壁上凝聚成大液滴而顺着器壁流到储液段。扩大段由2圈紧接凝聚段之后的螺距逐渐加大的螺道组成，由于螺距加大，气流速度降低（10m/s），避免了使已聚合的液滴再分散。捕集段用金属或尼龙丝网制成，起捕集雾状液滴作用。储液段内设有破漩涡板，防止进入储液段的液体产生漩涡而重新被气流夹带。

2. 串联离心式分离器

如图6-9所示。串联离心式分离器是利用重力、惯性力、离心力分离液（固）体的。含有液（固）体杂质的天然气从分离器顶部进入分离器后向下流动，液（固）体杂质在本身重力作用下初次沉降；气液到达环形空间底部时，气流改变流动方向拐向上流，液（固）体杂质在惯性力的作用下进行第二次分离。此后，气流进入螺道高速旋转，液（固）体杂质在离心力的作用下进行第三次分离。最后气体经文丘里管和出口排出。为防止在压差下引起液体飞散，储液段分为两个，由各自的排液口分别排出。

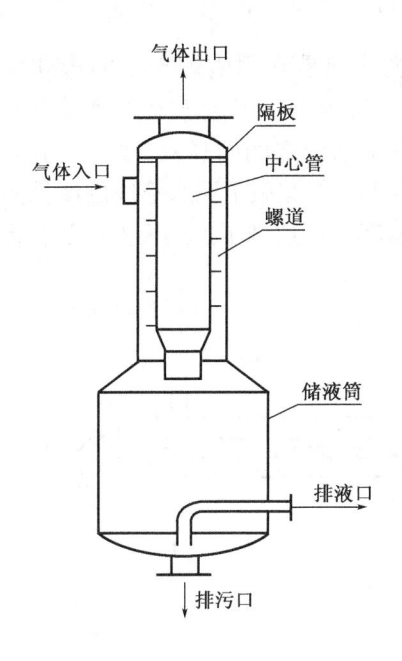

图6-8　螺道分离器结构示意图

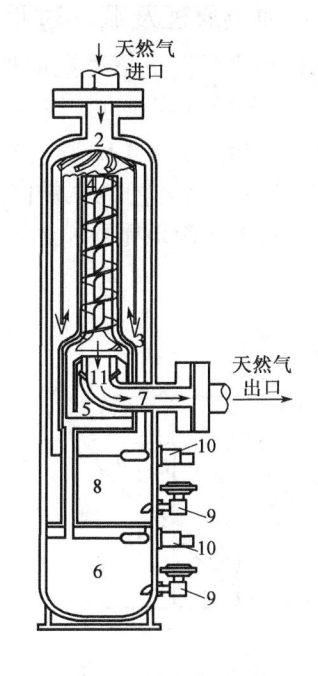

图6-9　串联离心式分离器结构示意图
1—气体进口；2—旋流发生器；3—环形空间；4—螺道；5—旋流段；6—二级储液室；7—气体出口；8—一级储液器；9—排液阀；10—液面控制器；11—文丘里管

3. 过滤式分离器

如图6-10所示，当带有水（固体）的天然气进入分离器后，在初始分离段中过滤管将使流经这管子的气体中液沫聚集成较大的液滴，然后由其他捕雾元件构成的第二分离段将这些聚积的液滴脱出除掉。这种分离器可以百分百地脱除大于 $2\mu m$ 的所有颗粒，百分之九十九地脱除小到 $0.5\mu m$ 的微粒。过滤式分离器多用于矿场压气站的压缩机入口和仪器仪表气的净化。

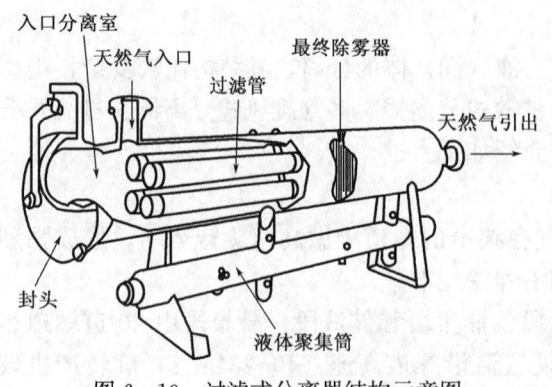

图6-10 过滤式分离器结构示意图

第二节 加热和热交换设备

从气井采出的天然气压力高，不能直接进入输气系统输送，必须进行节流降压。气体通过节流阀时，压力降低，体积膨胀，温度急剧下降，在节流阀处可能生成水化物而堵塞管道，影响正常生产。为防止水合物的生成，广泛采用加热法。加热设备将燃料燃烧或电流所产生的热量传给被加热介质使其温度升高，在天然气集输系统中天然气被加热至工艺所要求的温度，以便进行输送、沉降、分离和粗加工等。

一、蒸汽加热

（一）加热原理及循环过程

蒸汽加热主要设备是蒸汽锅炉（图6-11），加热原理是利用锅炉产生的饱和水蒸气（重度为 γ_3）经蒸汽管线进入换热器壳程（图6-12），与管程中的天然气进行逆流换热，换热后的蒸汽凝析成水（重度为 γ_1），并通过换热器与锅炉水位之间的高差（H_1-H_2）以及重度差（$\gamma_1>\gamma_2>\gamma_3$，$\gamma_2$ 为锅炉内热水重度）形成的压头，在克服了回水管线的摩擦阻力后流回锅炉。如此不断地循环加热天然气，提高了气流温度，也达到了加热天然气的目的。

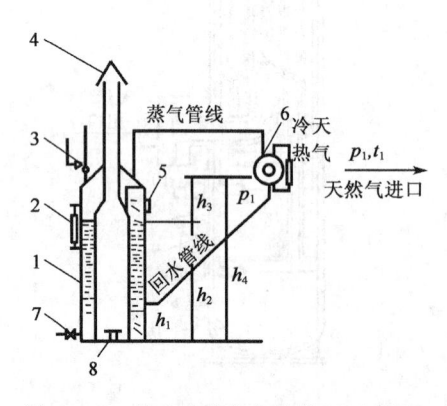

图6-11 饱和水蒸气加热装置示意图
1—炉体；2—水位计；3—安全阀；4—烟囱；
5—压力表；6—套管式换热器；7—排污阀；
8—燃烧器

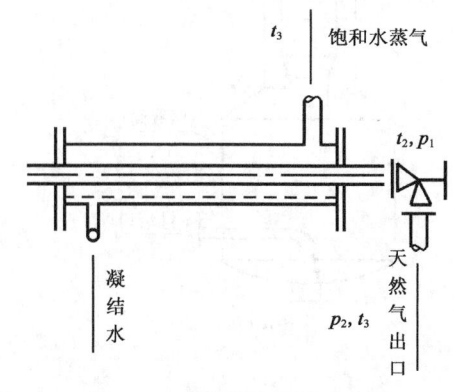

图6-12 套管换热器示意图

(二) 现场常用锅炉规范

现场常用锅炉规范见表6-1。

表6-1 常用锅炉规范

型 号	蒸汽量 t/h	工作压力 MPa	饱和蒸汽温度 ℃	给水温度 ℃	锅炉质量 t
LS0.4-8	0.4	0.8	174.5	20	0.5
LSG0.5-8	0.5	0.8	174.5	20	6（充满水）
KZG1-8	1.0	0.8	174.5	20	7.8（充满水）

注：LS—立式水管锅炉；LSG—立式水管固定炉排锅炉；KZG—卧式快装锅炉。

(三) 锅炉操作注意事项

(1) 锅炉在使用过程中，必须附件齐全，压力表、水位计、安全阀必须齐全合格。

(2) 锅炉水位应在水位计的2/3高度，方可点火升压。运行中，水位不应低于最低水位线，也不允许高于最高水位线。

(3) 锅炉压力升到0.2~0.3MPa时，方可开蒸汽使用。锅炉运行压力不允许超过最大允许压力。

(4) 锅炉在运行时，如发现严重缺水，应立即停火，禁止马上加入冷水，须等待锅炉冷却后再加水。

(5) 锅炉水质应经过处理，达到锅炉用水标准后才能使用。

(6) 锅炉应定期排污，每次排污时间应控制在1min内。

(7) 用天然气作锅炉燃料时，应先点火后开气。

二、加热设备

(一) 水套加热炉

1. 水套加热炉的基本结构

水套加热炉是目前气田集输系统中应用较广泛的天然气加热设备。它不像套管加热器需要配备专用的蒸汽锅炉和蒸汽管线。由于水套加热炉是在常压下对管线进行加热，因而易于操作和控制，也更安全。

水套加热炉主要由水套、被加热天然气盘管、燃烧器、火筒、烟囱等主要部件组成，如图6-13所示。在热负荷较大的地方，水套加热炉还配备有一套温度控制与熄火自动保护系统。

2. 水套加热炉的工作原理

水套加热炉的工作原理是燃料在炉体内位于下部的火筒内燃烧，热量通过火筒烟管壁传给中间传热介质"水"，水再加热在盘管内流动的被加热介质。

3. 水套加热炉的分类

根据燃烧方式可将水套加热炉分为：

(1) 微正压燃烧水套加热炉。

采用机械通风微正压燃烧方式，燃烧器为强制供风式，并配备自动程序点火与熄火保护装置。大筒部分由平直或平直与波形组合的火筒和螺旋槽构成，盘管采用可拆卸式螺旋槽U

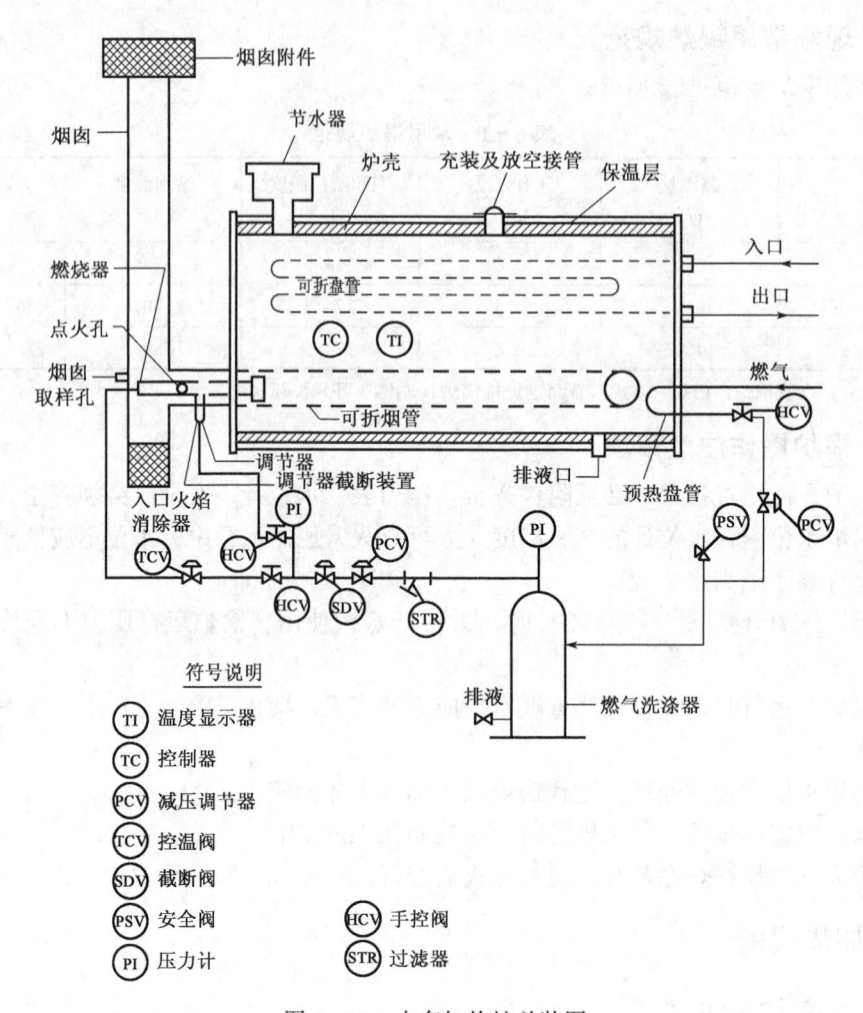

图 6-13　水套加热炉总装图

形管束。该水套加热炉的优点是热效率高，结构紧凑，钢材耗量少。

(2) 负压燃烧水套加热炉。

采用负压燃烧方式，燃烧所需空气为自然进风。火筒与烟管采用 U 形结构或类似结构。该水套加热炉的优点是结构简单，适应性强，密封效果好。

4．水套加热炉的应用

水套加热炉的单台热负荷小，主要作为井口、计量站和接转站的加热装置，对油、气介质进行加热，以防被输送介质在输送过程中形成水合物。

(二) 圆筒形管式加热炉

1．螺旋管式与纯辐射式

当炉子热负荷非常小时，且对热效率无要求时，宜采用螺旋管式［图 6-14 (a)］与纯辐射式［图 6-14 (b)］两种炉型。它们是最简单、最便宜的炉子。在螺旋管式加热炉内，炉管是一段盘绕成螺旋状的小管，其优点是能完全排空，管内压降小。

2．有反射锥的辐射—对流式

过去有反射锥的辐射—对流式［图 6-14 (c)］是立式圆筒炉的典型代表，最适于流体进出炉温升不大时使用，热效率比螺旋管式和纯辐射式高。但是这种炉子为了强化传热在炉膛顶部使用了反射锥,当炉子烧劣质燃料时,容易产生腐蚀损坏,燃烧器的火焰尖部也容易舔到反射锥上造成烧损,近年来使用这种炉型已很少了。

(a)螺旋管式　(b)纯辐射式　(c)有反射锥的辐射—对流式　(d)无反射锥的辐射—对流式

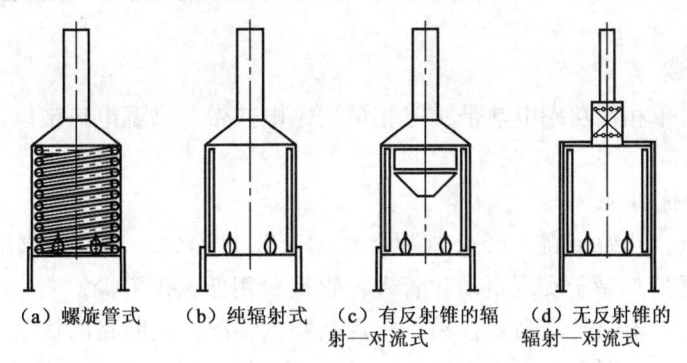

图 6-14　圆筒形管式加热炉示意图

3. 无反射锥的辐射—对流式

这种圆筒炉取代上述几种型式,已成为现代立式圆筒炉的主流。它取消了反射锥,能够建成较大的炉子;它的对流室水平布置若干排管子,并尽量使用钉头管和翅片管,热效率较高。它的制造及施工简单,造价低,是管式加热炉中应用最广泛的炉型。但是这种炉子放大以后炉膛显得太空,炉膛体积发热强度急剧下降,结构和经济上都开始不利。为了克服这一缺点,在大型圆筒炉的炉膛内增添了炉管,如图 6-15 所示。

(三) 电热带

在集输系统中,通常采用电热带作为地面管线和设备的电伴热产品。电伴热系列产品除电热带外,还包括电热板及其配件,如温度控制器、接线盒和管卡等。

1. 电热带的组成

电热带主要由两根平行的电源母线和电热丝以及必要的绝缘材料组成,电热丝每隔一定距离与母线连接,形成连续的并联电阻。单相恒功率电热带基本结构如图 6-16 所示。

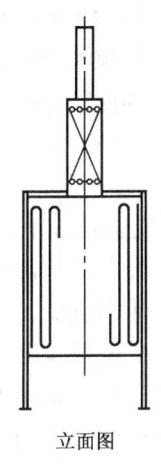

图 6-15　无反射锥辐射—对流式圆筒形管式加热炉(增添炉管)示意图

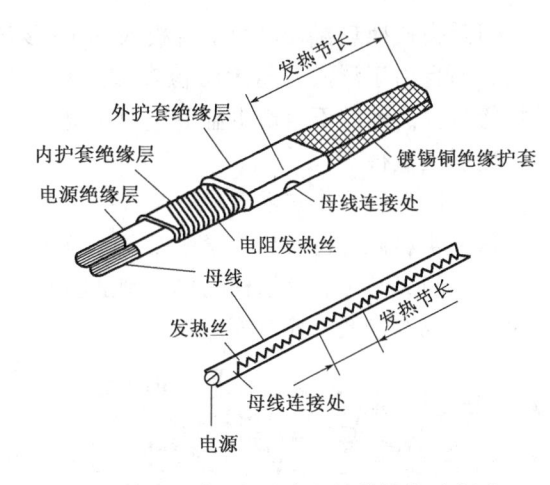

图 6-16　单相恒功率电热带结构示意图

2. 电热带的工作原理

所谓"发热节长",即每根电热丝与母线连接的距离。母线通电后,将各电阻丝同时加热，形成一条连续的电加热带。对电加热带的温度控制主要利用温度控制器。温度控制器由感温包、毛细管和温控电触器等组成，它可以实现电热带温度的就地控制，温控精度在±4℃左右。

3. 电热带的分类

电热带主要有单相恒功率电热带、三相恒功率电热带、高温电热带以及自限式电热带等形式。

4. 电热带的优缺点

(1) 主要优点：热效率高，可达80%～90%；发热均匀，温度控制准确，反应快，可实现远程控制及遥控，易于实现自动化管理；管理费用低，投资少。

(2) 主要缺点：电热丝寿命短，易于出现断路的情况，且断路的机会随电热带的长度增加而增大；电热带更换时还需更换保温层。从目前气田集输工程中电热带的应用情况来看，也存在电热丝易于断路的问题，但总的来说电热带已在逐步推广使用。

三、热交换设备

(一) 列管式换热器

列管式换热器具有热效率较高，压力降较小，结构简单、坚固，安全可靠，操作弹性大，用材广泛，运转周期长，制造、安装和维修都比较方便等优点，适用于在高温高压操作条件下使用。

1. 列管式换热器的分类

列管式换热器一般分为浮头式、U形管式和固定管板式3种。

(1) 浮头式换热器。

换热器管束可以抽出，管程、壳程都可以机械清洗（正方形排列时）；管束可以自由伸缩，管束与壳体间不会产生温差应力。故此种换热器适用于介质脏，管程、壳程温差较大的地方。

但浮头式换热器较之固定管板式和U形管式换热器结构复杂，耗钢量大，笨重，造价较高，而且由于浮头密封无法检查和热紧，容易造成"内漏"；管束和壳体间的环隙较大，故排管较少。而"不会产生温差应力"也是相对而言的，在换热器直径比较大时，该温差应力仍应引起重视。

(2) U形管式换热器。

这种换热器是将换热管弯成U形，如图6-17所示，管端装于管板上，管板夹持在两个法兰之间。其优点是结构简单，制造容易，省去了一块浮头管板和浮头部分的加工件，耗钢量少，成本较低，换热管伸缩自由，每根管都可以自由膨胀，泄漏点少，检修方便，管外清扫容易，但管内清洗困难。由于每根管子的总长度不同，故物料的分布不如浮头式和固定管板式均匀。除最外层管子外，其他管子无法更换，管子泄漏后只能堵塞；随着使用时间的推移，换热面积会变得越来越小。

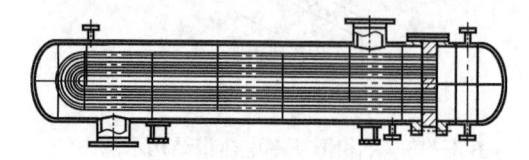

图6-17 U形管式换热器示意图

U形管式换热器适用于温差大，管程压力高，绝对不允许管内外介质窜漏和管内介质较清洁的场合。

(3) 固定管板式换热器。

这种换热器结构简单，价格便宜，可排列较多的换热管，但其壳程无法用机械办法清洗，难以检查、修补，管子和壳程之间有温差应力存在。因此，固定管板式换热器适用于温差较小或温差虽大但壳程压力不高（温差大时，壳程需要设置膨胀节，受膨胀节强度的限制，壳程压力不能太高）及腐蚀小、壳程结垢不太严重的场合。

至于是否需要设置膨胀节，需通过应力计算确定。当介质温差小于或等于50℃时，一般可不设置膨胀节。

综上所述，在能用U形管式换热器或固定管板式换热器的地方，应尽量采用这两种换热器。

2. 列管式换热器的选择

(1) 换热器的长径比。

选择换热器时，应尽量采用大的长径比，这样可以减小受压零部件的厚度，节约金属，减轻重量，降低投资。长径比一般在4~25之间，常用的为6~10，但立式换热器不可将长径比取得过大。

(2) 流道的选择。

为了达到清洗容易，减少高压区和热损失，节省贵重金属的目的，介质走管程或壳程时换热器流道的选择是：

①冷却水走管程。若冷却水走壳程，在折流板死角处的"气陷"和沉淀会引起腐蚀。
②脏的、易结垢且含有悬浮物的流体走管程（U形管式换热器除外）。
③腐蚀性介质走管程。
④高温高压介质走管程。
⑤混相流体或大体积冷凝蒸汽走壳程。
⑥当换热的两种单相流体流量相差较大时，流量小的走壳程。

(二) 套管式换热器

套管式换热器适用于传热面积较小的场合。虽然套管式换热器占地较其他管壳式换热器所需面积大，但由于结构简单，制造方便，管程可流通高压介质，天然气流通内管可以采用与集输管线相同的材质和相同直径的管子，因而在集输系统应用较多。

该设备传热结构采用内外管式，内管通过需加热的天然气，外管通过蒸汽。套管式换热器的每根换热管由U形弯头连接在一起（图6-18），外管与内管的连接有可拆和不可拆两种方式。为了使内外管之间的环形空间即蒸汽通道能进行清洗、检修，以及防止内外管之间由于温差引起热应力，常使内外管之间的连接一端采用不可拆式，另一端采用可拆式。图6-19所示为不可拆式连接形式，图6-20所示为可拆式连接形式。

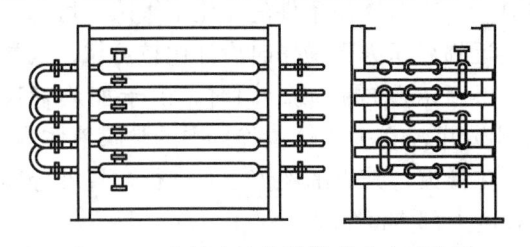

图6-18 套管式换热器排列形式示意图 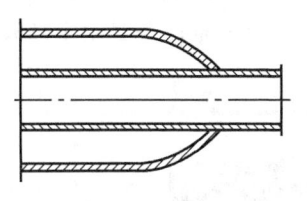　　图6-19 套管式换热器不可拆式连接形式 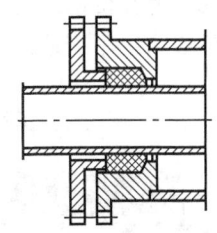　　图6-20 套管式换热器可拆式连接形式

(三) 蛇管式换热器

蛇管式换热器又分为沉浸式和喷淋式两种。沉浸式蛇管式换热器的蛇管多由金属管子弯绕而成，沉浸在容器内除天然气外的另一种介质中，两种介质分别在管内、管外换热。这种换热器的特点是结构简单，造价低，但传热效率低且笨重。喷淋式蛇管式换热器的蛇管通常成排地固定在钢架上，用喷淋水来冷却蛇管内的热介质。与沉浸式蛇管式换热器相比，其管外流体的传热系数大，便于检修和清洗，缺点是体积庞大。

(四) 板式换热器

板式换热器又可分为螺旋板式换热器、波纹板式换热器与板翅式换热器。

1. 螺旋板式换热器

这种换热器是由两张平行的钢板卷制而成具有两个螺旋通道的螺旋体，并在其上装有端盖和接管等零部件构成。其特点是传热效率高，制造简单，材料利用率高；适用于处理含固体颗粒或纤维的悬浮液以及其他高黏性介质。

2. 波纹板式换热器

这种换热器是由一组长方形的传热板片、密封垫片和压紧装置所构成；两相邻板片的边缘用垫片夹紧，类似于常用的压滤机；由于流道的当量直径小，板形波纹使截面变化复杂，加之流体的扰动作用，因而具有较高的传热系数。该换热器具有传热效率高，结构紧凑，使用灵活，清洗和维修方便等特点；但由于密封周边长，渗漏机会大，难以实现大流量操作。

3. 板翅式换热器

这种换热器的基本结构是在两块平板之间放置一种波纹状金属导热翅片，在其两侧用密封条密封组成单元体，对各单元体进行不同的组合和适当的排列，并用钎焊将它们焊牢。这种换热器具有较高的传热效率，它在单位体积内的传热面积一般都能达到 $2500 m^2/m^3$，最高可达 $4370 m^2/m^3$，是列管式换热器的十几倍。该换热器通常用铝合金制造，结构紧凑，体积小，重量轻；同时，因为波形翅片既是主要的传热面，又是两板的支撑，故强度高。它既可用作气和气、气和液、液和液的热交换，也可用作冷凝和蒸发。由于该换热器的流道小，容易产生堵塞，堵塞后又不易清洗，故要求处理的物料应清洁，或在进入换热器前先进行过滤。

(五) 釜式重沸器

釜式重沸器如图 6-21 所示，其结构形式与浮头式换热器类似，不同点在于其"浮头"位于壳程内而非管箱内（也有采用 U 形管的），并且在管束上方增加了蒸发空间，在壳体内增加了堰板以保证釜内的液位高度；高温介质走管程，通过管束将热量传给釜内的液体介质使其蒸发。釜式重沸器一般用来气化部分液相产物返回塔内作气相回流，使塔内气液两相间的接触传质得以进行，同时提供蒸馏过程所需的热量。它对操作条件的变化不敏感，可达到很高的气化率或适用很低的温差；在真空下或在接近临界压力下操作时设计比较可靠，也常用于获得高浓度的产物。同时，由于加热管束（可抽出）沉浸在大壳体（釜）中的沸腾液体内，故循环在管束与其周围液体之间进行，气液分离也在釜内上部空间完成。

釜式重沸器的优点是维修和清洗方便，传热面积大，气化率高，操作弹性大，可在真空下操

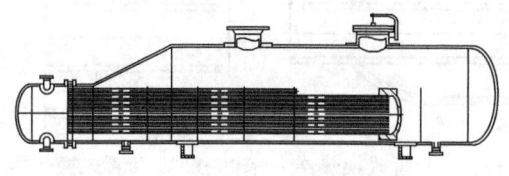

图 6-21 釜式重沸器结构示意图

作。但其传热系数小，壳体容积大，物料停留时间长，易结垢，外部配管所占空间也较大，投资较高。

(六) 三甘醇再生器

天然气脱水所采用的方法按其原理可划分为冷却分离、固体吸附和溶剂吸收三大类。目前普遍采用的是溶剂吸收法脱水，所选溶剂大多为三甘醇。三甘醇再生器的作用是将吸附水分后的富液再生，使其能够循环使用。

1. 三甘醇再生器的结构

三甘醇再生器由三甘醇再生釜、富液精馏柱、汽提柱、三甘醇换热罐、火管加热器、燃烧器和烟囱等组成（图6-22）。

2. 三甘醇再生器的工作原理

来自脱水塔的三甘醇富液进入富液精馏柱上部的盘管，经换热后加热至约35℃进入闪蒸罐闪蒸；闪蒸后的富液经过滤后进入三甘醇换热罐的盘管，与罐内温度较高的三甘醇贫液进行换热；温度升至105℃后进入富液精馏柱，与来自三甘醇再生釜的蒸汽逆流接触，得到部分提浓，并继续向下进入三甘醇再生釜，富液在釜内被加热至204℃，使富液中的水分蒸发，从而除去绝大部分水分；再生后的三甘醇溶液继续向下进入汽提柱，在汽提气的作用下得到进一步提浓，然后进入三甘醇换热罐冷却，从而完成了三甘醇溶液的再生。

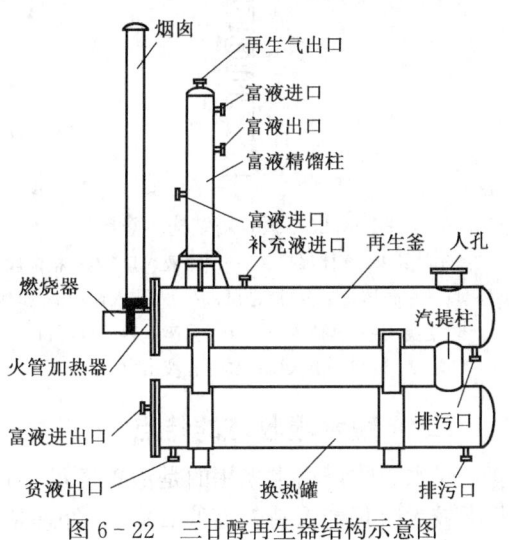

图6-22 三甘醇再生器结构示意图

第三节 塔 器 设 备

塔器是集输工程中的重要设备之一，它可使气（或汽）液或液液两相之间进行紧密接触，达到相际传质及传热的目的。塔器的作用就是让天然气与吸附剂通过接触进行传质，达到除去天然气中各种流体杂质的目的。

塔器设备按操作压力可分为加压塔、常压塔和减压塔；按操作单元可分为精馏塔、吸收塔、解吸塔、萃取反应塔和干燥塔；按塔的内件结构可分为板式塔（图6-23）和填料塔（图6-24）。按塔盘类型，板式塔又可分为泡罩塔、浮阀塔、筛板塔和舌形塔等。

一、脱水吸收塔

脱水吸收塔的作用是利用溶剂吸收天然气中的水分，从而达到脱水的目的。其工作介质为井口天然气（或脱硫后的净化天然气）和脱水剂（通常为三甘醇溶液）；通常用于无自由压降可利用，脱水后干气水露点要求较低，能满足管输要求以及下游无法采用深冷法回收轻烃的场合，如井口天然气脱水、净化厂天然气脱水等。

(一) 脱水吸收塔的工作原理

来自集气站的原料气经分离和过滤后（或经脱硫处理后的净化气）进入脱水吸收塔的下

部，自下而上流动；三甘醇（贫）溶液（或经再生后的三甘醇贫液）从塔的上部进入吸收塔，自上而下流动；两种介质在泡罩塔盘上逆向接触进行传质，从而脱除天然气中的水分。湿天然气从下向上经数层塔盘后成为干气，并从塔顶流出；三甘醇贫液从上向下经数层塔盘后，因不断吸收水分而成为富液，并从塔的下部流出，然后进入再生系统进行再生；再生后的贫液又从塔的上部进入吸收塔，从而完成了三甘醇的吸收和再生循环过程。

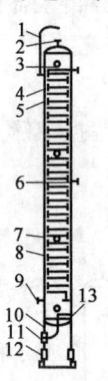

图 6-23 板式塔结构示意图
1—吊柱；2—气体出口；3—回流液入口；4—精馏段塔盘；5—壳体；6—料液进口；7—人孔入口；8—提馏段塔盘；9—气体入口；10—裙座；11—排污口；12—出入口；13—釜液出口

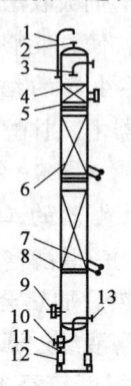

图 6-24 填料塔结构示意图
1—吊柱；2—气体出口；3—喷淋装置；4—壳体；5—液体再分配器；6—填料；7—卸填料入口；8—支撑装置；9—气体入口；10—排污口；11—裙座；12—出入孔；13—釜液出口

（二）脱水吸收塔的特点

脱水吸收塔通常采用的是泡罩塔盘，它具有塔板效率较高，操作弹性较大（在负荷变动范围较大时仍能保持较高的效率），处理量较大，气液比范围大，不易堵塞，操作稳定可靠等优点；但由于溶液循环量较小，因此对塔盘的密封要求较高。

（三）脱水吸收塔的选材

脱水吸收塔的选材应根据操作压力、操作温度、介质腐蚀性、制造以及经济合理等诸因素来综合考虑。壳体材料通常选用碳素钢和低合金钢，塔盘材料多选用不锈钢。常用材质通常为20R、16MnR、20G、16MnG、16Mn锻件、0Cr18Ni10Ti等。如天然气中含有硫化氢、二氧化碳等酸性气体，选材时还应考虑应力腐蚀开裂（SSC）和氢诱发裂纹（HIC）等因素。

二、脱硫吸收塔

（一）脱硫吸收塔的作用

脱硫吸收塔通常采用的是浮阀塔盘，其作用是利用溶剂来吸收天然气中的硫化氢，从而达到脱硫的目的。脱硫吸收塔的工作介质为原料天然气和脱硫剂（通常为MDEA溶液），以防止硫化氢对下游设备和管道的腐蚀，同时满足商品天然气对硫化氢含量的控制指标（通常为 20mg/m^3）。

（二）脱硫吸收塔的特点

(1) 处理能力大。

浮阀在塔盘板上可以安排得比泡罩更紧凑，生产能力可比泡罩塔盘提高 20%～40%。

(2) 操作弹性大。

浮阀可在一定范围内自由升降以适应气量的变化，而气流速度几乎不变，故能在较宽的流量范围内保持较高的效率，它的操作弹性为5～9。

(3) 塔板效率高。

由于气液接触状态良好，且气体以水平方向吹入液层，故雾沫夹带较少，一般情况下该塔效率比泡罩塔盘高15%左右。

(4) 压降小。

气流通过浮阀时，只有一次收缩、扩大及转弯，故塔盘压降比泡罩塔盘低。

(5) 液面落差较小。

浮阀形状简单，可降低液面落差。

(6) 气体分布均匀，结构简单。

(三) 脱硫吸收塔的工艺过程

从集输站场来的原料天然气经分离和过滤后从塔的下部进入，自下而上流动；脱硫剂从塔的上部进入，自上而下流动；两者在塔盘上逆向接触进行传质，经数层塔盘后，原料气中的硫化氢被脱硫剂吸收成为净化气，并从塔顶流出。

(四) 脱硫吸收塔的选材

因原料天然气中含有硫化氢等酸性介质，故脱硫吸收塔材质的选择不但要考虑操作温度、操作压力、介质腐蚀性、制造及经济合理等综合因素，还要考虑硫化氢可能引起的应力腐蚀开裂和氢诱发裂纹等因素。通常采用的材料有碳素钢、低合金钢以及不锈钢等，但必须作抗硫评定。

三、再生塔

脱硫剂吸收硫化氢后由贫液变为富液，再生塔的作用就是将富液再生变回贫液，使脱硫剂能循环使用。

再生塔可以采用板式塔，也可采用填料塔。一般说来，处理量较大时宜采用板式塔；处理量较小或溶液比较洁净时，可采用填料塔。

(一) 再生塔的工艺过程

吸收了硫化氢的富液在换热到90℃左右后，由塔的上部进入塔内自上而下流动，与塔底重沸器提供的约120℃的蒸汽逆流接触进行传热传质；富液在向下流动过程中，随着温度的不断升高，其中的硫化氢不断被汽提出来，当到达塔下部最后一层塔盘或集液箱底部（填料塔）时，温度达到120℃左右，此时的溶液也称为半贫液。半贫液从塔中抽出后进入重沸器中加热，使其部分汽化，以提供塔所需要的汽提蒸汽。当采用热虹吸式重沸器时，重沸器出口为气液两相，并从塔的下部进入塔内，气相即为向上流动的汽提蒸汽，液相部分流入塔底成为再生后的贫液。被汽提出来的酸性气体（主要是硫化氢、二氧化碳和水蒸气的混合物）从再生塔塔顶排出，经冷凝冷却后分为气液两相，气相（即酸气）去硫黄回收装置回收硫黄，液相（即酸性水）打入再生塔塔顶作为回流。

(二) 再生塔的选材

当采用胺法脱硫时，再生塔接触的介质除酸气（含硫化氢的气体）外，还有碱液，因此在材料的选择上不仅要考虑硫化氢的各种腐蚀,还要考虑高温下碱的各种腐蚀。通常再生塔采用的材料有碳素钢、低合金钢等,但必须作抗硫评定。

四、稳定塔

原油或凝析油中通常含有 $C_1 \sim C_4$ 等轻烃,这些轻组分在常温下很容易挥发,同时会带走不少油品,不仅造成能源损失,还会污染环境。这些轻组分在油品中属于"不稳定成分",稳定塔的作用就是将这些不稳定成分从原油或凝析油中"赶"出来,使油品变得"稳定",同时将这些轻组分予以回收作为燃料气使用。

稳定塔的工艺过程实际上就是一个蒸馏或提馏过程。油品在塔底重沸器加热后,其中的轻组分被汽化,并由塔底自下而上流动,与来自塔上部的原油或凝析油逆流接触,经传热传质后, $C_1 \sim C_4$ 等轻烃在塔顶被分馏出来,在塔底得到的即是稳定的原油或凝析油。

从稳定塔接触的介质来看,其腐蚀性都较弱,一般情况下选用碳素钢是可行的。

第四节 泵

天然气集输中使用泵为站场中工艺介质、污水等的流动提供动力,同时也为缓蚀剂、水合物抑制剂及其他化学剂进入天然气压力系统提供能量。根据泵的工作原理和结构,泵可分为:

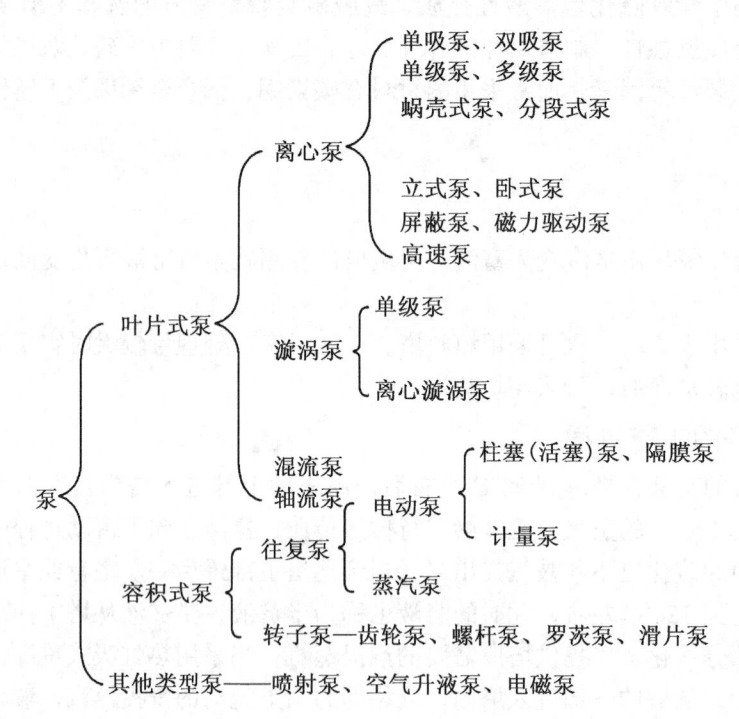

```
          ┌ 离心泵 ┬ 单吸泵、双吸泵
          │        │ 单级泵、多级泵
          │        │ 蜗壳式泵、分段式泵
          │        │ 立式泵、卧式泵
          │        │ 屏蔽泵、磁力驱动泵
          │        └ 高速泵
   叶片式泵┤
          │ 漩涡泵 ┬ 单级泵
          │        └ 离心漩涡泵
          │
          │ 混流泵
          └ 轴流泵
泵┤
          ┌ 往复泵 ┬ 电动泵 ┬ 柱塞(活塞)泵、隔膜泵
          │        │        └ 计量泵
   容积式泵┤        └ 蒸汽泵
          └ 转子泵——齿轮泵、螺杆泵、罗茨泵、滑片泵

   其他类型泵——喷射泵、空气升液泵、电磁泵
```

一、集气站常用泵

(一) 离心泵

1. 离心泵的结构及工作原理

离心泵主要由叶轮、轴与轴承、泵壳、轴封及密封环等组成,如图 6-25 所示。一般离

心泵启动前泵壳内要灌满液体，当原动机带动泵轴和叶轮旋转时，液体一方面随叶轮做圆周运动，另一方面在离心力的作用下自叶轮中心向外周抛出，液体从叶轮获得了压力能和速度能。当液体流经蜗壳到排液口时，部分速度能将转变为静压力能。在液体自叶轮抛出时，在叶轮中心部分造成低压区，与吸入液面的压力形成压力差，于是液体不断被吸入，并以一定压力排出。离心泵的工作原理简图如图6-26所示。

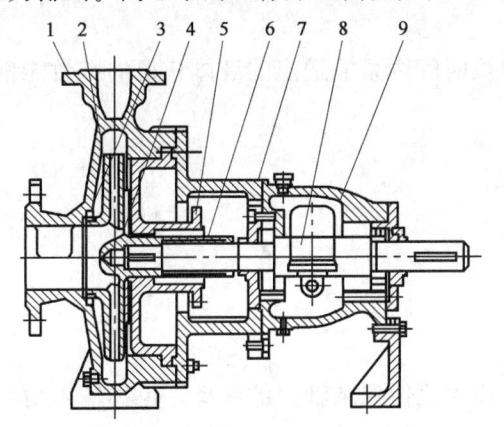

图6-25 离心泵结构剖面图
1—泵壳；2—叶轮；3—密封环；4—叶轮螺母；5—泵盖；
6—密封部件；7—中间支撑；8—轴；9—悬架部件

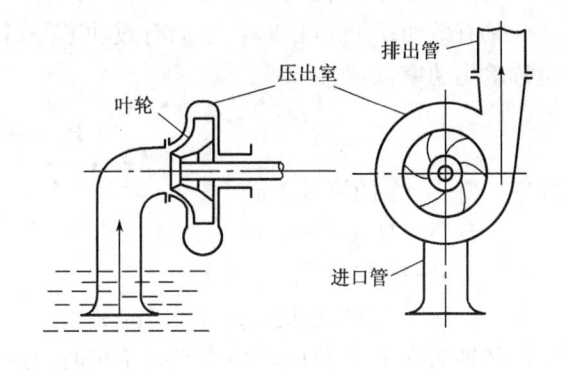

图6-26 离心泵工作原理简图

2. 离心泵的主要零部件

（1）泵壳。

一般蜗壳式泵壳内腔呈螺旋形液道，用以收集从叶轮中甩出的液体，并引向扩散管至泵出口。泵壳承受全部的工作压力和液体热负荷。

泵壳有轴向剖分式和径向剖分式两种。大多数单级泵的壳体都是蜗壳式的，多级泵径向剖分式壳体一般为环形壳体或圆形壳体。

（2）叶轮。

叶轮是唯一的做功部件，泵通过叶轮对液体做功。叶轮有闭式、开式和半开式3种。闭式叶轮由叶片、前盖板和后盖板组成；半开式叶轮由叶片和后盖板组成；开式叶轮只有叶片，无前后盖板。闭式叶轮效率较高，而开式叶轮效率较低。

（3）密封环。

密封环的作用是防止泵的内泄漏和外泄漏。密封环用耐磨材料制成，镶于叶轮前后盖板和泵壳上，磨损后可以更换。

（4）轴和轴承。

泵轴一端固定叶轮，另一端装联轴器。根据泵的大小，轴承可选滚动轴承和滑动轴承。

（5）轴封。

轴封一般有机械密封和填料密封两种。一般泵均设计成既能装填料密封又能装机械密封的结构。

3. 离心泵的性能参数

（1）流量 Q。

泵的流量是指单位时间内由泵出口排出液体的体积量，以 Q 表示，单位是 m^3/h 或 m^3/s。

(2) 扬程 H。

泵的扬程是指单位质量的液体通过泵后获得的能量,即排出液体的液柱高度,以 H 表示,单位是 m。

(3) 转速 n。

泵的转速指泵轴单位时间内的转数,以 n 表示,单位是 r/min。

(4) 功率和效率。

①有效功率 P_u(kW):泵的有效功率是指单位时间内泵输送出的液体获得的有效能量,也称输出功率:

$$P_u = \frac{\rho g Q H}{1000} \qquad (6-1)$$

式中　Q——泵的流量,m³/s;
　　　H——泵的扬程,m;
　　　ρ——介质密度,kg/m³;
　　　g——重力加速度,$g=9.81$m/s²。

②轴功率 P_a:泵的轴功率是指单位时间内由原动机传到泵轴上的功率,也称输入功率,单位是 W 或 kW。

③泵效率 η:泵效率 η 是泵的有效功率与轴功率的比值:

$$\eta = \frac{P_u}{P_a} \qquad (6-2)$$

4. 离心泵的特性曲线

泵的特性曲线反映泵在恒定转速下的各项性能参数。国内泵厂提供的典型特性曲线如图 6-27 所示,一般包括 H-Q 线、P-Q 线、η-Q 线和 NPSHr-Q(汽蚀余量—流量)线。

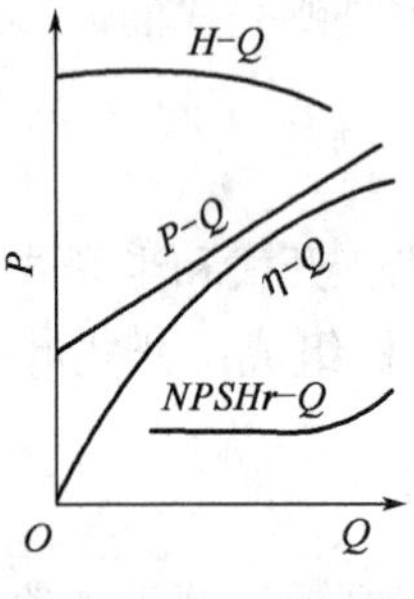

图 6-27　离心泵特性曲线

5. 常用离心泵的种类、型号和规格

卧式泵:

Y 型,流量 6.25~500m³/h,扬程 60~603m,适用温度范围—20~400℃;

AY 型,流量 2.50~600m³/h,扬程 30~650m,适用温度范围—45~420℃;

AYP 型,流量 2.50~600m³/h,扬程 30~650m,适用温度范围—45~420℃;

AYT 型,流量 2.50~600m³/h,扬程 30~650m,适用温度范围—45~420℃;

HY 型,流量 1~200m³/h,扬程 15~220m,适用温度范围—45~450℃;

MPH 型,流量 0.5~7.8m³/h,扬程 15~130m,适用温度范围—20~400℃;

YD 型,流量 1~15m³/h,扬程 140~450m,适用温度范围—20~400℃。

筒型泵:YT 型,流量 4~30m³/h,扬程 370~1300m,适用温度范围—45~400℃。

管道泵:YG 型,流量 5~360m³/h,扬程 20~150m,适用温度范围—45~250℃。

(二) 往复泵

往复泵包括活塞泵和柱塞泵,适用于输送流量较小、压力较高的各种介质;当流量小于 100m³/h、排出压力大于 10MPa 时,有较高的效率和良好的运行性能。

1. 往复泵的结构及工作原理

(1) 往复泵的结构。

往复泵由液力端和动力端组成。液力端直接输送液体，把机械能转换成液体的压力能；动力端将原动机的能量传给液力端。

动力端由曲轴、连杆、十字头、轴承和机架等组成；液力端由液缸、活塞（或柱塞）、吸入阀、排出阀、填料函和缸盖等组成。

(2) 往复泵的工作原理。

如图 6-28 所示，当曲柄以角速度 ω 逆时针旋转时，活塞向右移动，液缸的容积增大，压力降低，被输送的液体在压力差的作用下克服吸入管路和吸入阀等的阻力而进入液缸；当曲柄转过 180°以后，活塞向左移动，液体被挤压，液缸内液体压力急剧增加，在这个压力的作用下吸入阀关闭而排出阀被打开，液缸内液体在压力差的作用下被排送到排出管路中。当往复泵的曲柄以角速度 ω 不停地旋转时，往复泵就不断地吸入和排出液体。

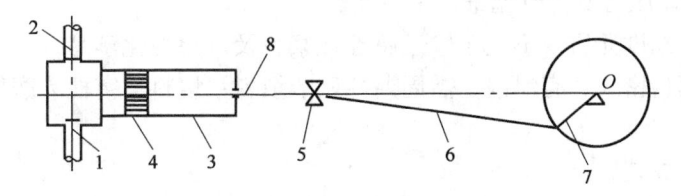

图 6-28 单作用往复泵示意图
1—吸入阀；2—排出阀；3—液缸；4—活塞；5—十字头；
6—连杆；7—曲轴；8—填料函

2. 往复泵的分类

(1) 根据液力端特点分类：按工作机构可分为活塞泵、柱塞泵和隔膜泵；按作用特点可分为单作用泵、双作用泵和差动泵；按缸数可分为单缸泵、双缸泵和多缸泵。

(2) 根据动力端特点可分为曲柄连杆机构和直轴偏心轮机构等。

(3) 根据驱动特点可分为电动往复泵、蒸汽往复泵和手动泵等。

(4) 根据排出压力 p_d 可分为低压泵（$p_d \leqslant 4\text{MPa}$）、中压泵（$4\text{MPa} < p_d < 32\text{MPa}$）、高压泵（$32\text{MPa} \leqslant p_d < 100\text{MPa}$）和超高压泵（$p_d \geqslant 100\text{MPa}$）。

(5) 根据活塞（或柱塞）每分钟往复次数 n 可分为低速泵（$n \leqslant 80\text{r/min}$）、中速泵（$80\text{r/min} < n < 250\text{r/min}$）、高速泵（$250\text{r/min} \leqslant n < 550\text{r/min}$）和超高速泵（$n \geqslant 500\text{r/min}$）。

3. 常用往复泵的种类、型号与规格

常用往复泵的种类、型号和规格见表 6-2。

表 6-2 常用往复泵的种类、型号和规格

型　号	流量，m³/h	出口压力，MPa	工作温度，℃	功率，kW
3D 型电动往复泵（柱塞式、活塞式、管式隔膜式）	0.5～62.5	≤60	≤150	4～285
2DS、3DS 型电动往复泵	1.8～60	≤50	≤80	4～200
2QS 型蒸汽往复泵	1.3～170	≤1.75	≤105	2.25～110
2QYR、2QS 型蒸汽往复泵	3.5～170	1.75～5	≤400	2.25～110
3DS 型电动往复泵	0.6～25.8	≤50	≤80	0.75～75

(三) 计量泵

计量泵也称定量泵或比例泵，它属于往复式容积泵。计量泵可以计量输送易燃易爆以及腐蚀性流体。天然气生产中，为防止水合物的产生，通常需要定量加入水合物抑制剂，此项工作就是由计量泵来完成的。根据计量泵液力端的结构形式，常将计量泵分成柱塞式、液压隔膜式、机械隔膜式和波纹管式4种。通常采用的计量泵为柱塞式和液压隔膜式。

1. 柱塞式计量泵

柱塞式计量泵与普通往复泵的结构基本一样，其液力端由液缸、柱塞、吸入阀、排出阀和密封填料等组成。其特点是：

(1) 价格较低。

(2) 流量可达 $76m^3/h$，流量在 10%～100% 范围内，其计量精度可达 ±1%；压力最高可达 350MPa，出口压力变化时流量几乎不变。

(3) 能输送高黏度介质，不适于输送腐蚀性浆料及危险性化学品。

(4) 轴封为填料密封，有泄漏，需周期性调节填料；填料与塞柱易磨损，需对填料环作压力冲洗和排放。

(5) 无安全泄放装置。

2. 液压隔膜式计量泵

液压隔膜式计量泵通常称隔膜计量泵，在柱塞前段有一层隔膜（柱塞与隔膜不接触），将液力端分隔成输液腔和液压腔。输液腔连接泵的吸入阀和排出阀，液压腔内充满液压油（轻质油），并与泵体上端的液压油箱（补油箱）相通。当柱塞前后移动时，通过液压油将压力传给隔膜并使之前后挠曲变形引起容积的变化，起到输送液体的作用并能满足精确计量的要求。液压隔膜式计量泵的特点是：

(1) 无动密封，无泄漏，有安全泄放装置，维护简单。

(2) 压力可达 35MPa，流量在 10%～100% 范围内，其计量精度可达 ±1%；压力每升高 6.5MPa，流量下降 5%～10%。

(3) 价格较高。

(4) 适用于中等黏度介质。

二、泵的串联和并联

(一) 泵的串联

生产中单使用一台泵不能达到所需要的扬程时，可以将两台或多台相同特性泵串联操作。串联操作一般只适用于叶片式泵，一般不适用于容积式泵，如往复泵。从图 6-29 可以看出，A、B 两台泵串联时，在装置特性曲线不变的情况下，$H \sim Q$ 曲线从 A、B 泵单独运行时的 H_A（H_B）$\sim Q$ 曲线变为 $H_R \sim Q$ 曲线，泵的扬程和流量都增加，工作点也由 A 变为 A_3，增加程度又与装置特性曲线有关。泵串联工作时，应考虑到后续泵体、泵轴的强度和密封，串联工作的泵选配电动机时应按串联条件下的参数选配功率。

(二) 泵的并联

生产中当使用一台泵不能满足流量要求时，可以将两台或多台相同特性的泵并联使用（图6-30）。并联操作适用于叶片式泵与容积式泵。两台泵并联时，在装置特性曲线不变的情况下，$H \sim Q$ 曲线从 A、B 两台泵单独运行时的 $H_A(H_B) \sim Q$ 曲线变为 $H_R \sim Q$ 曲线，扬程和流量都增加，增加程度又与装置特性有关，工作点也由 A_1 变为 A_3。

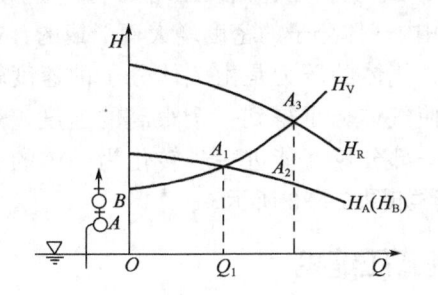

图6-29 两台相同特性泵串联操作曲线

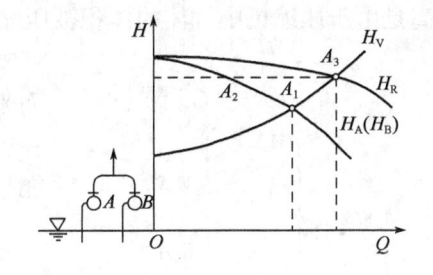

图6-30 两台相同特性泵并联操作曲线

对某些需有备用泵的大型泵，可选用两台泵并联操作，一台泵备用，即一开一备的方式。对某些大型泵，可选用两台流量各为所需流量的65%～70%的泵并联操作（不设备用泵），即当一台泵停车检修时，装置仍有65%～70%的流量供应。往复泵的并联操作实际上相当于一台多缸泵，但电动机数目多，增加了安装拆卸的难度，因此应优先选用多缸泵。

（三）往复泵和离心泵的并联

往复泵和离心泵并联操作特性如图6-31所示，曲线 A、B 分别为离心泵和往复泵的特性曲线，H_V 为装置特性曲线。根据并联操作的特性，可得并联合成特性曲线 R。

往复泵和离心泵的并联操作可克服往复泵不能用闸阀调节（节流调节）流量的特点，但一般很少采用。

（四）串联、并联操作的选择

泵的串联、并联均能使泵的流量有所提高（图6-32），一般情况下，增加流量可采用泵并联操作的方式。但在装置曲线较陡（如 H_{V2} 曲线）的情况下，采用串联操作比并联操作不但扬程高而且流量大。装置曲线 H_V 是选择串并联操作的分界线，当装置特性曲线在 H_V 曲线左边（即装置特性曲线较陡）时，采用串联操作（工作点为 A_2）比并联操作（工作点为 A_1）增加的流量和扬程更大些；当装置特性曲线在 H_V 曲线右边（即装置特性曲线较平坦）时，采用并联操作（工作点为 A_4）比串联操作（工作点为 A_3）增加的流量和扬程更大些。但在实际工程应用中，几乎不采用泵串联操作的方式。

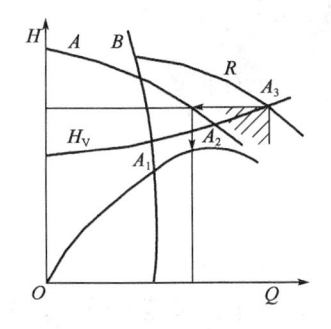

图6-31 往复泵和离心泵并联操作特性曲线

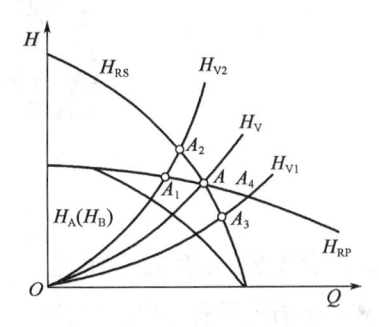

图6-32 两台泵串联、并联运转的选择

第五节 压 缩 机

压缩机按工作原理可分为容积式压缩机和速度式压缩机。在容积式压缩机中，气体压力的提高是由于压缩机中气体的体积被压缩，单位体积内气体分子的密度增大而形成的；在速度式压缩机中，气体的压力是由气体分子的速度转化而来的，即先使气体分子得到一个很高的速度，然后在固体元件中一部分速度能进一步转化为气体的压力能。压缩机分类如图6-33所示。

一、活塞式压缩机

(一) 活塞式压缩机的工作原理

活塞式压缩机主要由机身、曲轴、连杆、活塞、气缸、进气阀、排气阀以及冷却系统、润滑系统和安全调压系统等组成，如图6-34所示。

图6-35所示为单级单作用活塞式压缩机的原理图，当活塞向右移动时，气缸左端的压力略低于吸入气体的压力p_1，此时吸入阀被打开，气体在大气压力（或吸气管内压力）的作用下进入气缸内，这个过程称为吸气过程；当活塞反行时，吸入的气体在气缸内被活塞压缩，这个过程称为压缩过程；当气缸内的气体压力增大到略高于排气管内压力p_2时，排气阀即被打开，压缩气体排入排气管内，这个过程称为排气过程。至此，完成一个工作循环。活塞继续运动，上述工作循环也周而复始地进行，直至完成压缩气体的任务。

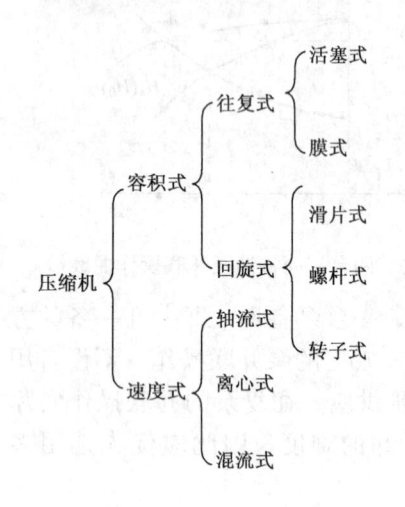

图6-33 压缩机分类

图6-34 活塞式压缩机结构示意图

(二) 活塞式压缩机的特点

活塞式压缩机具有排出压力稳定，适应压力范围较宽，流量调节范围较大，热效率高，压比较高（单级压比最高可达4~5），适应性强等优点；但其外形尺寸庞大，笨重，排量较小，气流有脉动且噪声大等，主要适用于小排量、高压或超高压条件。

二、离心式压缩机

(一) 离心式压缩机的组成

离心式压缩机由转子部件和固定部件两部分组成，其中，转子部件主要由主轴、叶轮、平衡盘、推力盘等组成；固定部件由机壳（气缸）、扩压器、吸气室、弯道、回流器、蜗壳、密封装置以及轴承等组成。

(二) 离心式压缩机的工作原理

离心式压缩机的工作原理是气体由吸气室吸入，通过叶轮对气体做功，使气体的压力、速度、温度升高，气体从叶轮甩出后进入扩压器，降速增压，然后经弯道、回流器而流入下一级继续压缩。气体压缩后温度升高，为了降低压缩高温气体时的功耗，将第三级排出的气体经蜗壳引入到中间冷却器进行冷却。气体降温后再经吸气室进入下一段继续进行压缩，最后从末级排出的高压气体由排出管输向用户或干线。

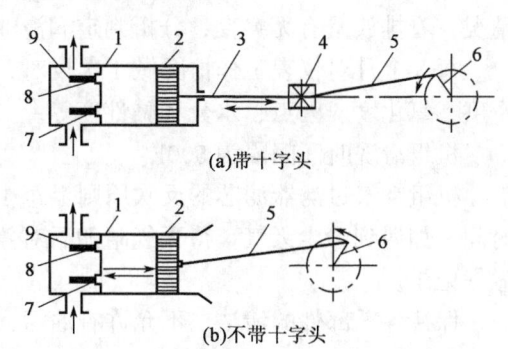

图 6-35　单级单作用活塞式压缩机原理图
1—气缸；2—活塞；3—活塞杆；4—十字头；5—连杆；
6—曲柄；7—吸气阀；8—排气阀；9—弹簧

(三) 离心式压缩机的特点

(1) 离心式压缩机中气体是连续流动的，其流通截面积也较大，同时叶轮转速很高，故流量很大，进气量在 $5000m^3/min$ 以上。

(2) 离心式压缩机中转子只做旋转运动，转动惯量小，且与静止部件不接触，摩擦力较小，故转速可以达到很大。

(3) 结构紧凑，机组重量和占地面积都比同一气量的活塞式压缩机小很多。

(4) 运转可靠。由于转动部件与静止部件不直接接触摩擦，因而运转平稳，排气均匀，易损件少，一般可连续运转一年以上，且不需备用机组，维修量小。

(5) 单级压力比较低。

(6) 由于离心式压缩机中气流速度较大，造成的能量损失也较大，故效率比活塞式压缩机稍低。

(7) 由于离心式压缩机转速高、功率大，无备用机组，一旦发生事故，后果较为严重，因此需有一系列紧急安全装备措施。

(四) 离心式压缩机组的日常维护

(1) 严格遵守各项规程。

严格遵守操作规程，按规定程序开停车；严格遵守维护规程，使用维护好机组。

(2) 加强日常维护。

每日检查数次机组的运行参数，按时填写运行记录，检查项目包括：进出口工艺气体参数（温度、压力和流量以及气体的成分和湿度等）；机组的振动值、轴位移和轴向推力；油系统的温度、压力，轴承温度，冷却水温度，储油箱油位，油冷却器和过滤器的前后压差；冷凝水的排放、循环水的供应以及系统的泄漏情况；应用探测棒听测轴承及机壳有无异声。

每 2~3d 检查 1 次冷凝液位。

每 2~3 周检查 1 次润滑油是否需要补充或更换。

每月分析1次机组的振动趋势,看有无异常趋向;分析轴承温度趋势;分析酸性油排放情况,看排放量有无突变;分析判定润滑油质量情况。

每3个月对仪表工作情况做1次校对,对润滑油品质进行光谱分析和铁谱分析,分析其密度、氧化度、闪点、水分和碱性度等。

机组清洗时间间隔为500h。

机组空气过滤器滤芯的反吹原则上每15d1次,由站运行人员根据天气情况确定具体的时间。如遇到沙尘天气,待天气晴朗后对停运和运行的机组进行反吹1次,每次反吹完成后做好记录。

保持各零部件的清洁,不允许有油污、灰尘、异物等在机体上。各零部件必须齐全、完整,指示仪表灵敏、可靠。

按时填写运行记录,做到齐全、准确、整洁。

定期检查、清洗油过滤器,保证油压的稳定。

长期停车时,每24h盘动转子(180°)1次。

(3) 监视运行工况。

机组在正常运行时,要不断监视机组运行工况的变化,经常与前、后工序联系,注意工艺系统参数和负荷的变化,根据需要缓慢地调整负荷;变转速机组应"升压先升速、降速先降压"。经常观测机组运行工况电视屏幕监视系统,注意运行工况点的变化趋势,防止机组发生喘振。

(4) 尽量避免带负荷紧急停机。

机组运行中尽量避免带负荷紧急停机,只有在发生运行规程规定的情况下才能紧急停机。

(五) 离心式压缩机组的常见故障与处理

离心式压缩机的性能受吸入压力、吸入温度、吸入流量、进气相对分子质量及进气组成和原动机的转速、控制特性的影响,一般多种原因互相影响发生故障或事故的情况最为常见。现将离心式压缩机常见故障可能原因和处理措施列于表6-3至表6-10中。

(1) 压缩机性能达不到要求见表6-3。

表6-3 压缩机性能达不到要求

可能原因	处 理 措 施
设计错误	审查原始设计,检查技术参数是否符合要求,发现问题应与卖方和制造厂家交涉,采取补救措施
制造错误	检查原设计及制造工艺要求,检查材质及其加工精度,发现问题及时与卖方和制造厂家交涉
气体性能差异	检查气体的各种性能参数,如与原设计的气体性能相差太大,必然影响压缩机的性能指标
运行条件变化	应查明变化原因
沉积夹杂物	检查在气体流道和叶轮以及气缸中是否有夹杂物,如有,则应清除
间隙过大	检查各部分间隙,不符合要求者必须调整

(2) 压缩机流量和排出压力不足见表6-4。

(3) 压缩机启动时流量、压力为零见表6-5。

(4) 排出压力波动见表6-6。

(5) 流量降低见表6-7。

表6-4 压缩机流量和排出压力不足

可能原因	处理措施
通流量有问题	将排气压力与流量同压缩机特性曲线相比较、研究,看是否符合,以便发现问题
压缩机逆转	检查旋转方向,应与压缩机壳体上的箭头标志方向一致
吸气压力低	与说明书对照,查明原因
相对分子质量不符	检查实际气体的相对分子质量和化学成分组成,与说明书的规定数值对照;如果实际相对分子质量比规定值小,则排气压力不足
运行转速低	检查运行转速,与说明书对照,如转速低,应提升原动机转速
自排气侧向吸气侧的循环增大	检查循环气量,并检查外部配管,同时检查循环气阀开度,循环量太大时应调整
压力计或流量计故障	检查各计量仪表,发现问题应进行调校、修理或更换

表6-5 压缩机启动时流量、压力为零

可能原因	处理措施
转动系统有问题,如叶轮键、连接轴等装错或未装	拆开检查,并修复有关部件
吸气阀和排气阀关闭	检查阀门,并正确打开到适当位置

表6-6 排出压力波动

可能原因	处理措施
流量过小	增大流量,必要时在排出管上安旁通管以补充流量
流量调节阀有问题	检查流量调节阀,发现问题及时解决

表6-7 流量降低

可能原因	处理措施
进口导叶位置不当	检查进口导叶及其定位器是否正常,特别是检查进口导叶的实际位置是否与指示器读数一致。如有不当,应重新调整进口导叶和定位器
防喘阀及放空阀不正常	检查防喘振的传感器及放空阀是否正常,如有不当,应校正调整,使之工作平稳,防止漏气
压缩机喘振	检查压缩机是否喘振,流量是否足以使压缩机脱离喘振区,特别是要使每级进口温度都正常
密封间隙过大	按规定调整密封间隙或更换密封
进口过滤器堵塞	检查进口压力,注意气体过滤器是否堵塞,清洗过滤器

(6) 气体温度高见表6-8。

表6-8 气体温度高

可能原因	处理措施
冷却水量不足	检查冷却水流量、压力和温度是否正常,重新调整水压、水温,开大冷却水泵
冷却器冷却能力下降	检查冷却水量,冷却器管中的水流速应小于2m/s
冷却管表面有污垢	检查冷却器温差,看冷却管是否由于结垢而使冷却效果下降,清洗冷却器芯子
冷却管破裂或管子与管板间的配合松动	堵塞已损坏管子的两端或用胀管器将松动的管端胀紧
冷却器水侧通道积有气泡	检查冷却器水侧通道是否有气泡产生,打开放气阀将气体排出
运行点过分偏离设计点	检查实际运行点是否过分偏离规定的操作点,适当调整运行工况

（7）压缩机异常振动并有异常噪声见表6-9。

表6-9　压缩机异常振动并有异常噪声

可能原因	处理措施
机组找正精度被破坏，不对中	检查机组振动情况，轴向振幅大，振动频率与转速相同，有时为其2倍、3倍……卸下联轴器，使原动机单独转动，如果原动机无异常振动，则可能为不对中，应重新找正
转子不平衡	检查振动情况，若径向振幅大，振动频率为n，振幅与不平衡量及n^2成正比，此时应检查转子，看是否有污垢或破损，必要时对转子重新做动平衡
转子叶轮摩擦与损坏	检查转子叶轮，看有无摩擦和损坏，必要时进行修复与更换
主轴弯曲	检查主轴是否弯曲，必要时校正主轴
联轴器故障或不平衡	检查联轴器并拆下，检查动平衡情况，并加以修复
轴承不正常	检查轴承径向间隙，并进行调整；检查轴承盖与轴承瓦背之间的过盈量，如过小则应加大；若轴承合金损坏，则换瓦
密封不良	密封片摩擦，振动图线不规律，启动或停机时能听到金属摩擦声，修复或更换密封环
齿轮增速器齿轮啮合不良	检查齿轮增速器齿轮啮合情况，若振动较小，但振动频率高，是齿数的倍数，噪声有节奏地变化，则应重新校正啮合齿轮之间的不平行度
地脚螺栓松动，地基不坚固	修补地基，紧固地脚螺栓

（8）COBERRA6562/RF3BB36燃气轮机/压缩机常见故障及其排除方法见表6-10。

表6-10　COBERRA6562/RF3BB36燃气轮机/压缩机常见故障及其排除方法

序　号	常见故障	原因分析	排除方法
1	启动时燃料总管压力高或低	压力调整不合理	调整燃料控制阀
2	点火失败	燃料供应压力太低；点火系统故障（如火花塞结焦、激发器故障）	调整燃料供应压力；检查点火系统，排除故障
3	燃气发生器转速不稳定，振荡	燃气不稳定，振荡	调节燃料供应压力
4	加速缓慢	供气压力偏低，流量偏小；可调导叶开启位置不合适	调整燃料供应压力与流量；检查可调导叶位置，排除故障
5	燃气发生器振动大，动力透平振动大	振动仪表或接线不合适；振动传感器没有安装好；固定系统不坚实	检查仪表和接线，装好传感器，加强支承系统，拧紧固定螺栓
6	润滑油压力过高或过低	供油泵或回油泵有故障；管线漏油；仪表失灵；油过滤器堵塞	检查油泵，排除故障；消除渗漏；更换仪表；清洗或更换油过滤器
7	回油温度高	回油过滤器堵塞；温度仪表接线不合理；供油温度高	调整供油温度；清洗或更换过滤器；检查仪表导线
8	润滑油消耗量大	润滑油系统严重泄漏；有油从油气分离器排出；油池内部漏油	消除漏油并检查油气分离器，更换内部油封元件
9	可调导叶故障	油过滤器污染或转速传感器失灵；杠杆活动不灵活；连杆和反馈脱开或破裂	逐步检查原因后排除
10	点火系统故障	点火器输入电压不正确或电缆有问题；点火器内部线路板有故障；火花点火器插入深度不合适或不打火；导线绝缘电阻低	逐步检查原因后排除

第六节 阀 门

阀门是天然气开采和管道输送中不可缺少的重要控制设备，用来控制气体或液体的流量。其基本功能是接通或切断管路介质的流通，改变介质的流通，改变介质的流动方向，调节介质的压力和流量，保护管路设备的正常运行。

一、阀门的分类及使用范围

阀门的种类繁多，称谓也不统一。阀门分类标准很多，具体见表6-11。

表6-11 阀门种类

分 类	阀门名称	作用及包括的阀门
按用途分	截断阀类	主要用于截断或接通介质流，主要有闸阀、截止阀、隔膜阀、旋塞阀、球阀和蝶阀等
	调节阀类	主要用于调节介质的流量、压力等，包括调节、节流阀和减压阀等
	止回阀类	用于阻止介质倒流，包括各种结构的止回阀
	分流阀类	用于分配、分离或混合介质，包括各种结构的分配阀和疏水阀
	安全阀类	用于超压安全保护，包括各种类型的安全阀
按公称压力 (PN) 分	真空阀门	PN 低于标准大气压
	低压阀门	$PN \leqslant 1.6\text{MPa}$
	中压阀	$2.5\text{MPa} \leqslant PN \leqslant 6.4\text{MPa}$
	高压阀	$10\text{MPa} \leqslant PN \leqslant 100\text{MPa}$
	超高压阀	$PN > 100\text{MPa}$
按介质工作温度 t 分	高温阀门	$T > 450℃$
	中温阀门	$120℃ < T \leqslant 450℃$
	常温阀门	$-30℃ \leqslant T \leqslant 120℃$
	低温阀门	$T < -30℃$（有时对 $T < -150℃$ 的阀门称为超低温阀门）
按公称通径 (DN) 分	小口径阀门	$DN < 40\text{mm}$
	中口径阀门	$DN = 50 \sim 300\text{mm}$
	大口径阀门	$DN = 350 \sim 1200\text{mm}$
	特大口径阀门	$DN \geqslant 1400\text{mm}$
按驱动方式分	手动阀门	借助手轮、手柄、杠杆或链轮等由人力驱动的阀门，传递较大的力矩时常用蜗轮、齿轮等减速装置
	电动阀门	用电动机或其他电器装置驱动的阀门
	液动阀门	借助液体（水、油等介质）驱动的阀门
	气动阀门	借助压缩空气驱动的阀门
	自动阀门	依靠介质自身能力而动作的阀门，如安全阀、自力式调压阀、止回阀、疏水阀等

续表

分 类	阀门名称	作用及包括的阀门
按与管道连接方式分	法兰连接阀门	阀体带有法兰,与管道采用法兰连接
	螺纹连接阀门	阀体等有内螺纹或外螺纹,与管道采用螺纹连接
	焊接连接阀门	阀体带有坡口,与管道采用焊接连接
	夹箍连接阀门	阀体带有夹口,与管道采用夹箍连接
	卡套连接阀门	采用卡套与管道连接的阀门
按阀体材料分	铸铁阀	采用灰铸铁、可锻铸铁、球墨铸铁、高硅铸铁
	铸铜阀	包括青铜、黄铜
	铸钢阀	包括碳素钢、合金钢、不锈钢
	锻钢阀	包括碳素钢、合金钢、不锈钢
	钛阀	采用钛及钛合金

二、阀门型号的表示方法

我国阀门的型号的表示方法由下列 7 个单元组成：

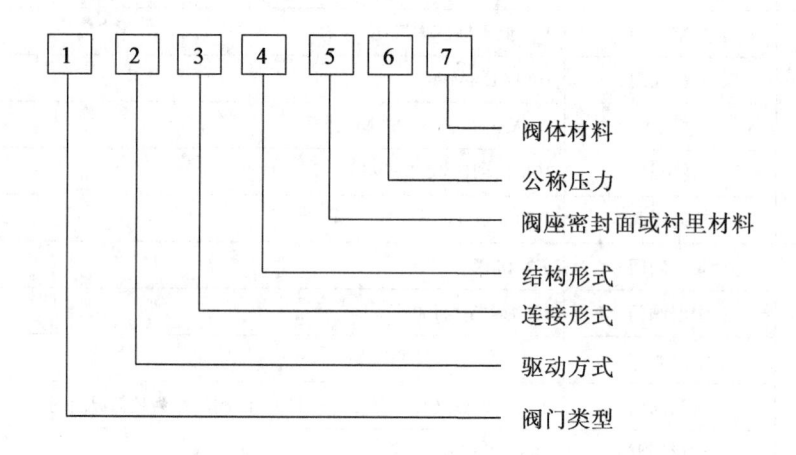

```
┌─┬─┬─┬─┬─┬─┬─┐
│1│2│3│4│5│6│7│
└─┴─┴─┴─┴─┴─┴─┘
            │ │ │ └── 阀体材料
            │ │ └──── 公称压力
            │ └────── 阀座密封面或衬里材料
            └──────── 结构形式
      │ │ └────────── 连接形式
      │ └──────────── 驱动方式
      └────────────── 阀门类型
```

不同类型阀门代号各不相同,具体类型及代号见表 6-12 至表 6-17。

表 6-12 阀门类型代号

阀门类型	代 号	阀门类型	代 号
闸阀	Z	球阀	Q
截止阀	J	蝶阀	D
节流阀	L	隔膜阀	G
旋塞阀	X	减压阀	Y
止回阀	H	疏水阀	S
安全阀	A		

表 6-13 阀门驱动类型代号

驱动类型	代号	驱动类型	代号
电磁场	0	锥齿轮	5
电磁—液动	1	气动	6
电液动	2	液动	7
涡轮	3	气—液动	8
直齿圆柱齿轮	4	电动	9

表 6-14 阀门连接方式代号

连接方式	代号	连接方式	代号
内螺纹	1	对夹	7
外螺纹	2	卡箍	8
法兰	4	卡套	9
焊接	6		

表 6-15 各类阀门结构形式代号

代号 类别	1	2	3	4	5	6	7	8	9	0
闸阀	明杆楔式单闸板	明杆楔式双闸板	明杆平行式单闸板	明杆平行式双闸板	暗杆楔式单闸板	暗杆楔式双闸板	暗杆平行式单闸板	明杆平行式双闸板	—	明杆楔式弹性闸板
截止阀（节流阀）	直通式（铸造）	直角式（铸造）	直通式（锻造）	直角式	直通式	—	隔膜式	节流式	其他	—
旋塞阀	直通式	调节式	直通填料式	三通填料式	保温式	三通保温式	润滑式			
止回阀	直通式	立式升降式	角式	单瓣旋启式	多瓣旋启式	—				
疏水阀	浮球式	—	浮桶式	—	钟形浮子式			脉冲式	热动力式	
减压阀	外弹簧薄膜式	内弹簧薄膜式	膜片活塞式	波纹管式	杠杆弹簧式	气热薄膜式				
弹簧式安全阀	封闭					不封闭				带散热器微启式	带散热器全启式
弹簧式安全阀	微启式	全启式	带扳手微启式	带扳手全启式	微启式	全启式	带扳手微启式	带扳手全启式	带散热器微启式	带散热器全启式
杠杆重垂式安全阀	单杠杆微启式	单杠杆全启式	双杠杆微启式	双杠杆全启式	—	脉冲式				

表 6-16 阀座密封面或衬里材料代号

密封面或衬里材料	代号	密封面或衬里材料	代号
铜合金	T	渗氮钢	D
橡胶	X	硬质合金	Y
尼龙塑料	N	衬胶	J
氟塑料	F	衬铅	Q

续表

密封面或衬里材料	代　号	密封面或衬里材料	代　号
锡基轴衬合金	B	搪瓷	C
合金钢	H	渗硼钢	P

表 6-17　阀体材料代号

阀体材料	代　号	阀体材料	代　号
灰铸铁	Z	铬钼合金钢	I
可锻铸铁	K	铬镍钛钢	P
球墨铸铁	Q	铬镍钼钛钢	R
铜、铜合金	T	铬钼钒合金钢	V
碳素钢	C		

[例1] KZ41Y-10 DN50 表示抗硫闸阀，手动驱动，法兰连接，明杆楔式单闸板，密封面材料是硬质合金，公称压力为10MPa，公称直径为50mm（K表示抗硫）。

[例2] J13H-16 DN15 表示截止阀，手动驱动，内螺纹连接，直通式，密封面材料是不锈钢，公称压力为16MPa、公称直径为15mm。

[例3] A42H-6.4 DN50 表示弹簧式安全阀，法兰连接，封闭全启式，密封面材料为不锈钢，公称压力为6.4MPa，公称直径为50mm。

三、气田常用阀门

(一) 闸阀

闸阀是利用闸板控制启闭的阀门。闸阀的主要启闭部件是闸板和阀座。闸板与流体流向垂直，改变闸板与阀座相对位置，即可改变通道大小或截断通道。为保证闸阀关闭严密，闸板与阀座间需研磨配合。通常在闸板和阀座上嵌镶有耐腐蚀材料如不锈钢、硬质合金等制成的密封圈。

1. 闸阀的结构

如图 6-36、图 6-37 所示，闸阀由阀体、阀盖、阀杆、闸板、密封圈和传动装置等部件组成。阀体两端用法兰或卡箍连接而形成气体的通道。

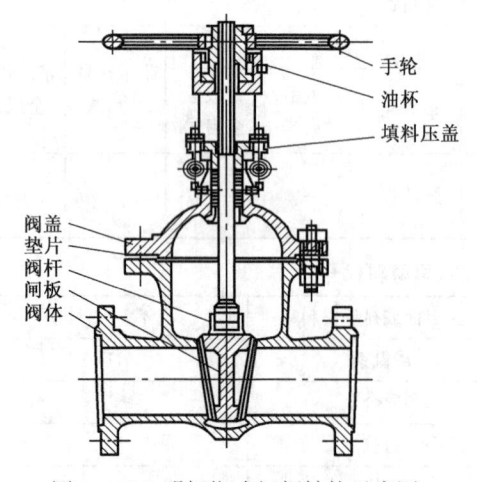

图 6-36　明杆楔式闸阀结构示意图

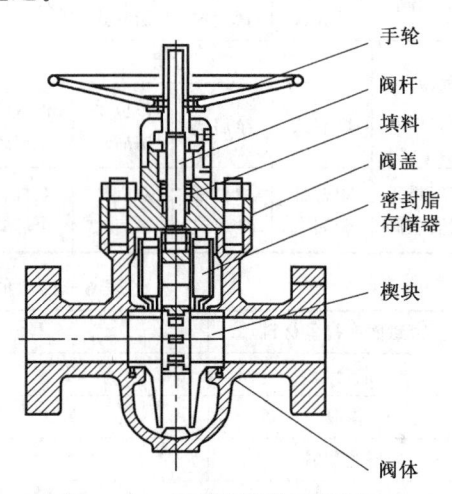

图 6-37　平板阀结构示意图

2. 闸阀的分类

闸阀分类如下：

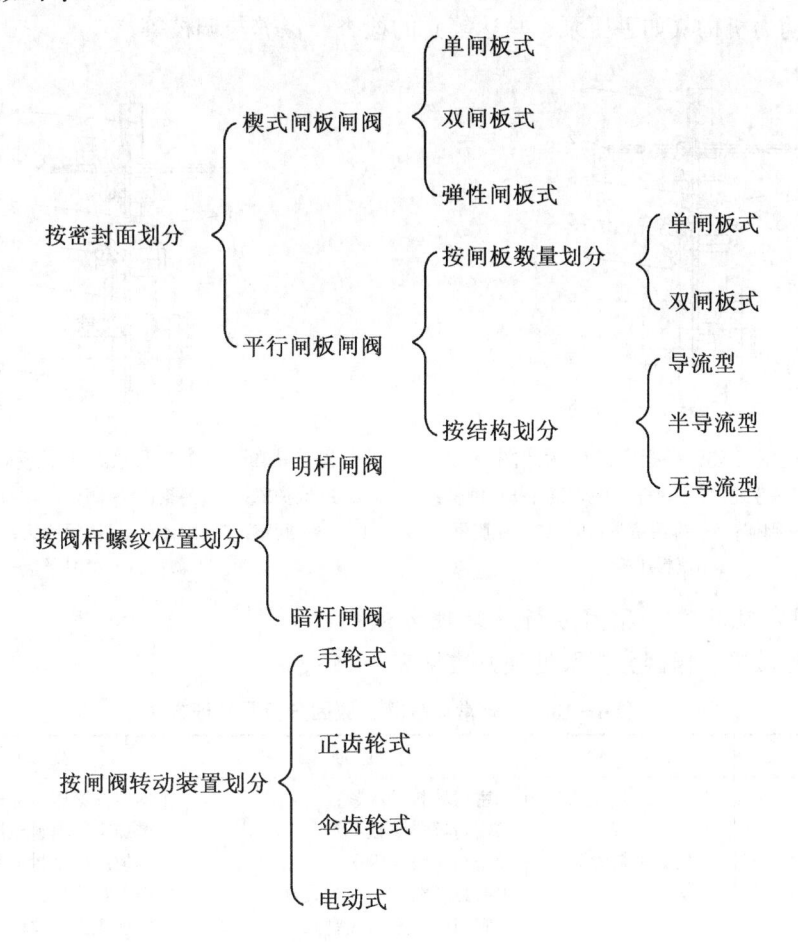

```
                        ┌ 楔式闸板闸阀 ┬ 单闸板式
                        │              ├ 双闸板式
                        │              └ 弹性闸板式
        按密封面划分 ┤
                        │                          ┌ 单闸板式
                        │              ┌ 按闸板数量划分
                        └ 平行闸板闸阀 ┤            └ 双闸板式
                                       │            ┌ 导流型
                                       └ 按结构划分 ┼ 半导流型
                                                    └ 无导流型

        按阀杆螺纹位置划分 ┬ 明杆闸阀
                           └ 暗杆闸阀

        按闸阀转动装置划分 ┬ 手轮式
                           ├ 正齿轮式
                           ├ 伞齿轮式
                           └ 电动式
```

3. 闸阀的工作原理

闸阀的工作原理是：当反时针方向转动手轮时，用键与手轮固定在一起的阀杆螺母随之转动，从而带动阀杆和与阀杆连在一起的闸板上升，阀体通道被打开，气体由阀体的一端流向另一端；相反，顺时针方向转动手轮时，阀杆和闸板下降，阀关闭。

4. 闸阀的特点

优点：流体阻力小；开闭所需外力较小；介质的流向不受限制；全开时，密封面受工作介质的冲蚀比截止阀小；体形比较简单，铸造工艺性较好。

缺点：外形尺寸和开启高度都较大，安装所需空间较大；开闭过程中密封面间有相对摩擦，容易引起擦伤现象；闸阀一般都有两个密封面，给加工、研磨和维修增加一些困难。

在油气集输系统中常用平板闸阀为明杆单闸板式的有导流孔和无导流孔高中压平板闸阀，其型号为（K）Z43F（图 6-38）系列、（K）Z43W（图 6-39）系列与（K）Z43Y 系列。

5. 闸阀的维护

（1）为传动机构的转动部位、轴承、阀杆等清洁、润滑、加油等。清洗阀门闸板、阀芯、阀座等密封面的污垢。

（2）调整和更换阀门密封填料与密封垫片。

(3) 检查、紧固连接螺栓。
(4) 对常开、常关阀门应定期活动,确保在紧急情况下开关灵活。
(5) 对动力机构(如手压泵、马达等)的检查、保养与调校等。

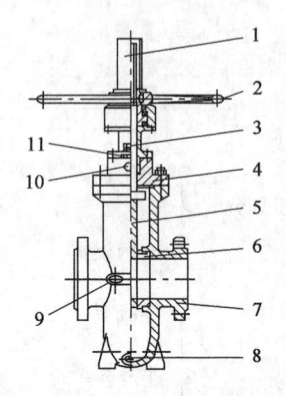

图 6-38 Z43F 平板阀结构示意图
1—保护罩;2—手轮;3—阀杆;4—阀盖;5—闸板;
6—阀座;7—阀体;8—排污堵头;9,10—注脂器;
11—填料压板

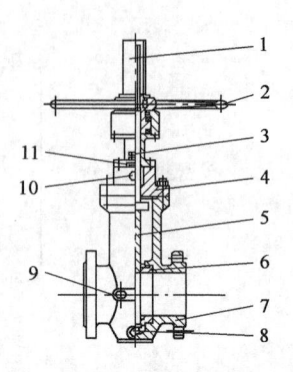

图 6-39 Z43W 无导流孔平板阀结构示意图
1—保护罩;2—手轮;3—阀杆;4—阀盖;5—闸板;
6—阀座;7—阀体;8—排污堵头;9,10—注脂器;11—填料压板

6. 闸阀常见故障、原因分析及处理方法

闸阀常见故障、原因分析及处理方法见表 6-18。

表 6-18 闸阀常见故障、原因分析及处理方法

序 号	故 障	产生原因	处理方法
1	密封填料渗漏	①密封填料未压紧; ②密封填料圈数不够; ③密封填料未压平; ④密封填料使用太久失效; ⑤阀门丝杆磨损或腐蚀	①均匀拧紧压盖螺栓; ②增加密封填料至需要量; ③均匀压平密封填料; ④换密封填料; ⑤修理或更换丝杆
2	阀关不严,阀瓣和阀座密封面间渗漏	①封面夹有污物; ②阀瓣或密封面磨损刺坏	①卸开清洗或用气流冲净杂物; ②重新研磨,必要时可堆焊及加工,研磨后密封面必须平整,光洁度不得低于▽10
3	阀杆转动不灵活	①密封填料压得太紧; ②阀杆螺纹与螺母无润滑油,弹子盘黄油干涸变质,有锈蚀; ③与阀杆螺母或与弹子盘间有杂物; ④阀杆弯曲或阀杆、螺母螺纹有损伤; ⑤密封填料压盖位置不正而卡阀杆	①对密封填料压紧程度进行调整; ②涂加润滑油; ③拆开清洗; ④校直、清洗或更换阀杆; ⑤调整密封填料压盖
4	阀体与法兰间漏气	①法兰螺栓松或松紧不一; ②法兰密封垫已损坏; ③法兰间有污物	①紧固螺栓或调整螺栓松紧度; ②换密封垫; ③清除污物
5	密封填料损坏	①阀门开关频繁; ②阀杆锈蚀不光洁; ③填料质量不合格	①选耐磨材料制作密封填料; ②用砂纸打磨或更换阀杆; ③选用合格填料

（二）截止阀

截止阀是指关闭件（阀瓣）沿阀座中心线上下移动的阀门，在管道上主要用于截断介质，也可用于节流调节操作。

1. 截止阀的结构

如图6-40所示，截止阀由阀体、阀盖、阀瓣、阀杆、密封圈座、传动机构（手轮）等组成。

2. 截止阀的优缺点

（1）优点是密封面间的摩擦力比闸阀小，开启度小，靠阀座和阀瓣之间的接触面密封，易于制造和维修。

（2）缺点是流动阻力大，开启和关闭需要的力较大，安装方向受限制。

3. 截止阀的种类

按截止阀通道方向分为直通式、角式、直流式3种。

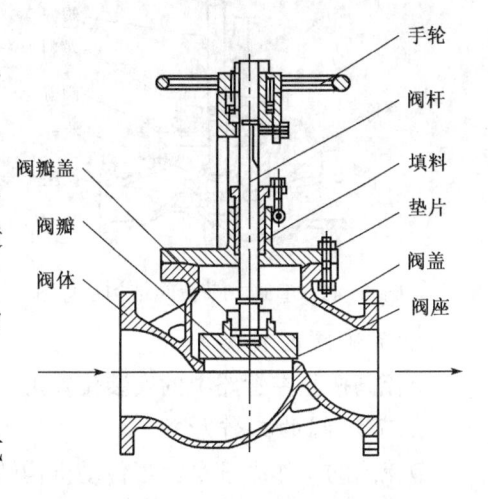

图6-40 截止阀结构示意图

4. 截止阀的工作原理

截止阀的工作原理是：反时针转动手轮，驱动阀杆和与阀杆连在一起的阀瓣向上运动，阀瓣离开阀座，阀开启；反之，顺时针转动手轮，阀杆和阀瓣向下运动，阀瓣压紧密封圈座，阀关闭。

5. 截止阀现场安装

（1）安装方式。

截止阀按阀内流体的流动方向有3种，即直通式、直流式和角式。直通式安装在直管段上，适用于对流体阻力要求不严格的情况；直流式安装在直管段上，对流体阻力小，阀杆处于倾斜位置，操作稍感不便；角式常安装于垂直相交管线处，采输气站应用较多。

（2）现场安装技术要求。

①手轮、手柄操作的截止阀可安装在管道的任何位置上。

②手轮、手柄及传动机构不允许作起吊用。

③介质的流向应与阀体所示箭头一致（介质在阀体内低进高出，不能装反）。

④不允许用于节流。

（三）节流阀（针形阀）

节流阀是指通过改变通道面积达到控制或调节介质流量与压力的阀门。在集输系统中使用的常规结构形式节流阀大多为带针形或圆锥形阀芯的截止阀，一般用于流量或压力调节，有时也用于分离器排液出口控制排放速度。节流阀的结构与截止阀属同一类别，主要区别在阀芯的形状上，截止阀的阀芯为圆盘状，节流阀的阀芯为锥状。由于阀芯的区别，节流阀的调节性能比截止阀宽，但密封性能较差。

1. 节流阀的组成

如图6-41所示，节流阀由阀体、阀针、阀座、阀杆、阀盖、传动机构等主要部件组成。

阀针顶部是针形结构,如图6-42所示,表面堆焊有硬质合金,阀座采用钛合金,内孔设10°锥面的密封面与阀针配合进行密封。阀座外径处设有2道O形密封圈与阀体配合。

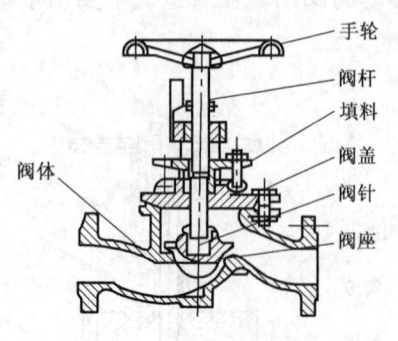

图6-41 直通式节流阀结构示意图

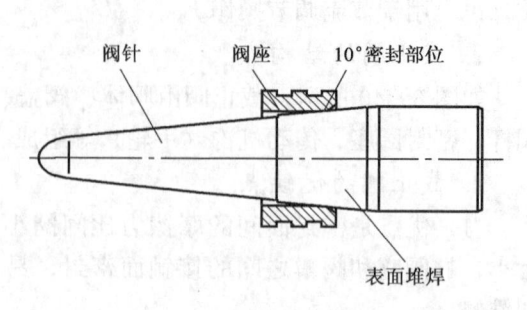

图6-42 阀座与阀针结构示意图

2. 节流阀的种类

节流阀按其在管路上的安装位置可分为直通式和角式两种。

3. 节流阀的工作原理

节流阀的工作原理是:当传动机构转动时,阀杆及与阀杆相连的阀针做上下运动,离开或坐入阀座上,从而接通或截断针形阀两端的气流。调节针形阀的开度,阀针与阀座之间的间隙大小会发生变化,气流的流通面积也就发生变化,起到了调节流量和压力的作用。

4. 节流阀现场安装要求

(1) 节流阀在管路上安装遵循一定的方向性,正确的方向是阀针对着气流进口。

(2) 该阀经常操作,因此宜安装在方便操作的地方。

5. 节流阀的日常维护

(1) 节流阀只作节流,而不作截止用途。

(2) 轴承注润滑脂。使用1个月的阀门必须向轴承座加入润滑脂。

方法:拆下轴承座上的排气螺塞,用黄油枪向轴承座上黄油嘴注入润滑脂,直至排气螺塞流出润滑脂为止,拧紧排气螺塞。

(3) 阀杆丝杆润滑。拧开护罩,将阀门全开,在螺纹上涂润滑油。注意:必须定期1个月清洗一次丝杆,保持丝杆干净润滑。

(4) 定期对产品外表进行清洗,并涂上油漆以避免锈蚀。涂漆时,对各紧定螺钉应涂上和本体不同颜色的油漆,以示区别,便于拆卸。

(四) 球阀

球阀是利用一个中间开孔的球体作阀芯,主要作用是用于截断和需清管的管道上。

1. 球阀的种类

球阀按球体的结构形式一般可分为两类:

(1) 浮动球球阀。

浮动球球阀结构如图6-43所示,球阀的球体是浮动的,在介质压力的作用下,球体能产生一定的位移并压附在出口端的密封圈上,保证出口端密封。

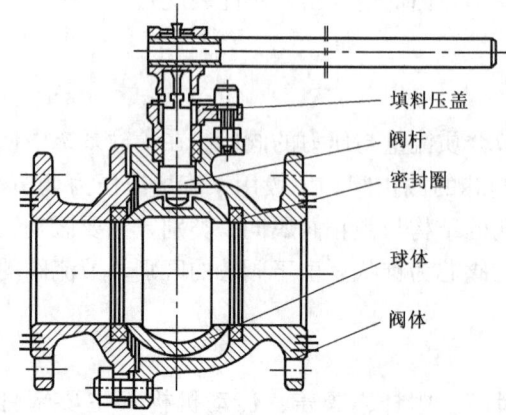

图6-43 浮动球球阀结构示意图

浮动球球阀结构简单，密封性能好，但出口端密封处承压高，操作扭矩较大。这种结构广泛用于中低压球阀，适用于公称直径不大于 150mm 的场合。

(2) 固定球球阀。

这种球阀的球体是固定的，在介质压力的作用下，球体不产生位移，通常在与球成一体的上下轴上装有滚动或滑动轴承，操作扭矩较小，适用于高压大口径阀门。

2. 球阀的工作原理

球阀内部装有一个可以旋转 90°的球体，球体中间有一个直径孔。直径孔尺寸等于连接管道内径，当手轮驱动球体 90°时，可实现球阀的一次开启和关闭，如图 6-44 所示。

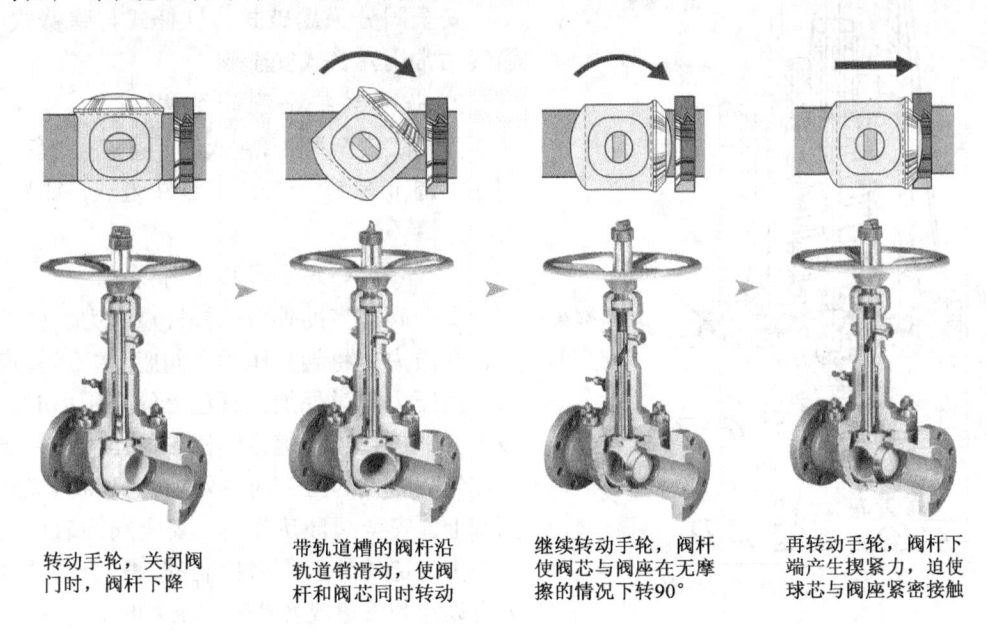

转动手轮，关闭阀门时，阀杆下降

带轨道槽的阀杆沿轨道销滑动，使阀杆和阀芯同时转动

继续转动手轮，阀杆使阀芯与阀座在无摩擦的情况下转 90°

再转动手轮，阀杆下端产生楔紧力，迫使球芯与阀座紧密接触

图 6-44 球阀工作原理图

(五) 止回阀

止回阀的启闭件靠介质流动的力量自行开启或关闭，以防止介质倒流。

1. 止回阀的种类

按结构的不同，止回阀可分为升降式、旋启式和碟式 3 种。生产中通常采用升降式和旋启式止回阀。

2. 止回阀的结构

升降式止回阀结构如图 6-45 所示，主要由阀体、阀盖、阀瓣、密封圈等组成。

3. 升降式止回阀的工作原理

升降式止回阀的工作原理是：流体由低端引入阀内，由于阀前后流体的压差所产生的推力大于阀瓣重力而将阀瓣顶升，流体由阀瓣与密封圈环缝通过高端流出阀体。当流体发生倒流时，出口端压力大于进口端压力，阀瓣在重力和压差的作用下下降坐封于密封圈，阻止了流体反向流动。

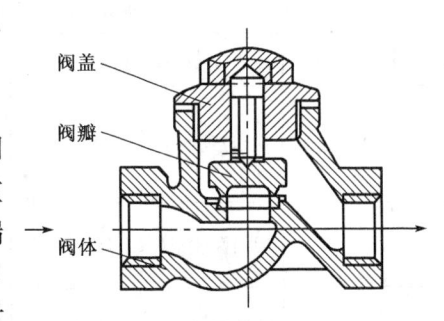

图 6-45 升降式止回阀结构示意图

4. 止回阀的安装注意事项

止回阀应安装在需要防止流体倒流的设备出口和管线上；安装中必须注意阀的进出口方向，使阀的流动方向与液体流动方向一致。

（六）安全阀

安全阀是安装在管道和容器上，保障管道和容器安全的阀门。当受压设备压力超过给定值时，安全阀自动开启，排放出设备内的天然气，泄压报警。

1. 安全阀的种类

安全阀分为爆破式、杠杆式与弹簧式3种，输气站常用弹簧式安全阀。

2. 弹簧式安全阀的结构

弹簧式安全阀主要由阀体、阀杆、阀盘、阀座、阀芯、调节螺钉、弹簧等部件组成，如图6-46所示。

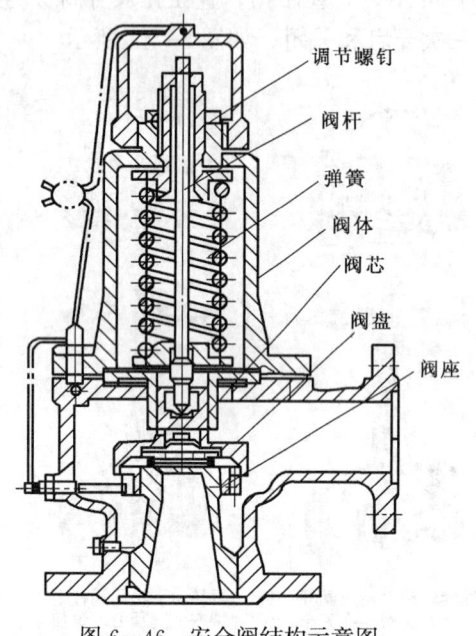

图6-46 安全阀结构示意图

3. 弹簧式安全阀的工作原理

安全阀是借助外力（杠杆重锤力、弹簧压缩力、介质力）将阀盘压紧在阀座上，当管道或容器中的压力超过外加到阀盘上的作用力时，阀盘被顶开泄压；当管道或容器中的压力恢复到小于外加到阀盘上的压力时，外加力又将阀盘压紧在阀座上，安全阀自动关闭。安全阀开启压力的大小是由设定的外加力来控制的，安全阀的开启压力应设定为管道或容器工作压力的1.05～1.1倍。

4. 安全阀的调节方法

弹簧式安全阀使用时，必须准确调节弹簧的预紧力。其调节过程是：卸开阀顶的护罩，将阀体与水压装置连接，用水压装置在阀瓣的下方造成与阀工作定压相同的水压值（即安装设备的允许工作压力值）；然后旋转阀的调节螺钉，使弹簧压紧或松开，待阀瓣快在压力定压值开启时，调压工作结束；最后锁紧螺母固定，套上护罩，将阀安装到设备上。

5. 弹簧式安全阀常见故障及其处理方法

弹簧式安全阀常见故障及其处理方法见表6-19。

表6-19 弹簧式安全阀常见故障及其处理方法

序 号	故障现象	产生原因	处理方法
1	启闭不灵	①弹簧未调整适当； ②阀内部有卡住的地方； ③弹簧失灵或损坏	①重新调整弹簧； ②查原因，消除故障； ③更换弹簧
2	启闭性能不好，密封处渗漏	①密封面间有杂物； ②密封面有损伤	①冲洗干净密封面； ②重新研磨平整，光洁度低于▽10
3	阀体和阀盖连接处渗漏	①螺栓拧得不紧； ②垫片损坏	①适当拧紧螺栓； ②更换垫片

(七) 自力式调节阀

自力式调节阀的主要用于天然气输配系统的压力调节，使外输压力稳定。它的特点是不需要外来能源，利用被调介质自身所具有的压能（压力差）自动调节，达到确保输出压力稳定的目的。

1. 自力式调节阀的组成

自力式调节阀主要由指挥器、调节阀、节流针阀及导压管等组成。

(1) 指挥器。

如图 6-47 所示，指挥器由 2 块膜片将内部分为 2 个气室。作压力调节时，底部气室与被调压力管道连通，中部气室左端（喷嘴进口）连通上游压力，右端与调节阀上膜腔连通，底部气室压力与弹簧压力（作用方向相反）组成力的平衡，使喷嘴与挡板距离一定。调节手轮改变弹簧对挡板的压力，则挡板与喷嘴之间的距离随之改变，致使被调压力改变。用于气开式调节阀的指挥器喷嘴向下安装，用于气关式调节阀的指挥器喷嘴向上安装。

(2) 调节阀。

如图 6-48 所示，调节阀分为气开式和气关式。气开式指膜头膜片上无压差时阀处于关闭状态，有压差时阀开启；气关式指膜片上无压差时阀处于开启状态，有压差时阀关小。

当指挥器产生的压差信号作用于调节阀的膜头膜片时，膜片与膜盘连同阀芯一起运动。改变膜头的压差就可调节阀的不同开度，从而改变被调气体压力。调节阀有直通式单座和双座 2 种。直通式单座调节阀的阀体内只有 1 个阀芯和阀座，其特点是密封性好，泄漏量小，但平衡力不大，因此阀前后允许的压差较小。直通式双座调节阀的阀体内有上、下双导向柱塞式阀芯和 2 个阀座，其特点是流通能力大，不平衡力小，因此阀前后允许的压差较大，但关闭不太容易。

(3) 节流针阀。

如图 6-49 所示，节流针阀是用来控制作用于调节阀膜头上的压差，来调节改变调节阀调压的灵敏度。

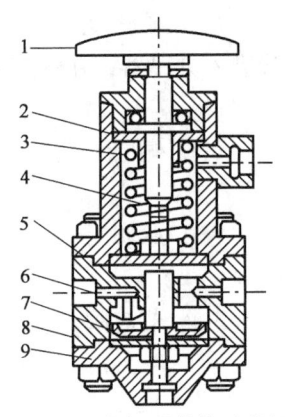

图 6-47 指挥器结构示意图
1—手轮；2—上体；3—弹簧；4—丝杆；5—膜片；6—喷嘴；7—挡板；8—中体；9—下体

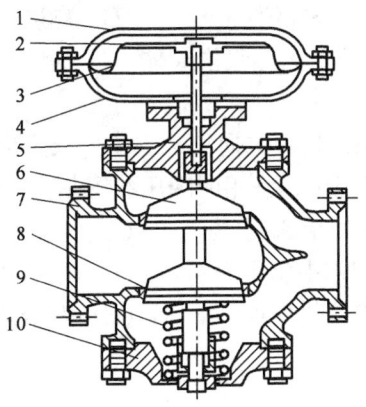

图 6-48 调节阀（双座）结构示意图
1—上膜盖；2—膜盘；3—膜片；4—下膜盖；5—上阀盖；6—阀芯；7—阀体；8—阀座；9—弹簧；10—下阀盖

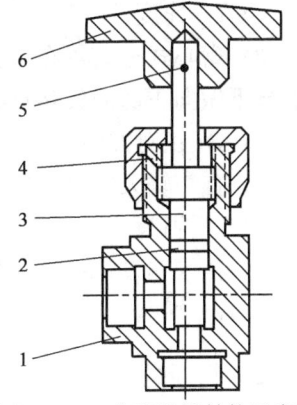

图 6-49 节流针阀结构示意图
1—阀体；2—密封料；3—阀杆；4—压帽；5—销子；6—手轮

2. 自力式调节阀的工作原理

以气开式调节阀为例，如图 6-50 所示，拧动指挥器手轮，给定阀后压力 p_2 一定值。

— 201 —

此时喷嘴与挡板位置处于平衡，喷嘴输出压力一定，调节阀膜头压差恒定，阀开度不变，则阀后压力为 p_2。若 p_2 增大，指挥器底部气室压力升高，使下膜片的作用力大于弹簧压力，挡板上移靠近喷嘴，喷嘴喷出气量减少，使调节阀上膜腔压力下降，膜头内膜片的上下压差降低，调节阀关小，这样阀后输出压力就逐步下降直至给定值；反之，若 p_2 下降，则指挥器底部气室压力降低，挡板远离喷嘴，喷嘴喷出气量增大，使调节阀上膜腔压力增大，膜头内膜片的上下压差增大，从而使调节阀开大，这样阀后压力就逐步上升至原给定值。

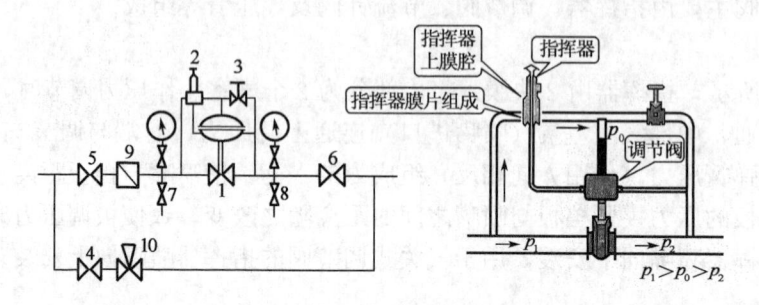

图 6-50 自力式调节阀工作原理图
1—调节阀；2—指挥器；3—节流针阀；4—旁通闸阀；5，6—闸阀；7，8—放空阀；9—过滤器；10—节流阀

思 考 题

一、选择题

(1) 气体性质相同，气井压力相近的气井宜采用（　　）。
　　(A) 单井常温采气流程　　　　(B) 多井常温采气流程
　　(C) 低温分离流程　　　　　　(D) 压缩机加压流程

(2) 重力式分离器是根据气与油水及机械杂质的（　　）不同达到分离的。
　　(A) 速度　　　(B) 密度　　　(C) 黏度　　　(D) 矿化度

(3) 离心式分离器在工作时，天然气沿筒体（　　）从进气管进入分离器，在螺旋叶片的引导下做向下的回转运动。
　　(A) 正对方向　(B) 切线方向　(C) 反方向　　(D) 侧向

(4) 在集输天然气工艺流程中，常用的降压装置是（　　）。
　　(A) 闸阀　　　(B) 节流阀　　(C) 截止阀　　(D) 球阀

(5) 在采输过程中，用来控制和调节气体压力及流量的阀门是（　　）。
　　(A) 闸阀　　　(B) 截止阀　　(C) 安全阀　　(D) 节流阀

二、判断题

(　　) 阀门定位器可以改变阀门的流量特性。

(　　) 甘醇的循环量越大，脱水效果越好。

(　　) 换热设备中，天然气燃烧器风门调节不当会造成天然气燃烧不完全，产生二氧化硫。

(　　) 站场设备不得超压、超速、超负荷运行。

(　　) 平板闸阀在使用中要定期排放阀体内的污水和污物。
(　　) 在天然气甘醇脱水装置中，重沸器火管的内壁温度可达 1000℃，但重沸器内甘醇不会裂解变质。
(　　) 重力式分离器是利用液体、固体杂质密度不同而进行分离的。
(　　) 从离心泵的结构上看，对泵的排量更适合在入口端控制。
(　　) 先导式安全阀使用时，是通过导阀的压力调节螺钉来调节起跳压力的。
(　　) 水套加热炉的气盘管可以在常压下工作。

第七章 天然气计量

【学习提示】
本章主要讲述天然气采输过程中的控制参数压力、流量、温度及其测量仪表。
技能点在于正确掌握天然气测量仪表的使用、校验和维护方法。
重点掌握天然气生产中压力、流量和温度仪表的类型与结构。
难点在于全面理解各类测量仪表的工作原理。

天然气的压力、流量、温度是采输气过程中重要的控制参数,是监视和调节生产的依据。利用测量仪表,可及时准确地测量天然气的压力、流量和温度,是采输气生产的一项基本工作。

测量常用术语如下:

测量:以确定量值为目的的一组操作。

测量信号:表示被测量与该量有关函数关系的量,如压力传感器输出的电信号、电压频率变换器的频率、用以测量浓度差的电化学电池的电动势等。

测量准确度:测量结果与被测量值之间的一致程度。

测量误差:测量结果减去被测量的真值。

相对误差:测量误差除以被测量的真值。

系统误差:在重复性条件下,对同一被测量值进行无限多次测量所得结果的平均值与被测量的真值之差。

仪表的变差:在正常测量条件下,使用同一仪表对某参数进行正、反行程(即逐渐由小到大和逐渐由大到小)测量时,仪表正、反行程指示值(测量值)之间的绝对误差称为示值变差。在全标尺范围内的最大示值变差与仪表量程之比的百分数称为变差,即变差=最大示值变差/仪表量程×100%。一般规定变差不超过仪表的允许基本误差。

第一节 压力测量仪表

天然气生产中,压力是一个非常重要的参数。对气井而言,可根据气井压力的变化情况分析气井生产状况;对集输设备而言,压力的大小可以反映设备运行情况。输气管线中压力检测仪表主要为就地压力表。

对于压力低于40kPa的压力管线宜选用膜盒式压力表,低于10MPa应选用弹簧管压力表。输气管线中正常操作压力范围应在压力表量程的4/5内(1/3~2/3)。

压力检测仪表取压点应位于管道或工艺设备的上方。取压管嘴应插入工艺设备或管道壁内焊接,内壁应保持平整。取压管不宜过长,以缩短压力传递的时间。

管理好气井、集输站,就必须知道压力的大小,因此要掌握常用压力测量仪表的结构与使用维护方法。

一、压力及测量单位

压力是指垂直均匀作用于单位面积上的力。

压力的单位较多，石油现场现在普遍使用的是帕斯卡，简称"帕"，即

$$1Pa=1N/m^2$$

工程上使用帕（Pa）不太方便，因其值太小，因而改用较大的单位"千帕"（kPa）和"兆帕"（MPa），即

$$1kPa=10^3Pa$$
$$1MPa=10^6Pa$$

采气工程上常用标准大气压（物理大气压）和工程大气压的概念。大气层中空气柱的重量对地面物单位面积上的作用力，称为大气压。规定在0℃时，大气作用于北纬45°海平面上的压力为标准大气压，用 atm 表示，其值为：1atm=101325Pa。工程大气压用 at 表示，1at=98070Pa。此外，汞柱（mmHg）、水柱（mH$_2$O）、磅/英寸（lbf/in^2）、巴（bar）等也是经常用到的压力单位。

工程上所用的压力指示值多为表压或真空（负压），而流体压力的真实值称为绝对压力。表压、真空是流体的绝对压力与当地大气压相比较而得出的相对压力值，它们之间的关系如下：

$$p_{表}=p-p_{大气} \quad (p>p_{大气}) \tag{7-1}$$

$$p_{负}=p_{大气}-p \quad (p<p_{大气}) \tag{7-2}$$

式中　p——绝对压力，Pa；

　　　$p_{大气}$——当地大气压，Pa；

　　　$p_{表}$——表压（压力表指示压力），Pa；

　　　$p_{负}$——负压（真空表指示压力），Pa。

因为压力测量仪表通常是处于大气之中的，本身就承受着大气压，所以工程用表压或负压来表示压力的大小。常用压力换算单位见表7-1。

表7-1　常见压力换算单位

单位	工程大气压 at	标准大气压 atm	米水柱 mH$_2$O	毫米汞柱 mmHg	磅力/英寸^2 lbf/in^2，psi	巴 bar	帕斯卡 Pa
工程大气压 at	1	0.9678	10.00	735.56	14.2233	0.980665	9.80665×10^4
标准大气压 atm	1.0332	1	10.332	760	14.696	1.013251	1.01325×10^5
米水柱 mH$_2$O	0.1	0.09687	1	73.556	1.4226	9.80665×10^{-2}	9.80665×10^3
毫米汞柱 mmHg	0.00136	0.00132	0.0136	1	0.01934	1.3332×10^{-3}	133.32
磅力/英寸^2 lbf/in^2，psi	0.0703	0.068	703	51.715	1	6.8949×10^{-2}	6.89×10^3
巴 bar	1.0197	0.9869	1.0197×10^4	750.06	14.503	1	1.00×10^5
帕斯卡 Pa	1.0197×10^{-5}	0.0986×10^{-5}	1.0197×10^{-4}	0.0075	1.4503×10^{-4}	1×10^{-5}	1

二、压力测量仪表分类

压力测量仪表按其转换原理的不同大致可分为4大类：
(1) 液柱式压力计，将被测压力转换为液柱高度差进行测量。
(2) 弹性式压力计，将被测压力转换成弹性元件弹性变形的位移进行测量。
(3) 电接点信号压力表，将被测压力转换成各种电量进行测量。
(4) 活塞式压力计，将被测压力转换成活塞上所加平衡砝码的重量进行测量。

常用压力表的精度等级有 0.005、0.02、0.05、0.1、0.2、0.35、0.5、1.0、1.5、2.5、4.0 等。生产现场一般采用 0.35~4.0 级的压力表。

(一) 液柱式压力计

液柱式压力计是以液体静力学原理为基础的，一般采用水银或水作为工作液，用于测量低压、负压或压力差。液柱式压力计应用较多的是U形管压力计。

1. U形管压力计

U形管压力计是一种简单的测压仪表，可用来测量低压、负压和压力差，采气站常用来校正其他仪表（如校 C-430 仪表的差压部分）。U形管压力计如图 7-1 所示，是由 U形玻璃管（通常采用内径为 5~8mm）、固定板、标尺和传压液（如水、水银、酒精等）组成。标尺间距为 1mm，标尺的零点设在标尺中间，压力计安装应垂直。压力从玻璃管一端引入，U形玻璃管的另一端通大气，玻璃管中液体向另一端移动而形成压力差，通过标尺可读出压力值。

U形管压力计的精度为 1~2.5 级，具有构造简单、价格低廉、使用方便等优点；缺点是测量范围较窄，且玻璃管易碎。

2. 单管式压力计

单管式压力计如图 7-2 所示，它是由 1 个较大容器和 1 个单管相连，由于容器内径远大于管子的内径，当被测压力引入容器时，容器内工作液体的减少量始终是与管内工作液体的增加量相等，容器内的工作液下降远小于管子内液面的上升，因此管内液柱的高度即为被测压力值。

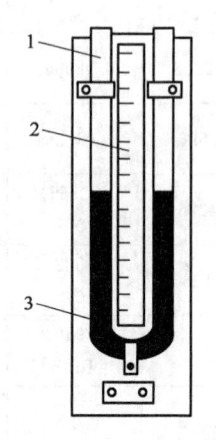

图 7-1 U形管压力计结构示意图
1—玻璃管；2—标尺；3—传压液

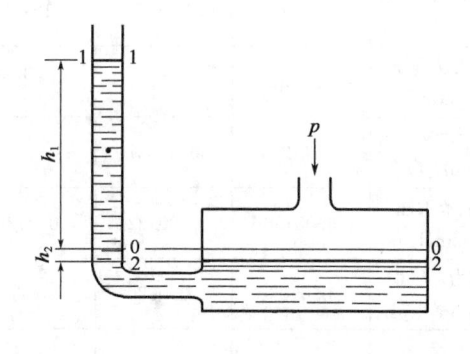

图 7-2 单管式压力计结构示意图

(二) 弹性式压力计

利用各种形式的弹性元件，在被测介质压力的作用下，使弹性元件受压后产生弹性变形的原理而制成的测压仪表，称为弹性式压力计。其特点是结构简单，使用可靠，读数清晰，价格低廉；测量范围宽，并具有足够的精度。常用的弹性式压力计有波纹膜片式、波纹管式、单圈弹簧管式与多圈弹簧管式。

1. 弹簧管式压力表

弹簧管式压力表品种多、使用广，具有安装使用方便、刻度清晰、简单牢固、测量范围较广等优点。采气井站常用单圈弹簧管式压力表。

(1) 弹簧管式压力表的结构。

弹簧管式压力表的结构如图7-3所示，它是由外壳、弹簧管、指针、扇形齿轮、中心齿轮、拉杆、游丝、面板、接头、调节螺钉等组成。

(2) 弹簧管式压力表的工作原理。

如图7-3所示，测量元件弹簧管是一个弯曲或圆弧形的空心管子，截面呈扇形或椭圆形。它的一端是固定端"A"，作为被测压力的输入端；另一端为自由端"B"，是封闭的。被测压力由接头通入弹簧管固定端，迫使弹簧管的自由端向右上方扩张。自由端的弹性变形位移通过拉杆使扇形齿轮做逆时针偏转，进而带动中心齿轮做顺时针偏转，使与中心齿同轴的指针也做顺时针偏转，从而在面板的刻度标尺上显示出被测压力数值。

游丝的作用是保证扇形齿轮和中心齿轮啮合紧密，从而克服齿轮间隙引起的仪表变差。改变调节螺钉的位置（即改变机械传动的放大系数），可以实现压力表量程的调整。

弹簧管的材料因被测介质的性质和压力的高低而不同。一般压力小于20MPa时用磷铜弹簧管；压力大于20MPa时用不锈钢或合金钢弹簧管，测氨气时用不锈钢弹簧管，测含硫气时用抗硫合金钢弹簧管。

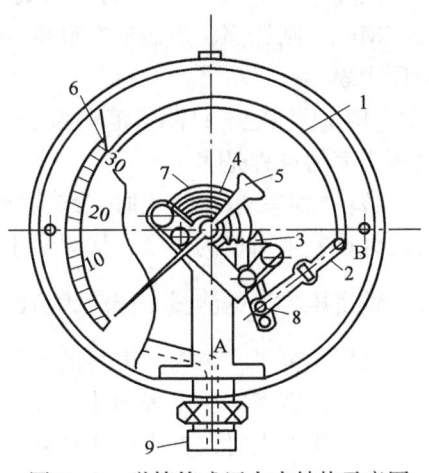

图7-3 弹簧管式压力表结构示意图
1—弹簧管；2—拉杆；3—扇形齿轮；4—中心齿轮；5—指针；6—面板；7—游丝；8—调节螺钉；9—接头

(3) 压力表的选择。

压力测量的准确与可靠性与压力表的选择和使用方法有着密切的关系。如果压力表选用不当，不仅不能正确反映压力的大小，还可能引起生产事故。选用压力表的原则是：根据生产工艺，过程中被测介质的性质、现场环境、经济适用性等条件，合理地考虑压力表的类型、量程、精确度等级和指示形式。

①压力表量程的选择。

弹簧管式压力表通常是用于在现场长期测量工艺过程介质的压力。因此，选择压力表时既要满足测量的准确度要求，又要安全可靠、经济耐用。当被测压力接近压力表的测量上限时，虽然测量误差小，但仪表长期处于测量上限压力下工作，将会缩短仪表的使用寿命。

当被测压力在压力表测量上限值的1/3以下时，虽然压力表的使用寿命长，但测量误差较大。为了兼顾压力表的使用寿命并具有足够的测量准确性，通常在测量较稳定的压力时，使被测压力值处于压力表测量上限值的 2/3 处；测量脉动压力时，被测压力值应处于压力表测量上限值的 1/2 处；一般情况下被测压力值不应小于压力表测量上限值的 1/3。

②压力表精确度的选择。

压力表的精确度等级主要根据生产上允许的最大误差来确定。只要测量精确度能够满足生产工艺的要求，就不必选用高精确度等级的压力表。选择精确度等级的计算方法如下：

a. 根据测量最小压力时相对误差的要求，采用下列公式计算精确度：

$$精确度 = \frac{被测压力最小值}{测量上限} \times 被测压力最小值允许的相对误差$$

例如，以 6MPa 压力表测量压力最小值不低于 2MPa，又要保证相对误差不超过 4%，则选用压力表的精确度为：精确度 = 2÷6×4% = 1.32%，即选用 1.0 级压力表。

b. 根据允许基本误差选择精确度的计算公式为：

$$精确度 = \frac{允许基本误差的绝对值}{测量上限} \times 100\%$$

例如，一块 10MPa 压力表，最高使用至 6.6MPa，要求允许基本误差的绝对值不超过 0.15MPa，则选用压力表的精确度为：精确度 = 0.15÷10×100% = 1.5%，即应选用 1.5 级的压力表。

[例1] 检定一只测量范围为 0～10MPa，准确度为 1.5 级的弹簧管式压力表，所用的精密压力表的量程是多少？

解：检定一般压力表时，作为标准器的精密压力表的允许误差绝对值应不大于被检仪表的允许误差绝对值的 1/3，其测量上限值一般应比被检仪表的测量上限值大 1/3 为好。为此，精密压力表的测量上限应为：$10 \times \left(1 + \frac{1}{3}\right) = 13.3 (MPa)$。

根据弹簧管式精密压力表的产品系列，可选用 0～16MPa 的精密压力表。

(4) 弹簧管式压力表的使用和校验方法。

使用压力表时，首先应注意到表的量程是否合适。一般情况下应使压力值在压力表量程读数的 30%～70% 范围内。因为压力表内的动力件——包氏管的弧度是 270°，正常工作时的压力可使包氏管偏转 5°～7°，如果偏转超过了这个弧度，则读出来的压力值会有较大的误差。在读压力读数时，应使眼睛、指针、表盘上的刻度成一条垂直于表盘的直线，否则容易造成人为的误差。

安装压力表时，要用表接头，不允许将压力表直接装在阀门上，以防损坏压力表的螺纹而使压力表不能再用，缩短压力表的使用寿命。在用压力表测蒸汽或过热气体压力时，应在压力表接头上装一个弯曲的充液管，以防止包氏管因过热而随着压力增大的应变值发生变化，就此影响压力表的准确度。

在寒带地区，冬季使用压力表时要加强保温，以防止冻坏压力表或因冻而使指示的压力值不准确等。

为了保证压力表在使用中压力指示值的准确度，就要对其进行检验。压力表的检验可在室温 25℃ 条件下，利用标准器（活塞式压力计或标准表）进行。所用标准器基本误差的绝对值应不大于被检压力表基本误差绝对值的 1/3。

①校验项目及技术要求。

零位检查：压力表处于工作位置，在没有压力时，其指针尖端与零位分度线偏差不得超过允许基本误差的绝对值。

基本误差：压力表示值与标准器示值之差不超过压力表精度等级所允许的基本误差。

如精度为1级时，允许基本误差（为测量上限的）±1%。

来回变差：在增压检验和降压检验的所有检验点上，轻敲表壳的前后读数之差不得超过允许误差的绝对值。

轻敲位移：轻敲表壳所引起的指针位移不得超过允许基本误差绝对值的一半。

②检验结果处理。

验表记录如为非线性误差，则表示此表不能使用；超误差为线性时，应调校到误差范围之内。经检验合格的压力表应予封印或发给合格证；不合格的压力表允许降级使用。压力表检验周期一般不应超过半年。

(5) 压力表常见故障分析及处理方法见表7-2。

表7-2 压力表常见故障分析及处理方法

故障	原因分析	处理方法
压力表指针不转动	压力引入接头或导压管堵塞	卸表检查，清除污物
	指针与盖子玻璃接触，阻力大	增加玻璃与指针盘的垫片；脱离接触
	截止阀未开或堵塞	检查截止阀
	内部传动机构安装不正确，缺少零件或零件松动，阻力过大	拆开检查，配齐部件，或加润滑油、紧固连接处
压力表指针跳跃，不稳定	弹簧管自由端与拉杆结合螺钉处不活动，弹簧管扩张时使扇形齿轮有绩动现象	矫正自由端与拉杆和扇形齿轮的传动
	拉杆与扇形齿轮结合螺钉不活动	用锉刀锉薄拉杆的厚度
	轴的两端弯曲不同心	校正或换新轴
指针不回零	弹簧管损坏	换弹簧管
	小齿轮轴上的游丝盘不紧，转矩过小	增大游丝转矩
	传动机构有松动	找出原因后紧固
	传动机构阻力大	清洗后上油重装
表内有液体出现	表外壳与盖子密封差	重配合适垫片
	弹簧管漏气	补焊或换新弹簧管

精度等级是指最大量程的误差百分数（最大量程时的误差值除以最大量程再乘以100%）。0.5级的压力表为标准表。常用弹簧管式压力表的型号与规范见表7-3。

表7-3 常用弹簧管式压力表的型号与规范

型号	常用规格，MPa	连接螺纹	常用准确度等级
Y-100	0.4, 0.6, 1.0, 1.6, 2.5, 4.0, 6.0, 10, 16, 25, 40, 60	M20×1.5	1.5, 2.5
Y-150	0.4, 0.6, 1.0, 1.6, 2.5, 4.0, 6.0, 10, 16, 25, 40, 60	M20×1.5	1.5, 2.5
Y-160	0.4, 0.6, 1.0, 1.6, 2.5, 4.0, 6.0, 10, 16, 25, 40, 60	M20×1.5	1.5, 2.5
YB-150	1.0, 1.6, 2.5, 4.0, 6.0, 10, 16, 25, 40, 60	M20×1.5	0.16, 0.1, 0.25, 0.4, 0.6
YB-160	1.0, 1.6, 2.5, 4.0, 6.0, 10, 16, 25, 40, 60	M20×1.5	0.16, 0.1, 0.25, 0.4, 0.6

2. 电接点信号压力表

在采气生产过程中,常需要把压力控制在某一范围内,否则当压力低于或高于某一压力范围时,就会影响正常生产,甚至可能发生危险。使用电接点信号压力表能简便地在压力偏离给定范围时及时发出信号,以提醒操作人员注意或通过中间继电器实现自动控制。电接点信号压力表的结构如图7-4所示,其工作原理和弹簧管式压力表一样,只是压力表指针上有动触点2,表中另有2个可调节的指针,上面分别有静触点1和4。当压力超过上限给定值时,动触点2和静触点4接触,红色信号灯5亮;当压力过低时,动触点2和静触点1接触,绿色信号灯3亮。静触点1和4的位置可根据需要调节。

(三)活塞式压力计

活塞式压力计结构如图7-5所示。活塞式压力计既是一种标准压力测量仪表,又是一种压力发生器;作为标准压力测量仪器使用时,用来校验标准压力表和测量井口压力,标准压力值由平衡时所加砝码的质量确定;而作为压力发生器使用时,则用阀 a 切断测量部分通路,在阀 b 上端接被校验的工业用压力表,在阀 c 上接标准压力表(精度应高于被校压力表)。由螺杆泵改变工作液压力,比较2块压力表上的指示值,进行压力表的校验。常用活塞式压力计规格见表7-4。

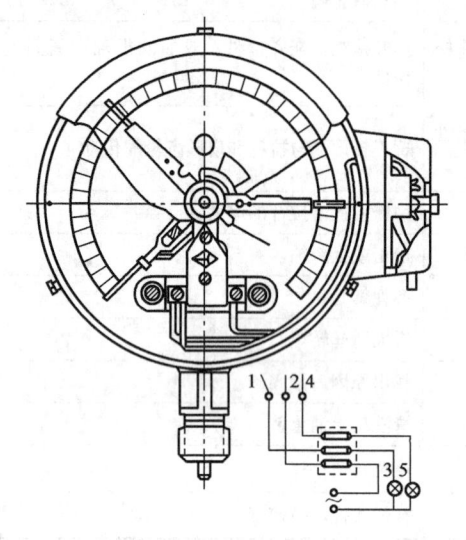

图7-4 电接点信号压力表结构示意图

1,4—静触点;2—动触点;3—绿色信号灯;5—红色信号灯

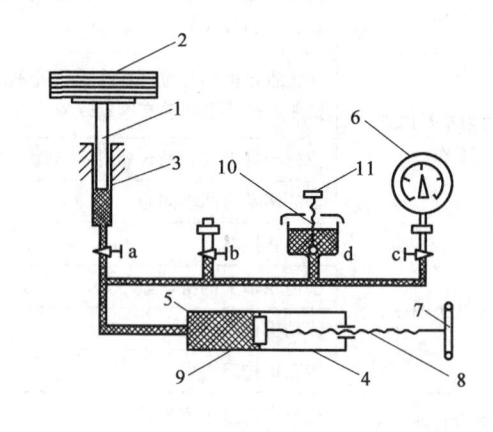

图7-5 活塞式压力计结构示意图

1—测量活塞;2—砝码;3—活塞柱;4—螺旋泵;5—工作液;6—压力表;7—手轮;8—丝杆;9—工作活塞;10—油杯;11—进油阀;a、b、c—切断阀;d—进油阀

表7-4 常用活塞式压力计规格

型 号	测量范围,MPa	精 度	主 要 用 途
YU-60	0.1~6.0	0.05	测压;校验校准压力表;校验低一级的活塞式压力计和普通压力表
YU-600	1.0~60.0	0.02 0.05	
JSQ-250.0	5.0~250.	0.05	

— 210 —

第二节 流量测量仪表

用于测量天然气流量的仪表种类很多,有差压式流量计、容积式流量计、速度式流量计、质量流量计等。目前在气田开采中使用最多的是标准孔板节流装置差压式流量计。标准孔板流量测量仪表属计量器具,它必须把被测参数转化为可供直接观测的指示值。目前气田开发中广泛应用的是双波纹管差压计。

一、双波纹管差压计

(一) 差压法流量测量基本原理

如图7-6所示,充满管道连续流动的单相流体,当它流经管道中的节流件(孔板)时,流束将在节流件处形成局部收缩,部分流体的压力位能转变为动能,使得流速加快,静压力降低,于是在节流件的上游、下游产生了压力差(压差)。流速越大,压力差越大;流速减小,压力差也将减小。这种现象就称为流体的节流现象。节流件前、后的压

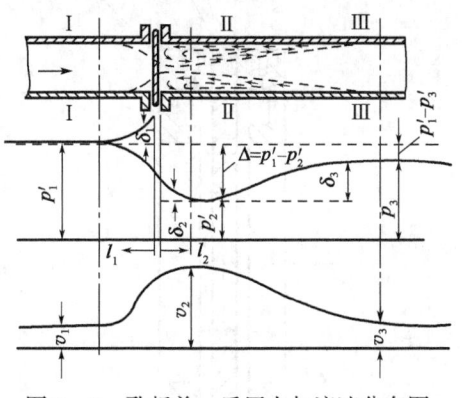

图7-6 孔板前、后压力与流速分布图

差值 Δp 与流量 Q 的关系为 $Q \propto \sqrt{\Delta p}$,通过检测流体流经节流件后产生的压力差 Δp,就可以间接地测出对应流量 Q,这就是压差法测量流量的原理。

(二) 差压式流量计的组成

差压法测量天然气流量的装置主要由标准节流装置、导压系统、差压记录仪表三大部分组成。标准节流装置有孔板节流装置、喷嘴节流装置、文丘里管节流装置。

标准孔板节流装置如图7-7所示,由取压装置、孔板前后直管段、导压管和差压计等组成。

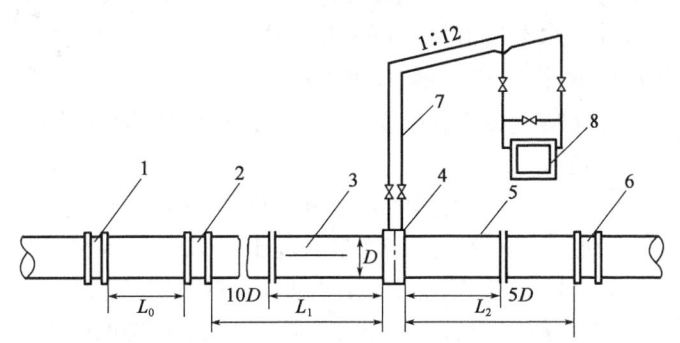

图7-7 标准孔板节流装置结构示意图
1—上游测第二阻力件;2—上游测第一阻力件;3—上游直管段;
4—孔板和取压装置;5—下游直管段;6—下游测第一阻力件;
7—导压管;8—差压计

1. 节流装置

使管道中流体产生静压力差的一套装置称为节流装置。完整的节流装置由标准孔板、带

有取压孔的孔板夹持器以及上下游测量管段所组成。

2. 标准孔板节流装置取压方式

压力取出的方法有两种，即环室取压（图7-8）和单独钻孔取压（图7-9）。环室取压，孔板夹在特制的环室中间，压力通过圆周的环形缝隙进入环室，上下游环室开有小孔，引出上下游压力。单独钻孔取压，孔板夹持在两块特制的环形夹板中间，压力由上下游夹紧环上的小孔引出。

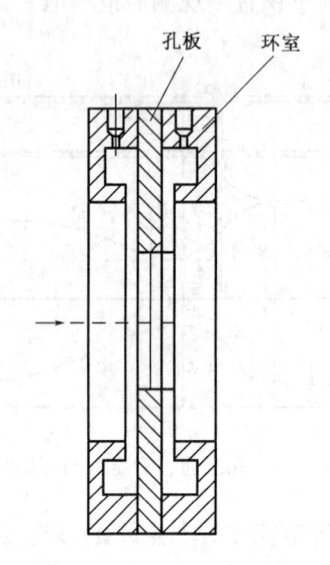

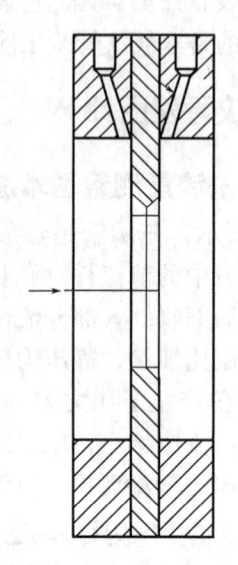

图7-8 环室取压示意图　　　图7-9 单独钻孔取压示意图

3. 标准孔板。

标准孔板是一块中心有圆形开孔的金属圆板，其粗糙度很高，中心开孔的入口边缘非常尖锐，如图7-10所示。

（三）CW-430型双波纹管差压计

CW-430型双波纹管差压计是一种基地式安装、无水银差压记录仪表，它和节流装置配套，可测量液体、气体、水蒸气流量、压力与液位。

1. CW-430型双波纹管差压计的工作原理

CW-430型双波纹管差压计是按位移平衡原理工作的仪表，如图7-11所示。

当流体（天然气）经节流装置1时，差压 $\Delta p = p_1 - p_2$，差压信号分别由导压管4及阀3进入高压室15、低压室9并作用在高压波纹管14、低压波纹管7上，产生向右方向的测量力。高压波纹管内的填充液因受压，通过中心基座上阻尼阀13周围的间隙流向低压波纹管，高压波纹管压缩，低压波纹管伸长，从而使连杆16向右方向位移。这一方面使量程弹簧管8得到拉伸，直至量程弹簧的变形力与差压值 Δp 所形成的测量力平衡为止，此时系统处于一个新的平衡位置上；另一方面，通过挡板12推动摆杆11带动扭力管5反时针扭转一个角度（扭力管的最大转角为8°±1°），其扭角位移与被测差压 Δp 成正比，此位移通过主动杆传给显示部分而被显示或记录下来。

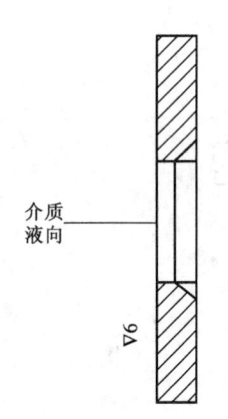

图7-10 标准孔板示意图

— 212 —

2. CW-430型双波纹管差压计的结构

如图7-11所示，CW-430型双波纹管差压计的结构由测量和显示两大部分组成。

(1) 测量部分，主要由波纹管、量程弹簧组、扭力管、单向过载保护装置、阻尼装置和外壳等组成。

波纹管是仪表的主要弹性元件之一，一对波纹管分别装在中心基座的两侧，起着隔离高压室、低压室并直接感受差压变化的作用。

量程弹簧组是主要的力平衡元件，它用来控制仪表的差压测量范围，弹簧组的位移与差压值成正比，不同的差压测量范围采用不同规格的弹簧组。

扭力管是测量部分的密封式输入轴。一方面它把波纹管内腔压力室与外界空间隔开；另一方面它将测量系统的位移以扭转角的方式传给显示部分。

单向过载保护装置由单向过载保护阀和密封环组成，作用是在仪表出现单向过载时保护高压波纹管、低压波纹管不至于损坏。

阻尼装置由阻尼阀、阻尼环及阻尼旁路组成。当测量脉动流体时，流量波动幅度大，影响仪表差压值的稳定，这时可关小阻尼阀13，延长阻尼时间，消除振荡现象；在流量平稳时，将阻尼阀开大些，可缩短阻尼时间。

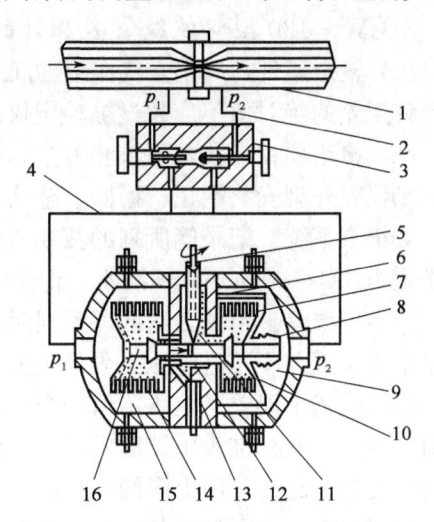

图7-11 CW-430型双波纹管差压计测量部分示意图

1—节流装置；2、4—导压管；3—平衡阀；
5—扭力管；6—中心基座；7—低压波纹管；
8—量程弹簧管；9—低压室；10—填充液；
11—摆杆；12—挡板；13—阻尼阀；
14—高压波纹管；15—高压室；
16—连杆

外壳有高压外壳和低压外壳，二者用六角螺钉紧固在中心基座上，构成高低压室。它们的两端与中间均有引压孔，分别与导压管连接，上部装有放气阀，下部装有放液阀。

(2) 显示部分，分指示式和记录式两种，但都是用四连杆机构，只是传动比不同。扭力管输出的转角只是8°左右，不能满足仪表指示及记录要求，为了提高仪表灵敏度，采用了四连杆机构进行表头放大，使相同输出转角条件下记录笔的线位移加大；主动杆、连杆、从动杆用钢珠连接，以减小摩擦，使其动作自如，反应灵敏。

如图7-12所示，动作过程是在压差作用下，扭力管带动芯轴1转动，经主动杆2、连动杆4传给装有量程微调器的从动杆5，使记录笔转轴6转动，同时带动记录笔10在记录纸上记录下相应的流量。

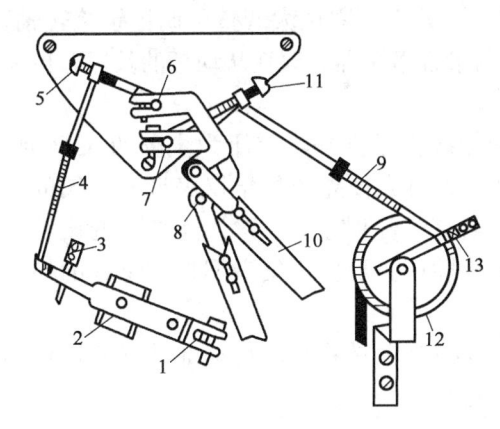

图7-12 显示部分示意图

1—芯轴；2、13—主动杆；3、4—连动杆；
5、11—从动杆；6—记录笔转轴；
7、8—连接螺钉；9—连杆；
10—记录笔；12—多圈弹簧管

静压显示部分的原理也是用四连杆机构，不同的是它使用了一个多圈螺旋弹簧管12，当压力

— 213 —

输入后,弹簧管自由端偏转一定角度,进而带动主动杆13、连杆9、从动杆11,经记录笔在记录纸上记录下相应的静压值。

3. CW-430型双波纹管差压计的检定和调校

(1) 检定条件:周围空气温度20℃±5℃;相对湿度小于85%;阻尼阀全开启;标准仪表允许误差的绝对值不应超过被检定仪表允许误差绝对值的1/3。

(2) 检定项目、技术要求和方法。

①仪表外观安装端正、稳固、整洁,密封系统不漏失,门锁良好。

②记录系统、记录笔所划的弧线与记录纸时间线的偏差不大于0.5mm;记录线应连续,线条宽为0.4~0.6mm,不滴水;记录纸行程误差每天小于3min。

③零位误差。当仪表高低压室同时通入大气压或同时通入0.4MPa气压的气,无差压时记录笔零位误差不超过差压上限值±0.2%。

④示值基本误差。差压示值的允许误差为差压上限值的±1%。采取均匀增加或减小差压值的方法,从标准表上读取实际差压值。

⑤变差不超过差压上限的±1%,由检验点上正反行程实际最大差压值确定。

⑥不灵敏区,不超过基本误差绝对值的1/2。

⑦超负荷性能。差压计在输入120%差压上限值,历时5min,当减压后,不调节零位,仪表的基本误差、变差仍合格。

⑧示值稳定性。同一行程同一检验点的正反行程示值间的差值不超过示值允许误差绝对值的2/3在30%~90%分度线内任意一点连续重复4次。

(3) 校验的工具、设备:差压部分一般使用单管压力计、U形管压力计或台式标准表校验;压力记录部分使用活塞式压力计、标准表校验;其他工具还有气泵、接头、三通、带活接头的紫铜管等,连接完成后,应打压试验,以各接头处严密不漏、无堵塞为准。

(4) 调校方法和步骤(以差压校验为例):

①检查记录系统(如墨水瓶、毛细管、笔尖等),使记录笔下水均匀,划线圆滑,无跳动、无阻滞等现象。

②零位与范围调校。零位小调整可调记录笔零位调整销;零位大调整可调记录笔转轴,松开螺钉,重新对零后固定。量程调整用从动杆上的量程微调器,改变从动杆的长短,可使量程缩小或扩大。

③检查调整线性(示值)误差。仪表设计的最佳线性条件是当差压为量程的50%时,连杆分别垂直于主动杆和从动杆。因此,检查线性时,可先使差压处于仪表最大差压的一半,检查卡片示值是否指在50%(等格卡片)处;当有线性误差时,可用连杆上的调整螺钉延长或缩短连杆,把记录示值调到50%处。仪表线性调整后应反复做零位和量程的检查调整,直到线性、量程、零位都符合标准为止。

④检查线性的同时应检查仪表变差。主要是清洗检查记录系统的传动部件(如连杆钢珠、记录笔转轴等连接部位),使其转动灵活而又不过松。

⑤以上项目合格后做超负荷检查。

⑥调整限位件,使记录笔的运动被限制在记录纸102%的地方。

⑦撤出校表工具,检查仪表各部分连接正确、严密不漏不堵后,方使仪表恢复记录。

4. 双波纹管差压计常见故障及其排除方法

双波纹管差压计常见故障及其排除方法见表7-5。

表 7-5 双波纹管差压计常见故障及其排除方法

序号	故 障	原 因 分 析	排 除 方 法
1	仪表测量值偏小	上游导压管堵塞或漏气	清洗导压管或堵漏
2	仪表测量值偏大	下游导压管堵塞或漏气	清洗导压管或堵漏
3	仪表启动后，笔杆依然不动，指示为零	①导压管堵塞；②平衡阀未关；③环室孔板处上下游阀未开；④四连杆机构松脱	①清洗导压管；②关闭平衡阀；③开上下流阀；④重新连接好连杆机构
4	仪表启动后，记录笔反向移动	高低压阀接反	高压阀（红色手轮）、低压阀（黑色手轮）改装
5	记录笔笔尖划线中断或粗细不匀	①墨水干稠，笔尖堵塞；②笔尖未完全接触记录纸；③毛细管内有气泡；④墨水瓶气孔被堵	①更换墨水，清洗笔尖；②轻轻压下笔杆；③捏气泵，排出毛细管内气泡；④排堵
6	记录纸不转动	①时钟未上条或停转；②压纸座未压紧记录纸	①上条或修时钟；②重新压紧记录纸
7	记录笔记录不正常	芯轴至记录笔之间的传动机构某螺钉松动	检查各螺钉，紧固松动螺钉

5．双波纹管差压计的维护

（1）必须按规定对仪表进行周检和抽检。用于检定差压计、测量节流装置的各种标准仪器（表）、量具等必须按规定进行强制检定，无合格证或合格证有效期已过的标准仪器仪表、量具不得使用。

（2）仪表安装应平正，避免振动、撞击。波纹管、阻尼阀、扭力管部分严密封闭，不能任意拆卸使填充液漏失，损坏仪表。

（3）每周检查仪表静差压零位、求积仪示值、笔尖贴纸程度、仪表导压管路有无堵漏等。定期对仪表导压管路排污、吹扫。

（4）运行中如发现仪表示值、零位有异常现象，应对仪表进行全面检查校验。如差压指针打出100格或打入零格内，差压应为零而指针不在零位时，值班人员要及时检查原因，校对零位。遇连杆脱落等值班人员不能处理的故障，应及时通知仪表工处理等。

（5）测量腐蚀性气体时，应加装隔离器。有隔离器的仪表操作必须注意保证两个隔离器内隔离液的平衡，以免引起计量误差。

（6）每年应对仪表的测量室清洗、检查一次。日常应保持仪表清洁，不让灰尘、污物进入表内。

（7）定期清洗孔板，遇堵加密清洗次数。

二、气体腰轮流量计

（一）气体腰轮流量计的结构

气体腰轮流量计是采气现场应用较多的容积式流量计，按安装位置可分为立式和卧式两种。图7-13所示为立式气体腰轮流量计。腰轮流量计主要由壳体、腰轮、驱动齿轮、出轴密封、准确度调正器以及计数器等组成。

(二) 气体腰轮流量计的工作原理

如图7-14所示，转子与壳体之间构成一个密闭的腔体，即计量腔。转子是一对共轭曲线的腰轮，与腰轮同轴安装的是驱动齿轮。当流体通过流量计时，进出口之间的压力差推动转子旋转，转子之间由驱动齿轮互相驱动。图7-14中，当转子处于图(a)的位置时，流体由入口处进入流量计，流体静压力 p_2 均匀地作用在转子 O_2 上，由于 O_2 所受的力处于力矩平衡状态，因而不转动；当流体从出口流出时，此时流量计的进出口气体压力产生了压力差，转子 O_2 在气体的作用下产生转动力矩，使转子 O_1 逆时针方向转动，同时通过齿轮驱动转子 O_2 按顺时针方向转动，当转子转到图(b)位置时，计量腔内的气体被送出。随着转子位置的变化，转子 O_1 上的力矩逐渐减小，转子 O_2 上产生转动力矩，并逐渐加大。当转子都转动90°到达图(c)的位置时，转子 O_2 产生的力矩达到最大，而转子 O_1 无力矩，当转子转到图(d)位置时，计量腔内的气体再次被送出。这样两个转子相互改变主、从关系，交替地把流经计量腔的气体连续不断地从流量计入口送至出口。转子每转动一周，从流量计入口流向出口4倍计量腔容积的气体。转子转动次数由输出轴带动计数器测量，测量到转子的转动次数，就可能得到气体的累积流量。

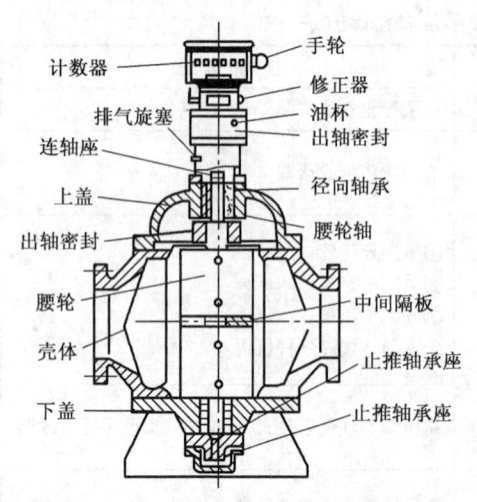

图7-13 立式气体腰轮流量计结构示意图

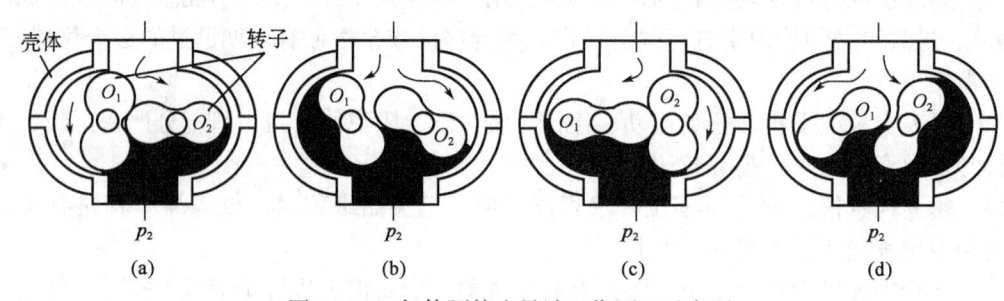

图7-14 气体腰轮流量计工作原理示意图

(三) 累积流量的求取方法

气体腰轮流量计计数器显示的读数值为输气管路实际工作压力、温度条件下的体积。所测压力、温度不同，同一读数所反映的体积也不同，应把工作状态的压力、温度条件下测得的体积换算成标准状态下的体积，换算公式如下：

$$Q_n = \frac{293.15}{T_1} \cdot \frac{p_1}{p_a} \cdot Q_s \tag{7-3}$$

式中 Q_n——气体标准体积流量，m³/d；

Q_s——工作状态下流量计的指示值，m³；

p_1——流量计工作状态下气体的平均压力，MPa；

p_a——标准大气压力，$p_a = 0.101325$ MPa；

T_1——流量计工作状态下气体的平均温度，K。

三、气体速度式流量计

气体涡轮流量计是一种速度式流量计量仪表，它具有精度高，线性好，结构简单，耐高压，温度范围宽，压力损失小，量程比大，体积小，重量轻，维修方便，信号可远传等特点，故在天然气计量中被广泛采用。目前在气田上常见的速度式流量计有气体涡轮流量计和TDS智能旋进流量计。

（一）气体涡轮流量计

1. 气体涡轮流量计的工作原理

涡轮流量计按显示方式的不同可分为就地显示式和电远传式两种。

（1）就地显示式涡轮流量计。

图7-15所示为就地显示式气体涡轮流量计的结构图。其工作原理是：在壳体中有一轴流式叶轮，当气体流经流量计时驱动叶轮旋转，其转速与流量成正比；叶轮转动次数通过机械传动机构传送到计数器，计数器把叶轮转速累计成对应的气体工况体积流量直接显示出来。

（2）电远传式气体涡轮流量计。

电远传式气体涡轮流量计的组成和结构如图7-16和图7-17所示。从方块图中可以看出，电远传式气体涡轮流量计主要由涡轮流量计、涡轮变送器和显示仪表等组成。

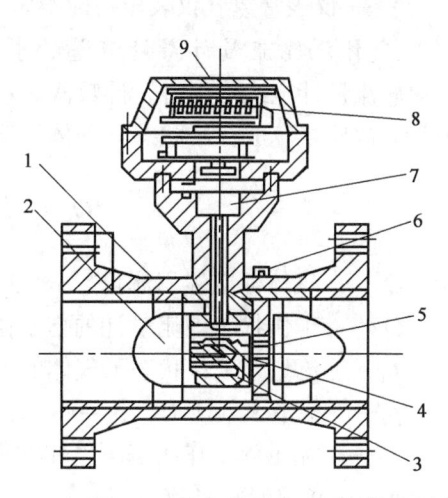

图7-15 就地显示式气体涡轮流量计结构示意图
1—壳体；2—气体导流器；3—双轴承座；4—叶轮；
5—蜗轮蜗杆减速装置；6—注油孔；7—磁联轴器；
8—计数器；9—齿轮减速器

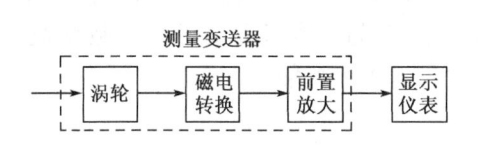

图7-16 电远传式气体涡轮流量计组成方块图

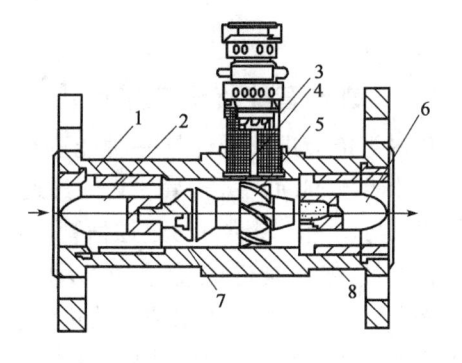

图7-17 电远传式涡轮变送器结构示意图
1—壳体；2—导流器；3—前置放大器；4—磁电转换器；5—斜叶轮；6—导流器；
7，8—轴承

电远传式气体涡轮流量计的工作原理是：当气体以一定的速度流过涡轮流量变送器时，叶轮受力而旋转，其转速与气体流速成正比；叶轮的转动周期性地改变磁电转换器的磁阻值，使感应线圈中的磁通发生周期性的变化，产生周期性的感应电势，即电脉冲信号，经放大后送至二次仪表进行显示或累计。在测量范围内，叶轮的转速与流量成正比，因此，测得

脉冲信号的频率 f 和某段时间内的脉冲总数 N 后，分别除以仪表常数 ξ（次/m³），便可求得瞬时流量 $Q_\text{瞬}$ 和累计流量 $Q_\text{总}$：

$$Q_\text{瞬} = \frac{f}{\xi} \tag{7-4}$$

$$Q_\text{总} = \frac{N}{\xi} \tag{7-5}$$

式中　f——电脉冲信号频率；
　　　ξ——仪表常数（仪表出厂时给定或经标定后给出），次/m³。

2. 气体涡轮流量计累计流量的求取方法

涡轮流量计在线使用时，计数器显示的数值是被测量气体在工作压力、温度条件下的体积流量，故应换算成标准状态下的体积流量，换算公式为：

$$Q_\text{n} = \frac{1}{K} \cdot \frac{293.1}{T_1} \cdot \frac{p_1}{p_\text{a}} \cdot Q_\text{s} \tag{7-6}$$

式中　Q_n——气体标准体积流量，m³/d；
　　　Q_s——工作状态下流量计的指示值，m³；
　　　p_1——流量计工作状态下气体的平均压力，MPa；
　　　p_a——标准大气压力，$p_\text{a}=0.101325$ MPa；
　　　T_1——流量计工作状态下气体的平均温度，K；
　　　K——仪表修正系数；
　　　Z——气体压缩系数。

当忽略温度和气体压缩的影响，公式（7-6）可简化为：

$$Q_\text{n} = \frac{1}{K} \cdot \frac{p_1}{p_\text{a}} \cdot Q_\text{s} \tag{7-7}$$

（二）TDS 智能旋进流量计

TDS 智能旋进流量计是一种能进行温度、压力、压缩因子自动补偿的新一代流量计。该流量计能与 MODEM 配套，可通过通信线路进行数据传输，对流量计的历史数据及参数进行读取与设置，同时，通过通信管理软件可实现完善的管理功能。

1. TDS 智能旋进流量计的结构

该流量计由四大部件组成：旋进流量传感器（图 7-18）、流量计算仪（图 7-19）、温度传感器组件（图 7-20）以及压力传感器组件（图 7-21）组成。

2. TDS 智能旋进流量计的工作原理

（1）旋进流量传感器的工作原理。

当沿着轴向流动的流体进入流量传感器入口时，螺旋叶片强迫流体进行旋转运动，于是在漩涡发生体中心产生漩涡流；漩涡流在文丘里管中旋进，到达收缩段突然节流，使漩涡流加速；当漩涡流进入扩散段后，由于回流作用强迫进行旋进二次旋转。此时漩涡流的旋转频率与介质的流速成正比，并为线性关系。两个电压传感器检测的微弱电荷信号同时经前置放大器放大、滤波、整形后变成两路频率与流速成正比的脉冲信号，计算仪中的处理电路对两路脉冲信号进行比较与判别,剔除干扰信号,而对正常的流量信号进行处理。

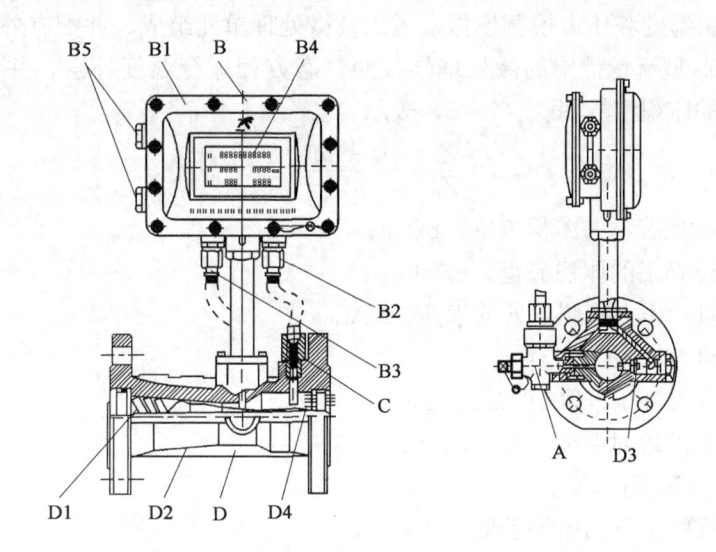

图 7-18 智能旋进流量传感器结构示意图

A—压力传感器组件;B—流量计算仪;B1—外壳;B2—温度接口;
B3—压力接口;B4—显示窗口;B5—输出接口;C—温度传感器;
D—旋进流量传感器;D1—涡流发生器;D2—壳体;
D3—漩涡检测组件;D4—除旋整流器

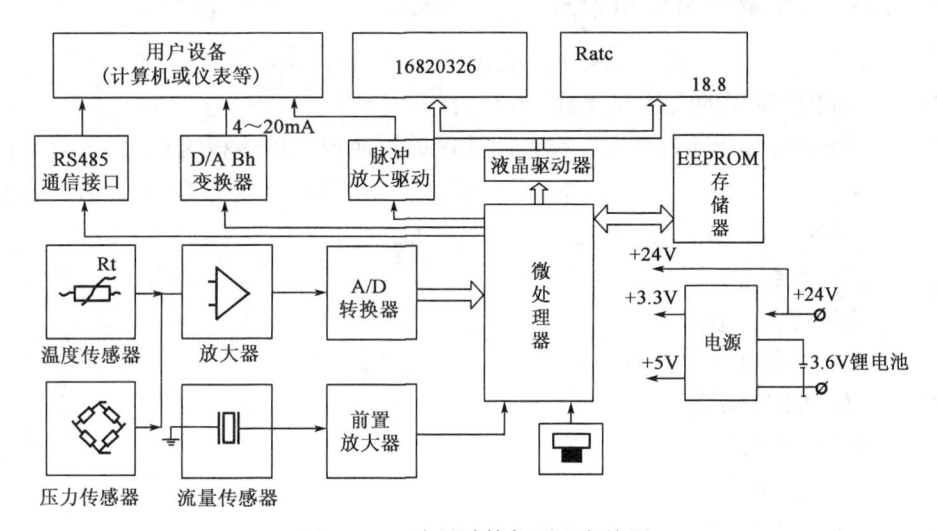

图 7-19 流量计算仪原理方块图

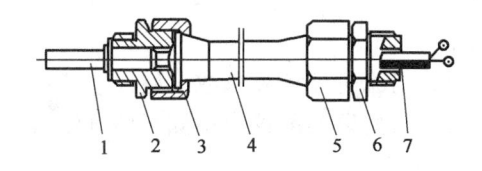

图 7-20 温度传感器组件结构示意图

1—温度传感器 P100;2—接头;3,5—螺套;4—防爆挠管;6—压紧螺母;7—二芯防爆屏蔽电缆

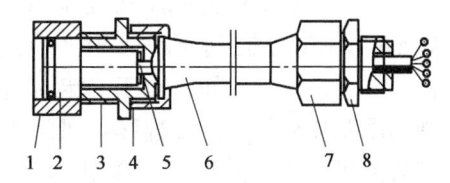

图 7-21 压力传感器组件结构示意图

1—密封环;2—压力传感器;3,8—压紧螺母;4,7—螺套;5—引出线;6—防爆挠管

— 219 —

(2) 流量计算仪的工作原理。

流量计算仪由温度和压力检测模拟通道以及微处理单元组成，并配有外输信号接口，输出各种信号。TDS型流量计中的微处理器按照气态方程进行温度补偿，并自动进行压缩因子修正。修正后的体积流量用式（7-8）表示：

$$Q_n = \frac{Z_n}{Z_g} \cdot \frac{p_g + p_a}{p_n} \cdot \frac{T_n}{T_g} \cdot Q_g \tag{7-8}$$

式中 Q_n——标准状态下的体积流量，m³/h；

　　　Q_g——未经修正的体积流量，m³/h；

　　　p_g——流量计压力检测点处的表压，kPa；

　　　p_a——当地大气压，kPa；

　　　p_n——标准大气压，取101.325kPa；

　　　T_g——介质的绝对温度，K，$T_g = 273.15 + t$；

　　　t——平均气流温度，℃；

　　　Z_n——标准状态下的压缩系数；

　　　Z_g——工作状态下的压缩系数；

　　　T_n——标准温度，K，取293.15K。

四、天然气流量计算

（一）天然气计量现场实用公式

$$Q_n = A_{vn} CEd^2 \varepsilon F_T F_G \cdot F_Z \sqrt{p_1 \Delta p} \tag{7-9}$$

式中 Q_n——标准状况下的天然气流量，m³/d；

　　　A_{vn}——体积流量计计量系数，视采用计量单位而定，秒体积流量（m³/s）计量系数 $A_{vns} = 3.1795 \times 10^{-6}$；小时体积流量（m³/h）计量系数 $A_{vnh} = 0.011446$，日体积流量（m³/d）计量系数 $A_{vnd} = 0.27471$；

　　　C——流出系数；

　　　E——渐进速度系数；

　　　d——孔板开孔直径，mm；

　　　F_G——相对密度系数；

　　　ε——流束膨胀系数；

　　　F_Z——超压缩因子；

　　　F_T——流动温度系数；

　　　p_1——孔板上游侧取压孔气流绝对静压，MPa；

　　　Δp——气流流经孔板时产生的压力差，MPa。

由公式（7-9）可知，对于确定流量计，可以计算出流量计计算系数 $K = A_{vnd} CEd^2$。

现场用双波纹管差压计连续记录压力差和静压力，另配以温度仪表检测天然气温度。对于特定管路可简化为式（7-10）进行计算：

$$Q_n = K \varepsilon F_T F_Z p_{格} \, h_{格} \tag{7-10}$$

式中 Q_n——天然气产气量，m³/d；

　　　K——流量计计算常数；

ε——流束膨胀系数；

$p_{格}$——静压指针在开方卡片上24h划出的静压平均格数；

$h_{格}$——差压计指针在开方卡片上24h划出的差压平均格数。

其余符号意义同前。

[**例2**] 某井用CW-430型差压计计量，计算常数$K=21.85$，平均气流温度$t=20℃$，压缩因子$Z=0.978$，天然气流束膨胀系数$\varepsilon=0.980$，静压开方格数为62.1，差压开方格数为85.4，试计算天然气产气量。

解：

$$F_Z = \sqrt{\frac{1}{Z}} = \sqrt{\frac{1}{0.978}} = 0.011$$

$$F_T = \sqrt{\frac{293.15}{T}} = \sqrt{\frac{293.15}{20+273.15}} = 1.000$$

$$\begin{aligned}Q_n &= K\varepsilon F_T F_Z p_{格}\ h_{格}\\ &= 21.85 \times 0980 \times 1.000 \times 1.011 \times 62.1 \times 85.4\\ &= 1148110 (m^3/d)\end{aligned}$$

答：该井产气量为11480m³/d。

(二) 流量计卡片

CW型双波纹管差压计的记录纸为圆形，由钟表机构驱动，24h按顺时针方向转动一圈。记录盘上有2支记录笔同时在记录纸上记录出一天的静压值（蓝色）和差压值（红色）。记录纸满刻度半径为140mm，零线半径为28mm。这种流量计的记录图纸称为流量计卡片，简称卡片。卡片上的最大格数用L表示。

根据记录对象不同，卡片的规格有下列数种，即L值为50、80、100、120、125、160等。但在测量天然气流量时，一般习惯都采用100%流量记录图纸，即L等于100。

1. 卡片分类

根据记录纸刻度间距不同将卡片分为3类：

(1) 等格卡片：记录纸的刻度（格数）由间距相等的同心圆构成。

(2) 开方卡片（不等格卡片）：记录纸的刻度由间距不等的同心圆构成。使用开方卡片可以简化流量的计算程序，因为在流体密度不发生变化的情况下，流量与节流装置差压的平方根成正比。如果把记录笔的最大转角作为最大流量的量度标准，则记录笔任一中间转角所表示的差压在流量计中就有一个相应的流量与之对应，也可以用这个转角为量度，这就是制成记录卡片的基本原理。

这种记录图纸不标出流量或压力的具体数值，只标出相当于仪表最大量程平方根的分数值，现场一般采用0～100%（即$L=100$）规格的开方卡片，从卡片上读出的数值（格数）即是静压和差压平方根的百分数。

(3) 综合卡片（图7-22）：记录图纸一个小时为

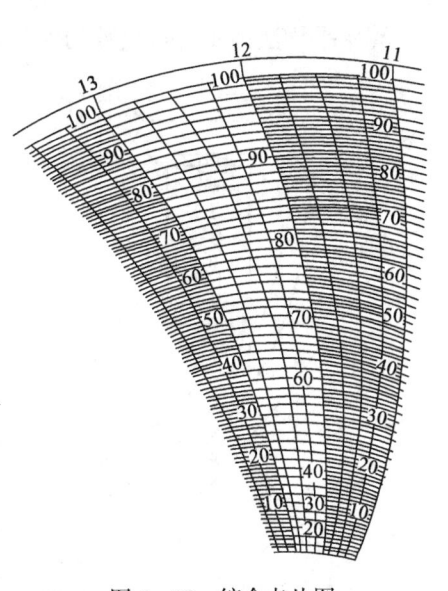

图7-22 综合卡片图

等格分格，另一个小时为开方格分格，如此相间组成综合卡片，实际上是等格卡片和开方卡片相间混合组成的。$L=100$的综合卡片，其相间对应格数见表7-6。

表7-6 综合卡片对应格数

100%等格分格 （等格卡片）	0	10	20	30	40	50	60	70	80	90	100
100%等格分格 （开发卡片）	0	31.62	44.72	54.77	63.75	70.71	77.46	83.67	89.44	94.87	100

2. $p_{格}$和$h_{格}$的确定方法

按照测流量原理，$p_{格}$和$h_{格}$必须是稳定不变的，这样计算出的流量才准确。但生产中很难达到这一要求，由于气井本身的原因（如产水、自然递减）及用户需求量的变化，24h的卡片记录曲线往往是波动的。在这种情况下，为了计算$p_{格}$和$h_{格}$，常使用两种方法，即算术平均法与面积填补法。

算术平均法是把每小时的平均静压和平均差压分别相加，求出平均$p_{格}$和平均$h_{格}$。

$$p_{格} = \frac{p_1 + p_2 + p_3 + \cdots + p_n}{t} \tag{7-11}$$

$$h_{格} = \frac{h_1 + h_2 + h_3 + \cdots + h_n}{t} \tag{7-12}$$

式中 p_1——p_n 每小时的平均静压格数；

h_1——h_n 每小时的平均差压格数；

t——生产小时数。

当记录卡片曲线波动在1格以上时，把每小时又分成4刻钟，用面积填补法求出每刻钟的平均静压、差压，然后4刻钟相加除以4得到小时平均静压、差压。

用算术平均法计算产量，当生产满24h时，用式（7-11）与式（7-12）计算；当生产不满24h，用式（7-13）计算：

$$Q_n = K\varepsilon F_T F_Z p_{格} h_{格} t/24 \tag{7-13}$$

算术平均法因受取点次数的限制，在静压、差压波动大的场合计量误差较大。相当半径法把开方卡片上的静压、差压曲线分别用径向方根求积仪求出曲线包围面积的相当半径，此相当半径即是该时间间隔内的平均静压格数和平均差压格数。相当半径法取点连续，计量比算术平均法准确。

(三) 径向方根求积仪

1. 径向方根求积仪的结构

如图7-23所示，径向方根求积仪由计算机构、描迹针、曲线槽板与记录纸盘4部分组成。计算机构由测轮、游标和进位读数器组成。描迹针用于描记录曲线，其位置在设计曲线槽形式时确定，不能有任何偏移和松动。曲线槽板是按卡片示值相应的半径设计的，曲线槽中心线上任意点至测轮转动平面的垂直长度与该点至描记针的长度所指示的差压平方根数值成

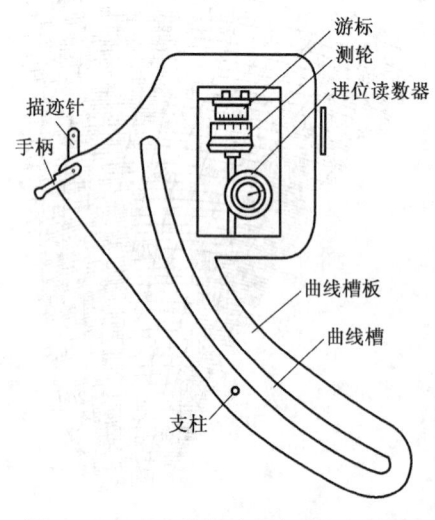

图7-23 径向方根求积仪结构示意图

比例。当描迹针沿曲线移动时，测轮以相应的有效半径绕记录纸盘转轴转动，计算出正比于一定时间的累积值。记录纸盘用于固定记录卡片。

2. 径向方根求积仪的操作方法

先把记录卡片中心孔套在记录纸盘的轴销上，再把求积仪的曲线槽套进轴销，使描迹针对准卡片曲线定位起点，记下计算机构上的读数（一般拨到零位）。然后移动描迹针沿静压、差压曲线的中心描迹，最后回到起点位置（生产不满24h，描迹针描至记录曲线终点位置时，必须沿卡片时间弧线向上或向下回到与曲线起点相同的格数位置），求出静压、差压的平均格数。

3. 径向方根求积仪的校验

当求积仪描迹针分别为 0、10%、20%～100%时，计算机构读数应为 0、10、20～100，其误差不应超过 0.5%。调节方法是当测轮往左边平行移动时，径向求积仪读数变大；向右移动时，求积仪读数变小。当测轮往左方旋转一定角度时，求积仪上限示值读数变大，下限示值读数不变或变动很小；测轮向右旋转时情况相反。

4. 径向方根求积仪的维护保养注意事项

求积仪上任何一个螺钉均不能随意松紧或拆装。测轮缘严禁与硬物摩擦，使用时必须稳拿轻放。描迹针应保证牢靠，尖锐度、高度要合适。轴承要保持清洁和润滑良好。记录纸盘中心轴与记录纸盘平面应垂直，曲线槽板必须与记录纸盘平行。

（四）卡片参数换算

采输现场广泛采用的 CWD 型流量计是双参数的，即流量卡片上同时记录了静压和差压的格数。这两个格数与仪表规范有关，当静压和差压值相当于仪表规范值时，在卡片上应指示为最大格数。因此，实际静压、差压值与仪表规范及卡片的最大静压、差压格数有关系。采气工每天都要计算产量，所以必须掌握卡片换算关系，并能熟练应用。

1. 卡片参数换算公式

（1）等分格卡片的换算公式：

$$\frac{L}{仪表最大量程}=\frac{等分格卡片指示格数}{换算的压力} \tag{7-14}$$

换算静压时：

$$\frac{L}{p_{\max}}=\frac{p'_{等}}{p_1} \tag{7-15}$$

换算差压时：

$$\frac{L}{h_{\max}}=\frac{h'_{等}}{h_1} \tag{7-16}$$

式中　L——卡片等分格数；

　　　$p_{\max}$、$h_{\max}$——仪表的静压、差压规范；

　　　$p'_{等}$、$h'_{等}$——等格卡片静压、差压指示格数；

　　　p_1、h_1——对应的静压、差压值。

（2）开方卡片的换算公式：

$$\frac{L}{\sqrt{仪表最大量程}}=\frac{开方卡片指示格数}{\sqrt{换算的压力}} \tag{7-17}$$

换算静压时：

$$\frac{L}{\sqrt{p_{\max}}}=\frac{p'_{开}}{\sqrt{p_1}} \tag{7-18}$$

$$p'_{\text{开}} = \frac{\sqrt{p_1}}{\sqrt{p_{\max}}} L \tag{7-19}$$

$$p_1 = \frac{p_{\max}}{L^2} p'^{2}_{\text{开}} \tag{7-20}$$

换算差压时：

$$\frac{L}{\sqrt{h_{\max}}} = \frac{h'_{\text{开}}}{\sqrt{h_1}} \tag{7-21}$$

$$h'_{\text{开}} = \frac{\sqrt{h_1}}{\sqrt{h_{\max}}} L \tag{7-22}$$

$$h_1 = \frac{h_{\max}}{L^2} h'^{2}_{\text{开}} \tag{7-23}$$

式中　L——卡片开方格数；

　　$p_{\max}$、$h_{\max}$——仪表的静压、压差规范；

　　$p'_{\text{开}}$、$h'_{\text{开}}$——开方卡片静压、差压指示格数；

　　p_1、h_1——对应的静压、差压值。

对于 $L=100$ 等格卡片与开方卡片格数换算，则有：

$$\text{开方格数} = 10\sqrt{\text{等分格数}} \tag{7-24}$$

$$p_{\text{开}} = 10\sqrt{p_{\text{等}}} \tag{7-25}$$

$$h_{\text{开}} = 10\sqrt{h_{\text{等}}} \tag{7-26}$$

[例3] 某站新到 CWD-430 型仪表一台，因仪表铭牌丢失，故不知仪表规范。经校验知道，在 $L=100$ 的开方卡片上静压指针在 70 格，真空压力为 2.94MPa（绝）；差压指针在 60 格时，差压校验仪表指示为 9kPa。求这台仪表的规范 $p_{\max}$、$h_{\max}$ 各是多少？

解：

$$p_{\max} = \frac{L^2 p_1}{p'^{2}_{\text{开}}} = \frac{100^2 \times 2.94}{70^2} = 60(\text{MPa})$$

$$h_{\max} = \frac{L^2 h_1}{h'^{2}_{\text{开}}} = \frac{100^2 \times 9}{60^2} = 25(\text{kPa})$$

答：这台仪表 $p_{\max}$ 为 6MPa，$h_{\max}$ 为 25kPa。

2. 零位格的计算公式

为了检查流量计记录值的准确性，每周都要校对流量计的零位格数。流量计记录的差压是孔板上流、下流压力之差，由此它的零位格应在卡片的零格刻度线上；而静压是绝对压力，所以它的零位格应在当地大气压相对应的格数上。四川地区取大气压力为 0.1MPa，L 均为 100，故静压零位格计算公式如下。

等分格对应零位格计算公式：

$$p'_{0\text{等}} = \frac{L p_1}{p_{\max}} = \frac{100 \times 0.1}{p_{\max}} = \frac{10}{p_{\max}} \tag{7-27}$$

开方格对应零位格计算公式：

$$p'_{0\text{等}} = \frac{\sqrt{p_1}}{\sqrt{p_{\max}}} L = \frac{\sqrt{0.1}}{p_{\max}} \times 100 \tag{7-28}$$

[例4] 有一台 CWD-430 型仪表，使用 $L=100$ 综合卡片，已知仪表 $p_{\max}=4$MPa，$h_{\max}=10$kPa。试求该仪表的差压、静压零位格（开方格和等分格）各是多少？

解：(1) 差压零位格在卡片的零格上。

(2) 静压零位格计算如下：

$$p'_{0等} = \frac{Lp_1}{p_{max}} = \frac{10}{p_{max}} = \frac{10}{4} = 2.5(等分格)$$

$$p'_{0等} = \frac{\sqrt{p_1}}{\sqrt{p_{max}}}L = \frac{\sqrt{0.1}}{\sqrt{4}} \times 100 = 15.8(开方格)$$

答：该仪表差压零位格在卡片的零格上；静压零位等分格为2.5格，开方格为15.8格。

[技能训练1]　　开启CWD-430型流量计

1. 准备工作

以三阀座仪表阀为例，如图7-24所示。

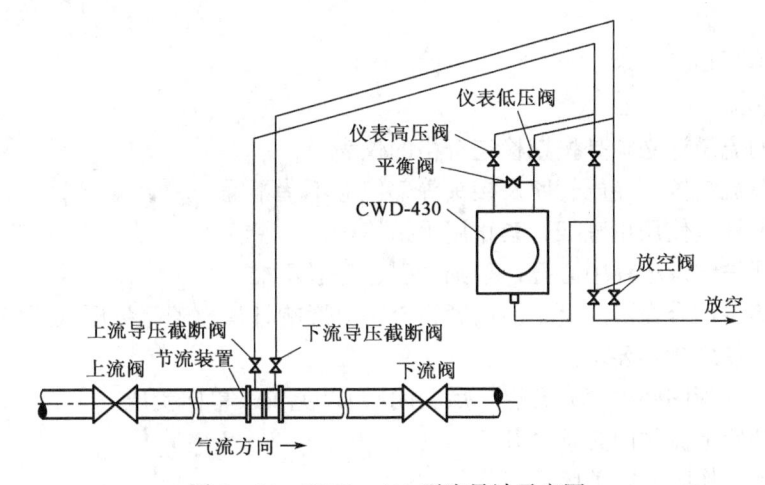

图7-24　CWD-430型流量计示意图

(1) 工具、用具、材料准备：50mm胶柄螺丝刀1把，钟表钥匙1把，红、蓝仪表墨水各1瓶，通针1根，流量计卡片1张，适量棉纱。

(2) 穿戴好劳保用品。

2. 操作准备

(1) 开表门。

(2) 墨水瓶加墨水，将红、蓝记录墨水分别装入虹吸小瓶。

(3) 毛细管排气泡，直到气泡排尽，墨水由笔尖滴出。

(4) 填写卡片：在指定位置填好时间、井号（用户）、孔板孔径等数据。

(5) 时钟上条。

(6) 装卡片。

①按下抬笔架，抬起笔杆。

②轻拉记录纸夹紧器（对上海产仪表是逆时针拧开压帽）。

③装上新填写的卡片。

④差压笔尖对准与工作时间相对应的时间弧线。

⑤上紧记录纸夹紧器。

⑥放下抬笔架，使记录笔尖与卡片相接触。

(7) 检查笔尖压纸程度。以手指略使力按压表板,笔尖离开卡片1~2mm,手指放开,笔尖又与卡片贴合为宜。

(8) 检查调校流量计零位。

(9) 正确开关计量通路相关阀门,做好计量准备。

3. 操作步骤

操作步骤如图7-24所示。

(1) 开仪表平衡阀,关仪表高压阀、低压阀。

(2) 关仪表导压管路上下流放空阀。

(3) 全开节流装置上下流阀门。

(4) 全开节流装置上下流导压截断阀。

(5) 缓慢全开仪表高压阀、低压阀,缓慢关闭平衡阀,仪表随之启动。

(6) 关表门。

(7) 详细填写相应记录。

4. 技术要求

(1) 使用的流量计必须是按期检定合格的仪表。

(2) 标准节流装置、导压管路及接头等部位应不堵不漏。

(3) 抬起笔杆应使用抬笔架,禁止用手抬笔杆。

(4) 注意保护记录卡片中心孔,否则会引起记录不准。

(5) 记录笔尖贴合在卡片上不能太紧,否则会影响计量。若笔尖压纸不好,可轻轻上抬或下压弓形架,使之满足要求。

(6) 流量计平衡阀必须"先开启,后关闭",以免仪表单向受压。

(7) 节流装置上流阀门必须全开。

(8) 流量计工作时必须关闭平衡阀。

(9) 开关表门、抬起笔杆等动作要轻缓。

(10) 开关阀门等操作动作要平稳。流量计启动后,必须检查显示压力、差压值是否正常;若不正常,应立即查找原因并排除。

(11) 经常观察流量计运行状况,发现问题及时处理。

[技能训练2]　　关闭CWD-430型流量计

1. 准备工作

(1) 工具、用具、材料准备:50mm胶柄螺丝刀1把,钟表钥匙1把,红、蓝仪表墨水各1瓶,通针1根,流量计卡片1张,适量棉纱。

(2) 穿戴好劳保用品。

2. 操作步骤

(1) 开仪表平衡阀。

(2) 关节流装置上、下导压截断阀。

(3) 观察差压零位是否正常。

(4) 开仪表导压管路放空阀。

(5) 观察静压零位是否在当地大气压对应格数上。

(6) 关仪表高压阀、低压阀。

(7) 开流量计表门，抬起记录笔杆，取出卡片。
(8) 关表门。
(9) 详细做好记录。

3. 技术要求

(1) 停流量计时，必须先开平衡阀，然后才能进行其他操作。
(2) 抬起记录笔杆应使用抬笔架。
(3) 开关表门、抬笔杆动作要轻缓，不得发生碰撞。

[技能训练3]　　调校 CWD-430 型仪表零位

1. 准备工作

以两阀座平衡阀为例。

(1) 工具、用具、材料准备：50mm 胶柄螺丝刀 1 把，仪表钥匙 1 把，卡片 1 张，棉纱 1 团。
(2) 穿戴好劳保用品。

2. 操作步骤

(1) 打开仪表平衡阀（两阀座平衡阀在关闭仪表高压阀、低压阀的同时就已打开平衡阀）。
(2) 关节流装置上下流导压截断阀。
(3) 检查并记录差压带压零位 A_1（即差压回零时其指针所指格数）。
(4) 打开仪表导压管路放空阀。
(5) 检查并记录差压放空零位 A_2（即导压管路放空后的差压指针所指格数）。
(6) 检查并记录静压零位是否在当地大气压对应格数上。
(7) 检查静差压笔尖贴纸是否合适，若不合适，按"启动 CWD-430 型流量计"中技术要求第（5）条调整。
(8) 调整静压零位格，零位调整方法如下：

一只手垫扶在记录笔杆上方的静压零位调整螺钉底部，另一只手用螺丝刀拨动静压零位调整螺钉，使笔尖对准起点格。

(9) 关仪表导压管路放空阀。
(10) 开节流装置上下流导压截断阀。
(11) 缓慢关闭平衡阀，待波纹腔内压力与工作压力平衡后全开平衡阀。
(12) 调整差压零位格，使笔尖对准零格。差压零位调整方法与静压零位调整方法相同，不同之处在于要调整的是差压记录笔杆调零螺钉。
(13) 缓慢关严仪表平衡阀，仪表启动。
(14) 观察调零前后静压、差压格数变化情况。
(15) 详细做好相应记录。

3. 技术要求

(1) 流量计最好采用综合卡片，用等分格调起点格时较好操作。
(2) 调整零位前后格数，调零过程要保留在调整当日的流量卡片上。卡片零格中心与记录笔画线中心重合。
(3) 检查差压带压零位 A_1 与差压放空零位 A_2 是为了检查仪表的静压误差。仪表静压误差＝｜A_1-A_2｜。若发现静压误差超出规定，应立即汇报调度室。

静压误差是指差压计正负压室承受相同压力、差压为零时差压计输出偏离零位的大小。为消除静压误差的影响，差压零位要在正负压室压力相等的情况下调整，而不能放空调整。国产双波纹管差压计误差多为负偏差，用负静压误差的仪表测出的流量偏低。

(4) 调校零位应先开平衡阀，然后再进行其他操作，避免仪表单向受压。

(5) 关闭平衡阀动作必须缓慢。

(6) 调零时动作应轻缓，若零位偏移太大，应立即汇报调度室。

(7) 调零的同时检查仪表导压管路及活接头，应不堵不漏，节流装置工作正常。

(8) 常见流量计静压规范与卡片对应的当地大气压格数见表7-7。

表7-7 流量计静压规范与卡片对应的当地大气压格数

流量计静压规范，MPa		1	1.6	2.5	4	6	10	16
卡片对应的当地大气压格数	开方格	31.6	25	20	15.8	12.9	10	7.9
	等分格	10	6.3	4	2.5	1.7	1	0.6

第三节　温度测量仪表

输气管道系统中温度测量主要有两个方面：天然气温度的测量；辅助系统的温度测量。

天然气温度检测一般都设在站场进出口以及计量装置上游或下游。就地指示时可采用玻璃管温度计与双金属温度计。采用玻璃管温度计时需要加套管，通过测量玻璃套管温度间接测量天然气温度。

为方便读数，减少清洗维护，宜采用双金属温度计。该温度计可在6.4MPa以下的压力管道上直接插入而不必外加额外套管测量介质温度（高压或有要求的一定要加套管测量）

温度测量是以热平衡为基础，当两个冷热程度不同的物体接触时，必然会产生热交换现象；换热结束后两物体处于热平衡状态，则它们具有相同的温度，通过测量另一物体的温度可以得到被测物体的温度，这就是温度测量的基本原理。

一、温度及温标

温度是物质分子进行热运动的宏观表现，它是对物体冷热程度的量度。测量温度的标尺称为温标。温标的规定是选取某物质两个恒定的温度为基准点，在此两点间加以等分来确定温度单位尺度，称为度。

由于对两个基准点之间所做的等分不同，因此出现了不同的温度单位，常用的有以下4种：

(1) 摄氏温标（℃），是把标准大气压下纯水的冰熔点定为0度，纯水的沸点定为100度的一种温标。在0度和100度之间分成100等份，每一份为1℃。

(2) 华氏温标（℉），规定在标准大气压下纯水的冰融点为32度，纯水的沸点为212度，中间划分180等份，每一份为1℉。

(3) 热力学温标（K）：水三相点热力学温度的1/273.16为1K，又称开尔文温标，单位为开尔文（K）。

(4) 国际实用温标是一种既符合热力学温标又使用简单的温标。

上述前3种温标的相互关系如图7-25所示。

三种温标之间的换算关系公式如下：

摄氏温标和开氏温标之间的换算关系

$$T = t + 273.15 \quad (7-29)$$

摄氏温标和华氏温标之间的换算关系

$$F = t \times 9/5 + 32 \quad (7-30)$$

式中　T——开氏温标，K；

　　　t——摄氏温标，℃；

　　　F——华氏温标，℉。

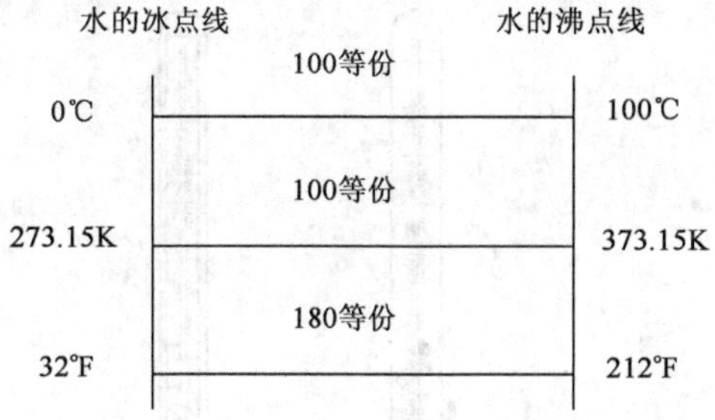

图7-25　三种温标关系示意图

二、温度计

温度计按照测量范围分为低温温度计（≤550℃）和高温温度计（>550℃）。

温度计按照测量方式分为接触式温度计（膨胀式温度计、压力式温度计、热电偶温度计、热电阻温度计）和非接触式温度计（辐射式高温计）。

温度计分类具体见表7-8。

表7-8　温度计分类

按测量方式分类	按测量原理分类	
接触式温度计	膨胀式温度计	液体膨胀式温度计
		固体膨胀式温度计
	压力式温度计	充气体式压力温度计
		充液体式压力式温度计
		充蒸汽式压力式温度计
	热电偶温度计	标准材料热电偶温度计
		特殊材料热电偶温度计
		金属热电阻温度计
		半导体热敏电阻温度计
非接触式温度计	辐射式高温计	单色辐射高温计
		全辐射高温计
		比色高温计

（一）玻璃温度计

如图7-26所示，玻璃温度计由玻璃温包、毛细管和刻度标尺构成，有直式、90°角式及135°角式等类型，是利用液体受热膨胀的原理工作的。其特点是读数直观，测量准确；结构简单，价格低廉；碰撞和振动易断裂；信号不能远传。

玻璃温度计中的水银温度计是输气生产中广泛应用的温度计，测量范围为-30~750℃。为防止因碰撞而损坏，输气站常使用有金属保护套的玻璃温度计，如图7-27所示。

玻璃温度计测量温度的主要误差来源如下：

（1）读数误差；

（2）标尺误差；

（3）弯月面顶部误差；

(a) 棒式　　(b) 内标尺式

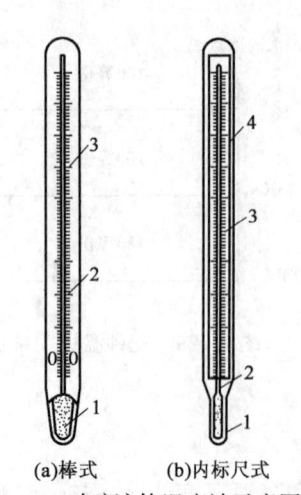

图 7-26　玻璃液体温度计示意图

1—玻璃温包；2—毛细管；3—刻度标尺；4—玻璃外壳

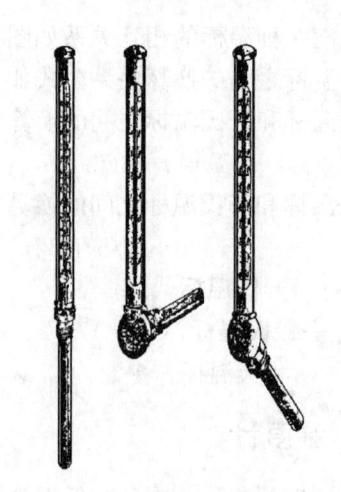

图 7-27　带金属保护套的工业内标式玻璃
液体温度计示意图

（4）修正误差；

（5）零点位移；

（6）露出液柱的存在；

（7）外部压力的影响；

（8）测量变动温度时示值的停留（热惯性）；

（9）温度计本身的温度失真。

（二）双金属温度计

双金属温度计（图 7-28）采用膨胀系数不同的两种金属片叠焊在一起制成螺旋形感温元件，并置于金属保护套管中，一端固定在套管底部为固定端，另一端连接在一根细轴上为自由端，细轴上安装有指针用以指示温度。当温度变化时，双金属感温元件的自由端便绕固定端转动（双金属片膨胀或冷缩的长短不同所致），带动自由端上的指针转动指示出温度值。双金属温度计的测量范围为 $-80 \sim 600℃$。

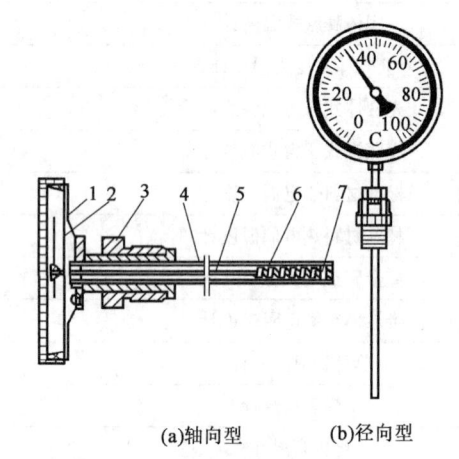

(a) 轴向型　　(b) 径向型

图 7-28　双金属温度计示意图

1—表壳；2—刻度盘；3—活动螺母；4—保护套管；
5—指针轴；6—感温元件；7—固定端

双金属温度计的特点是：结构简单，耐振动、耐冲击；使用方便，维护容易，价格低廉；适用于振动较大的场合。

（三）压力式温度计

压力式温度计是基于放在一定密封容器内的工作物质随温度发生体积或压力变化的原理而制成的。压力式温度计的工作物质可以是液体、气体和水蒸气，其结构由温包、毛细管和测量仪3部分组成，测量仪表由弹簧管、连杆、传动机构刻度盘和指针组成，如图 7-29 所示。

压力式温度计的测量范围随感温物质的不同而有所差别，如常温可选用 WTQ-410 型气体压力式自动记录温度计，测量范围为 $0 \sim 120℃$。

(四) 热电阻温度计

热电阻温度计是基于金属或半导体的电阻随温度变化而变化，当测出金属或半导体的电阻时，就可以获得与之对应的温度值，其结构如图 7-30 所示。

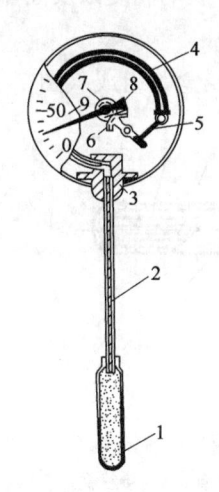

图 7-29 压力式温度计示意图
1—温包；2—毛细管；3—基座；4—弹簧管；
5—连杆；6—扇形齿轮；7—小齿轮；
8—指针；9—刻度盘

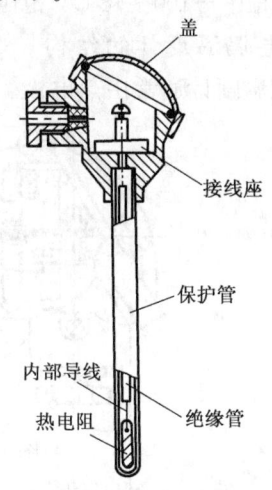

图 7-30 热电阻温度计结构示意图

热电阻温度计由感温元件热电阻、显示仪表和连接导线组合而成。使用时，将热电阻感温元件置于被测介质中，介质温度的变化会引起感温元件电阻的变化，此变化由导线传至显示仪表，即指示出被测介质温度值。热电阻温度计结构简单，精确度高，使用方便，还可以远传、显示和记录，测量范围为 -200~600℃。

热电阻的常见故障是热电阻的短路和断路。一般断路更常见，这是由热电阻丝较细所致。断路和短路是很容易判断的，可用万用表的"×1Ω"挡，如测得的阻值小于零，则可能有短路的地方；若万用表指示为无穷大，则可断定电阻体已断路。

电阻体短路一般较易处理，只要不影响电阻丝的长短和粗细，找到短路处进行吹干，加强绝缘即可。电阻体的断路修理必然要改变电阻丝的长短而影响电阻值，为此更换新的电阻体为好。若采用焊接修理，焊后要校验合格后才能使用。热电阻测温系统在运行中常见故障及其处理方法见表 7-9。

表 7-9 热电阻测温系统常见故障及其处理方法

序 号	故障现象	可能原因	处理方法
1	显示仪表指示值比实际值低或示值不稳	保护套管内有金属屑、灰尘，接线柱间脏污及热电阻短路（有水滴等）	除去金属，清扫灰尘、水滴等，找到短路点，加强绝缘
2	显示仪表指示无穷大	热电阻或引出线断路以及接线端子松开等	更换电阻体，或焊接及拧紧接线螺钉等
3	阻值与温度关系有变化	热电阻丝材料受腐蚀变质	更换电阻体（热电阻）
4	显示仪表指示负值	显示仪表与热电阻接线有误，或热电阻有短路现象	改正接线，或找出短路处，加强绝缘

(五) 热电偶温度计

热电偶温度计是目前温度测量中应用很广泛的一种，通常与显示仪表配套使用，可以测量各种生产过程中-100～1800℃范围内的液体、气体、蒸气等介质的温度以及固体表面的温度。

1. 热电偶温度计的结构

热电偶温度计通常由热电极、绝缘套管、保护套管和接线盒等组成（图7-31）。

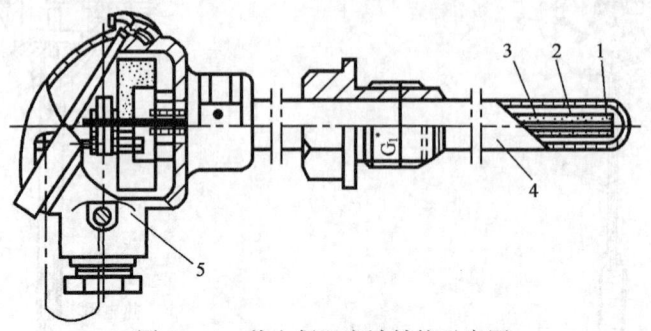

图7-31 热电偶温度计结构示意图
1—热电偶热端；2—热电极；3—绝缘套管；4—保护套管；5—接线盒

热电极的直径由材料的价格、机械强度、导电率和热电偶的用途及其测量范围而定。贵金属电极丝的直径一般为0.3～0.65mm，普通金属电极丝直径为0.5～3.2mm，其长度一般为350～2000mm。

绝缘套管的作用是防止两根热电极短路，结构形式有单孔、双孔和四孔等。

保护套管的作用是保护热电极免受化学腐蚀和机械损伤，其材质要求是能耐高温、耐腐蚀，不透气，具有较高的导热系数等。

接线盒是供热电偶和补偿导线连线使用，常用铝合金制成。为了防止灰尘和有害气体进入保护套管内，接线盒的出线孔和盖子均用垫片和垫圈加以密封。

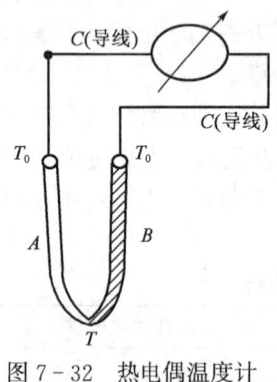

图7-32 热电偶温度计工作原理图

2. 热电偶温度计的工作原理

当两种不同的导体两端接合成回路时，由于两接合点温度不同，则会在回路内产生电流（图7-32）。热电偶由两根不同导线（热电极）A和B组成。它们的一端T是互相焊接的，形成热电偶的工作端（也称热端），将它插入被测介质中以测量温度；而热电偶另一端（自由端或称冷端）则与显示仪表相串接。如果热电偶的工作端与自由端存在温差，则显示仪表会指出热电偶所产生的热电动势，由热电动势的大小便可知被测温度的大小。

3. 热电偶温度计常见故障及其处理方法

热电偶温度计常见故障及其处理方法见表7-10。

表7-10 热电偶温度计常见故障及其处理方法

故障现象	可能原因	处理方法
热电动势比实际值小（显示仪表指示值偏低）	热电极短路	找出短路原因，如因潮湿所致，则需进行干燥；如因绝缘子损坏所致，则需更换绝缘子
	热电偶的接线柱处积灰，造成短路	清扫积灰

续表

故障现象	可能原因	处理方法
热电动势比实际值小（显示仪表指示值偏低）	补偿导线线间短路	找出短路点，加强绝缘或更换补偿导线
	热电偶热电极变质	在长度允许的情况下剪去变质段重新焊接，或更换新热电偶
	补偿导线与热电偶极性接反	重新接，保证正确
	补偿导线与热电偶不配套	更换相配套的补偿导线
	热电偶安装位置不准确或插入深度不符合要求	重新按规定安装
	热电偶冷端温度补偿不符合要求	调整冷端补偿器
	热电偶与显示仪表不配套	更换热电偶或显示仪表使之相配套
热电动势比实际值大（显示仪表指示值偏高）	热电偶与显示仪表不配套	更换热电偶或显示仪表使之相配套
	补偿导线与热电偶不配套	更换补偿导线使之相配套
	有直流干扰信号进入	排除直流干扰
热电动势输出不稳定	热电偶接线柱与热电极接触不良	将接线柱螺钉拧紧
	热电偶测量线路绝缘损坏，引起断续短路或接地	找出故障点，修复绝缘
	热电偶安装不牢或外部震动	紧固热电偶，消除震动或采取减震措施
	热电极将断未断	修复或更换热电偶
	外界干扰（交流漏电，电磁场感应等）	查出干扰源，采取屏蔽措施
热电偶热电动势误差大	热电极变质	更换热电极
	热电偶安装位置不当	改变热电偶安装位置
	保护管表面积灰	清除积灰

思 考 题

一、填空题

(1) 有一块压力表，其最大量程度为 6MPa，准确度等级为 1.5 级，当测量压力为 4MPa 时，允许误差是（　　）。

(2) 当摄氏温度为 58℃时，若用热力学温度表示，则为（　　）。

(3) 热电阻温度计是基于金属或半导体的电阻随（　　）的变化而变化，当测出金属或半导体的（　　）值时，就可获得与之相对应的温度值。

(4) 压力式温度计是基于放在（　　）内的工作物质随温度变化发生（　　）或压力变化的原理而制成的。

(5) 弹簧管压力表中弹簧管自由端的位移一般为（　　）。

(6) 活塞式压力计通常用来校验（　　）和（　　）。

(7) 电接点信号压力表通常安装在需要控制压力的管路或设备上，作为（　　）使用。

(8) 用差压流量计测量天然气流量时，经过孔板的天然气必须是充满管道（　　）流动的（　　）相气体。孔板开孔必须和计量管道保持（　　）。

(9) CWD-430 型双波纹管差压计由（　　）和（　　）两大部分组成，量程弹簧组的

— 233 —

作用主要是控制仪表的（　　）范围。

（10）容积式流量计通过测量（　　）转动的次数，求出被排出气体的（　　）。

二、判断题

（　）我国天然气计算中所用温度是热力学温度。

（　）大气压力是指大气层中空气柱的重量对地面物体单位面积上的作用力。

（　）用标准孔板流量计测量天然气流量时，其静压测量既可以在孔板上游进行，也可以在孔板下游进行。

（　）孔板能引起气流形成涡流，或使流束急剧改变产生附加阻力。

（　）弹簧管压力表中扇形齿轮的作用是传递放大。

（　）活塞压力计是基于静力平衡原理制造的。旋进漩涡流量计显示的工作流量和标准流量是一致的。

（　）双波纹管差压计是按位移平衡原理工作的仪表，流量与节流装置差压平方根成正比。

（　）TDS 型智能旋进流量计由旋进流量传感器、流量计算仪、温度传感器组件及压力传感器组件 4 部分组成。

（　）TDS 型智能旋进流量计是一种能进行温度、压力、压缩因子自动补偿的流量计。

（　）腰轮流量计主要由壳体、腰轮、驱动齿轮、出轴密封、准确度调正器以及计数器组成，是一种速度式流量计。

三、问答题

（1）什么是测量误差？什么是测量准确度？

（2）玻璃温度计的测温原理是什么？

（3）压力式温度计的测温原理是什么？

（4）热电阻温度计的测温原理是什么？

（5）什么是大气压力？什么是标准大气压？

（6）弹簧管压力表的工作原理是什么？

（7）双波纹管差压计测气的基本原理是什么？

（8）TDS 型流量计测气的基本原理是什么？

第八章　天然气生产设备的腐蚀与防护

【学习提示】

本章主要介绍天然气井生产过程中所含酸性气体的腐蚀机理及其对生产的影响因素，气田生产中的腐蚀防护措施与井场安全管理。

技能点是掌握硫化氢与二氧化碳防护措施要求与具体做法。

重点掌握酸性气体腐蚀机理与防护措施。

难点是硫化氢腐蚀类型与影响因素。

金属腐蚀是金属由于外部介质的化学作用或电化学作用而引起的金属破坏过程。在油气田的开采过程中，气井产出的天然气通常都含有水、盐分、酸性液体与气体（如 CO_2、H_2S 等）、细菌以及其他物质，而天然气生产过程中所使用的金属管道、阀门及其他设备在上述介质环境中必将发生化学或电化学腐蚀，造成油（套）管腐蚀穿孔断裂、井口装置失灵、输气管线爆裂等，破坏安全、平稳供气，影响用户的生产与生活，不仅给国家造成巨大经济损失，也会严重威胁人民生命财产安全。

随着国内外天然气井的大量开发，逐步形成了使用耐腐蚀材料、缓蚀剂、阴极保护、内涂层和玻璃钢等防腐蚀工艺。国内外防腐蚀措施90%都是采用化学防腐，通过添加缓蚀剂控制腐蚀。耐腐蚀材料一般价格都比较昂贵，但使用寿命长。资料表明：耐腐蚀合金油管的使用寿命相当几口气井的生产开采寿命，并且可以重复多井使用，不需要加注缓蚀剂以及修井、换油管等作业。

第一节　腐蚀机理及其影响因素

现代腐蚀科学认为腐蚀这个术语的含义是"所有物质（包括金属与非金属）由于环境引起的破坏"。对金属而言，可简述为：在周围介质的化学或电化学作用下，并且经常是在物理因素或生物因素的综合作用下，金属由元素状态转为离子状态所引起的破坏，称为金属腐蚀。

一、腐蚀分类

（一）按金属腐蚀破坏形式分类

（1）全面腐蚀，指腐蚀分布在整个金属表面上，分两种情况：均匀腐蚀和不均匀腐蚀。

（2）局部腐蚀，指腐蚀集中在金属表面的一定区域，而其他区域几乎不受腐蚀或轻微腐蚀。这种类型的腐蚀形式较多，如坑点腐蚀、溃疡腐蚀、选择性腐蚀、晶间腐蚀、腐蚀开裂、氢鼓泡（HB）或氢脆（HIC）等。

按照腐蚀破坏形式分类容易直接判断腐蚀类型，但不能说明涉及腐蚀过程的机理。

（二）按金属腐蚀破坏作用机理分类

（1）化学腐蚀，金属与周围介质直接发生化学反应而引起的破坏称为化学腐蚀。

化学腐蚀主要包括金属在干燥气体中的腐蚀和金属在非电解质溶液中的腐蚀。例如，金属在铸造、轧制、热处理等过程中发生的高温氧化。化学腐蚀的特点是在腐蚀作用进行中没有电流产生。

(2) 电化学腐蚀，金属和外部介质发生电化学作用而引起的破坏称为电化学腐蚀，它的特点是腐蚀过程中有电流产生。

(3) 电化学与机械作用共同产生的腐蚀，如应力腐蚀破裂、腐蚀疲劳、冲击腐蚀、磨损腐蚀、气穴腐蚀等。

(4) 电化学与环境因素共同作用产生的腐蚀，如大气腐蚀、水和蒸气腐蚀、土壤腐蚀、杂散电流腐蚀、细菌腐蚀等。

按金属腐蚀作用机理分类，一般情况都是以电化学理论为基础，把电化学作用单独引起的腐蚀和电化学与机械作用、环境因素共同引起的腐蚀都归并到电化学腐蚀范畴内，因此，金属腐蚀实质上分为化学腐蚀与电化学腐蚀两大类。

按照金属腐蚀破坏形式，具体的腐蚀分类情况参见表8-1。

表8-1 金属腐蚀破坏类型

名　　称		类　　型
全面腐蚀	均匀腐蚀	腐蚀均匀地发生在金属表面上
	不均匀腐蚀	金属表面上各部分腐蚀程度不一样
局部腐蚀	坑点腐蚀	腐蚀集中在金属的个别点上，腐蚀深度大时可导致穿孔
	溃疡腐蚀	指在有限面积上集中了比较深和大的损坏部分
	晶间腐蚀	腐蚀沿着晶粒的边界进行，这时金属外形变化可能不大，而其机械性能却严重降低
	腐蚀开裂	金属腐蚀产生裂纹，裂纹可以沿着晶粒的边界进行，也可穿过晶粒的本体
	氢鼓泡和氢脆	氢鼓泡是金属腐蚀后产生空泡，泡的表面金属发生龟裂；氢脆是金属腐蚀后韧性丧失，进水变脆
	选择性腐蚀	优先腐蚀掉合金的某一组分，使金属表面产生许多孔隙，导致金属的机械性能变差

二、腐蚀机理

天然气采输系统中经常遇到的腐蚀介质是硫化氢、二氧化碳、有机硫、盐、气田水、矿物质及氧等，暴露在空气中和埋于地下的金属管道、设施还遭受着大气、土壤的腐蚀。

处于上述复杂腐蚀环境中的金属设施，其腐蚀机理视不同腐蚀介质和环境因素而定，腐蚀过程和行为有很大差异，各种腐蚀机理叙述如下。

(一) 金属电化学腐蚀

在油气田生产中遇到的腐蚀问题绝大多数都是电化学腐蚀。金属与电解质溶液接触时，由于金属表面的不均匀性，如金属种类、组织、结晶方向、内应力、表面粗糙度、表面处理状况等的差异，或者由于与金属不同部位接触的电解液的种类、浓度、温度、流速等有差别，从而在金属表面出现阳极区和阴极区。阳极区和阴极区通过金属本身互相闭合而形成许多宏观腐蚀电池和微观腐蚀电池。金属电化学腐蚀反应过程如下：

(1) 阳极反应过程，即金属离子的水化过程。阳极表面的金属正离子在水分子的极性作用下进入水溶液，并形成水化物，反应如下：

$$M+mH_2O \longrightarrow M^{n+} \cdot mH_2O+ne$$

(2) 电子转移过程，电子从金属的阳极区转移到金属的阴极区，与此同时，电解液中阳离子和阴离子分别向阴极和阳极做相应的转移。

(3) 阴极反应过程，从阳极流来的电子在溶液中被能吸收电子的离子或分子所接受，其反应如下：

$$D+ne \longrightarrow D \cdot ne$$

在阴极附近能接收电子的物质很多，在大多数情况下是溶液中的 H^+ 和 O_2。H^+ 离子与电子结合生成氢气，溶液中 O_2 与电子结合生成 OH^- 离子，其反应如下：

$$2H^+ + 2e \longrightarrow H_2 \uparrow$$

$$O_2 + 2H_2O + 4e \longrightarrow 4OH^-$$

氢作为去极化剂的腐蚀过程，称为氢去极化腐蚀；氧作为去极化剂的腐蚀剂过程，称为氧去极化腐蚀。

上述3个过程是相互联系的，三者缺一不可，如果其中一个过程受到阻滞或停止，则整个腐蚀过程就受到阻滞或停止。这种阳极上释放电子的氧化反应（金属原子被氧化）和阴极接受电子的还原反应（氧化剂被还原）相对独立地进行，并且又同时完成的过程，称为电化学腐蚀过程。

由腐蚀的电化学机理可以看出，金属电化学腐蚀损坏集中在金属局部区域——阳极区，阴极区没有金属损失，因此电化学腐蚀实质上是局部腐蚀。

(4) 腐蚀电池。

常见的金属表面和介质的不均一性使其形成阳极或阴极。阳极和阴极组成了腐蚀电池，根据腐蚀电池电极的大小，并考虑促使形成腐蚀电池的主要影响因素及金属被破坏的表现形式，可将腐蚀电池分为宏观腐蚀电池和微观腐蚀电池。

①宏观腐蚀电池。

这类腐蚀电池通常指肉眼可见的电极所构成的大电池。常见的宏观腐蚀电池有：

异金属接触电池——当两种有不同电极电位的金属或合金相互接触，并处于电解质溶液中时，由于两种金属电位不同，会形成电偶腐蚀，因此此类电池也称为电偶腐蚀电池。通常是惰性金属为阴极，活泼金属为阳极。

浓差电池——浓差电池的形成主要是由于同一金属不同部分接触介质的浓度不同，主要有盐浓差电池和氧浓差电池。通常是处于介质浓度较高部分的金属充当阴极，而处于介质浓度较低部分的金属充当阳极。

温差电池——温差电池主要是由于浸入电解液中的金属因处于温度不同点而形成的。一般而言，处于高温介质部分的金属为阳极，而处于低温介质部分的金属则为阴极。

②微观腐蚀电池。

在金属表面由于存在许多微小的电极而形成的电池称为微观腐蚀电池。微观腐蚀电池是由于金属表面的电化学不均匀性引起的，而这种不均匀的形成原因很多，主要有金属化学成分的不均匀性，组织结构的不均匀性，物理状态的不均匀性，金属表面膜的不完整性。

综上所述，腐蚀电池与一般的原电池并无本质区别，但腐蚀电池是一种短路的电池，腐蚀电池仍然产生电流，但这些电流只是以热的形式消失，因此腐蚀电池产生的结果只是加速了金属的腐蚀。

③极化作用。

极化作用是指腐蚀电池的阳极与阴极接通后,由于两极之间有电流流通而造成两极电位差减小的现象,分为阳极极化和阴极极化。

阳极极化——阳极电位升高所致。产生阳极极化作用的主要原因是:在腐蚀过程中,阳极表面上形成有保护作用的腐蚀产物膜,它阻止金属溶入溶液,提高了阳极的电位。

阴极极化——阴极电位降低所致。产生阴极极化作用的主要原因是:消耗电子的阴极反应速度比从阳极流来电子的速度慢,结果在阴极上造成电子一定限度的堆积,使阴极电位降低。

④去极化作用。

去极化作用同样分为阳极去极化作用和阴极去极化作用。

阳极去极化——消除阳极极化,促进阳极溶解过程的作用称为阳极去极化。

阴极去极化——消除阴极极化的过程称为阴极去极化。能起去极化作用的物质称为去极化剂。阴极去极化剂实际就是引起金属腐蚀的氧化剂。最常见的去极化剂是 H^+ 和 O_2,它们引起的阴极去极化过程分别是氢去极化腐蚀和氧去极化腐蚀。

综上所述,极化作用的结果是使腐蚀电流大大下降,极大地降低了腐蚀的速度;而去极化作用的结果则相反,是加快了腐蚀速度。

(二) 金属化学腐蚀

金属的化学腐蚀是金属与周围介质直接发生纯化学反应而引起的损坏。它的特点是腐蚀过程中没有电流在金属内部流动。这类腐蚀主要包括金属在干燥气体中的腐蚀和金属在非电解质溶液中的腐蚀。

在常温或低温条件下,化学腐蚀速度都很小,而在高温下化学腐蚀比较严重。例如,在250℃以下,干燥的二氧化硫、硫化氢、元素硫对钢铁的腐蚀较小;而温度超过500℃时,二氧化硫或硫蒸气即开始明显地与金属起作用,温度继续升高,硫化氢才有可能与金属直接化合。因此,二氧化硫、硫蒸气及硫化氢对钢材会发生比较严重的高温化学腐蚀,生成的腐蚀产物是各种相对分子质量及各种结构的多硫化铁,如常发生炉管减薄、穿孔等破坏。

引起气田设施腐蚀的因素最主要也是最危险的是硫化氢和二氧化碳,特别是硫化氢,不仅会导致金属材料突发性的硫化物应力开裂,造成巨大的经济损失,而且硫化氢的毒性将威胁人身安全。因此,了解硫化氢和二氧化碳的腐蚀机理,对于采取合理有效的防护措施具有重要意义。

(三) 二氧化碳腐蚀

1. 二氧化碳腐蚀机理

二氧化碳腐蚀机理模型见表8-2。

油气开发过程中的二氧化碳腐蚀主要是天然气中的二氧化碳溶于水生成碳酸,引起电化学腐蚀所致。根据二氧化碳腐蚀的不同形态,能提出不同的腐蚀机理,如二氧化碳对碳钢和含铬钢的腐蚀中,有全面腐蚀,也有局部腐蚀。表8-2表明,根据介质温度的差异,腐蚀可以分为3类:在温度较低时,主要发生金属的活性溶解,对碳钢发生全面腐蚀,而对于含铬钢可以形成腐蚀产物膜(类型1);在中等温度区,两种金属由于腐蚀产物在金属表面的不均匀分布,主要发生局部腐蚀,如点蚀等(类型2);在高温时,无论碳钢和含铬钢,腐蚀产物可以较好地沉积在金属表面，从而抑制了金属的腐蚀（类型3）。

表8-2 二氧化碳腐蚀机理模型

钢 种	类型1（低温）	类型2（中等温度）	类型3（高温）
碳 钢	Fe²⁺、FeCO₃ 沉积在 Fe 表面	FeCO₃、Fe²⁺ 在 Fe 表面形成局部覆盖	FeCO₃ 致密膜覆盖 Fe 表面
含铬钢	Ⅲ Cr—OH 膜覆盖 Fe-Cr 表面	FeCO₃、Fe²⁺、Ⅲ Cr—OH 在 Fe-Cr 表面	Ⅲ Cr—OH、FeCO₃ 致密膜覆盖 Fe-Cr 表面

（1）二氧化碳全面腐蚀机理：

$$CO_2 + H_2O + Fe \longrightarrow FeCO_3 + H_2 \uparrow$$

金属材料在二氧化碳水溶液中的腐蚀，从本质上说是一种电化学腐蚀，符合一般的电化学特征。

（2）二氧化碳局部腐蚀机理。

二氧化碳局部腐蚀现象主要包括点蚀、台地侵蚀、流动诱使局部腐蚀等。二氧化碳的腐蚀破坏往往是由局部腐蚀造成的，然而对局部腐蚀机理还缺少深入的研究。总的说来，在含有二氧化碳的介质中，腐蚀产物 $FeCO_3$、$CaCO_3$ 垢和其他生成物膜在钢表面不同区域覆盖度不同，不同覆盖区域间形成了具有自催化性很强的腐蚀电偶或闭塞电池，也就形成了二氧化碳的局部腐蚀。二氧化碳的局部腐蚀就是这种腐蚀电偶作用的结果。

2. 二氧化碳腐蚀影响因素

影响二氧化碳腐蚀的因素很多，主要包括介质中的水含量、二氧化碳分压、介质温度、介质pH值、水溶液中Cl^-含量、介质流速、腐蚀产物膜等。

（1）介质中的水含量。

无论是在气相还是液相中，二氧化碳腐蚀的发生都离不开水对钢表面的浸湿作用，采出气中二氧化碳溶解在水膜中，降低了水膜pH值，使其呈酸性，水膜下的油管便发生腐蚀。因此，水在介质中的含量是影响二氧化碳腐蚀的一个重要因素。不过，含水率对腐蚀度的影响还必须与流速和流动状态紧密联系起来。一般来说，影响水润湿性的主要参数有气水比、介质流速和流态，以及由于流体剖面（拐弯、焊缝）改变而引起的水分线等。

（2）二氧化碳分压。

在影响二氧化碳腐蚀的众多因素中，二氧化碳分压起着决定性作用，目前油气工业也是根据二氧化碳分压来判断二氧化碳的腐蚀性。当分压低于0.021MPa时，腐蚀可以忽略；当分压为0.021MPa时，表示腐蚀将要发生；当二氧化碳分压为0.021~0.21MPa时，腐蚀可能发生。

当二氧化碳分压低于0.05MPa时，将观察不到低合金钢材质任何因点蚀造成的破坏；当二氧化碳分压高时，由于溶解的碳酸浓度高，氢离子浓度必然高，因而腐蚀被加速。

油气工业设备中的二氧化碳分压可按下述方法确定：

在输运管线中 p_{CO_2} =井口回压×二氧化碳百分含量

井口上 p_{CO_2} =井口油压×二氧化碳百分含量

井下 p_{CO_2} =饱和压力（或流压）×二氧化碳百分含量

(3) 介质温度。

介质温度是影响二氧化碳腐蚀的一个重要参数。温度的影响是通过影响化学反应速度和腐蚀产物成膜机制来影响腐蚀速率的，且在很大程度上表现在温度对腐蚀产物膜生成的影响上。在60℃附近二氧化碳腐蚀动力学有质的变化。由于$FeCO_3$在水中溶解度具有负的温度系数，即$FeCO_3$溶解度随温度上升而下降，在60～110℃钢表面形成一种具有保护性的腐蚀产物——$FeCO_3$膜，使腐蚀速率出现过渡区，此温度区间内局部腐蚀突出。在60℃以下材料表面不能形成保护膜，钢的腐蚀速率出现一个极大值，而在110℃或更高的范围内，可发生如下反应：

$$3Fe + 4H_2O \longrightarrow Fe_3O_4 + H_2 \uparrow$$

因此，在110℃附近出现第二个腐蚀速率极大值，表面产物层变成Fe_3O_4掺杂的$FeCO_3$膜，且随温度升高Fe_3O_4含量增加。采用API-N80钢在不同温度、不同转速下的极化曲线描述动态腐蚀行为，发现在恒定转速下，N80钢在流动水介质中的腐蚀电流密度随温度升高而增大，阳极溶解过程加速，阴极还原电流密度增大，在70℃达到最高值；高于70℃，N80钢表面形成$FeCO_3$膜，阻碍了阳极溶解和阴极还原过程，反而使腐蚀速率下降。总之，根据介质温度对二氧化碳腐蚀的影响，钢铁材料的二氧化碳腐蚀可分为4种情况，3个温度区间：

① 温度低于60℃的低温区，二氧化碳腐蚀成膜困难，即使暂时形成$FeCO_3$膜，腐蚀产物膜也会逐渐溶解，试样表面没有$FeCO_3$膜或有疏松、附着力低的$FeCO_3$膜，金属表面光滑，呈均匀腐蚀。

② 温度在60～110℃之间时，Fe表面生成具有一定保护性的腐蚀产物$FeCO_3$膜，局部腐蚀突出。这是由于$FeCO_3$形成条件得以满足，但由于结晶动力学因素影响，局部形成厚而疏松的$FeCO_3$粗大结晶所致。

③ 温度在110℃附近，均匀腐蚀速率高，局部腐蚀严重（深孔腐蚀），腐蚀产物为厚且疏松的$FeCO_3$粗大结晶。

④ 温度在150℃以上，Fe的腐蚀溶解和$FeCO_3$膜生成速度都很快，基体表面很快形成一层晶粒细小、致密且与基体附着力强的$FeCO_3$保护膜，对基体金属起到一定保护作用，腐蚀速率较低。

这种现象已被大量的腐蚀试验所证实。当然，这种温度区间的划分与钢种和环境介质参数有关，且都是建立在二氧化碳分压基础指导之上的。

(4) 介质pH值。

pH值是影响碳和低合金钢腐蚀的一个重要因素，pH值的变化直接影响H_2CO_3在水溶液中的存在形式，不仅影响电化学反应，还影响腐蚀生成物和其他物质的沉淀。当pH值小于4时，主要以H_2CO_3形式存在；当pH值在4～10之间时，主要以HCO_3^-形式存在；当pH值大于10时，主要以CO_3^{2-}存在。一般来说，pH值增大，H^+含量减小，降低了原子氢还原反应速度，从而降低了腐蚀速率。在特定的生成条件下，结合的水相物中含有的盐分能够缓冲pH值，从而减缓腐蚀速率，使保护膜或锈类物质沉淀更易形成。

pH值的变化也直接影响金属材料在含二氧化碳介质中腐蚀产物的形态、腐蚀电位等。

根据二氧化碳介质的温度、pH值和材料上施加的电位，就可以从热力学上确定腐蚀产物。

(5) 水溶液中Cl^-含量。

在常温下，Cl^-的加入使得二氧化碳在溶液中的溶解度减少，结果碳钢的腐蚀速率降低。但若介质中含有硫化氢，结果会截然相反。对合金钢Cl^-可导致合金钢产生孔蚀、缝隙腐蚀等局部腐蚀。

(6) 介质流速。

介质流速对钢的二氧化碳腐蚀有着重要影响。高流速易破坏腐蚀产物膜或妨碍腐蚀产物膜的形成，使钢始终处于裸露的初始腐蚀状态下，腐蚀速率高。在低流速时，腐蚀速率受扩散控制，而高流速时受电荷传递控制。流速为 0.32m/s 是一个转折点，当流速低于它时，腐蚀速率将随着流速的增大而加速，当流速超过它时，腐蚀速率完全由电荷传递所控制，这时温度的影响远超过流速的影响。

(7) 腐蚀产物膜。

钢表面腐蚀产物膜的组成、结构、形态是受介质组成、二氧化碳分压、温度、流速等因素的影响。钢被二氧化碳腐蚀最终导致的破坏形式往往受碳酸盐腐蚀产物膜的控制。当钢表面生成的是无保护性的腐蚀产物膜时，将遵循 De Waard 关系式，以"最坏"的腐蚀速率被均匀腐蚀；当钢表面的腐蚀产物膜不完整或被损坏、脱落时，会诱发局部点蚀而导致严重穿孔破坏。当钢表面生成的是完整、致密、附着力强的稳定性腐蚀产物膜时，可降低均匀腐蚀速率。当油气中有硫化氢存在，且二氧化碳与硫化氢的分压之比大于 500：1 时，腐蚀产物膜才以碳酸亚铁为主要成分。在含二氧化碳系统中，有少量硫化氢也会生成 FeS 膜，它虽然具有改善膜的防护性作用，但作为有效阴极的 FeS 也会诱发局部点蚀。

(四) 硫化氢腐蚀

1. 硫化氢腐蚀机理

含有硫化氢气体的油气田中，钢在硫化氢介质中的腐蚀破坏现象被看成开发过程中的重大安全隐患，现已普遍认为硫化氢不仅对钢材具有很强的腐蚀性，而且硫化氢本身还是一种很强的渗氢介质，硫化氢腐蚀破裂是由氢引起的。

2. 含硫化氢酸性油气田腐蚀破坏类型

在气田生产过程中，除了含硫化氢外，通常还有水、二氧化碳、盐类、残酸以及开采过程中进入的氧等腐蚀性杂质，它们比单一的硫化氢水溶液的腐蚀性要强得多。因硫化氢引起的腐蚀破坏主要表现有以下类型：

(1) 均匀腐蚀，主要表现为局部壁厚减薄，蚀坑或穿孔，它是硫化氢腐蚀过程阳极铁溶解的结果。

(2) 局部腐蚀，在湿硫化氢条件下，硫化氢对钢材的局部腐蚀是天然气开发中最危险的腐蚀。局部腐蚀包括氢鼓泡（HB）、氢致开裂（HIC）、硫化物应力腐蚀开裂（SSCC）以及应力导向氢致开裂（SOHIC）等形式。

①氢鼓泡（HB），钢材在硫化氢腐蚀过程中，表面的水分子中产生大量氢原子，析出的氢原子向钢材内部渗入，在缺陷部位（如杂质、夹杂界面、位错、蚀坑）聚集，结合成氢分子。氢分子所占据的空间为氢原子的 20 倍，于是使钢材内部形成很大的内压，即钢材内部产生很大的内应力，使钢材的脆性增加，当内部压力达到一定值时就引起界面开裂，形成氢鼓泡。氢鼓泡常发生于钢中夹杂物与其他的冶金不连续处，其分布平行于钢板表面。氢鼓泡

的发生并不需要外加应力。

②氢致开裂（HIC），在钢的内部发生氢鼓泡区域，当氢的压力继续升高时，小的鼓泡裂纹趋向于相互连接，形成有阶梯状特征的氢致开裂。钢中合金夹杂的带状分布增加了HIC的敏感性。HIC的发生也不需要外加应力。

③硫化物应力腐蚀开裂（SSCC），硫化氢产生的氢原子渗透到钢的内部，溶解于晶格中，导致脆性，在外加拉应力或残余应力作用下形成开裂。SSCC通常发生于焊缝与热影响区的高硬度区。

④应力导向氢致开裂（SOHIC），应力导向氢致开裂是在应力引导下，使在夹杂物与缺陷处因氢聚集而形成的成排小裂纹沿着垂直于应力的方向发展，即向压力容器与管道的壁厚方向发展。SOHIC常发生在焊接接头的热影响区及高应力集中区。应力常为裂纹状缺陷或应力腐蚀裂纹所引起。

3. 硫化氢腐蚀的影响因素

(1) 硫化氢浓度。

软钢在含硫化氢蒸馏水中，当硫化氢含量为 200~400mg/L 时，腐蚀速率达到最大，随着硫化氢浓度增加而降低，到 1800m/L 以后，硫化氢浓度对腐蚀速率几乎无影响。如果含硫化氢介质中还含有其他腐蚀性组分，如 CO_2、Cl^-、残酸等，将促使硫化氢对钢材的腐蚀速率大幅度升高。

(2) pH 值。

硫化氢水溶液的 pH 将直接影响钢铁的腐蚀速率，通常表现在 pH 值为 6 时是一个临界值。当 pH 值小于 6 时，钢的腐蚀速率高，腐蚀液呈黑色、浑浊。NACET-1C-2 小组认为，气井底部 pH 值为 6±0.2 是决定油管寿命的临界值。当 pH 值小于 6 时，油管的寿命很少超过 20a。

pH 值将直接影响着腐蚀产物硫化铁膜的组成、结构及溶解度等。通常在低 pH 值的硫化氢溶液中，生成的是以含硫量不足的硫化铁，如 Fe_9S_8 为主的无保护性的膜，于是腐蚀加速；随着 pH 值的升高，FeS_2 含量也随之增大，在高 pH 值下生成的是以 FeS_2 为主的具有一定保护效果的膜。

(3) 温度。

温度对腐蚀的影响较复杂。钢铁在硫化氢水溶液中的腐蚀速率通常是随温度升高而增大。在 10% 的硫化氢水溶液中，当温度从 55℃ 升至 84℃ 时，腐蚀速率大约增大 20%。但温度继续升高，腐蚀速率将下降，在 110~200℃ 之间的腐蚀速率最小。

(4) 暴露时间。

在硫化氢水溶液中，碳钢和低合金钢的初始腐蚀速率很大，约为 0.7mm/a，随着时间的延长，腐蚀速率会逐渐下降。试验表明，2000h 后腐蚀速率趋于平衡，约为 0.01mm/a。这是由于随着暴露时间的延长，硫化铁腐蚀产物逐渐在钢表面上沉积，形成了一层具有减缓腐蚀作用的保护膜。

(5) 流速。

碳钢和低合金钢在含硫化氢流体中，若流速较低时，腐蚀速率通常是随着时间的延长而逐渐下降，平衡后的腐蚀速率均很低；如果流体流速较高或处于湍流状态，由于钢铁表面上的硫化铁腐蚀产物膜受到流体的冲刷而被破坏或黏附不牢固，钢铁将一直以初始的高速腐蚀，从而使设备、管线、构件很快受到腐蚀破坏。为此，要控制流速的上限以把冲刷腐蚀降到最小，通常规定阀门的气体流速低于 15m/s。如果气体流速太低，可造成管线、设备低部集液，而发生因水线腐蚀、垢下腐蚀等导致的局部腐蚀破坏。因此，通常规定气体的流速应大于 3m/s。

(6) 氯离子。

在酸性油气田水中，带负电荷的氯离子基于电价平衡总是争先吸附到钢铁的表面，因此，氯离子的存在通常会阻碍保护性的硫化铁膜在钢铁表面的形成。氯离子可以通过钢铁表面硫化铁膜的细孔和缺陷渗入其膜内，使膜发生显微开裂，于是形成孔蚀核。由于氯离子的不断移入，在闭塞电池的作用下加速了孔蚀破坏。在酸性天然气气井中与矿化水接触的油层套管腐蚀严重，穿孔速度快，这与氯离子的作用有着十分密切的关系。

(7) 二氧化碳。

二氧化碳溶于水形成碳酸使介质的 pH 值下降，增加了介质的腐蚀性。二氧化碳对硫化氢腐蚀过程的影响尚无统一的认识，有资料认为，在含有二氧化碳的硫化氢体系中，如果二氧化碳与硫化氢的分压之比小于 500∶1，硫化铁仍将是腐蚀产物膜的主要成分，腐蚀过程受硫化氢控制。

(五) 氧腐蚀

氧腐蚀是最普遍的一种腐蚀，凡有空气、水存在的地方，均会发生这类腐蚀。氧腐蚀的电化学过程如下：

阳极反应　　　　　　　　　　$Fe - 2e \longrightarrow Fe^{2+}$

阴极反应　　　　　　　　　$O_2 + 2H_2O + 2e \longrightarrow 4OH^-$

化学反应 $\begin{cases} 2Fe + O_2 + 2H_2O \longrightarrow 2Fe(OH)_2 \\ 4Fe(OH)_2 + O_2 + 2H_2O \longrightarrow 4Fe(OH)_3 \\ 2Fe(OH)_3 \longrightarrow 2Fe_2O_3 + 3H_2O \end{cases}$

这是氧去极化腐蚀，腐蚀过程中，铁、氧和水化合形成铁锈。腐蚀速率取决于腐蚀产物的性质，如果是紧密的沉积膜，有保护作用，减缓腐蚀；如果是疏松多孔的垢，就不能阻止腐蚀的进行。

氧腐蚀的速率受水中溶解氧浓度的影响，随着水中溶解氧含量的增大，腐蚀也加快。

氧在油气田生产中还常常引起氧浓差电池，氧浓度高的部分是阴极，氧浓度低的部分是阳极。如开口的储水罐，表面的水及槽底的水含氧量不同，而在槽底发生腐蚀；空气及水的界面，在水线上发生的氧浓差腐蚀等。

(六) 土壤腐蚀

随着天然气工业中埋地管线越来越多，管线在土壤中的腐蚀越来越普遍。电化学腐蚀的基本理论对土壤腐蚀也是适用的，但土壤的组成和性质是极为复杂的，没有完全相同的土壤，土壤腐蚀相对其他介质的腐蚀也不相同。

1. 土壤腐蚀的特征

(1) 土壤腐蚀的特点：土壤腐蚀具有多样性；土壤具有毛细管多孔性；土壤具有不均匀性；土壤具有相对的固定性。

(2) 土壤腐蚀的电极过程。

阳极过程：钢铁在潮湿土壤中阳极过程与溶液中腐蚀类似，在长期腐蚀过程中，由于不溶性腐蚀产物的屏蔽作用，使阳极极化逐渐增大。

阴极过程：钢铁在土壤腐蚀中阴极过程主要是氧的去极化。在强酸性土壤中，氢去极化过程也能参与进行。

(3) 土壤中的腐蚀电池。

土壤腐蚀和其他介质中电化学腐蚀过程一样，都是因为金属和介质的电化学不均一性所形成的腐蚀原电池作用所致，这是土壤腐蚀发生的基本原因。由于土壤介质不均一性，所以除了可能生成与金属组织不均一性有关的腐蚀微观电池外，土壤介质的宏观不均一性所引起的腐蚀宏观电池在土壤腐蚀中往往起着更大的作用。由于土壤中异种金属的接触、温差、应力及金属表面状态的不同，也能形成腐蚀宏观电池，造成局部腐蚀。

2. 影响土壤腐蚀的因素

(1) 土壤性质：土壤的孔隙度（透气性）、含水量、含盐量等土壤性质对土壤中的金属作用很复杂，有可能加速其腐蚀，也可能减缓金属的腐蚀。土壤的电阻率越小，土壤的腐蚀性就越强。随着土壤的酸度升高，对其中金属的腐蚀作用就会增强。

(2) 杂散电流和微生物：在大多数情况下，杂散电流会加大土壤中金属的腐蚀。在缺氧条件下，常常发生硫酸盐还原细菌的腐蚀。

第二节　腐蚀防护

金属的腐蚀程度既受到材料特性的影响，又受到环境介质因素的影响，此外还受到系统的几何形状、尺寸以及金属与介质的相对运动等因素的影响。这些因素的组合变化，构成了错综复杂的金属腐蚀条件和表现形式。为此，对于金属防腐，应从其腐蚀的各个方面，如所处介质环境、自身材料等着手，根据腐蚀的具体情况针对性地开展防腐工作，才能有效地防止或减缓金属的腐蚀。对于天然气集输系统，应遵循以下的防腐原则：

(1) 管道、设备和其他金属构筑物的防腐蚀过程建设必须依靠科学技术进步，综合提高天然气集输系统的防腐蚀水平。

(2) 因地制宜，立足天然气集输系统和专业发展水平，运用系统过程管理方法，提出技术上可靠、经济上合理的一整套设计方案。

(3) 防腐施工方案的选择应考虑其技术可行性、经济合理性及施工简化等方面的因素。针对具体工程的工艺、环境条件和管线、设备的设计寿命，结合各种方案的特点及发展现状，提出可满足管线、设备施工、运行条件的防腐施工对策。

一、选择耐蚀管材和设备

在石油和天然气工业中，常用金属材料的耐蚀性能见表 8-3。

表 8-3　常用金属材料的耐蚀性能

材料名称	合金元素	耐蚀性能
铁和钢	—	在很多介质和室外大气中均被腐蚀；在硝酸盐、氢氧化物、氨和硫化氢中对应力腐蚀敏感；钢能耐碱、有机酸及强氧化性的电化学腐蚀，不耐无机酸腐蚀；加入 Cu、P、Cr、Ni 能改善耐蚀性
低合金钢（合金元素为 5%）	—	作为高强度材料与普通碳钢耐蚀性能类似，但能改善大气腐蚀性能

续表

材料名称	合金元素	耐蚀性能
不锈钢	含10%~30%Cr，加入Ni（30%），Cu（2%~3%），Mo（1%~4%）	能耐氧化介质的高温氧化及介质的硫化物腐蚀，增强其在还原介质（硫化物）中的耐蚀性能，特别是对硫酸、硝酸和有机酸的耐蚀性；Mo能减少氯化物的坑蚀
镍或镍合金	加入Cr、Mo	对浸蚀不锈钢的氯化物和还原介质有很好的耐蚀能力，可提高对还原介质的耐腐蚀能力
	加入Cu、Mo	能耐很多氧化还原介质腐蚀及氯化物坑蚀，全部镍合金对晶间腐蚀敏感，不能做焊接件
钛	—	氧化介质、热硝酸中比不锈钢耐蚀；低温（常温）能耐氯化物缝隙腐蚀和坑蚀，高温时对上述腐蚀敏感；低温能耐稀硫酸、盐酸及湿硫化氢、二氧化碳腐蚀
	加入2%的Pb	提高对盐酸及其他还原介质的防蚀能力
铜合金	加入Zn（5%~45%）、黄铜	随Zn含量增加，耐蚀性减小，会发生脱锌和应力腐蚀破裂
	加入1%Sn或0.1%As、Sb、P	避免脱锌并改进耐蚀性
	加入Sn、Al、Si、青铜	增加强度和耐蚀性，Al能增强抗冲蚀及应力腐蚀破裂能力，硅能增加强度及高温性能
	加入Ni（10%~30%）	最耐腐蚀的铜合金，有较高的屈服强度
铝合金	—	①在pH值为4.5~8.5的水溶液中耐蚀性能好；②不耐有机氯化物和无水有机酸及低级醇腐蚀；③发生晶间腐蚀；④防止铝合金本身与邻近金属发生电偶腐蚀而引起周围高强度钢的氢脆裂

经过多年的研究和实践，以下管材和设备可用于含硫气田：

油套管：API系列的J-55、C-75、C-90、N-80、L-80、KO及ST和SM系列等。

采气井口：采用抗硫采气井口，如KQ-250、KQ-350、KQ-700、KQ-1000等。

集输管线：集输管线的材质主要有Q235、A3R、10钢、20钢、09锰钒钢及ST45，X52等；井场用的高压采气管线需采用高压锅炉钢，J55或D40钻杆、油管煨弯后需要进行高温回火处理，使其硬度≤HRC22。

站场设备：常用国产的20号锅炉钢或相当于20号的锅炉钢。设备容器制造时，选用的焊条、焊丝和焊剂应保证其焊后焊缝抗硫化氢应力腐蚀破坏性不低于20号锅炉钢，焊肉及热影响区硬度≤HRC22。

二、防腐工艺设计

防腐工艺设计主要从以下几个方面考虑：

（1）腐蚀裕量的选择。

对于储罐、容器、管线等金属耗量大而腐蚀类型近似为均匀腐蚀的设备，可以选用较低级的钢材，并估算出材质的腐蚀率，用强度计算的壁厚加上腐蚀裕量作为防止因腐蚀而造成破坏的措施，在经济上是更为合理的。但是对于不允许腐蚀的设备等，不能完全用增加腐蚀裕量的方法来防止过早的破坏，必须选用耐蚀材料。

推荐的容器及管线腐蚀裕量见表8-4。

表8-4 容器及管线的腐蚀裕量推荐

类 别	使用材质	工 作 介 质	腐蚀裕量 mm	备 注
容器	碳钢	含硫气及中等腐蚀介质	4	含硫气是指硫化氢含量大于20mg/m³的天然气
	碳钢	净化气及弱腐蚀介质	4	净化气是指硫化氢含量小于20mg/m³的天然气
管线	碳钢	强腐蚀性的原料气	3	—
	碳钢	中等腐蚀性的原料气	2	—
	碳钢	弱腐蚀性的原料气	1	—

（2）安全系数。

材质的腐蚀与它承受的应力有关，尤其是硫化物应力腐蚀破坏的敏感性更是随着材料承受拉应力的增大而大大增强，因此对不同工作介质的设备和容器的安全系数要求也有所不同，见表8-5。

表8-5 容器安全系数

材 料	工 作 介 质	安 全 系 数 Y_s
碳钢	含硫气	2
碳钢	净化气	1.8

（3）采用防止残留水分腐蚀的结构。

通常情况下，气田集输系统在没有水分存在时实际上腐蚀很轻微。因此，考虑设备的结构应尽量防止残留水的存在，同时应及时采取措施，排除设备、管线中积存的水分。

（4）避免异种金属的接触腐蚀。

异种金属互相接触，由于这些金属的活泼程度不同，即金属在电解溶液中电位不同，可形成金属之间的电偶腐蚀，活泼的金属作为阳极被腐蚀破坏，不活泼的金属被保护。因此，在天然气集输系统中应遵循以下原则：

①结构设计中应尽量避免异种金属组合。

②如果必须采用异种金属接触，应尽可能使用电位系列中电位接近的金属。

③异种金属接触时，在中间采用绝缘垫片、绝缘导管或涂层。

④采用电位过渡接头等，该接头的金属电位应在被连接的两种金属电位之间，既可减小电偶腐蚀，同时也便于更换。

⑤在没有氧气存在的中性或碱性溶液中，异种金属接触实际上不发生腐蚀。

（5）焊接。

从防腐的观点看，对焊接方法、焊条、焊缝形状、焊缝探伤检验及热处理等均有严格的要求。为了防止不锈钢晶间腐蚀，不锈钢严禁用乙炔焊。

①对焊条（焊丝、焊剂）的要求：

a. 异种金属焊接应选用不活泼金属为焊条。

b. 同种金属焊接应选用与被焊接同样或尽量类似的材料焊条。

c. 对于V系列不锈钢，为了防止焊接时高温造成晶间腐蚀破坏，要求焊缝应含5％～

10%δ铁素体，同时注意防止δ铁素体的选择性腐蚀。

d. 在含硫介质中，为了防止硫化氢应力腐蚀破裂，以任何形式焊接的焊缝应符合下列要求：机械强度及焊缝的冷弯性均不应低于母体金属；焊接试板经600～650℃回火处理后焊缝硬度≤HRC20。

②对焊接的要求：

a. 一般防腐连接要求尽量使用对焊。

b. 叠焊或搭焊时腐蚀介质一侧的焊缝必须是连续的，不能用点焊或间断焊。

c. 不同厚度的板材焊接后，平面方向应在腐蚀介质内。

d. 焊缝在腐蚀介质中的位置应使焊缝面积较小的方向朝向腐蚀介质。

e. 焊缝外形应圆滑，没有缝及穴，并应清除铁渣和焊渣。

③焊缝探伤：对容器及现场安装的焊缝，一般根据设计要求部位及长度进行无损探伤。

④焊接应力解除：热处理温度均为600～650℃；含硫化氢介质，容器壁厚不大于16mm的设备均应进行整体热处理；处理含硫天然气的设备，其现场组装的环焊缝也应经工频或其他加热方法进行热处理。加热温度为600～650℃。

(6) 脱除腐蚀介质。

在天然气开采过程中，有时仅靠采用某种防腐措施不足以减少腐蚀或使得经济上很不合理时，常常需要对原料天然气进行预处理来达到防腐目的，如天然气的脱水、脱硫等。

三、加注缓蚀剂保护

(一) 缓蚀剂的作用原理

在腐蚀介质中加入少量某种物质，它能使金属的腐蚀速率大大降低，这种物质称为缓蚀剂或腐蚀抑制剂。加入缓蚀剂保护金属的方法称为缓蚀剂保护。

由于金属在电解质中的腐蚀是电化学的阳极过程和阴极过程同时进行的结果，缓蚀剂的作用就是减缓阳极过程或阴极过程。按照缓蚀剂对于电极过程所发生的主要影响，可以把它分为阳极型缓蚀剂、阴极型缓蚀剂和混合型缓蚀剂。

在腐蚀介质中一般加入缓蚀剂的量很少。缓蚀剂的保护效果与腐蚀介质的性质、温度、流动情况及被保护材料的种类和性质等有密切关系。换句话说，缓蚀剂的保护是有严格的选择性的，对一种腐蚀介质或被保护材料能起缓蚀作用，但对另一种腐蚀介质或另一种金属就不一定有同样的效果，甚至有时还会加速腐蚀。

缓蚀效率能达到90%以上的缓蚀剂为好的缓蚀剂，如果能达到100%，则意味着达到完全保护。

有时单用一种缓蚀剂缓蚀效果并不好，而采用不同类型的缓蚀剂配合使用，往往可显著提高保护效果，这种现象称为协同效应；相反，如果不同类型缓蚀剂共同使用时反而降低各自的缓蚀效率，则称这种现象为拮抗效应。

(二) 对缓蚀剂的要求

对缓蚀剂的一般要求是：

(1) 用量少，保护效率高；不影响产品质量。

(2) 不会造成工艺过程中的起泡、乳化、沉淀、堵塞等副作用。

(3) 使用方便，溶解性和分散性好。

(4) 原料易得，成本低廉；毒害性小，对环境污染小。

当然，根据使用缓蚀剂的具体情况，还有一些具体要求。但是使用缓蚀剂还有一定的局限性，例如，有些缓蚀剂不宜用于温度过高的腐蚀环境中，对于不同的腐蚀环境和材质要求使用不同类型的缓蚀剂，因此生产实际中要具体情况具体分析。

(三) 缓蚀剂的分类

目前使用的缓蚀剂类型较多，天然气集输系统使用的缓蚀剂按作用机理可分为3种类型，即阳极型缓蚀剂、阴极型缓蚀剂与混合型缓蚀剂；按照使用环境可分为含硫气井用缓蚀剂和输气管线用缓蚀剂。

1. 含硫气井用缓蚀剂

含硫气井用缓蚀剂品种很多，早期使用的有液氮、粗吡啶和1901型等，缓蚀效果稳定在90%以上，但这类缓蚀剂有恶臭、污染环境，对皮肤和鼻黏膜有刺激作用，故已淘汰；20世纪80年代开发出7251水溶性缓蚀剂和川天2-1油溶性缓蚀剂均无恶臭，很多指标和性能接近或超过1901型缓蚀剂；四川天然气研究所在20世纪90年代开发出的川天2-2系列缓蚀剂性能优异，已在气田防腐中普遍应用。目前在油气田使用最多的是BT、CT、CZ、HT等系列缓蚀剂。

对于含硫气井缓蚀剂注入方法，可根据缓蚀剂特性和井口情况而定。一般有下列方法：

(1) 周期性注入缓蚀剂，主要适用于关井和产量少的气井。

(2) 连续注入缓蚀剂，可不断地修补金属表面的缓蚀剂膜，维持其覆盖特性，适用于产量大或产水量多的气井。

2. 输气管线用缓蚀剂

该类缓蚀剂目前使用较多的是川天2-2，其缓蚀率达到90%。

四、覆盖层保护

在金属表面上形成覆盖层是防止金属腐蚀最普遍的和重要的方法。覆盖层的作用在于使金属表面与外界介质隔离开来，以阻碍金属表面微电池起作用。覆盖层分为金属涂层与非金属涂层。对覆盖层的基本要求是：

(1) 结构致密，完整无孔，介质不能透过；

(2) 与基体金属具有良好的结合力，不易脱落；

(3) 耐磨；

(4) 均匀地分布在整个被保护金属表面。

(一) 金属涂层

大多数金属涂层采用电镀或热镀的方法实现，还有的涂层用渗镀、喷镀、化学镀等方法，其他方法还有金属包覆、离子镀、真空蒸发及真空溅射等。

由上述各种方法制成的金属涂层一般都是有空隙的，空隙中的原电池作用将在涂层使用过程中起重要作用。因此，从电化学腐蚀的观点出发，可将金属涂层分为贵金属（阴极防护）涂层和贱金属（阳极防护）涂层两类：

(1) 贵金属涂层指涂层金属在腐蚀介质中的电位比底金属的电位更正，因此，涂层金属为阴极，底金属为阳极。在暴露的空隙中原电池电流将加速金属的腐蚀，使涂层失去保护作用，于是在贵金属涂层的制备过程中要尽量减少其空隙度，可将涂层涂厚一些或用有机填料将空隙填满。贵金属涂层有锡涂层、镍涂层、铝涂层和铜涂层等。

（2）贱金属涂层是指涂层金属在腐蚀介质中的电位比底金属的电位更负，因此，涂层金属为阳极，底金属为阴极。这类涂层若存在空隙，也不影响它的防腐作用，相反底金属可得到阴极保护。贱金属涂层有锌涂层和镉镀层等。

工业上常用的金属涂层主要有锌涂层、锡涂层、镍涂层、铬镀层、铝涂层、镉涂层以及铅涂层。

（二）非金属涂层

非金属涂层绝大多数是隔离性涂层，它的主要作用是把钢材与腐蚀介质隔开，防止钢材因接触腐蚀介质而遭受腐蚀。因此这类涂层更应该是无孔的、致密的、均匀的，并可与钢材基体结合牢固。非金属涂层分为无机涂层和有机涂层。无机涂层包括搪瓷或玻璃涂层、硅酸盐水泥涂层与化学转化涂层；有机涂层包括涂料涂层以及管道外壁防腐涂层。

五、电化学保护

用改变金属在介质溶液中的电极电位来达到保护金属免受腐蚀的方法，称为电化学保护法。

电化学保护的实质在于把要保护的金属结构通以电流使之极化，如果在导电的介质中将金属连接到直流电源的负极，通以电流，它即进行阴极极化，这种方法称为阴极保护。另一种方法是把金属连接到直流电源的正极，通以电流，它即进行阳极极化，使金属发生钝化，金属溶解急剧减少，这种方法称为阳极保护。

阳极保护只是对于那些在氧化性介质中可能发生钝化的金属才有良好的效果，因此它的应用受到较大的限制。但是阴极保护就不受到这些限制，所以得到广泛的应用。

（一）阴极保护的基本原理

金属在电解质溶液中，由于其表面存在电化学不均匀性，会形成无数的腐蚀原电池。为了简化起见，可以把它们看成是一个双电极原电池系统，如图 8-1 所示：原电池阳极区发生腐蚀，不断输出电子，同时金属离子溶入电解液中，阴极区发生阴极反应；根据电解液或环境条件的不同，自阴极区析出氢气或接受正离子的沉积，但阴极区金属本身不会发生腐蚀。因此，如果给金属通以电流，使金属表面处于阴极状态，就可抑制表面上阳极区金属的电子释放，从根本上可防止金属的腐蚀。

用金属导线将管道直接接在直流电源的负极，将辅助阳极接到电源的正极，如图 8-2 所示。从图中可以看出，管道实施阴极保护时，有外加电子流入管道表面，当外加的电子来不及与电解质溶液中的某些物质起作用时，就会在管道金属表面积聚起来，导致管道表面金属电极电位向负方向移动，即产生阴极极化。这时，微阳极区金属释放电子的能力就受到阻碍，施加的电流越大，电子积聚就会越多，管道金属表面的电极电位就会越负，微阳极区释放电子的能力越弱，换句话说，就是腐蚀电池二极间的电位差变小，阳极电流越来越小；当金属表面阴极极化达一定值时，阴极、阳极达到等电位，腐蚀原电池的作用就被迫停止。此时外加电流等于阴极电流，这就是阴极保护的基本原理。

应用阴极保护极化图解（图 8-3）可以进一步解释阴极保护原理：

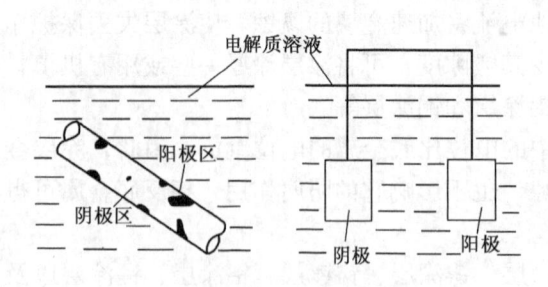

图 8-1 双电极原电池模型示意图

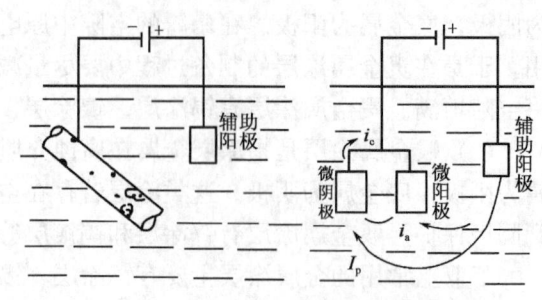

图 8-2 阴极保护模型示意图

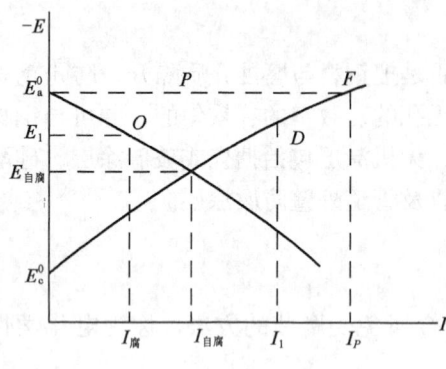

图 8-3 阴极保护极化图解

在未通电保护时，金属在电解质溶液中腐蚀电池阳极的平衡电位为 E_a^0，阴极的平衡电位为 E_c^0，两极化曲线相交点对应为腐蚀电位 $E_{自腐}$ 和自腐蚀电流 $I_{自腐}$。当阴极极化电流达到 I_1 时，腐蚀系统的电位向负移至 E_1，阳极腐蚀电流降低到 $I_{腐}$，即开始阴极保护。当阴极极化电流达到 I_P，腐蚀系统的电位继续向负移至 E_a^0 时，阳极的腐蚀电流变为零，从而使电池的腐蚀电流也为零，即达到完全的保护。

从极化图解还可以看出，当电位降低至 E_1，必需的外加电流为 I_{OD}，而阴极总电流为 I_1，如果要达到完全保护，则外加保护电流为 I_P，即在阴极上加的阴极保护电流要比自腐蚀电流大。

实施阴极保护主要有两种方法：

(1) 利用外加电流使被保护金属的整个表面变为阴极，以防止金属被腐蚀的阴极保护方法，称为外加电流法阴极保护。

(2) 在要保护的金属设备上连接一种比其电位更负的金属或合金，以防止金属腐蚀的阴极保护方法，称为牺牲阳极法阴极保护。

阴极保护的两种方法原理都是一样的，无论是采用外加电流法或者牺牲阳极法，其目的都是借助于直流电通过被保护的金属进行阴极极化，前者是依靠外加电源的电流来极化，后者是借助于牺牲阳极金属与被保护金属之间有较大的电位差所产生的电流来达到阴极极化，故统称为阴极保护。

(二) 两种阴极保护方法的比较及选择

阴极保护两种方法的优缺点见表 8-6，在实际工程中应根据工程规模的大小，防腐层质量的优劣，土壤环境情况，电源的利用以及经济性进行综合比较，择优选择。

表 8-6 两种阴极保护方法的比较

方 法	特 点	优 点	缺 点
外加电流法阴极保护	必须有直流电源和辅助阳极	驱动电压高，能够灵活控制阴极保护电流输出；在恶劣的腐蚀条件或高电阻率的环境中也适用；使用不溶性阳极材料可作长期的阴极保护；单站保护范围大，因此，管道越长，相对投资比例越小；对裸露或绝缘层质量较差的管道也能达到完全的阴极保护	一次投资费用高；维护技术较牺牲阳极法复杂，维护费用也较高；需要外部电源；对邻近的地下金属构筑物有干扰

续表

方法	特点	优点	缺点
牺牲阳极法阴极保护	不需外加直流电源,但阳极材料必须采用电位较负的有色金属	保护电流的利用率高,不会过腐蚀;适用于无电源区和小规模分散对象;对邻近的地下金属设施无干扰影响;施工技术简单,安装及维修费用少;接地及保护兼顾	驱动电位低,保护电流调节困难;使用范围受土壤电阻率的限制;对大口径裸管或防腐涂层质量不良的管道,由于费用很高,一般不宜使用;在杂散电流干扰强烈地区将丧失保护作用;阴极保护时间受牺牲阳极寿命的限制

对于天然气管道而言,则要根据被保护管道所处环境和经济指标来确定阴极保护方法,两种阴极保护方式的选择可以参见表8-7。

表8-7 天然气管道阴极保护方式选择

环境及管道条件	建议采用的保护方式
管径较大并有连续防腐涂层的管道	外加电流法
当杂散电流产生的管地电位变化超过牺牲阳极的保护能力,而采用外加电流方式就可以消除干扰	外加电流法
在管道系统中,大部分管段绝缘防腐状况良好,腐蚀轻微,仅有某些局部管段上腐蚀点多,且分散	牺牲阳极法
短而孤立的管段	牺牲阳极法
配气系统的单独用户支线	牺牲阳极法
当外加电源辅助阳极对邻近金属构筑物产生严重干扰时	牺牲阳极法

(三) 阴极保护使用条件及标准

(1) 由阴极保护原理可知,任何金属结构采用阴极保护防腐均应具备以下条件:

①被保护的金属表面周围必须有导电介质存在。

②为了使电流均匀地分布在被保护金属表面上并提高阴极保护效率,要求被保护金属结构必须完全浸没在导电介质中。

③被保护金属结构的几何形状不要过于复杂,如果凹凸太多,会产生屏蔽作用,即被保护结构靠近阳极处吸收了大量的保护电流,而远离阳极处得到的保护电流很少,不能起到阴极保护的作用。

由上述可知,对埋地或浸没于水中的油气管道特别适用于采用阴极保护。

(2) 天然气工程实践证明,没有一项阴极评价标准能适用于所有条件,因此常用下列任意一项或几项标准来评定:

①在通电情况下,测得保护电位为$-0.85V$(相对饱和$Cu/CuSO_4$参比电极,下同)或更负。

②被保护管线与参比电极之间的阴极极化电位不得小于$100mV$,此标准可用于极化建立或衰减过程中。

③当土壤或水中含有硫酸盐还原菌,且硫酸根含量大于0.5%时,通电后保护电位应大于-0.95V或更负。

④埋设于干燥空气和充气的高电阻率(大于500Ω·m)土壤中,其极化电位值至少应达到-0.75V。

(四) 影响阴极保护效率的因素

在阴极保护中,判断金属是否达到完全保护,通常采用测定保护电位的方法。而为了达到必需的保护,都是通过改变保护电流密度来进行控制的。

1. 保护电位

要使金属达到完全保护,必须对金属加以阴极极化,使它的极化电位达到其腐蚀微电池阳极的平衡电位,这时的电位称为最小保护电位,标准定义是:金属达到完全保护所需要的、绝对值最小的负电位值。

正常情况下,未保护的天然气管道管地电位变化在0.1~0.8V之间(可用$Cu/CuSO_4$参比电极测量),因此,在阴极保护中,-0.85V(CSE即$Cu/CuSO_4$参比电极)被公认为天然气管道阴极保护的最小保护电位指标。

最小保护电位的数值与金属种类和介质情况有关(表8-8列出了不同结构金属在海水和土壤中进行阴极保护时的电位数值)。最小保护电位可通过热力学计算加以确认,但在生产实际中一般是根据经验或通过实验来确定的。

表8-8 阴极保护电位值

金属或合金	所处环境	参 比 电 极,V			
		铜/硫酸铜	银/氯化银/海水	银/氯化银/饱和氯化钾	锌/(洁净)海水
铁与钢	含氧环境	-0.85	-0.80	-0.75	0.25
	缺氧环境	-0.95	-0.90	-0.85	0.15
铅	—	-0.60	-0.55	-0.50	0.50
铜基合金	—	-0.50~-0.65	-0.45~-0.60	-0.40~-0.55	1.60~0.45

天然气管道的阴极保护中所允许施加阴极极化绝对值最大的负电位值,称为最大保护电位。当电位比最大保护电位还负时,在阴极可能会析氢而使金属存在氢脆的危险;对于天然气埋地管道,将会严重削弱甚至破坏其防腐层的黏接力。最大保护电位取决于管道金属表面的析氢电位。

2. 保护电流密度

阴极保护时,使金属的腐蚀速率降到最低程度所需的电流密度值,称为最小保护电流密度。最小保护电流密度是阴极保护的重要参数之一,它是与最小保护电位相对应的,即最小保护电位对应的流入金属单位面积的电流。要使金属达到最小保护电位所需的电流密度不能小于该值,否则金属得不到完全保护。如果采用的电流密度远远超过该值,则不仅消耗大量电能,而且保护作用反而有所下降,即发生所谓的"过保护"现象。

在实验室中,通过极化曲线法测定的最小保护电流密度往往与实际使用数值之间有较大差异。最小保护电流密度与金属表面状况、介质情况有关。表8-9列出了钢铁在不同土壤环境中所需的最小保护电流密度。

表 8-9 土壤中钢铁所需最小保护电流密度

土壤类型	最小保护电流密度，mA/m²
一般中性土壤	5～15
通气的中性土壤	15～30
湿润土壤	15～60
酸性土壤	>50
硫酸盐还原细菌繁殖土壤	>50

（五）外加电流法阴极保护

1. 阴极保护站位置的选择

外加电流阴极保护方式特别适用于大口径长输天然气管道的外壁防腐。对一条或多条管道的阴极保护站来说，为了达到理想的阴极保护效果，必须遵循以下原则选择位置：

（1）满足阴极保护电气计算的要求，尽量选在被保护管段的中间，以便充分发挥一座站的功能。

（2）容易获得稳定可靠的直流电源。

（3）能选出符合要求的埋设辅助阳极的区域，以避免对邻近地下金属构筑物产生干扰。

2. 外加电流阴极保护系统的组成

外加电流阴极保护系统主要由电源设备、辅助阳极、阳极线路、通电点装置、电绝缘装置、参比电极、检测装置、跨接均压线等组成。

一座外加电流阴极保护站由电源设备和站外设施两部分组成。电源设备是外加电流阴极保护站的"心脏"，它由提供保护电流的直流电源设备及其附属设施构成；站外设施包括辅助阳极、阳极线路、通电点装置、电绝缘装置、参比电极、检测装置、跨接均压线等其他设施。站外设施是阴极保护站必不可少的组成部分，缺少其中任何一个部分，都将使阴极保护站停运，或对管道达不到完全保护。

（1）电源设备。

阴极保护站的电源设备有多种样式，如边远地区使用的太阳能电池，无人管理的密闭循环发电机组（CCVT），热电发生器，风力发电机等。

由于阴极保护站使用直流电源，对交流电源必须采取整流（和滤波），或者使用恒电位仪装置。由于具有对管地电位以及回路电阻波动适应性强的特点，恒电位仪使用比较普遍。常见的恒电位仪有 PS-1、KKG-3 等型号。

（2）辅助阳极。

辅助阳极也称阳极地床或阳极接地装置，它是外加电流阴极保护中不可缺少的重要组成部分。辅助阳极的用途是通过它将保护电流送入土壤，再经土壤流进管道，使管道表面进行阴极极化，防止其在土壤中的电化学腐蚀。辅助阳极在保护管道免受土壤腐蚀的过程中自身会遭受腐蚀破坏，即辅助阳极代替管道承受了腐蚀。

①对辅助阳极材料的要求是：有良好的导电性，耐蚀性强，消耗率低，辅助阳极输出电流在其材料的限制电流以内，有较高的机械强度，容易加工，价格便宜，化学稳定性好，材料来源广。常用的辅助阳极主要有钢铁阳极、石墨阳极、高硅铁阳极、磁性氧化铁阳极以及柔性阳极。

②辅助阳极根据埋设深度分为浅埋式辅助阳极和深埋式辅助阳极。

浅埋式辅助阳极又分为立式、水平式两种。立式阳极结构由一根或多根垂直埋入土中的阳极构成，阳极间用电缆并联。水平式阳极结构由一根或多根阳极以水平状态埋入一定深度的地层，阳极顶部距地面一般为1m左右，但不得小于0.7m或位于冰冻线以上。

深埋式辅助阳极通常采用石磨阳极或高硅铁阳极，一般埋深为15～300m。深埋式阳极的安装方式有两种，一种是将阳极棒捆绑在 $DN25$ 的钢管上放入钻好的深孔内，周围填充焦炭颗粒；另一种是将阳极棒和焦炭颗粒预制在一个铁皮管内，然后放入钻好的深孔内。

③辅助阳极埋设位置的确定。

辅助阳极一般设在管线的一侧或两侧。对于长输管道，辅助阳极与管道通电点的距离为300～500m，在管道较短或油气管道较密集的地区采用50～300m的距离是适宜的。

④辅助阳极数量的确定。

在确定辅助阳极数量时，主要考虑如下因素：辅助阳极输出的电流在阳极材料允许的电流密度范围内，以保证辅助阳极的使用寿命；在经济合理的前提下，阳极接地电阻应尽量小（增加阳极数量），以降低电能消耗，目前接地电阻一般定为 1Ω 左右。

(3) 阳极线路。

①电缆：从直流电源到被保护管线，辅助阳极的导线常采用电缆。对阴极保护所用电缆地下接头的绝缘和密封要求较高。

②阳极架空导线：阴极保护直流电源正极与辅助阳极之间的导线常采用架空敷设，阳极线杆一般采用水泥电杆。

(4) 通电点装置。

通电点也称为汇流点，主要是指通过导线将阴极保护电源设备的"输出阴极（—）"与被保护的管线连接起来的装置，它是向被保护的管线施加阴极极化电流的接入点，是外加电流阴极保护必不可少的设施之一。每座阴极保护站至少1个通电点，与保护站相距10m左右。

(5) 检测装置。

检测装置主要指检查头（测试桩）与检查片。

检查头是为了检查测定管道阴极保护参数而沿线设置的永久性设施，也称为测试桩。利用它可以测出被保护管道相应各点的管地电位及相应管段流过的平均保护电流。检查头一般设在管道沿线不妨碍交通的常年旱地内或水田的田坎边，露出地面0.5m左右。同时，管线的检查头还可以作为管线的里程桩。

检查片用来定量检验阴极保护效果，一般采用与管道相同的钢材制成。检查片埋设前须除锈、称重、编号，每两片1组，每组有一片与被保护管道相连，另一片不通电，作自腐蚀比较片。按2～3km的距离将检查片成对地安装在管道的一侧，经过一定时间后挖出称量计算保护效果。

(6) 电绝缘装置。

电绝缘装置作用是将被保护管道和非保护管道从导电性上分开。当保护电流流入不应受到保护的管道上时，将增大阴极保护站电源功率的输出，缩短有效保护长度或引起干扰腐蚀。在杂散电流干扰严重的管段，电绝缘装置还用来分割干扰区和非干扰区，降低杂散电流的影响。

①电绝缘装置包括绝缘法兰、整体性的绝缘接头、绝缘活接头、绝缘短管以及绝缘管接头等。

②电绝缘装置的安装位置：被保护管道与厂、站、库、井及分支管道连接处；大型穿、跨越管段的两端；杂散电流干扰区的两端；不同金属结合部位；有覆盖层的管道与裸露管道的交接部位；管道使用金属套管的部位；管道与支撑的墩台、管柱、管桥、支座等接触的位置。

(7) 跨接均压线。

为避免干扰腐蚀，用电缆将同沟埋设、近距离平行、交叉的管道连接起来，以平衡保护电位，此电缆称为跨接均压线。均压线的安装原则是使两管道间的电位差不超过 50mV。

(8) 参比电极。

在外加电流阴极保护站中，参比电极用来测量被保护管道的电位。利用恒电位仪通过参比电极测得的电位信号来调节其输出电流，使被保护管道的电位处于给定范围内。

常见的参比电极有铜—饱和硫酸铜电极（$Cu/CuSO_4$）以及饱和甘汞电极等。

3．日常的维护管理工作

(1) 保护参数的测量。

①阴极保护站向管道送电不得中断。停运一天以上须报主管部门备案；利用管道停电方法调整仪器，一次不得超过 2h，全年不超过 30h；保证全年 98％以上时间给管道送电。

②检查和消除管道接地障碍，使全线达到完全的阴极保护。

③定期检查沿线管地电位的分布规律，并做好测试记录。在用恒电位仪供电时，则应经常检查给定电位是否为规定值，沿管道测定阴极保护电位。此种测量在阴极保护站初期每周一次，以后每两周或一月测量一次，并将保护电位测量记录造表上报主管部门。在用整流器供电时，须经常测量汇流点的电位，要求管地电位不得高于－1.25V。各测试桩电位每月测试一次，要求管地电位不得小于－0.85V。

④管道对地的自然电位和土壤电阻率每隔半年或一年测一次。

⑤经常检测整流器的输出电流和电压。如发现电流大大下降而电压上升，则要检查阳极接地电阻值的变化，以判断阳极是否被腐蚀断了或阴极导线与阳极导线是否接触良好。如发现电流值增大很多，电压反而下降，则说明有局部短路，应检查阳极是否与被保护金属接触短路，或者是别的金属使阳极与阴极短路，或者是绝缘法兰漏电。

⑥定期测量阳极接地电阻并检查绝缘法兰的绝缘性能。在正常情况下，绝缘法兰外侧管线的对地电位应与自然电位相同。如绝缘法兰两侧的管地电位发生异常情况，应及时检查绝缘法兰的绝缘性能是否良好。若发现阳极接地电阻显著增大，要及时检查阳极装置，调整或更换阳极装置。

⑦要求每隔两年挖出一次检查片，进行检查分析，求出保护度，保护度大于 85％为合格。取出一组检查片后应再埋设一组。检查片在安装前要严格除锈，去油污，称重，准确到 0.01g。

(2) 设备的维修。

强制阴极保护正常运转的关键在于电源设备的维护与管理。对设备要有专人管理，在安装电源设备（恒电位仪或整流器）的场所，要保持干燥、清洁。操作仪器时要严格遵守操作规程，定期进行检修，并做好检修记录。

①电气设备定期技术检查。

电气设备的检查每周不得少于一次，检查包括下列内容：

a．检查各电气设备电路接触的牢固性，安装的正确性，个别元件是否有机械障碍。检查接至阴极保护站的电源导线，以及接至阳极地床通电点的导线是否完好，接头是否牢固。

b. 检查配电盘上熔断器的熔断丝是否按规定接好。当交流回路中的熔断器熔断丝被烧毁时，应查明原因，及时恢复供电。

c. 观察电气仪表，在专用的表格上记录输出电压、电流和通电点电位数值，与前次记录（或值班记录）对照是否有变化；若不相同，应查找原因采取相应措施，使管道全线达到阴极保护。

d. 应定期检查工作接地和避雷针接地，并保证其接地电阻不大于 10Ω；在雷雨季节要注意防雷。

e. 搞好站内设备的清洁卫生，注意保持室内干燥，通电良好，防止仪器过热。

②恒电位仪的维护。

a. 阴极保护站恒电位仪一般都配置两台，互为备用，应按要求时间切换使用。对退出备用的仪器应立即进行一次技术观测和维修。仪器在维修过程中不得带电插拔连接件、印刷电路板等。

b. 观察全部零件是否正常，元件有无腐蚀、脱焊、虚焊、损坏，各连接点是否可靠，电路有无故障，各紧固件是否松动；熔断器是否完好，如有熔断，需查清原因再更换。

c. 清洁仪器内部，保持其清洁。

d. 发现仪器故障，应及时检修，并投入备用仪器，不使保护电流中断。

③硫酸铜电极的维护。

a. 硫酸铜电极底部要求做到渗而不漏，忌污染；使用后应保持清洁，防止溶液大量漏失。

b. 作为恒电位仪信号源的埋地硫酸铜电极，在使用过程中需每周查看一次，及时添加饱和硫酸铜溶液，严防冻结和干涸，影响仪器正常工作。

c. 电极中的紫铜棒使用一段时间后，表面会黏附一层蓝色污物，应定期擦洗干净，露出铜的本色。配制饱和硫酸铜溶液必须使用纯净的硫酸铜和蒸馏水。

④阳极地床的维护。

a. 对阳极架空线每月沿杆路检查一次线路是否完好，如电杆有无倾斜，瓷瓶、导线是否松动，阳极导线与地床的连接是否牢固，地床埋设标志是否完好等。发现问题，及时整改。

b. 对阳极地床接地电阻每月测试一次；接地电阻增大至影响恒电位仪不能提供管道所需保护电流时，应更换阳极地床或进行维修。

⑤检查头装置的维护。

a. 检查头接线柱与大地绝缘电阻值应大于 $100k\Omega$，用万用表测量；若小于此值，应检查接线柱与外套钢管有无接地，若有，则需更换或维修。

b. 对检查头保护钢管或测试桩应每年定期刷漆和编号；检查头端盖螺钉要注意防锈。

c. 应防止检查头装置被破坏和丢失，对沿线城乡居民及儿童做好爱护国家财产的宣传教育工作。

⑥绝缘法兰的维护。

a. 定期检测绝缘法兰两侧管地电位，若与原始记录有差异时，应对其性能好坏作鉴别。如有漏电情况，应采取相应措施。

b. 对有附属设备的绝缘法兰（如限流电阻、过压保护二极管、防雨护罩等）均应加强维护管理工作，保证其完好。

c. 保持绝缘法兰清洁、干燥，定期刷漆。

4. 外加电流阴极保护站常见故障

外加电流阴极保护站常见故障见表8-10。

表8-10 外加电流阴极保护站常见故障及其处理方法

故 障	故障可能存在的部位	处 理 方 法
电源无直流输出电流、电压指示	检查交流、直流熔断器、熔断丝是否烧断	若烧断，则更换新熔断丝
整流器工作中"嗡嗡"发响，无直流输出	整流器半导体元件被击穿	更换同规格的半导体元件
正常工作时直流电流突然无指示	直流输出熔断器或阳极线断路	换熔断丝或检查阳极线路
直流输出电流慢慢下降，电压上升	阳极地床腐蚀严重或回路电阻增加	更换检修阳极地床或减小回路电阻
阴极保护电流短时间内增加较大，保护距离缩短	管线上绝缘法兰漏电或接入非保护管道	处理绝缘法兰漏电问题；查明接入非保护管道漏电点并加以排除
修理整机后送电时管地电位反号	输出正负极接错，正极与管道相接	立即停电，更正接线

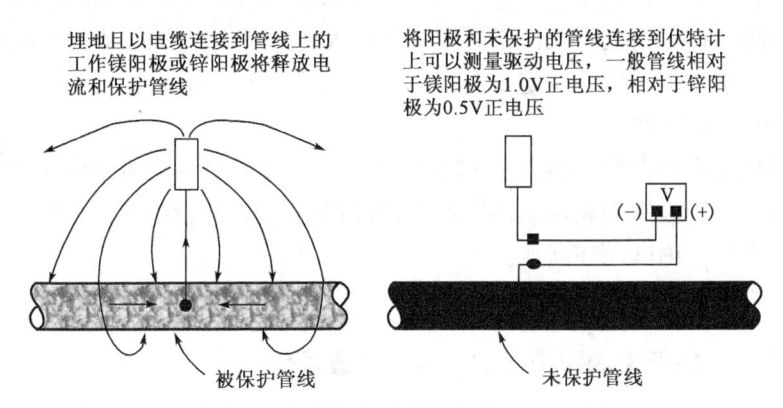

（六）牺牲阳极法阴极保护

1. 牺牲阳极法阴极保护的原理

牺牲阳极法阴极保护是针对由异种金属接触导致的腐蚀电池，在该种腐蚀电池中，一种金属相对于另一种金属是活性的而腐蚀。在牺牲阳极法阴极保护系统中，这种作用是通过有目的地建立一种异种金属电池而实现的，该电池足以抵消金属管线上存在的腐蚀电池作用。这可以通过连接一种很活泼的金属到金属管线上来实现，这种活泼金属将被腐蚀，同时将释放电流到金属管线上。牺牲阳极法阴极保护原理如图8-4所示。

图8-4 牺牲阳极法阴极保护原理示意图

牺牲阳极法是最早应用的阴极保护方法，它简单易行，不需电源，不要专人管理，不干扰邻近设备和装置，仅消耗少量有色金属，就可以使金属构筑物得到有效保护。同时牺牲阳极法还是抗干扰腐蚀的一种手段，具有泄流、防腐、防雷及防静电接地等多种功能，有外加电流法无法相比的优点。在油气管道阴极保护中，牺牲阳极法与外加电流法具有同等重要的地位。

2. 牺牲阳极法阴极保护一般规定

（1）牺牲阳极应用寿命应与管道使用年限相匹配，一般为10～15a。

（2）被保护管道应具有质量良好的覆盖层。新建管道的覆盖层电阻不得小于10000

Ω·m²,否则不宜采用牺牲阳极;对于旧管道,应根据具体情况而定。

(3) 当土壤电阻率大于100Ω·m时,不宜采用牺牲阳极。

(4) 所有被保护的埋地钢质管道应根据需要设置绝缘接头或绝缘法兰。

3. 阳极地床

(1) 埋地管道牺牲阳极保护填包料配方与阳极种类有关。

(2) 牺牲阳极在管道上的分布宜采用单支或集中成组两种方式,同一组阳极宜选用同一批号或开路电位相近的阳极。

(3) 牺牲阳极埋设有立式和卧式两种,埋设位置分轴向和径向;阳极埋设位置一般距离管道外壁3~5m,最小距离不小于0.3m;埋设深度以阳极顶部距地面不小于1m为宜;成组布置时,阳极间距以2~3m为宜。

(4) 牺牲阳极必须埋设在冰冻线以下。

4. 施工要求

(1) 根据施工条件选择经济合理的阳极施工方式,立式阳极宜采用钻孔法施工,卧式阳极宜采用开槽法施工。

(2) 阳极连接电缆的埋设深度不应小于0.7m,四周垫有5~10mm厚的细砂,砂的上部覆盖水泥护板或红砖。敷设时电缆长度要留有一定余量。

(3) 阳极电缆可以直接焊接到被保护管道上,也可以通过测试桩中的连接片相连。与钢质管道相连接的电缆应采用铝热焊技术连接,对阳极电缆与保护管道的焊点应重新进行防腐绝缘处理,防腐材料与等级应和原有覆盖层相一致。

5. 运行与管理

(1) 在牺牲阳极投入前,应对各电位检查桩进行保护电位测试,保护电位达到-0.85V或更负,则满足投产要求。

(2) 牺牲阳极保护参数投产测试必须在阳极埋入地下及填包料浇水10d后进行。

(3) 牺牲阳极投入运行后,应定期进行监测和维护,至少每半年一次。

6. 牺牲阳极系统故障

牺牲阳极管理要求定期检测被保护构筑物的电位,半年或一年检测一次阳极电位和电流,必要时还要检验阳极表面腐蚀状态。在测量过程中经常会发生以下故障:

(1) 检测桩丢失,测试电缆断线。

(2) 牺牲阳极失效,电位不够。

[技能训练] 集气管线阴极保护日常操作管理

1. 准备工作

(1) 工具、用具、材料准备:万用表1块,Cu/CuSO4(CSE)参比电极,备用可更换的绝缘法兰、检查头、检查片、导线等。

(2) 穿戴好劳保用品。

2. 操作步骤

(1) 检查并清扫仪器、设备,保证其清洁卫生。

(2) 每日检查测量通电点电位,记录电位及输出电流、电压,并绘制阴极保护电位曲线图。

(3) 定期检查阳极接地电阻。

(4) 定期检查设备及避雷器导线接地。
(5) 定期检查绝缘法兰的绝缘效果。
(6) 定期检查检查头的绝缘电阻值。
(7) 定期检查检查片的使用情况。
(8) 定期检查和消除管线其他部位漏电情况。
(9) 按照规定定期切换恒电位仪。

3. 技术要求

(1) 爱护直流电源设备（恒电位仪、硅整流器等），在启动、停运、调节中严格遵守操作规程，不超负荷工作，站内设备的安装要正规，连接牢固。搞好设备的清洁卫生，注意室内保持干燥、通风良好，防止仪器过热。

(2) 设备接地和避雷器导线接地的接地电阻一般不大于6Ω。在交直流电路中的避雷器、熔断器、熔断丝应符合要求，其额定熔断电流应与设备负荷相适应，不允许用其他金属代替。在雷雨季节要注意防止雷击。

(3) 在生产实践中摸索和制定本地区的合理保护电位；对保护不到的管线要查明原因，采取措施，使全线都能受到保护。

(4) 要连续向管线送电，送电时间不得少于全年的95%，连续停电时间不应超过24h。

(5) 通电点电位不合格应立即调整；每月至少测量管地电位一次。

(6) 阳极接地电阻每半年检查一次，阳极接地电阻要求在0.5Ω以下，最高不超过2Ω。

(7) 每半年测管地自然电位及沿线土壤电阻率一次。

(8) 绝缘法兰的绝缘电阻应大于100kΩ。绝缘法兰是否漏电，可根据绝缘法兰两边管线的管地电位来判断：管线受保护一侧的管地电位应大于或等于-0.85V，不受保护一侧的管地电位应等于或接近于该点管地自然电位；如果二者电位相近或相等，则说明绝缘法兰漏电，应进行修理。如果不能修复，应利用管线停气机会更换绝缘法兰垫片。

(9) 检查头接线柱与大地的绝缘电阻应大于10kΩ，用万用表测量。若小于此值，应检查接线柱与外套钢管是否有接触而使绝缘性能变差；若有，则应维修或更换，当管线接通后，若某一检查头电位测不出来，则应检查接线柱导线是否断落；检查头露置野外，应注意定期除锈防腐，周围杂草应铲除干净，并防止农业耕种时损坏检查头。

(10) 管线其他部位漏电，是指管线跨越、穿越，以及管线绝缘层损坏等漏电。

(11) 检查片用来判断阴极保护的效果，沿管线每隔一定距离设一组，每隔1~2a应取出一组检查片进行分析和鉴定，同时应将另一组新的检查片按原要求埋入（一组检查片有4块，分别处于通电绝缘、通电不绝缘、不通电不绝缘与不通电绝缘状态）。检查片安装要经过严格的除锈、除油污，并用天平称重，然后编号登记存档；埋设时放置条件必须一致。

思 考 题

一、填空题

(1) 按金属腐蚀破坏形式分类，分为（　　）和（　　）。
(2) 按金属腐蚀破坏作用机理分类，分为（　　）和（　　）。
(3) 金属与电解质溶液接触时，由于（　　）的不均匀性，或者由于与金属不同部位接触的电解液的（　　）、（　　）、温度、流速等有差别，从而在金属表面出现（　　）和（　　）。阳极区和阴极区通过金属本身互相闭合而形成许多腐蚀（　　）电池和（　　）电池。

(4) 由腐蚀的电化学机理可以看出，金属电化学腐蚀损坏集中在金属局部区域——阳极区，阴极区没有金属的损失，因此，电化学腐蚀实质上是局部腐蚀。

(5) 常见的宏观腐蚀电池有（　　）、（　　）和（　　）。

(6) 在金属表面由于存在许多微小的电极而形成的电池称为（　　）。

(7) 极化作用是指腐蚀电池的（　　）与（　　）接通后，由于两极之间有电流流通而造成两极电位差减小的现象，分为阳极极化和阴极极化。

(8) 金属的化学腐蚀是金属与周围介质直接发生（　　）反应而引起的损坏，它的特点是腐蚀过程中（　　）电流在金属内部流动。这类腐蚀主要包括金属在干燥气体中的腐蚀以及金属在非电解质溶液中的腐蚀。

(9) 二氧化碳对金属的腐蚀既有（　　）腐蚀，又有（　　）腐蚀。

(10) 硫化氢引起的腐蚀破坏主要表现有两种类型：（　　）和（　　）。

(11) 氧腐蚀是（　　）腐蚀，腐蚀过程中，铁、氧和水化合形成铁锈。

(12) 电化学保护的实质在于把要保护的金属结构通以电流使之进行极化。如果在导电的介质中将金属连接到直流电源的（　　），通以电流，它就进行阴极极化，这种方法称为阴极保护。另一种方法是把金属连接到直流电源的（　　），通以电流，它就进行阳极极化，使金属发生钝化，金属溶解急剧减少，这种方法称为阳极保护。

二、判断题

（　　）在温度较高时主要发生金属的活性溶解，对碳钢发生全面腐蚀。

（　　）金属电化学腐蚀的特点是腐蚀过程中有电流产生。

（　　）干燥的二氧化硫、硫化氢、元素硫对钢铁的腐蚀是化学腐蚀。

（　　）金属材料在二氧化碳水溶液中的腐蚀，从本质上说是一种电化学腐蚀。

（　　）覆盖层分为金属涂层与非金属涂层。

（　　）覆盖层的作用在于使金属表面与外界介质隔离开来，以阻碍金属表面微电池起作用。

（　　）硫化氢气体与水混合时腐蚀性极大，易在金属表面产生点蚀及硫化氢应力腐蚀破裂和氢脆。

三、问答题

(1) 影响二氧化碳腐蚀的因素有哪些？

(2) 影响硫化氢腐蚀的因素有哪些？

(3) 影响土壤腐蚀的因素有哪些？

(4) 什么是覆盖层保护？

(5) 什么是阴极保护？

(6) 什么是阳极保护？

(7) 什么是电化学保护？

(8) 阴极保护常见故障有哪些？

第九章　HSE 管理

【学习提示】

本章主要介绍 HSE 体系、安全基础知识、消防知识、应急知识和其他现场安全知识五部分内容。

技能点是消防、应急知识与操作。

重点掌握消防与应急知识。

难点是消防与应急现场实际应用。

第一节　HSE 体系介绍

1996 年 1 月，ISO/CD 144690《石油和天然气工业健康、安全与环境管理体系》（标准草案）发布。我国于 1997 年 6 月 27 日中国石油天然气总公司发布了《石油天然气工业健康、安全与环境管理体系》（SY/T 6276—2010），开始了中国石油企业推行 HSE 管理体系的步伐。

一、HSE 管理体系的内容

HSE 是健康（Health）、安全（Safety）、环境（Environment）的英文缩略。HSE 管理体系是一种事前进行风险分析，确定其自身活动可能发生的危害及后果，从而采取有效的防范手段和控制措施防止事故发生，以减少可能引起的人员伤害、财产损失和环境污染的有效管理方法。HSE 管理体系标准既是组织建立和维护健康、安全与环境管理体系的指南，又是进行健康、安全与环境管理体系审核的标准，它由 7 个关键要素构成。

（一）领导和承诺

组织应明确各级领导有关健康、安全与环境管理的责任，保障健康、安全与环境管理体系的建立与运行。最高管理者应对组织建立、实施、保持和持续改进健康、安全与环境管理体系提供强有力的领导和明确的承诺，建立和维护企业健康、安全与环境文化。各级领导应通过以下活动予以证实：

(1) 遵守法律、法规及相关要求。

(2) 确定健康、安全与环境方针。

(3) 确保健康、安全与环境目标的制定和实现。

(4) 主持管理评审。

(5) 提供必要的资源。

(6) 明确作用，分配职责和责任，授予权力，提供有效的健康、安全与环境管理。

(7) 确保健康、安全与环境管理体系有效运行的其他活动。

（二）健康、安全与环境方针

组织的最高管理者应确定和批准组织的健康、安全与环境方针，规定组织健康、安全与环境管理的原则和政策。健康、安全与环境方针应：

（1）包括对遵守法律、法规和其他要求的承诺，以及对持续改进和污染预防、事故预防的承诺等。

（2）适用于组织的活动、产品或服务的性质和规模以及健康、安全与环境风险。

（3）传达到所有在组织控制下工作的人员，旨在使其认识各自的健康、安全与环境义务。

（4）形成文件，付诸实施予以保持。

（5）可为相关方所获取。

（6）定期评审，以确保其与组织保持相关和适宜。

（三）策划

此基本要素有对应的二级要素：危害因素识别、风险评价和风险控制措施的确定；法律法规和其他要求；目标和指标；方案。

（四）组织结构、资源和文件

此基本要素对应的二级要素：组织结构和职责；管理者代表；资源；能力、培训和意识；沟通、参与和协商；文件；文件控制。

（五）实施和运行

此基本要素对应的二级要素：设施完整性；承包方和供应方；顾客和产品；社区和公共关系；作业许可；运行控制；变更管理；应急准备和响应。

（六）检查和纠正措施

此基本要素对应的二级要素：绩效测量和监视；合规性评价；不符合、纠正措施和预防措施；事故、事故报告、调查处理；记录控制；内部审核。

（七）管理评审

组织的最高管理者应按计划的时间间隔对健康、安全与环境管理体系进行评审，以确保其持续适宜性、充分性和有效性。评审应包括评价改进的机会和对健康、安全与环境体系进行修改的需求。管理评审过程应确保收集到必要的信息提供给管理者进行评价，应保存管理评审的记录。

七个要素中"领导和承诺"是健康、安全与环境管理体系建立与实施的前提条件；"健康、安全与环境方针"是健康、安全与环境管理体系建立与实施的总体原则；"策划"是健康、安全与环境管理体系建立与实施的输入；"组织结构、资源和文件"是健康、安全与环境管理体系建立与实施的基础；"实施和运行"是健康、安全与环境管理体系建立与实施的关键；"检查和纠正措施"是健康、安全与环境管理体系建立与实施有效运行的保障；"管理评审"是推进健康、安全与环境管理体系持续改进的动力。

二、HSE 管理体系的建立、实施

（一）HSE 管理体系的模式

健康、安全与环境管理体系基于戴明所建立的"戴明模型"或称"PDCA"循环。按照戴明模型，一个公司的活动可分为"策划、实施、检查、改进"。

（1）策划：建立所需的目标和过程，以实现组织的健康、安全与环境方针所期望的结果。

(2) 实施：对过程予以实施。

(3) 检查：根据承诺、方针、目标、指标以及法律法规和其他要求，对过程进行监视和测量。

(4) 改进：采取措施，以持续改进健康、安全与环境管理体系绩效。

(二) HSE 管理体系的指导原则

(1) 着眼持续改进；

(2) 重视事故的预防；

(3) 强调最高管理者的承诺和责任；

(4) 立足于全员参与；

(5) 系统化、程序化的管理和必要的文件支持；

(6) 和其他管理体系兼容并协同操作。

(三) 建立 HSE 管理体系的基本过程

建立、实施 HSE 管理体系的过程及其程序步骤可概括如图 9-1 所示。

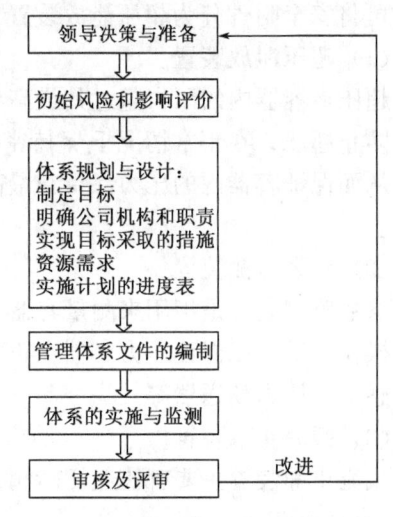

图 9-1　HSE 管理体系建立和实施的程序

第二节　安全基础知识

一、压力容器基础常识

压力容器是内部或外部承受气体或液体压力并对安全性有较高要求的密封容器。一般情况下，压力容器是指具备下列条件的容器：最高工作压力大于或等于 0.1MPa（不含液体静压力）；内径大于或等于 0.15m，且容积大于或等于 0.025m³；介质为气体、液化气体或最高工作温度高于或等于标准沸点的液体。

压力容器分为固定式压力容器和移动式压力容器，现场常用的固定式压力容器如分离器、脱水塔、闪蒸罐等。

(一) 压力容器的基本要求

(1) 足够的强度：是指容器要有在确定压力或其他外部载荷作用下抵抗破裂或过量塑性变形的能力。

(2) 足够的刚度：是指容器在外力作用下抵抗变形的能力。

(3) 稳定性：容器保持原有平衡形态的能力。

(4) 耐久性：指容器的使用寿命。

(5) 密封性：压力容器的密封不但指可拆连接处的密封，还包括各种焊接处的密封。

(二) 压力容器的安全附件

压力容器的安全附件包括安全阀、爆破片装置、压力表、液面计、测温仪表和常用阀门，它们是容器得以安全运行的组成部分。容器操作人员通过对这些附件和仪表的监视与操作来实现、控制压力容器的运行。

1. 安全附件的分类

压力容器安全附件是保证容器在正常操作条件下安全稳定地运行，在非正常操作条件下能起到显示、切断、超压泄放等作用，以保证人身和容器的安全。根据安全附件作用的不同，可将安全附件分为超压泄放装置、参数监测装置与截流止漏装置。

（1）超压泄放装置。

超压：容器内的压力超过其最高允许压力。超压泄放装置的作用是保证压力容器安全运行，防止超压，在正常情况下保持密封，当超过正常压力时可以自动迅速排放容器内的介质，从而保证容器内的压力保持在最高允许压力范围内。超压泄放装置常见的有安全阀与爆破膜。

（2）参数监测装置。

参数监测装置是指用来测量容器内介质工作参数的装置。其作用是监督和测量容器内介质的操作参数，以保证压力容器在正常情况下运行。常见的有压力表、温度计、液位计、温度传感器、压力变送器等。

（3）截流止漏装置。

截流止漏装置主要有快速切断阀、减压阀、排泄阀、单流阀、节流阀、调节阀等。

2. 安全阀

安全阀是一种超压防护装置，它是压力容器上应用最为普遍的重要安全附件之一。当容器内的压力超过某一规定值时，安全阀就自动开启迅速排放容器内部的过压气体，并发出声响，警告操作人员采取降压措施；当压力回复到允许值后，安全阀又自动关闭，使容器内压力始终低于压力允许范围的上限，不至于因超压而酿成爆炸事故。

3. 液位计

液位计是用来测量液化气体或物料液位等的一种计量仪表，每个压力容器操作人员均须严格监视液位，同时必须按规定保证液位计准确、灵敏、可靠。

液位计要求结构简单，安全可靠，测量数据准确，精度高，液位指示明显醒目，操作维修方便，同时液位计应安装在便于操作人员观察的地方。

4. 温度计

压力容器在操作运行中，对温度的合理控制也是非常重要的，特别是对反应类压力容器。

（三）压力容器安全操作要求

1. 对压力容器操作人员的要求

压力容器是一种具有爆炸危险的特种设备，国家明确规定压力容器操作人员属特种作业人员。根据国务院发布的《锅炉压力容器安全监察暂行条例》和中华人民共和国国家标准《特种作业人员安全技术培训考核管理规定》以及《固定压力容器的安全技术监察规程》对压力容器操作人员提出了以下具体要求：

（1）压力容器操作人员要定期参加培训，学习压力容器的基本知识，熟悉国家颁发的安全技术法规、技术标准中有关安全使用压力容器的内容。要熟记本岗位的工艺流程，有关容器的结构、类别、技术参数和主要技术性能。

（2）严格遵守安全操作规程，掌握好本岗位压力容器操作程序和操作方法以及对一般故障的排除技能，并做到认真填写操作运行记录或工艺生产记录，加强对容器和设备的巡回检查与维护保养。

（3）压力容器的操作人员应了解生产流程中各种介质的物理性能和化学性质，了解它们相互之间可能引起的物理化学反应，以便在发生意外的情况下能做到准确判断，处理正确及时。

（4）压力容器操作人员必须掌握各种安全附件的型号、规格、性能及用途，经常保持安全附件的齐全、灵活、准确可靠。

（5）压力容器操作人员应取得当地锅炉压力容器安全监察机构颁发的压力容器操作人员合格证后，方能独立承担压力容器的操作。

（6）压力容器操作人员应履行以下职责：

①严格执行各项规章制度，精心操作，认真填写操作运行记录或生产工艺记录，确保生产安全运行；

②发现压力容器有异常现象危及安全时，应采取紧急停机措施并及时向上级报告；

③对任何有害于压力容器的违章指挥，应拒绝执行；

④努力学习业务知识、不断提高操作技能。

2．压力容器安全操作要点

压力容器操作内容包括：操作前的检查，开启阀门，调整工况，正常运行等程序。压力容器主要安全操作要点如下：

（1）压力容器严禁超载、超温、超压运行。

（2）操作人员应精心操作，严格遵守压力容器安全操作规程或工艺操作规程。

（3）对压力容器应做到平稳操作，平稳操作主要是指缓慢地进行加载和卸载，以及运行期间保持载荷的相对稳定。

（4）压力容器处于工作状况时，如发现连接部位有泄漏现象，不得拆卸螺栓或拆卸压盖更换垫片、加压填料。

（5）坚持容器运行期间的巡回检查。

①在工艺条件方面，主要检查操作条件，包括操作压力、操作温度、液位是否在安全操作规程规定范围内。

②在设备状况方面，主要检查容器各连接部位有无泄漏、渗漏现象；容器有无塑性变形、腐蚀以及其他缺陷或可疑迹象；容器及其管道有无震动、磨损等现象。

③在安全装置方面，主要检查容器的安全装置，包括与安全有关的计量器具是否保持完好状态；压力表的取压管有无泄漏和堵塞现象，弹簧式安全阀的弹簧是否有锈蚀等情况，以及冬季气温过低时，装设在室外露天的安全阀有无冻结的可能等，这些装置和器具是否在规定的允许使用期限内。

（6）所有容器操作人员都应认真及时、准确真实地记录容器实际运行状况。

（四）压力容器的维护保养

1．压力容器设备的完好标准

（1）运行正常，效能良好。具体标志为：

①容器的各项操作性能指标符合设计要求，能满足正常生产需要。

②操作过程中运转正常，易于稳定控制各项操作参数。

③密封性能良好,无泄漏现象。
④换热器无严重结垢,法兰连接处均能密封良好,无泄漏及渗漏。
(2) 装置完整,质量良好。一般来说,它应包括如下各项要求:
①零部件、安全装置、附属装置、仪器仪表完整,质量符合设计要求。
②压力容器本体整洁,油漆、保温层完整,无严重锈蚀和机构损伤。
③有衬里的容器,其衬里完好,无渗漏及鼓包。
④阀门及各类可拆连接处无"跑、冒、滴、漏"现象。
⑤基础牢固,支座无严重锈蚀,外管道情况正常。
⑥各类技术资料齐备、准确,有完整的设备技术档案。
⑦压力容器在规定期限内进行了定期检验,安全性能好,并已办理使用登记证。
⑧安全阀、温度计及压力表等附件定期进行调校和更换。

2. 压力容器检修工作注意事项

(1) 压力容器及其装置停工后的吹扫置换。运行后,必须按规定的程序和时间执行吹扫置换其设备、管道很多,施工人员多且混杂,为防止吹扫遗漏和相互干扰,已吹扫干净处又覆盖他处吹扫来的残留杂质,就要系统全面地对所有管线制定吹扫置换流程,严格按照吹扫流程逐项吹扫置换。对那些易燃易爆和有毒介质,特别是介质黏度大,同时容器、管道内壁结垢而结构又复杂的容器,吹扫的流量、流速要足够大,时间要足够长,才能保证吹扫干净。吹扫置换人员每执行一项吹扫任务,均需在吹扫流程登记表上签字,确保任务和责任落实到人。容器吹扫置换干净,是保证检修安全,按时完成任务的关键环节,如不合格,不能进入后续程序。基于各企业生产工艺和条件的不同,采用的吹扫置换介质也不尽相同。一般液化气体容器多用水蒸气吹扫置换,天然气装置根据工艺要求多用氮气置换。为此必须注意以下问题:

①当用水蒸气吹扫时,设备管道内会积存蒸汽冷凝水,尤其在冬季停工进行吹扫时冷凝水更多,一般都积存在设备的底部和管线的低点部位,如不及时排除,会因结冰而导致设备损坏。故用水蒸气吹扫后,还需用压缩空气再行吹扫,进行低点放空排尽积水。对一些无法将水排净的露天设备管线死角,必须将设备解体进行上述工作。

②如果检修时人要进入用氮气置换后的设备内工作,则事先用压缩空气进行吹扫,将氮气驱净,待分析气体含量合格后方可进入。

(2) 增设盲板。容器与容器或容器与压缩机、泵与其他设备之间有许多管道互相连通,为了保证安全生产,一套停工检修的装置必须用盲板隔绝与之相连的众多管线。严禁不加盲板进行检修。加盲板时,要采取必要的安全措施,高处作业要搭设脚手架,有毒气时要佩戴防毒面具,室内作业要开启门窗,保证通风良好。在拆卸法兰时要逐步松开,以防管内稍有余压和残余物造成意外。

(3) 检修施工用火。对于生产过程中曾使用易燃易爆介质的装置或容器要认真进行吹扫处理,其检修动火危险性较大,应严格按照相关标准的规定执行。

(4) 对压力容器进行单纯检修时,还应遵守以下规定:

①容器承受压力时,严禁对受压部件进行任何修理和紧固工作。

②压力容器内部为有毒或易燃介质时,在检修前必须彻底清理,并经惰性气体、空气先后予以置换、化验分析方可着手检修。应严格执行动火制度。

③只对运行系统中某台容器进行检修,应用盲板将其与系统隔断。

④进入压力容器内检修，容器外应有人配合和监护，并注意容器内是否通风。

⑤检修后应清理压力容器内的杂物并确认没有遗留下工具等，特别要防止遗留能与工作介质发生化学反应或引起腐蚀的残留物。

二、防毒基础知识

影响身体健康的因素称为生产性有害因素，包括化学性有害因素，如各种有机、无机毒物；物理性有害因素，如噪声、射线、高温、微波等；生物性有害因素，如布氏杆菌、霉菌等。

(一) 工业毒物及其来源

毒物是指在一定条件下，较小剂量的化学物质作用于机体与细胞成分产生生物化学作用或生物物理变化，扰乱或破坏机体的正常功能，引起功能性改变，导致暂时性或持久性病理损害，甚至危及生命。工业毒物指在工业生产中所使用或产生的毒物。

在天然气生产中工业毒物的来源包括：有的作为原料，如天然气开采中使用的甲醇；有的为中间体或副产品，如天然气开采过程中硫化氢、一氧化碳；有的是成品，如天然气采输的天然气；有的为夹杂物，还有的是反应产物或废弃物，如氢弧焊作业中产生的臭氧等。

(二) 职业性接触毒物危害程度分级

《职业性接触毒物危害程度分级》(GBZ 230—2010) 根据急性毒性、影响毒性作用的因素、毒性效应、实际危害后果四大类9项分级指标进行综合分析，计算毒物危害指数。每项指标均按危害程度分5个等级并赋予相应分值：轻微危害（0分）、轻度危害（1分）、中度危害（2分）、高度危害（3分）、极度危害（4分）；同时根据各项指标对职业危害影响作用的大小赋予相应的权重系数。根据各项指标加权分值的总和，即毒物危害指数确定职业性接触毒物危害的级别。

(三) 工业毒物对人体的危害

1. 对神经系统的危害

毒物对中枢神经和周围神经系统均有不同程度的危害作用，表现为神经衰弱症候群：全身无力、易于疲劳、记忆力减退；头昏、头痛、失眠、心悸、多汗，多发性末梢神经炎及中毒性脑病等。汽油、四乙基铅、二硫化碳等中毒还表现为兴奋、狂躁、癔症。

2. 对呼吸系统的危害

氨、氯气、氮氧化物、氟、三氧化二砷、二氧化硫等刺激性毒物可引起声门水肿及痉挛、鼻炎、气管炎、支气管炎、肺炎与肺水肿。有些高浓度毒物（如硫化氢、氯、氨等）还能直接抑制呼吸中枢或引起机械性阻塞而窒息。

3. 对血液和心血管系统的危害

严重的苯中毒可抑制骨髓造血功能。砷化氢等中毒可引起严重的溶血，出现血红蛋白尿，导致溶血性贫血。一氧化碳中毒可使血液的输氧功能发生障碍。

4. 对消化系统的危害

肝是解毒器官，人体吸收的大多数毒物积蓄在肝脏里，并由它进行分解、转化，起到自救作用。但某些称为"亲肝性毒物"，如四氯化碳、磷、三硝基甲苯、锑、铅等主要伤害肝脏，往往形成急性或慢性中毒性肝炎。汞、砷、铅等急性中毒，可发生严重的恶心、呕吐、腹泻等消化道炎症。

5. 对泌尿系统的危害

某些毒物会损害肾脏，尤其以升汞和四氯化碳等引起的急性肾小管坏死性肾病最为严重。此外，乙二醇、汞、铜、铅等也可以引起中毒性肾病。

6. 对皮肤的损伤

强酸、强碱等化学药品及紫外线可导致皮肤灼伤和溃烂。液氯、丙烯酯、氮乙烯等可引起皮炎、红斑和湿疹等。苯、汽油能使皮肤因脱脂而干燥、皲裂。

7. 对眼睛的危害

化学物质的碎屑、液体、粉尘飞溅到眼内，可引发角膜或结膜的刺激炎症、腐蚀灼伤或过敏反应。尤其是腐蚀性物质，如强酸、强碱、石灰或氨水等，可使眼结膜坏死糜烂或角膜混浊。甲醇溅入眼睛会影响视神经，严重时可导致失明。

8. 致癌性

某些化学物质（如石棉粉尘等）有致癌作用，可使人体产生肿瘤。

(四) 天然气生产中常见毒物

1. 硫化氢（H_2S）

(1) 硫化氢的毒性及对人的危害。

硫化氢属Ⅱ级毒物，是强烈的神经毒物；对黏膜有明显的刺激作用；低浓度时，对呼吸道及眼的局部刺激作用明显；浓度越高，全身性作用越明显，表现为中枢神经系统症状和窒息症状。人的嗅觉为 0.012～0.03mg/m³，起初臭味的增强与浓度的升高成正比，但当浓度超过 103mg/m³ 后，浓度继续升高臭味反而减弱。在高浓度时，很快引起嗅觉疲劳而不能察觉硫化氢的存在，故不能依靠其臭味强弱来判断硫化氢浓度的大小。硫化氢的局部刺激作用是由于接触湿润黏膜与钠离子形成的硫化钠引起的。目前认为硫化氢的全身作用是通过与细胞色素氧化酶中三价铁及二硫键起作用，使酶失去活性，影响细胞氧化过程，造成细胞组织缺氧，而由于中枢神经系统对缺氧最为敏感，因此首先受害。硫化氢高浓度时则引起颈动脉的反射作用，使呼吸停止；更高浓度时也可直接麻痹呼吸中枢而立即引起窒息，造成"电击样"中毒。硫化氢对人体的危害见表 9-1。

表 9-1 硫化氢对人体的危害

浓度, mg/m³	接触时间	毒性反应	危害等级
1400	顷刻	嗅觉立即疲劳，昏迷并呼吸麻痹而死亡	重度
1000	数秒钟	很快引起急性中毒，出现明显的全身症状，呼吸加快，很快因呼吸麻痹而死亡	重度
760	15～60min	可引起生命危险，发生肺水肿、支气管炎及肺炎、头痛、头晕、激动、呕吐、恶心、咳嗽、喉痛、排尿困难等症状	重度
300	1h	眼和呼吸道出现刺激症状，能引起神经抑制，长时间接触可引起肺水肿	中度
70～150	1～2h	眼和呼吸道出现刺激症状，吸入 2～25min 即发生嗅觉疲劳，不再嗅到气味，长期接触可引起亚急性和慢性结膜炎	轻度
30～40	—	虽臭味强烈，但仍能忍耐，这是引起局部刺激和全身性症状的阈浓度	轻度

续表

浓度，mg/m³	接触时间	毒性反应	危害等级
4～7	—	中等强度臭味	无危害
0.4	—	明显嗅出	
0.035	—	嗅觉阈（最低）	

(2) 硫化氢中毒表现。

①轻度中毒：有畏光流泪、眼刺痛、流涕、鼻及咽喉灼热感，数小时或数天后自愈。

②中度中毒：出现头痛、头晕、乏力、呕吐、运动失调等中枢神经系统症状。同时有喉痒、咳嗽、视觉模糊、角膜水肿等刺激症状。经治疗可很快痊愈。

③重度中毒：表现为骚动、抽搐、意识模糊、呼吸困难、迅速陷入昏迷状态，可因呼吸麻痹而死亡；抢救治疗及时，1～5d可痊愈。在接触极高浓度硫化氢（1000mg/m³ 以上）时，可发生"闪电型"死亡，即在数秒钟突然倒下，瞬间停止呼吸，立即进行人工呼吸尚可望获救。

2. 一氧化碳（CO）

(1) 一氧化碳的毒性及对人的危害。

环境中有大量一氧化碳时，因其无色、无臭，人们在不知不觉中便被其毒害，因此一氧化碳是一种危险性很大的毒气。一氧化碳是一种窒息性毒气，属B级毒物。

一氧化碳主要是由呼吸道进入肺泡（皮肤不能吸收），在肺泡中通过气体交换进入血液循环系统。一氧化碳与血红蛋白的亲和力很强，一氧化碳与氧争夺血红蛋白而形成碳氧血红蛋白，使血液的携氧功能下降，导致机体组织缺氧；吸入高浓度一氧化碳时，可引起窒息而死亡。

(2) 一氧化碳中毒表现。

①轻度中毒：吸入一氧化碳后出现头痛、头沉重感、恶心、呕吐、耳鸣、心悸、神志恍惚。稍后，症状便加剧，但不昏迷，离开中毒环境，能很快自行恢复。病人体内的碳氧血红蛋白一般在20%以下。

②中度中毒：除上述症状加重外，面颊部出现樱桃红，呼吸困难，大小便失禁，昏迷；大多数病人经抢救后能好转，不留后遗症。病人体内的碳氧血红蛋白在20%～50%之间。

③重度中毒：多发生于一氧化碳浓度极高时，患者很快进入昏迷，并出现各种并发症，如脑水肿、心肌损害、心力衰竭、休克。如能得救，也会留有后遗症，如偏瘫、自主神经紊乱、神经衰弱等。病人体内碳氧血红蛋白在50%以上。

3. 甲醇（CH₃OH）

(1) 甲醇的毒性及对人体的危害。

甲醇属Ⅲ级毒物，可经呼吸道、消化道、皮肤吸收，吸收后重分布于全身。在甲醇蒸气浓度达39～65g/m³的空气中停留30～60min会有生命危险；经口中毒，一般误服5～10mL可导致严重中毒，误服15mL可致视网膜炎、失明，误服30mL以上可致死。

(2) 甲醇中毒表现。

以神经系统症状和视神经炎为主，伴有黏膜刺激，头痛、头晕、视力模糊、步态蹒跚。重者可失明，中枢神经系统严重损害和呼吸衰竭而死亡。

4. 天然气

天然气不是毒性气体，但当空气中的甲烷含量达10%以上时，空气中氧气含量相对减少，使人感到氧气不足而产生中毒现象，虚弱眩晕，进而可能失去知觉，直至死亡。

（五）防止中毒的措施

（1）搞好设备、仪表的维护保养，及时堵漏。

（2）甲醇要密封保存，容器不准敞露。

（3）注醇泵房应通风良好。

（4）进入有毒气体超标或漏气严重区域工作，要戴防毒或供氧面具。戴防毒面具时间不得超过说明书规定，并且外面要有人监护。

（5）从事与有毒物质接触的工作，应加强防毒保护，戴防护镜、防毒口罩和手套，穿工作服，站上风操作，工作完毕后洗澡换衣。

（6）定期体检，发现职业病及时治疗。

（六）甲醇的管理

（1）甲醇的拉运由各作业区作出计划，甲醇押运员具体负责甲醇的装车、甲醇的开票。票据必须注明时间、押运员姓名、甲醇数量、车号及用途。甲醇罐车司机无权进行票据的开票及填写工作。

（2）甲醇押运员应对甲醇拉运的全过程实施监督。

（3）站内卸甲醇必须符合站内的进站及安全管理规定；具体操作由甲醇押运员执行，站内人员具有监督权。

（4）甲醇罐上所有阀门和罐顶罐口用铅封进行管理，铅封应牢固可靠，铁丝应保持完整，中间无断丝和拼接点。在卸甲醇时，只有甲醇押运员才能对阀门铅封进行开启，其他人员无权私自开启铅封。卸完甲醇后，甲醇押运员对卸甲醇阀门进行铅封，铅封应牢固可靠，铁丝应保持完整，中间无断丝和拼接点。同时对其他阀门铅封也应进行全面细致的检查，如发现不对或有怀疑的地方，应现场进行书面记录并与站长进行确认、签名。

（5）卸完甲醇后，在甲醇发票的背后填写站名、卸醇数量、卸醇人姓名，并要求站长进行验收、签字。

（6）醇只是用来对天然气气井进行加注，严禁作为他用，如不允用甲醇拖地、点火和擦洗设备等。

（7）对漏失的甲醇，由站内统一收集后倒入污水罐，不得随意乱倒。

（8）站内每日注醇量和每次甲醇罐车卸醇量应有严格、真实的记录。

三、电气安全基础知识

（一）电气事故的分类

电气事故是与电相关联的事故，是由于不同形式的电能失去控制（包括电能作用于人体和电能不作用于人体）造成的事故。电气事故分为触电事故、雷击事故、静电事故和电磁辐射事故。

（二）触电事故

触电事故是由电流形式的能量造成的事故。当电流流过人体，人体直接接受局外电能时，人将受到不同程度的伤害，这种伤害称为电击。当电流转换成其他形式的能量（如热能等）作用于人体时，人也将受到不同形式的伤害，这类伤害统称电伤。

1. 电击

按照发生电击时电气设备的状态，电击可分为直接接触电击和间接接触电击；按照人体触及带电体的方式和电流流过人体的途径，电击可分为：

(1) 单线电击，人站在导电性地面或其他接地导体上，人体某一部位触及一相导体时，由加在人体上的接触电压造成的电击称为单线电击。大部分电击事故都是单相电击事故。

(2) 两线电击，人体离开接地导体，人体某两部位同时触及两相导体时，由接触电压造成的电击称为两线电击。

(3) 跨步电压电击，人体进入地面带电区域时，两脚之间承受的电压称为跨步电压，由跨步电压造成的电击称为跨步电压电击。

2. 电伤

电伤是由电流的热效应、化学效应、机械效应等对人造成的伤害。触电伤亡事故中，纯电伤性质的及带有电伤性质的约占75%（电烧伤约占40%）。尽管大约85%以上的触电事故是电击造成的，但其中大约有70%的含有电伤成分。

(1) 电烧伤，是电流的热效应造成的伤害，分为电流灼伤和电弧烧伤。

(2) 电烙印，是在人体与带电体接触的部位留下的永久性斑痕。斑痕处皮肤失去原有色泽，表皮坏死，失去知觉。

(3) 机械性损伤，是电流作用于人体时，由于中枢神经反射、肌肉强烈收缩、体内液体化等作用导致的机体组织断裂、骨折等伤害。

(4) 电光眼，是发生弧光放电时，由红外线、可见光、紫外线对眼睛的伤害。电光眼表现为角膜炎或结膜炎。

(三) 触电事故的预防措施

(1) 人手潮湿不能接触带电设备和电源线。

(2) 各种电气设备的外壳应按规定接地线。

(3) 开关要装在火线上，否则开关切断通路后，电气设备仍带电，仍有触电的危险。

(4) 更换熔断丝应切断电源，并根据电路中的电流大小选用规格合适的熔断丝。

(5) 根据电流大小，正确选用电线。室内线路不可用裸线和绝缘包皮损坏的线。照明线路必须采用绝缘电线。输电线路必须采用皮线或塑料硬线。

(6) 在通电的电气设备上，若外面无绝缘隔离或绝缘已损坏，则人体不能直接与通电设备接触。

(7) 若电气设备发生火灾，应立即断开电源并用干粉灭火器或四氯化碳灭火器灭火，切不可用水和泡沫灭火机去扑救。

(8) 应定期检查电气设备、电器保护设施，发现升温过高或绝缘下降，应及时查明原因并处理，确保绝缘状态良好。

(9) 发现架空电线断落在地面上，人体要远离电线落地点8~10m，并留专人看守，迅速组织抢修。

(10) 在用电设备操作和抢修时，一定要严格执行操作规程，并做到有人监护。

(四) 静电事故

1. 静电事故产生的原因

静电事故产生的原因有紧密接触与分离，附着带电，感应起电，极化起电。

2. 静电危害

(1) 静电放电形式。

静电放电是除去静电能的主要途径之一。静电放电常见的有4种形式，即电晕放电、刷形放电、火花放电和雷型放电。

电晕放电：是发生在带电体尖端或曲率半径很小处附近的局部放电。电晕放电可能伴有轻微的"嘶嘶"声和微弱的淡紫色光。电晕放电一般没有引燃危险。

刷形放电和传播型刷形放电：都是发生在绝缘体表面有声光的多分支放电。当绝缘体背面紧贴有金属导体时，绝缘体正面将出现传播型刷形放电。同一绝缘体上可发生多次刷形放电或传播型刷形放电。刷形放电有一定的引燃危险；传播型刷形放电的引燃危险性大。

火花放电：是带电体之间发生的通道单一的放电。火花放电有明亮的闪光和短促的声响，其引燃危险性很大。

雷型放电：是悬浮在空间的大范围、高密度带电粒子形成的闪电状放电，其引燃危险性很大。

(2) 危害表现。

①静电火花作为引火源可导致燃烧爆炸，当同时满足以下几个条件时，便可发生燃烧或爆炸：

有能够产生静电的条件；有能积累足够的电荷和产生火花放电电压的条件；有能引起火花放电的合适的间隙；发生的火花具有足够的引燃能量；在间隙及周围环境中有可被引燃的可燃气体、蒸气或粉尘与空气的混合物。

②静电电击。静电电击与触电电击不同，静电电击是由于静电放电产生瞬间冲击性电流通过人体某一部分而造成的伤害。由于静电电击的放电电流只在发生静电放电的瞬间才流过人体，所以推测静电电击灾害的发生界限应以流过人体的电流总和（即电荷量）来界定和表示。当人体带电电位为3kV时，人体即有明显的电击感觉。

生产工艺过程中产生静电所引起的电击虽然不至于使人致死，但往往会造成高空坠落或摔倒而丧命。通常确定的人体静电管理指标是10kV。

3. 静电危害的消除措施

(1) 防止静电危害的方法。

从静电引起的故障和灾害可以看出，静电最为严重的危害是引起爆炸和火灾。因此，在工业生产中，必须采取一些有效措施来消除静电的危害。防止静电灾害的方法可归纳为以下几点：

①防止或减少静电的产生；

②设法导走或中和产生的电荷，使它不能积聚；

③防止有足够能量的静电放电；

④防止爆炸性混合气体的形成。

(2) 消除静电的主要途径。

①创造条件加速静电泄漏或中和，包括两种方法，即泄漏法及中和法。接地、增湿、加入抗静电剂等均属泄漏法；运用感应静电消除器、高压静电消除器、放射线静电消除器及离子流静电消除器等均属于中和法。

②控制工艺过程，限制静电产生，包括在材料选择、工艺设计、设备结构及操作管理等方面所采取的措施。

(五) 雷击事故

雷电是自然界中极为壮观的声、光、电现象，它有着划破黑夜长空的耀目闪光和震耳欲聋的霹雷声，不仅能击毙人畜，劈断树木，破坏建筑物及各种工农业设施，还能引起火灾和爆炸事故。如黄岛油库遭雷击引起爆炸燃烧，大火延续了104h，烧掉原油36000t，烧毁油罐5座，造成19人死亡，79人受伤，直接经济损失达3450万元，间接经济损失达8500万元。因此，雷电保护是一项很重要的工作。

1. 雷电的分类和危害

(1) 分类。

根据雷电的不同形状，大致可分为片状、线状和球状3种形式；从危害角度考虑，雷电可分为直击雷、感应雷（包括静电感应和电磁感应）以及球形雷；从雷电发生的机理来分，有热雷、界雷和低气压性雷。

(2) 危害。

①电性质破坏。雷电产生高达数万伏甚至数十万伏的冲击电压，可毁坏发电机、变压器、断路器、绝缘子等电气设备的绝缘，烧断电线或劈裂电杆，造成大规模停电；绝缘损坏会引起短路，导致火灾或爆炸事故；二次放电（反击）的火花也可能引起火灾或爆炸；绝缘的损坏，如高压窜入低压，可造成严重触电事故；巨大的雷电流流入地下，会在雷击点及其连接的金属部分产生极高的对地电压，可直接导致接触电压或跨步电压触电事故。

②热性质破坏。当几十至上千安的强大电流通过导体时，在极短的时间内将转换成大量热能。雷击点的发热能量为500～2000J，这一能量可熔化厚为50～200mm的钢。故在雷电通道中产生的高温往往会酿成火灾。

③机械性质破坏。由于雷电的热效应，能使雷电通道中木材纤维缝隙和其他结构缝隙中的空气剧烈膨胀，同时使水分及其他物质分解为气体，因而在被雷击物体内部出现很大的压力，致使被击物受到严重破坏或造成爆炸。

2. 防雷装置

防雷装置是利用其高出被保护物的突出物体把雷引向自身，然后通过引下线和接地装置把雷电流泄入大地，以保护人身或建（构）筑物免受雷击。常见的防雷装置有避雷针、避雷网、避雷带、避雷线、避雷器等。防雷装置主要由接闪器、引下线和接地体3部分组成。

根据保护的对象不同，接闪器可选用避雷针、避雷线、避雷网或避雷带。避雷针主要用作露天变电所、建筑物和构筑物等的保护；避雷线主要用作对电力线路的保护；避雷网和避雷带主要用作对建筑物的保护。避雷器和保护间隙是防止雷电侵入波的一种保护装置，主要用于电气设备和架空线路防止雷电波损害。

(六) 电气火灾爆炸

由于电气方面原因引起的火灾和爆炸事故，称为电气火灾爆炸。发生电气火灾爆炸要具备两个条件：一是要有易燃易爆物质和环境，二是要有引燃条件。

1. 易燃易爆物质和环境

天然气生产中的天然气、甲醇等易燃易爆易挥发物质容易在生产、储存、运输和使用过程中与空气混合，形成爆炸性混合物。在一些生活场所，乱堆乱放的杂物，木质结构房屋，明设的电气线路等，都形成了易燃易爆环境。

2. 引燃条件

生产场所的动力、照明、控制、保护、测量等系统和生活场所的各种电气设备与线路，在正常工作或事故中常常会产生电弧、火花和危险的高温，这就具备了引燃或引爆的条件。

3. 电气火灾的预防措施

(1) 合理选用防爆型电气设备，消除引燃条件。
(2) 合理布置电气设备，使其达到安全的防火间距。
(3) 对爆炸危险区域的电气设备、压力容器等应可靠接地。
(4) 对电气设备应合理、可靠通风。

4. 电气火灾的扑救

(1) 电气设备着火后扑救时，应采取防止接触电压和跨步电压危害的措施。
(2) 扑救电气火灾时，应首先切断电源。
①火灾发生后，电气设备绝缘已受损，操作时应使用绝缘工具操作。
②切断电源的地点要选择适当，若在夜间切断电源，应有临时照明。
③若需剪断电线来切断电源，非同相电源应在不同部位剪断，以免造成短路事故。
④剪断电线时，应选在有支撑电线的部位，以免电线剪断后掉落下来造成接地短路或触电事故。
⑤当来不及切断电源，或因生产需要不允许断电时，需要带电灭火，应注意以下几点：
a. 带电体与人体应保持一定距离，室内应在 4m 以外，室外应在 8m 以外。
b. 对架空线路等进行空中灭火时，人体位置与带电体之间的仰角不应超过 45°，以防导线断落伤人。
c. 如遇带电导体断落地面，要划出一定警戒区，防止跨步电压伤人。
d. 带电灭火应选用不导电的灭火剂，如二氧化碳、干粉等。
e. 用水枪灭火时，持枪者应穿绝缘鞋，戴绝缘手套；水枪嘴应有接地线，接地线长为 20~30m、横截面积为 2.5~6mm^2 的导线。接地极采用打入地下长 1m 左右的角钢、钢管或铁棒，操作人员应穿均压服。

第三节 消 防 知 识

一、防火、防爆常识

气田生产接触的是易燃易爆的天然气，采（集）气设备工作时都要承受一定的压力，所以掌握防火防爆常识是十分必要的。

(一) 燃烧的必备条件

燃烧（着火）是指可燃物与氧化剂作用发生的释放热量的化学反应，通常伴有火焰和发烟现象。任何物质发生燃烧，都有一个未燃状态转向燃烧状态的过程。这个过程的发生必须具备 3 个条件，即可燃物、助燃物和着火源，并且三者要相互作用。

1. 可燃物

凡是与空气中的氧或其他氧化剂起化学反应的物质均称为可燃物，按其物理状态还可分为气体可燃物（如天然气、氢气、一氧化碳）、液体可燃物（与汽油、甲醇）与固体可燃物

（如木材、布匹、塑料）3类。

2. 助燃物

凡是能帮助和支持可燃物燃烧的物质，即能与可燃物发生氧化反应的物质，称为助燃物（空气、氧气、氯气以及高锰酸钾等氧化物和过氧化物等）。在规定条件下，试样在氧、氮混合气流中维持平稳燃烧所需的最低氧气浓度，以氧所占体积百分数表示低氧含量即氧指数。空气中氧含量约为21%，而空气是到处都有的，因而它是最常见的助燃物。发生火灾时，除非是一些初起的小火可以用隔绝空气的"闷火"手段扑灭，否则这个条件较难控制。

3. 着火源

能引起可燃物与助燃物发生燃烧反应的能量来源（常见的是热能源）称为着火源。根据其能量来源不同，着火源可分为明火、高热物体、化学热能、电热能、机械热能、生物能、光能和核能等。可燃物质燃烧所需的着火能量是不同的，一般可燃气体比可燃固体和可燃液体所需要的着火能量要低。着火源的温度越高，越容易引起可燃物燃烧。

（二）预防火灾的基本措施

预防火灾，就是要消除产生燃烧的条件，可以按下面的措施破坏燃烧的必备条件，最终达到防火的目的。

1. 控制可燃物

对具有火灾、爆炸危险性的建筑采取局部排风或全部通风的办法，以降低房内可燃、易燃气体在空气中的浓度，使之不超过爆炸浓度极限；用难以燃烧或不燃材料代替易燃或可燃材料；用砖石、水泥代替木料建造房屋；用防火涂料浸涂可燃材料；将性质上会发生互相作用的物质分开存放等。

2. 隔绝助燃物

将易燃易爆物质生产置于密闭的设备中进行；容易自燃的物品必须隔绝空气存储等。

3. 消除着火源

一方面采取控温、遮阳、防雷、防爆装置等避免产生火源；另一方面在建筑物之间构筑防火墙，留出防火间距，在能形成可燃介质的厂房设泄压门窗、轻质屋盖，在可燃气体管道上装阻火器、安全水封等。

除做好防火工作外，强化人们懂得怎样防火，并重视防火，才能自觉遵守各项防火规章制度，杜绝火源，采取必要防火措施，只有这样才能真正消除产生火灾的条件。

二、天然气的防火防爆

（一）天然气的燃烧

1. 天然气的燃烧形式

按照产生燃烧反应相的不同，可分为均相燃烧和非均相燃烧。天然气在空气中的燃烧是在同一相中进行的，属于均相燃烧。天然气的燃烧有混合燃烧和扩散燃烧两种形式：

（1）混合燃烧。

将天然气预先同空气（或氧气）混合，在这种情况下发生的燃烧称为混合燃烧。混合燃烧反应迅速，温度高，火焰传播速度也快。通常的爆炸反应即属于这一类。

（2）扩散燃烧。

天然气由管中喷出，同周围空气（或氧气）接触，天然气分子同氧分子由于相互扩散，边混合边燃烧,这种形式的燃烧称为扩散燃烧。在扩散燃烧中,由于氧只是部分参加反应,所以经常有因烷烃燃烧不完全而生成的炭黑。

2. 天然气的燃烧条件

(1) 有可燃物质存在,如常见的天然气、酸气等。

(2) 有助燃物质存在,如常见的空气、氧气等。

(3) 有能导致燃烧的能源即点火源,如撞击、摩擦、明火、静电、火花、雷击等。

燃烧在可燃物浓度、温度、点火能量等方面都存在着极限值。天然气与空气混合未达到燃烧极限浓度范围或不具备足够的点火能量,那么即使具备了燃烧的三大条件,燃烧也不会发生。对于已经发生的燃烧,若消除三个条件中的任何一个,燃烧就会停止,这就是灭火的基本原理。

3. 天然气的燃烧极限

在一定的温度和压力下,只有燃料浓度在一定范围内的混合气才能被点燃并传播火焰。这个混合气中燃料的浓度范围称为该燃料的燃烧极限。燃烧时可燃物或助燃物空气的浓度都不能过小,否则会使燃烧反应速度减小并使释放出的热能不能补偿热量的散失,因而使混合气不能被点燃,火焰不能被传播。这就是混合气浓度过稀或过浓都不能实现顺利点火的原因。

通常把混合气中能保证顺利点燃并传播火焰的燃料最低浓度称为该燃料的燃烧下限,最高浓度称为该燃料的燃烧上限。天然气在空气中的燃烧极限(体积分数)是下限 6.5%,上限 17%。

4. 天然气的自燃

物质在没有外部火花或火焰的条件下能自动引燃和继续燃烧的最低温度称为该物质的自燃点。自燃是物质在无外界火源的条件下,由于散热受到阻碍,使热量积蓄逐渐达到自燃点而引起的燃烧。天然气的自燃点是 550~650℃。

在天然气净化过程中,由于天然气接触高温表面、加热或烘烤过度、冲击摩擦等,均可导致天然气自燃。

天然气集输和加工处理过程中,天然气和酸气中的硫化氢使设备或容器内表面腐蚀而生成一层硫化铁,如容器或设备在检修时被敞开,它与空气接触,便能自燃;如同时有可燃气体存在,则可能引起火灾爆炸事故。

(二) 天然气火灾发生的原因及其预防

1. 引起火灾的原因

(1) 集输场站内的生产设备、集输管线以及阀门、法兰、压力表接头等因腐蚀或者关闭不严造成漏气,遇火源就可能发生火灾。

(2) 点燃天然气火头时,未按"先点火、后开气"的次序操作。

(3) 切割或焊接油气管线和设备时,安全措施不当。

(4) 硫化铁粉末遇空气自燃。

(5) 闪电或静电等原因引起火灾。

(6) 电气设备损坏、导线短路引起火灾。

2. 火灾预防措施

(1) 经常检查设备、管线,及时堵漏。

（2）切割、焊接油气管线或设备时要有安全防护措施，以防止油气和空气的混合物着火爆炸伤人。一般采取的措施有：

①设备、管线发生破裂漏气需要焊接或气割时，要在正压下动火，操作人员要站在动火口的两侧，禁止面对动火口，以防着火伤人。

②在污油和凝析油容器上动火前，先用蒸汽冲洗容器，使余油挥发，再用水冲洗容器，使其干净后才能动火。

③动火前备齐灭火器材，如消防毛毡、灭火器等，一旦起火，及时扑救。

（3）点燃锅炉、水套炉或生活用气火头时，应严格按"先点火、后开气"的次序操作。

（4）清除设备内的硫化铁粉末时，一定要湿式作业，容器打开后立即喷入冷水，以防自燃。

（5）搞好用气管理，禁止私自乱接乱安天然气管线，严格执行有关规定。

（6）设备管线放空吹扫时，一般情况下要点火烧掉；情况特殊不能点火时，应根据放空量的多少和时间长短划定安全区，区内禁止烟火，断绝交通。

（7）井站的电气设备、仪表应有防爆设施。井站内禁用裸线照明，照明要用防爆灯或探照灯。雷击区的井站要装避雷针。

（8）井站内禁止堆放油料、木材、干草等易燃物品。灭火器材应完好、齐备，随时能用。

（三）天然气的爆炸

1. 爆炸及其分类

爆炸是物质自一种状态迅速转变成另一种状态，并在瞬间放出大量能量，同时产生巨大声响的现象。爆炸可分为物理性爆炸和化学性爆炸。

（1）物理性爆炸。

物理性爆炸是由物理变化引起的，物质因状态或压力发生突变，超过容器所能承受的压力而造成的爆炸。物理性爆炸前后物质的性质及化学成分均不改变。例如，压力容器因超压引起的爆炸属于物理性爆炸。这种爆炸能间接造成火灾或促使火势的扩大蔓延。

（2）化学性爆炸。

化学性爆炸是由于物质发生极迅速的化学反应，产生高温高压而发生的爆炸。化学性爆炸前后物质的性质和成分均发生了改变。化学性爆炸按爆炸时所发生的化学变化又分简单分解爆炸、复杂分解爆炸和爆炸性混合物的爆炸3类。

2. 爆炸极限

爆炸极限就是可燃气体、蒸气或粉尘与空气混合形成的爆炸性混合物遇火源发生爆炸的浓度范围。

爆炸上限——爆炸性混合物遇火源发生爆炸的最高浓度。

爆炸下限——爆炸性混合物遇火源发生爆炸的最低浓度。

一切可燃物质与空气所形成的可燃性混合物浓度在爆炸极限范围内都有爆炸危险。

混合物浓度低于爆炸下限，既不爆炸也不燃烧，这是因为空气量过多，可燃物过稀，反应不能进行下去；混合物浓度高于爆炸上限时不会爆炸，但能燃烧。

3. 天然气爆炸发生的原因及其预防

（1）采气设备、管线发生爆炸的原因。

①设备的操作压力大于设计工作压力。
②设备被腐蚀，壁厚减薄，或因氢脆使设备的实际承压能力远远低于设计工作压力。
③天然气和空气的混合气体在爆炸极限范围内遇明火，或者被突然压缩成高压，温度升高而发生爆炸。

(2) 防爆措施。
①采气井站设备管线安装后应进行整体试压，试压合格后才能投入使用。
②定期对设备、管线进行腐蚀调查，发现严重腐蚀，应立即组织检修或更换等工作。
③设备、管线严禁超压工作，若生产需要提高压力，需报告上级批准，并进行鉴定和试压，合格后方能升压。
④设备、管线上的安全阀和压力表要定期检查、校验，保证其准确、灵敏。

三、灭火常识及消防器具的使用

(一) 火灾定义及分类

国家标准将火灾定义为：在时间和空间上失去控制和燃烧所造成的灾害。根据国家标准，将火灾分为 A、B、C、D 4 类。

(1) A 类火灾：指固体物质火灾。固体物质往往具有有机物性质，一般在燃烧时能产生灼热的余烬，如木材、棉、毛、麻、纸张等引起的火灾。

(2) B 类火灾：指液体火灾和可熔化的固体物质火灾，如汽油、煤油、原油、甲醇、乙醇、沥青、石蜡等引起的火灾。

(3) C 类火灾：指气体火灾，如煤气、天然气、甲烷、乙烷、丙烷、氢等引起的火灾。

(4) D 类火灾：指金属火灾，如钾、铝、镁合金等引起的火灾。

(二) 常用灭火方法

根据燃烧的基本条件要求，任何可燃物产生燃烧或持续燃烧都必须具备燃烧的必要条件和充分条件。因此，火灾发生后，所谓灭火，就是破坏燃烧条件使燃烧反应终止的过程。灭火的基本原理可以归纳为 4 个方面，即冷却、窒息、隔离和化学抑制。前 3 种灭火作用主要是物理过程，化学抑制是一个化学过程。不论是使用灭火剂灭火，还是通过其他机械作用灭火，都是通过上述 4 种作用的一种或几种来实现灭火的。

1. 冷却灭火

对一般可燃物而言，它们之所以能够持续燃烧，其条件之一就是它们在火焰或热的作用下达到了各自的着火温度。因此，对于一般可燃固体，将其冷却到其燃点以下；对于可燃液体，将其冷却到闪点以下，燃烧反应就会中断。用水扑灭一般固体物质的火灾，主要是通过冷却作用来实现的。水能够大量吸收热量，使燃烧物的温度迅速降低，最后导致燃烧终止。

2. 窒息灭火

各种可燃物的燃烧都需要在其最低氧浓度以上进行，低于此浓度时燃烧不能持续。一般碳氢化合物的气体或蒸气通常在氧浓度低于 15% 时不能维持燃烧。用于降低氧浓度的气体有二氧化碳、氮气、水蒸气等。通过稀释氧浓度来灭火的方法多用于密闭或半密闭空间。

3. 隔离灭火

可燃物是燃烧条件中的主要因素，如果把可燃物与引火源以及氧隔离开来，燃烧反应就会自动中止。火灾中关闭有关阀门，使已经发生燃烧的容器或受到火势威胁的容器中的液体、气体可燃物通过管道导至安全区域，都是隔离灭火措施。这样，残余可燃物烧尽后，火也就自熄了。

此外，用喷洒灭火剂的方法把可燃物同氧隔离开来，也是通常采用的一种灭火方法。泡沫灭火剂灭火，就是用产生的泡沫覆盖于燃烧液体或固体的表面，在冷却作用的同时，把可燃物与火焰和空气隔离开，以达到灭火的目的。

4. 化学抑制灭火

物质的有焰燃烧中的氧化反应都是通过链式反应进行的。碳氢化合物的气体或蒸气在热和光的作用下，分子被活化，分裂出活泼氢自由基与氧作用，生成 H·OH·O· 等自由基成为链式反应的媒介物，反应的媒介物使反应迅速进行。对于含氧化合物，燃烧的速度取决于 OH· 的浓度和反应压力。对于不含氧化合物，O· 的浓度决定了燃烧的速度。因此，如果能够有效地抑制自由基的产生或者能够迅速降低火焰中 H·H·O· 等自由基的浓度，燃烧就会中止。许多灭火剂都能起到这样的作用，如干粉灭火剂，其表面能够捕获 OH^- 和 H^+ 使之结合成水，自由基浓度急剧下降，导致燃烧中止。

(三) 灭火器的使用

灭火器是由筒体、喷嘴等部件组成，借助驱动压力将充装的灭火剂喷出。目前，我国能生产 6 大类 23 种规格的各类灭火器。

干粉灭火器是以二氧化碳气体为驱动力，喷射干粉灭火剂的器具。如图 9-3 所示，主要用于扑救油类、易燃液体、可燃气体和电气设备的初起火灾。

干粉灭火器按移动方式分为 MF 型手提式、MFT 型推车式和 MFB 型背负式；按贮气瓶在灭火器上的安装形式又分为内装式和外装式，凡是二氧化碳贮气瓶装在干粉筒内的称为内装式干粉灭火器，装在干粉筒身外的称为外装式干粉灭火器。

1. 手提式干粉灭火器

(1) 规格及结构。

MF 型手提式干粉灭火器的规格是按充装干粉重量划分的，有 MF1、MP2、MF3、MF4、MF5、MF6、MF8、Mf10 共 8 种规格。

干粉灭火器主要由筒身、喷嘴、保险销、压把、压力表、出粉管及提把组成，如图 9-2 所示。

(2) 使用方法。

使用干粉灭火器灭火时，先上下颠倒几次，使干粉松动后，拔下保险销，将喷嘴对准火焰根部，握住提把，然后用力按下压把，干粉即从喷嘴喷出，形成浓云般粉雾。灭火时，人应站在上风侧，灭火器应左右摆动，由近及远，快速推进灭火。

(3) 维护保养。

干粉灭火器应放置在被保护物品附近干燥、通风和取用方便的地方。要注意防止灭火器受潮和日晒，灭火器各连接件不得松动，喷嘴塞盖不能脱落，保证其密封性能。

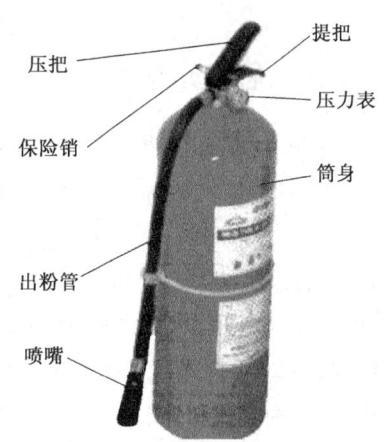

图 9-2 干粉灭火器

灭火器应按制造厂规定要求和检查周期进行定期检查，如发现灭火剂结块或贮气瓶气量不足，应更换灭火剂或补充气量。灭火器的检查应由专人进行。灭火器一经开启，必须进行再充装。

2. 推车式干粉灭火器

(1) 规格及结构。

推车式干粉灭火器是移动式灭火器中灭火剂量较大的消防器材，适用于石油化工企业和变电站、油库，能迅速扑灭初起火灾。推车式灭火器规格有 MFT35 型、MFT50 型和 MFT70 型 3 种。由于形式不同，其结构及使用方法也有差异，现以 MFT35 型为例加以介绍。

MFT35 型推车式干粉灭火器主要由喷枪、钢瓶、车架、出粉管、压力表、进气压杆等组成，如图 9-3 所示。压力表用于显示罐内二氧化碳气体压力，通过压力表的显示来控制进气压杆，使贮罐内压力保持最佳状态。

(2) 使用方法。

MFT35 型灭火器使用时，提起进气压杆，使二氧化碳气体进入贮罐；当表压升至 700～1100kPa（800～900kPa 灭火效果最佳）时，放下压杆停止进气。人站在上风侧，同时两手持喷枪，枪口对准火焰边缘根部，打开旋转开关，干粉即从喷枪喷出，由近至远灭火。如扑救油火时，应注意干粉气流不能直接冲击油面，以免油液激溅引起火灾蔓延。

图 9-3 推车式干粉灭火器

(3) 维护保养。

对于推车式干粉灭火器，应检查车架上的转动部件是否灵活可靠。经常检查干粉有无结块现象，如发现结块，立即更换灭火剂。定期检查二氧化碳质量，如发现质量减少 1/10，应立即补气。应检查密封件和安全阀装置，如发现有故障，须及时修复，修好后方可使用。

第四节 应急知识

一、急救方法

(一) 复苏技术

遇到伤员，特别是意识丧失者，首先应检查有无呼吸和心跳两项生命体征。一旦发现病人气道不通畅，或没有呼吸活动，或心脏停止跳动，这表明维持机体生存所必需的氧气已不能通过血液循环运至周身，将导致患者可能在数分钟内死亡。为了恢复呼吸、心跳等重要功能，应采取口对口人工呼吸和心肺复苏术，直至病人开始自主呼吸和心脏再次自律性搏动，或者一直等待救护人员到达现场为止。上述救命的首要且必要的操作步骤即所谓的急救 ABC。

复苏的原则是迅速检查病人的气道、呼吸和脉搏，操作如下：

(1) 保持呼吸道通畅。用手指定位和清除病人气道内的任何阻塞物，并去除可能存在的梗阻、绞窄或窒息。

(2) 进行人工呼吸。若病人所有的呼吸体征消失，应立即进行口对口人工呼吸；若病人的脉搏也触摸不到,则应交替进行口对口人工呼吸和使心脏复苏两项操作,也可由两名救护者分工进行。

(3) 建立人工循环。一旦摸不到病人脉搏,则应进行心脏按压和使心脏再跳术,以保持血液流动。若病人既无脉搏又无呼吸,则应交替进行口对口人工呼吸和使心脏复苏术,或者由两名救助者分工进行。

在抢救全过程中要始终保持镇静,快速获取急救专业人员的指导,并尽快得到紧急援助。

1. 口对口人工呼吸

口对口人工呼吸,是仅当病人没有呼吸体征时才采取的急救措施。因为救助者吹进病人肺内的气体中含有足够的氧气,可暂时供应病人的需要。

(1) 救助者将左手掌平放在病人的胸口上,以触知其呼吸运动。同时俯身将脸贴近病人的口聆听并感知患者的呼吸情况,仅当呼吸停止时进行下一步操作。

(2) 救助者将一只手置于病人颈后,另一只手放在病人的前额上,使其头稍向后仰,以确保气道通畅。

(3) 自口腔直至咽喉仔细观看和寻找看有无食物、假牙等阻塞物或化学品,并随即用手指循腔壁清除其间任何阻塞物。

(4) 将放在前额的手移到病人的鼻上,用拇指、食指捏紧鼻孔,同时将另一只手移放于病人下颌向下施力将口张开。

(5) 用嘴含盖住病人的嘴,务求严密不漏气。若条件许可,亦可使用塑料面罩或气管插管进行加压人工呼吸。

(6) 呼气并同时观察病人的胸廓有无扩张隆起。若未见病人胸廓隆起,则应加强口对口的密闭度再重复进行一次。

(7) 每次吹气毕,让病人的胸廓回缩自然排出气体。重复上述第4~7步4次,并反复查看病人呼吸体征,如果仍无呼吸,则再施行5次口对口人工呼吸。

2. 心脏复苏术

心脏按压即体外心脏按压,在专业指导者的实际操作示范下很容易学会。按压胸骨既可推动血液在动脉和静脉内的循环,也可刺激心脏重新搏动。但心脏按压术不宜施行于意识清醒,或仍有呼吸、心跳或脉搏诸体征的病人。

(1) 检查颈动脉脉搏。用食指、中指从喉结旁向下滑动入颈凹,触摸有无脉搏跳动。

(2) 再查桡动脉脉搏。置手指于拇指大鱼际后的腕部切脉,如果摸不到脉搏,即准备胸外心脏按压。先要确定心脏位置,摸到胸骨最下端为一微凸的软骨结,由此向上量两指宽作为心脏下限的定位线。

(3) 心前区叩击。用拳从高约20cm处垂直下击紧靠定位线上方的胸骨体,即心前区叩击。心前区叩击的压力可刺激心脏再次搏动,但用力不要过大,而且避免再次叩击。

(4) 叩击心前区的同时,应在颈部检查颈动脉搏动。若摸不到搏动,则从第5步顺次进行。若摸到搏动,则每隔数秒就测量一次搏动。

(5) 如果仍摸不到颈动脉搏动,则跨过病人的头跪下重复第2步。用一只手的食指、中指放在胸骨下端为心脏定位,而将另一只手的后掌紧挨该手食指的上方放在胸骨上。

(6) 把原定位用的手移放于另一只手的手背上,手指连锁在一起压着胸骨下段。

(7) 挺直双臂,凭借自身重力,通过双臂及双手掌垂直向下按压使胸骨下陷5~6cm为宜，压后迅速抬手使胸骨复位。

（8）依照每分钟80次的按压速率按压15次，接着给2次口对口人工呼吸。

（9）继续给病人交替进行体外心脏按压15次和口对口人工呼吸吹气2次，并于每分钟后检查搏动，如此持续至搏动恢复跳动为止。

3. 稳定性侧卧位

一位丧失意识的病人，只要颈部或背部无受伤的危险，则应取稳定性侧卧位（即恢复昏迷时的卧位）。

（1）一位丧失意识的病人可因痰液或呕吐物阻塞呼吸道，也或有翻滚落地的危险。置病人于稳定性侧卧位，则可减少这些风险。为此，首先要确保病人的颈部和背部没有受伤的危险，然后轻柔而平稳地移动病人，使其背部平躺，头用手或护圈兜住免遭意外伤。拉直病人双腿，两足稍分开；双臂上举分置于头的上方，两手掌面朝上。取出病人口袋里的钥匙及其他硬物。

（2）跪在病人的左侧，弯起病人的右膝，将其右脚垫于左膝下，右胫骨斜靠于左腿上。用左手紧握病人的右膝。

（3）用右手伸过去握紧病人的右手，以拇指作环锁住病人的拇指，用力紧握。

（4）把病人的右臂拉过其前胸放在左肩上面。移动其背部且稳定自身，准备把病人的身体向救助者侧转。

（5）用左手拉病人的右膝和右手拉病人的右臂，使病人身体向救助者侧转。若有可能，可请旁人协助完成这项操作，并在侧转病人身体时兜住其头免受伤害。不应将病人向右侧翻转，但应使病人左侧卧位。

（6）将病人的右臂横向伸出与前臂形成仰角，使前臂可触及下颌，手可高过头颈。移动病人的右小腿，使其髋关节和膝关节都稍弯，正好把右足跟置于左膝的前面。

（7）将病人的头稍向下后仰，以保持气道通畅，并使舌根不能后坠而阻塞咽喉。

（8）将病人最终置于稳定性侧卧位即左侧卧位，向前伸出右臂和右大腿以防身体向后或向前转动。取侧卧位可让口腔内任何液体吐物经口流出而不至于被吸入咽喉。每隔2～3min应对病人情况作一次检查。

（二）气体中毒的急救

1. 硫化氢中毒的急救

尽速将患者抬离中毒现场，移至空气新鲜通风良好处，解开衣服、裤带等，注意保暖。吸入氧气，对呼吸停止者进行人工呼吸，应用呼吸兴奋剂。必要时进行胸外心脏按压，10%硫代硫酸钠20～40mL静注，维生素C加入高渗葡萄糖静注；亚甲蓝10mg/kg，加入50%葡萄糖液中静注。对躁动不安、高热昏迷者，可采用亚冬眠或冬眠疗法。对眼部损伤者，应尽快用清水或2%碳酸氢钠溶液冲洗，再用4%硼酸水洗眼，并滴入无菌橄榄油，用醋酸可的松滴眼，防止结膜炎的发生。

2. 天然气中毒的急救

迅速将病人脱离中毒现场，吸氧或新鲜空气。对有意识障碍者，以改善缺氧、解除脑血管痉挛、消除脑水肿为主。可吸氧，用地塞米松、甘露醇等静滴，并用脑细胞代谢剂如细胞色素C、ATP、维生素B_6和辅酶A等静滴。对轻症患者仅做一般对症处理。

3. 一氧化碳中毒的急救

立即将病人移到空气新鲜的地方，松解衣服，但要注意保暖。对呼吸心跳停止者立即执行人工呼吸和胸外心脏按压，并肌注呼吸兴奋剂、山梗菜硷或回苏灵等，同时给氧。对昏迷者针刺人中、十宣、涌泉等穴。病人自主呼吸、心跳恢复后方可送医院。

(三) 触电的急救

1. 紧急处置

迅速切断电源，使触电者尽快脱离电源。若开关或瓷插保险在附近，迅速把开关或保险拉开；若开关或保险距离较远，可用绝缘手柄电工钳将电源线剪断，剪断处应考虑断线处有支撑物，以防带电导线触及其他人员。如果导线搭落在触电者身上或压在身下，可用干燥的木棒或竹竿等挑开导线，或用干燥的绝缘绳索套拉导线或触电者，使触电者脱离电源。

如果触电者手紧握导线或导线缠绕在身上时，可用干燥的木板塞进触电者身下使其与地绝缘来隔离电源。在触电者未脱离电源之前，千万不能与触电者接触，以防救护者触电。若在高空作业触电，抢救时应做好防护措施，防止触电者脱离电源后坠落摔伤。若需断开高压电源，应迅速通知有关单位断开开关。抢救时，应使用相应等级的绝缘工具进行抢救。

2. 就地抢救

当触电者脱离电源后，应立即进行就地抢救。

对轻型触电受伤者，由于电击精神紧张，瞬间面色苍白，心慌，四肢麻木，但神志仍然清醒。应使触电者就地安静舒适地躺下来，休息1～2h，使其自己恢复，同时通知医生或送往医院。

对中型触电者，有知觉且呼吸和心脏跳动还正常，瞳孔不放大，对光反应存在，血压无明显变化。此时，应使触电者平卧，周围不要围人，便空气流通，衣服解开，以利于呼吸，同时可请医生前来医治或送医院诊治。若发现呼吸困难，可进行人工呼吸。

对重型触电者，触电者有假死现象，呼吸时快时慢，长短不一、深度不等，贴心听不到心音，用手摸不到脉搏或心脏停止跳动。此时应马上不停地进行人工呼吸及胸外人工挤压。抢救工作不能间断，动作应准确无误，即使在送医院途中或医生到来之前都应做人工呼吸，否则触电者将很快死亡。

对于触电者的抢救，除以上人工呼吸外，还应配合针灸，强刺人中、百会、风池、涌泉等穴位，或用粗针在人中、少泽、十宣、少商等穴位点刺出血，也有一定疗效。特别需要强调的是，对触电者必须用人工呼吸和胸外挤压法进行抢救，任何药物是不能代替的。另外，对触电者的急救应由有经验的医生处理，用药要特别慎重，绝对禁止使用强心剂抢救触电者。

3. 触电急救

触电后，呼吸停止和心脏停止跳动是一种假死现象，处理及时得当，能使触电者转危为安；若处理不当，将造成触电者丧命。应注意的是，抢救触电者时需要很长时间，有时需要4～6h。若触电者经抢救后面色逐渐好转，嘴唇红润，瞳孔缩小，心跳和呼吸就会逐渐恢复正常。除非触电者经抢救数小时后呼吸和心脏完全停止跳动，并有明显死亡综合征，而且经医生诊断证明死亡时，方可停止抢救。

二、应急设备与器材

（一）氧气呼吸器

氧气呼吸器属于与外界完全隔绝的呼吸用具，气源来自本身，呼出气体也不排出，而是在器具内循环经净化后再与纯净的氧气混合，供给佩戴者使用，因此它比过滤式防毒面具更安全。

使用时，首先调节好肩带、腰带，将呼吸器固定在左侧腰部，打开氧气瓶阀，按压几下手动补给按钮，向气囊中充氧；戴好面罩，深呼吸几次，检查气体循环系统各机构工作是否良好；确认呼吸器正常工作后即可投入使用。在使用过程中，应尽量保持均匀呼吸，经常观察压力表数值，留足归途气量，并注意避免呼吸器外壳受到撞击，以防其脱落，使气囊失去保护。

（二）空气呼吸器

空气呼吸器包括负压式和正压式两种。压缩空气由气瓶经导管和调节器进入面罩，呼出气体则经呼气阀排入大气。由于调节器和呼气阀均为单向的，使气流按规定方向流动。负压式空气呼吸器在使用者吸气时面罩内呈负压；正压式空气呼吸器则在使用者无论吸气或呼气状态下面罩内压力均为正压，使用时更安全。

使用前应对呼吸器进行检查，并进行泄漏实验。在使用期间应经常检查减压阀与面罩之间的连接牢度以及压力表所指示的气瓶压力，如果气瓶压力减少到报警器的触发压力，报警器就会响起，并一直持续到气瓶压力减少到大约为10bar为止。当哨声响起时，使用者必须立即返回到新鲜空气中去。如要求提前撤离，则阅读压力表能确定比规定更长的撤离时间。

三、应急处理

（1）紧急情况发生时，各班站的班站长为现场第一负责人，其他员工必须听从班站长的指挥。

（2）紧急情况发生后，现场人员必须先到紧急集合点集合，判断清楚紧急情况的大小、现有力量能否控制后，分头进行抢险。

（3）紧急情况发生后，应大声呼喊通知站内其他人员，并在第一时间尽可能通知厂应急办公室。

（4）无论是泄漏、爆炸还是天然气火灾，切断所有气源都是最重要的。

（5）紧急情况发生后，应保持镇静与清醒，这样才有利于挽救生命和财产。

（6）紧急情况发生后，应保证现场人员的安全，这是班站长的首要任务。

第五节　采气现场操作安全

在采气作业过程中，天然气密度比空气小，与空气混合易形成爆炸性混合物，遇明火极易燃烧爆炸。同时，中毒和窒息、物体打击、机械伤害、灼烫、高处坠落、触电、低温冻伤等也有可能发生。针对采气作业以上特点，采气作业有基本安全要求和操作安全要求，作业者应了解。

一、采气作业基本安全要求

(一) 采气作业者安全要求

(1) 作业者必须经过安全和技术培训，取得上岗资格证书后方可持证上岗。

(2) 上岗前必须按规定着装，佩戴监测仪器。

(3) 服从正确的指挥且有权拒绝违章作业指令，有义务制止不安全的行为。

(4) 禁止非法滥用麻醉品、药物，工作期间禁止饮酒和饮用含有酒精成分的饮料以及其他影响精神表现的物品。

(5) 了解岗位安全职责，熟悉易燃易爆场所工具使用方法，检修作业、特种作业管理规定等，并熟悉作业过程中的安全注意事项。

(6) 熟悉天然气、甲醇、三甘醇、硫化氢、一氧化碳以及其他可能接触有毒有害、易燃易爆物质的特性、危害与防范措施。

(7) 熟练掌握灭火器、可燃气体检测仪、空气呼吸器、紧急供氧装置等急救器材的性能、使用方法以及日常维护方法。

(8) 熟练掌握天然气生产工艺流程、运行参数以及日常工艺操作注意事项，了解作业过程中存在的危害和预防措施。

(9) 熟练掌握采气工艺装置（设备）的安全操作规程、故障排除方法及日常维护注意事项。

(10) 熟悉日常生产中巡检路线、内容和标准以及巡检过程中的注意事项，如实填写相关记录资料，及时发现和消除隐患。

(11) 熟练掌握泄漏、中毒、火灾、爆炸等报警程序和方法、应急措施、抢险原则以及注意事项，熟练掌握人工呼吸法、心肺复苏术等急救常识和逃生方法。

(12) 熟悉天然气放空、污水排放、固体废弃物的处理等有关规定，避免对环境造成污染。

(二) 工艺安全基本要求

(1) 压力安全控制：要求对压力监测仪器仪表、超压报警、联锁保护、泄压设施、防爆装置、检维修作业等方面进行控制。

(2) 温度安全控制：要求合理设置工艺温度参数，对监测仪器仪表、主要温控点进行超限报警及联锁保护控制。

(3) 流量安全控制：要求合理设置工艺流量参数，对流量检测仪器仪表的有效性、吹扫（置换）介质的流速等进行控制。

(4) 腐蚀安全控制：重点做好工艺防腐、设备防腐工作以及腐蚀情况的定期跟踪、检验和预知维修工作。

(5) 泄漏安全控制：加强日常巡检，通过正确操作合理控制压力、温度、流量工艺参数，并采用可燃气体监测、报警、紧急截断系统等进行控制。

(6) 环境污染控制：通过有效的技术措施降低工作环境噪声强度；加强污水管理，实现密闭排放；采取有效措施降低废气中有毒有害物质含量；有毒有害固体废物尽可能实现密闭装卸。

(三) 常用设备安全要求

(1) 设备及其附件不能超期使用。

(2) 各种报警装置、安全阀、检测仪器仪表等必须齐全可靠，并定期校验。

(3) 应按期检修设备，并保证检修质量。
(4) 设备的密闭性应满足工艺和安全操作要求。
(5) 转动设备要定期润滑和维护保养。
(6) 带压设备应有异常情况下的紧急泄压措施。
(7) 所有分离设施、加热设施、压缩机、计量设施、机泵、储罐、管道等必须采取有效的防雷接地保护措施，并定期检测。

(四) 现场安全要求

(1) 禁止吸烟和使用明火。
(2) 禁止火种和其他易燃易爆品携带进站。
(3) 禁止使用手机。
(4) 禁止随意挪动消防器材。
(5) 禁止使用化纤拖把和抹布。
(6) 禁止将易燃物堆放在站内。
(7) 禁止使用非防爆手电筒、应急灯和非防爆工具。
(8) 未经许可禁止使用摄像机、照相机。
(9) 接触甲醇、三甘醇以及其他有毒有害物质时，应使用特殊个人防护用品。
(10) 进站车辆必须配带符合规定的防火帽，拉运甲醇、污水的罐车必须保证防静电接地线有效、良好。

二、采气操作安全要求

(一) 采气井口操作

(1) 潜在危险：泄漏、火灾、机械伤害、中毒。
(2) 控制措施：
①对井口设施进行定期检查和维护保养，发现问题及时处理。
②开关阀门应站在阀门侧面，操作时管钳虎口向外，防止阀杆意外弹出造成人员伤害。
③开关阀门应缓慢进行，若因冻堵、锈蚀等造成开关困难，应及时处理。
④井口加注药剂流程切换操作应遵循"先开后关"的原则。
⑤操作完成后，检查有无渗漏现象，并确认流程正确后方可离开。

(二) 加热操作

(1) 潜在危险：火灾、爆炸、中毒、机械伤害、高处坠落。
(2) 控制措施：
①严格进行生产监控、巡检和维护，杜绝跑、冒、滴、漏，发现问题及时处理。
②若需进行燃气管线吹扫，操作人员不得正对吹扫口，防止气体刺伤。
③防爆门应开启灵活，任何作业操作人员不能正对防爆门。
④点火前，应确保管线及阀门无漏气现象，保持炉膛自然通风至少20min，并检查阻火器，保证其畅通无堵塞。
⑤点火时，必须遵循"先点火，后开气"的原则，操作人员应站在点火孔侧面将火源伸入炉膛内，缓慢打开燃料气控制阀。
⑥如点火失败或因故停炉，应间隔至少20min并确认炉膛内余气排净后才能再次点火。

⑦日常停炉需对燃气管线放空,长期停炉时应排尽炉体内的水,定期小火烘炉。
⑧检维修作业前,必须有效切断燃料气气源,设置安全警示标志,注意检查烟囱绷绳松紧程度是否符合要求。
⑨在炉顶进行补水作业等操作时,应注意防止坠落。

(三) 分离操作

(1) 潜在危险:火灾、爆炸、中毒、机械伤害、高处坠落。
(2) 控制措施:
①严格进行生产监控、巡检和维护,防止出现假液位,杜绝跑、冒、滴、漏,发现问题及时处理。
②进行手动排污,当听到有气流通过时,应迅速关闭排污阀,防止天然气窜入污水储罐,造成天然气泄漏。
③分离器内部检修时,必须办理进入有限空间作业许可手续,落实安全措施,并必须有人监护。
④在分离器顶部进行更换压力表、装卸安全阀等操作时,应注意防止坠落。

(四) 脱水操作

(1) 潜在危险:火灾、爆炸、高处坠落、中毒。
(2) 控制措施:
①严格进行生产监控、巡检和维护,杜绝跑、冒、滴、漏,发现问题及时处理。
②更换脱水塔压力表、装卸安全阀等高处操作时,应注意防止坠落。
③重沸器点火时必须遵循"先点火,后开气"的原则。
④操作人员应站在点火孔侧面将火源伸入炉膛内,缓慢打开燃料气控制阀。
⑤若点火失败,应间隔至少 20min 并确认炉膛内余气排净后才能再次点火。

(五) 脱硫剂更换操作

(1) 潜在危险:中毒、爆炸、灼伤、高处坠落。
(2) 控制措施:
①高处作业应注意防止坠落。
②更换脱硫剂前,必须提前对需更换的脱硫剂充分再生,防止残余硫化亚铁自燃。
③必须确认放空完全,压力为零后,才能打开装卸料口。
④在拆卸上下装卸料口螺栓过程中和装卸料口打开时,操作人员不能正对装卸料口。
⑤开上下装卸料口后,应倒入一定量清水,以防硫化亚铁自燃。
⑥填装脱硫剂,保证气流通畅。
⑦验漏要注意按正流程进气,防止脱硫剂倒入管线。

(六) 脱硫剂再生操作

(1) 潜在危险:高处坠落、硫化氢中毒、爆炸、灼伤。
(2) 控制措施:
①高处作业应注意防止坠落。
②脱硫塔塔顶部开启放空阀要在放空管背面逆风向站位操作。
③排污时严禁带压排污。
④置换时应注意温度变化,合理控制塔温,以防塔内硫化物自燃。

(七) 增压机操作

(1) 潜在危险：机械伤害、爆炸、高处坠落、触电、烫伤、中毒。
(2) 控制措施：
①严格进行生产监控、巡检和维护，杜绝跑、冒、滴、漏，发现问题及时处理。
②机组盘车前必须拔下火花塞高压线，关闭启动气阀，并侧身操作盘车（不可站在飞轮旋转的切线方向）。
③开启启动气前，必须清理机身上的工具、杂物等，机组运行中操作人员不得上机身或进入冷却器作业。
④启动中不得反复开、关燃料气球阀，再次启动时间须间隔 1min 以上，防止消声器爆炸。
⑤运行中不得靠近或接触高压电缆，防止触电。
⑥运行中不得接触压缩机排气系统中缓冲罐、管路及管束箱与冷却系统循环水管路，防止烫伤。
⑦增压机组电气维修应由具备电气维修资质的人员进行，并在配电室增压机组负荷开关处悬挂"有人作业，严禁操作"警示牌，必须有人监护。
⑧在检修动力缸、压缩缸、曲轴箱、十字头等时，不得开启启动气阀以及压缩机进排气阀，防止机组转动伤人。
⑨高处作业应注意防止坠落。

(八) 储罐操作

(1) 潜在危险：火灾、爆炸、中毒、高处坠落。
(2) 控制措施：
①定期检查保养污水罐呼吸阀，确保其畅通，防止造成污水罐憋压。
②严格进行生产监控、巡检和维护，杜绝跑、冒、滴、漏，发现问题及时处理。
③甲醇、污水罐车应配备专用静电接地线，进入生产区域必须配带防火帽。
④卸装甲醇、污水时，车辆必须熄火。
⑤甲醇、污水装卸应平稳进行，避免甲醇、污水飞溅，对人员造成伤害。
⑥污水装车结束后，应关闭取液孔，以防操作人员中毒。

(九) 注醇操作

(1) 潜在危险：火灾、爆炸、触电、机械伤害、中毒和噪声。
(2) 控制措施：
①严格进行生产监控、巡检和维护，杜绝跑、冒、滴、漏，发现问题及时处理。
②泵房内应开启机械通风设施，门窗敞开，保持通风良好。
③注醇泵电气维修应由具备电气维修资质的人员进行，在配电室注醇泵负荷开关处悬挂"有人作业，严禁操作"警示牌，且必须有人监护。
④注醇泵泵体维修人员应佩戴护目眼镜、橡胶手套。若操作人员不慎将甲醇溅入眼睛，应及时用清水进行清洗。
⑤启泵前，检查泵的各连接部位是否松动，进出口流程是否畅通（否则将造成憋压或设备故障），检查减速箱内机油液位是否满足要求，手动盘泵检查是否有影响运转的障碍。

(十) 清管操作

(1) 潜在危险：火灾、爆炸、中毒、机械伤害。
(2) 控制措施：
①严格进行生产监控、巡检和维护，杜绝跑、冒、滴、漏，发现问题及时处理。
②清管过程中应保持与上下游通信畅通。
③作业前仔细检查收发球装置、外输阀门及仪表，并进行必要的验漏工作，确保装置等可靠有效。
④发球作业应按清管方向放置清管器。
⑤打开盲板前，首先应将收发球筒（清管阀）内天然气压力放空泄压至表压为零。在打开盲板时，禁止正对盲板或站立在盲板支撑背面，防止天然气泄漏或盲板打出而造成人员伤害。
⑥打开盲板前应对收球筒进行注水，防止硫化亚铁自燃。
⑦放空作业必须点燃火炬，控制放空速度，防止放空管发生振动或破裂。
⑧对清管产生的污物应及时妥善处理，防止硫化亚铁粉末自燃。

(十一) 更换压力表操作

(1) 潜在危险：火灾、爆炸、机械伤害。
(2) 控制措施：
①选定经校验合格的压力表，工作压力应处于所选压力表量程的 1/2～2/3 范围内。
②更换压力表前，应关闭取压阀门，打开压力表放空阀泄压至表压为零，否则将造成压力表打飞，造成人员意外伤害。
③装泄压力表应平稳操作。
④更换完成后，开启取压阀前，操作人员应在压力表表盘侧面进行。
⑤验漏合格后，操作人员方可离开。

(十二) 清洗呼吸阀操作

(1) 潜在危险：中毒、高处坠落。
(2) 控制措施：
①拆卸污水罐呼吸阀前，必须对分离器和脱水塔塔底进行手动排液，打开取液孔保持污水罐畅通。
②拆卸呼吸阀必须有人监护。
③拆卸呼吸阀时不能正对呼吸阀口，防止气体喷出伤人或中毒。
④清洗呼吸阀阀芯应在非油气场所进行。

(十三) 清洗更换孔板操作

(1) 潜在危险：火灾、爆炸、机械伤害、中毒。
(2) 控制措施：
①开关阀门和操作摇柄应缓慢进行，不可快开快关。
②开放空阀前要特别注意将平衡阀关闭。
③拧松顶紧螺栓，取掉顶板、压板（密封垫片）前一定要确认是否将上腔室内气体放空完毕。
④卸出顶板螺栓时，应避免身体的任何部位处于孔板阀顶部。

⑤采用有机溶剂清洗孔板，必须在非油气生产场所进行。
⑥更换过程中必须有人监护。

(十四) 支干线阀室操作

(1) 潜在危险：中毒、机械伤害、灼伤、爆炸。
(2) 控制措施：
①严格进行生产监控、巡检和维护，杜绝跑、冒、滴、漏，发现问题及时处理。
②操作前必须取得调度部门许可。
③阀室应充分通风并检测合格后，人员方可进入。
④操作过程中严禁正对阀杆，防止阀杆冲出伤人。
⑤在阀室内操作过程中应有人监护，限制无关人员出入。

(十五) 放空操作

(1) 潜在危险：中毒、环境污染、管线冰堵、管线破裂或爆炸。
(2) 控制措施：
①确认放空口周围无火种，无人畜。
②必须先点火，后放空。
③放空时要注意缓慢进行，控制放空速度，防止放空管发生振动或破裂。
④不能长时间大压差放空，防止管线发生冰堵。
⑤当有两个以上放空口时，及时关闭处于低处的放空口，防止抽吸空气，发生燃烧或爆炸。

思 考 题

一、填空题

(1) HSE 是（   ）、（   ）、（   ）的英文缩略。
(2) HSE 管理体系由 7 个关键要素组成，分别是（   ）、（   ）、（   ）、（   ）、（   ）、（   ）、（   ）。
(3) 健康、安全与环境管理体系标准是基于戴明所建立的（   ）或称（   ）循环的。
(4) 按照戴明模型，一个公司的活动可分为（   ）、（   ）、（   ）、（   ）。
(5) 燃烧必须具备 3 个条件，即（   ）、（   ）和（   ），并且三者要相互作用。
(6) 天然气的燃烧有（   ）和（   ）两种形式。
(7) 天然气的自燃点是 550～650℃。
(8) 干粉灭火器是以（   ）气体为驱动力，喷射（   ）灭火剂的器具。
(9) 硫化氢中毒的急救，尽速将患者抬离（   ），移至（   ）处，解开（   ）、裤带等，注意保暖；吸入氧气，对呼吸停止者进行（   ），应用呼吸兴奋剂。
(10) 通过人体的电流不能超过（   ）mA。
(11) 某一配电室，因电线短路而引起火灾，该事故属于（   ）事故。
(12) 触电者脱离电源后，发现有呼吸但心脏停止跳动，应采取（   ）。

二、判断题

（　　）硫化氢属Ⅰ级毒物，是强烈的神经毒物。

（　　）在接触极高浓度硫化氢（1000mg/m³ 以上）时，可发生"闪电型"死亡，即在数秒钟突然倒下，瞬间停止呼吸，立即进行人工呼吸尚可获救。

（　　）一氧化碳是一种窒息性毒气，属 B 级毒物。

（　　）当空气中的甲烷含量达 10%以上时，空气中氧气含量相对减少，使人因氧气不足而产生中毒现象，虚弱眩晕，进而可能失去知觉，直至死亡。

（　　）天然气在空气中的燃烧极限（体积分数）是上限 6.5%，下限 17%。

（　　）天然气火灾属于 A 类火灾。

（　　）天然气中毒的急救，迅速将病人脱离中毒现场，吸氧或新鲜空气。

（　　）当发现有人触电，但开关距离触电地点很远时，应立即跑去拉闸刀。

（　　）在静电的安全防护中，控制环境危害程度是消除静电危害最基本和最简单的方法。

（　　）口对口人工呼吸是仅当病人没有呼吸体征时才采取的急救措施。

三、问答题

硫化氢中毒有什么表现？该如何处理？

附录一 专业词汇英汉对照

气田开发基础

生油气层	gas source rocks stratum/hydrocarbon generated bed
天然气储层	gas reservoir
油气运移	migration of oil and gas
圈闭	trap
盖层	cap rocks/cap rock
隔层	barrier
气田	gas field
含气盆地	gas bearing basin
构造圈闭气藏	structure trap reservoir/structure trap gas reservoir
岩性（地层）圈闭气藏	stratigraphic trap gas reservoir/lithologic trap gas reservoir
均质气藏	homogeneous gas reservoir
非均质气藏	non homogeneous gas reservoir
砂岩气藏	sandstone gas reservoir
碳酸盐岩气藏	carbonate rock gas reservoir
孔隙型气藏	pore gas reservoir
孔隙—裂缝型气藏	porous fractured gas pool
高渗透气藏	high permeability gas pool
中渗透气藏	middle permeability gas pool
低渗透气藏	low permeability gas pool
气驱气藏	gas-drive gas pool
水驱气藏	water-drive gas pool
边水气藏	edger water gas pool
底水气藏	bottom water gas pool
纯气藏	pure gas reservoir
干气气藏	dry gas reservoir
湿气气藏	wet gas reservoir
开敞式气藏	opened gas reservoir
封闭式气藏	closed gas reservoir
不含硫气藏	non sulfur-bearing reservoir/surfur free gas pool
含硫气藏	sulfur-bearing reservoir/sulfur-bearing gas pool
油气资源量	natural gas resources
远景资源量	prospective gas resources

潜在资源量	potential gas resources
推测资源量	presumption gas resources/expected gas resources
地质储量	geological reserves
预测储量	predicted geological reserves/prognostic reserves
探明储量	proved geological reserves/proved reserves

天然气的物理性质

天然气物理性质	physical quality of natural gas/physical property of natural gas
常规天然气	conventional natural gas
非常规天然气	non-conventional natural gas /unconventional natural gas
湿气	wet gas
干气	dry gas
伴生气	associated gas
气藏气	gas reservoir gas/gas of gas reservoir
气顶气	gas cap gas
凝析气	condensate gas
凝析气藏	gas condensate reservoir
油成气	oil type gas
煤成气	coal gas
煤生气	coal-seam gas
溶解气	dissolved gas
贫气	lean gas
富气	rich gas
洁气	clean gas
酸气	acidic gas/acid gas
体积分数	volume fraction
摩尔分数	molar fraction
质量分数	mass fraction
天然气视相对分子质量	apparent relative molecular mass
临界状态	critical state
临界压力	critical pressure
临界温度	critical temperature
天然气偏差系数	deviation factor of gas
天然气的体积系数	volume factor of natural gas
天然气的膨胀系数	expansion coefficient of natural gas
天然气的压缩系数	compressibility factor of natural gas
天然气的密度	density of natural gas
天然气的相对密度	specific gravity of natural gas
天然气的黏度	viscosity of natural gas

天然气的溶解度	solubility of natural gas
绝对湿度	absolute humidity
相对湿度	relative humidity
天然气水合物	natural gas hydrates

气井完井和井身结构

气井完井	gaseous well completion
井身结构	bore frame
钻头层序	bit program
套管层序	casing program
套管尺寸	casing size
气井	gaseous well /gas well
探井	exploratory well
资料井	information well
生产井	production well
固井	well cementing
裸眼完井	borehole completion/open hole completion
射孔完井	perforation completion
衬管完井	liner completion
尾管完井	well liner completion or completion with tail pipe
油管柱	tubing string
油管挂	tubing hanger
油管	well tubing
油管鞋	oil tube shoe/tubing shoe
筛管	screen pipe
套管	casing tube/casing
导管	conductor casing/conductor
表层套管	surface casing
技术套管	protection string
油层套管	oil string
气井井口装置	gas well head assembly
油管头	tubing head
套管头	casing head
采气树	gas production tree/christmas tree

气 井 开 采

纯液流	pour liquid flow/pure liquid flow
泡流	baffle flow/bubble flow

段塞流	slug flow
环雾流	annular liquid mist flow
雾流	liquid mist flow
无水采气井	water free gas production well
气水同产井开采	producing gas-water well/producing of gas-water well
气层水	gas layer water
吸附水	absorbed water
毛细管水	capillary water
自由水	free water
气井出水	gas well gushing water/water production in gas well
排水采气	recovery gas by discharge water/ gas recovery by discharge water
优选管柱排水采气	recovery gas by discharging water by optimum pipe string/ gas recovery by discharging water by optimum pipe string
泡沫排水采气	recovery gas by foam discharging water/ gas recovery by foam discharging water
气举排水采气	recovery gas by discharging water by gas lift / gas recovery by discharging water by gas lift
活塞气举排水采气	recovery gas by discharging water by plunger lift / gas recovery by discharging water by plunger lift
游梁抽油机排水采气	recovery gas by discharging water by beam pumper/ gas recovery by discharging water by beam pumper
电潜泵排水采气	recovery gas by discharging water by submersible electric pumps / gas recovery by discharging water by submersible electric pumps
射流泵排水采气	recovery gas by discharging water by jetting pump/ gas recovery by discharging water by jetting pump

天然气矿场集输工艺流程

矿场集输管网	field gathering pipe network
矿场集输站	gas gathering and transmission station（现场通常简称 GS）
集气站	gas gathering station
脱水站	dehydration station
增压站	boosting station
清管站	pigging station
阀室	valve pot

天然气矿场集输设备

加热炉	heating furnace
分离器	separator

重力分离器	gravity separator
旋风分离器	cyclone separator
计量分离器	test separator
过滤器	filter separator/filter
脱水装置	dehydration plant
天然气脱水	natural gas dehydration
甘醇法脱水	glycol dehydration
注醇泵	alcohol injection pump
玻璃板液位计	sight glass
压缩机	compressor
常见阀门	conventional valve
节流阀	throttle valve
闸阀	gate valve
截止阀	globe valve
球阀	ball valve
安全阀	safety valve
止回阀	inverted valve
旋塞阀	plug valve
平板阀	flat plate valve

天然气测量仪表

玻璃温度计	glass thermometer
双金属温度计	bimetallic thermometer
压力式温度计	pressure gauge type thermometer/ pressure gauge thermometer
热电阻式温度计	thermistor thermometer
活塞式压力计	piston piezometer/ piston pressure gauge（现场常用）
弹簧管压力表	spring pressure gauge
压力变送器	pressure transformer
双波纹管差压计	double bellows pressure differential flowmeter
孔板流量计	orifice flowmeter
容积式流量计	volumetric flowmeter
腰轮流量计	roots flowmeter
速度式流量计	velocity type flowmeter
涡轮流量计	turbo-flowmeter
涡街流量计	vortex shedding flowmeter
超声波流量计	ultrasonic flowmeter

腐蚀与防护

腐蚀	corrosion

全面腐蚀	general corrosion
局部腐蚀	localized corrosion/ local corrosion
金属腐蚀	metal corrosion
化学腐蚀	chemical corrosion
层状腐蚀	banded corrosion
缝隙腐蚀	crevice corrosion
细菌腐蚀	bacterial corrosion
氢脆	hydrogen embrittlement
管道腐蚀	pipeline corrosion

附录二 采气工艺流程图图例符号

项目	图例	项目	图例
主要管线	———————	截止阀	▷◁
次要管线	———————	闸阀	▷◁
净水管线	— - — - —	平板阀	▷⊕◁
污水管线	———————	止回阀	▷╱
水蒸气管线	— — — —	球阀	▷○◁
空气管线	—×—×—	节流阀（角式截止阀）	
燃料气管线	—××—××—	弹簧安全阀	
燃料油管线	—×××—×××—	外部取压调节阀后压力的自力式调节阀	
凝析油管线	—╱—╱—	外部取压调节阀前压力的自力式调节阀	
化学剂管线	—∥—∥—	自力式调节阀（无外部取压）	
混合液管线	—⑈—⑈—	旋塞阀	▷●◁
橡胶管线（软管）	∿∿∿∿	减压阀	
管内介质流向	——→	蝶阀	

— 298 —

续表

项 目	图 例	项 目	图 例
进出装置或单元的介质流向	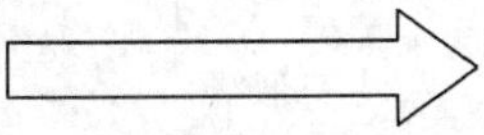	三通旋塞阀	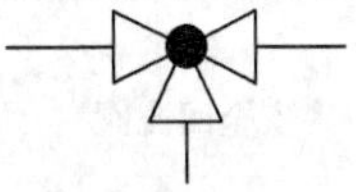
封头		插板阀	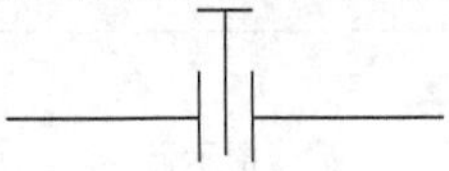
法兰盖	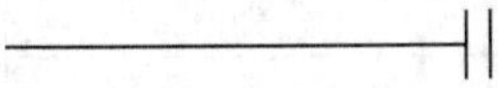	隔膜阀	
孔板		电动闸阀（该图例根据下部阀门符号差异可表示其他类型的电动阀，如右下的图例为电动球阀）	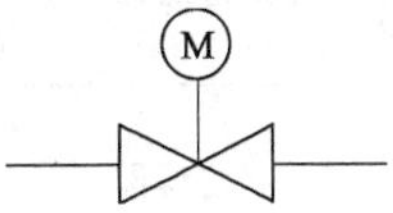
限流孔板（节流孔板）	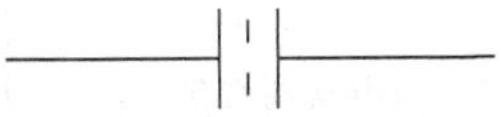		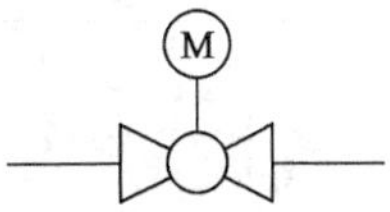
管间盲板	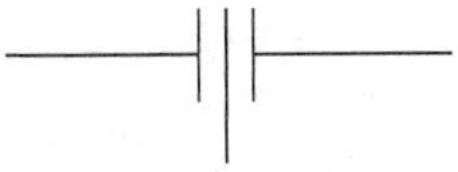	电磁阀	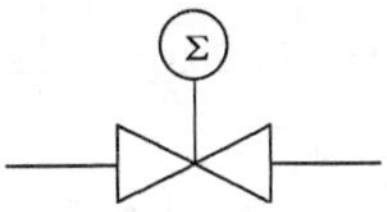
8字盲板	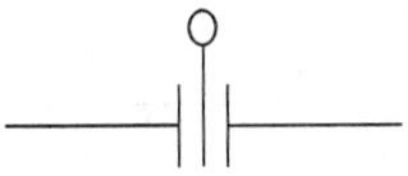	电动液压闸阀（该图例的表示规定同电动闸阀的表示规定，如右下图即为电动液压式球阀）	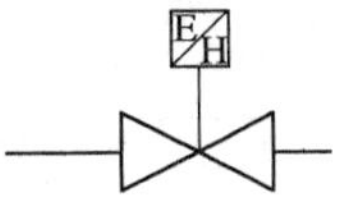
快开盲板	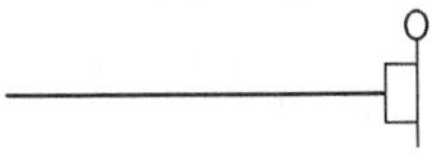		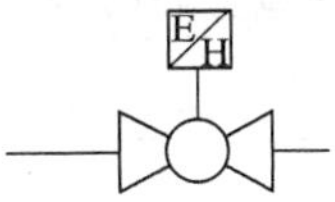
同心异径管接头	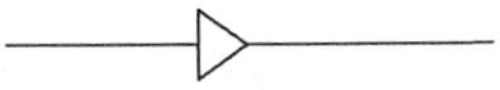	气动活塞式或液动活塞式闸阀（该图例的表示规定同电动闸阀的表示规定，如右下图为球阀）	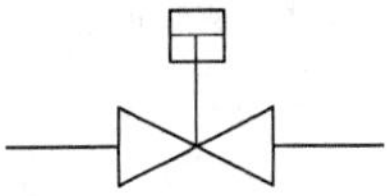
偏心异径管接头	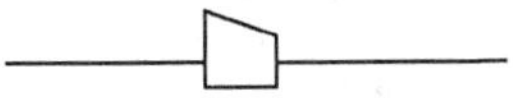		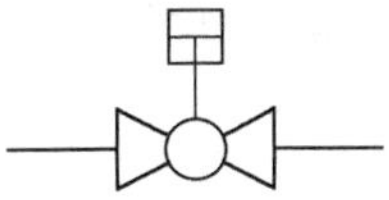
清管球接收器	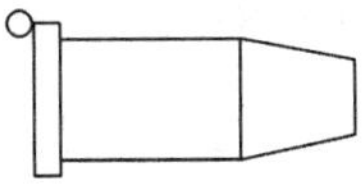	低压泄压阀	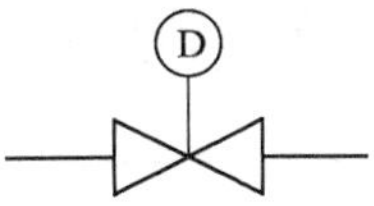
气液联动球阀	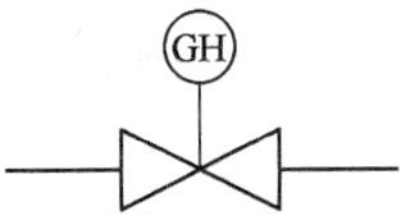	高压泄压阀	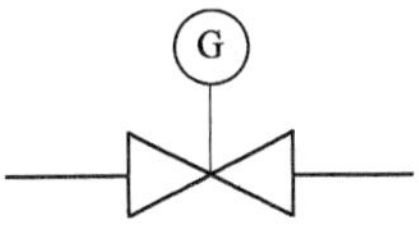
孔板阀	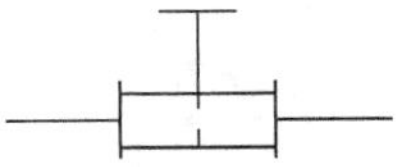	调节阀	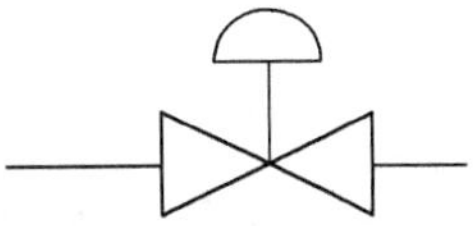

续表

项　　目	图　例	项　　目	图　例
安全回流阀		三通阀	
清管指示器		四通阀	
锥形过滤器		Y型过滤器	
网状过滤器		疏水阀	
绝缘法兰		电动离心泵或电动漩涡泵	
气动离心泵		电动往复泵	
电动往复计量泵		气动往复泵	
立式泵或管道泵		齿轮泵或螺杆泵	
浸没泵		手摇泵	
电动往复压缩机		电动离心压缩机	
气动往复压缩机		气动离心压缩机	
保温管		夹套管	

续表

项 目	图 例	项 目	图 例
伴热管		电伴热管	
保护套管		鼓风机	
工业玻璃水银温度计（带金属保护管）		玻璃板液位计	
温度指示（详见表注）	TI XXX	压力或真空指示（详见表注）	PI XXX
压差指示（详见表注）	PI XXX	流量指示（详见表注）	FI XXX
液位调节阀		液位指示	LI XXX
采气树（阀门数量按照实际数量绘制）		抽油机	
板式塔（塔板程序由下而上，依次为 1，2，3，…，n）		填料塔 塔内构件： 1 表示塔体分配器； 2 表示填料层	
圆筒型加热炉		立式加热炉	

— 301 —

续表

项 目	图 例	项 目	图 例
卧式加热炉		卧式管式加热炉	
固定床反应器		旋风分离器	
立式重力分离器（按照设备外形轮廓绘制）		卧式分离器（按照设备外形轮廓绘制）	
分输站		计量转接站	
计量站		调压计量站	
计量配水站		压气站	

续表

项 目	图 例	项 目	图 例
集气站		低温分离集气站	
配气站		清管站	
清管及配气站		输气首站	

注：对检测（或调节）的就地仪表图例的说明：图例中第一行字符表示该仪表的功能。其中，第一个字符表示该仪表检测（或调节）的对象，如 F、P、L、T 分别表示仪表检测（或调节）对象的是流量、压力、液位、温度；第二与第三个字符表示该仪表的功能，如 dI、R、E、CV、IQ 等分别表示仪表为差量显示、记录、检测、控制阀门、指示积算。第二行字符表示该仪表的编号或在工艺控制流程图中的位号。

参 考 文 献

[1] 李士伦. 天然气工程. 北京：石油工业出版社，2003.
[2] 杨继盛. 采气工艺基础. 北京：石油工业出版社，1989.
[3] 金忠臣，等. 采气工程. 北京：石油工业出版社，2008.
[4] 梁平. 天然气操作技术与安全管理. 北京：化学工业出版社，2006.
[5] 中国石油天然气集团公司人事服务中心. 采气工（上册）. 北京：石油工业出版社，2005.
[6] 中国石油天然气集团公司人事服务中心. 采气工（下册）. 北京：石油工业出版社，2005.
[7] 苏建华，等. 天然气矿场集输与处理. 北京：石油工业出版社，2004.
[8] 杜双都，谭中国，唐磊. 采气技能操作读本. 北京：石油工业出版社，2009.
[9] 张中伟. 采气工必读. 北京：中国石化出版社，2006.
[10] 张金成. 清管器清洗技术及应用. 北京：石油工业出版社，2005.
[11] 蒋长春. 采气工艺技术. 北京：石油工业出版社，2009.